"十二五"普通高等教育本科国家级规划教材

实变函数与
泛函分析基础

第四版

程其襄 张奠宙 胡善文 薛以锋 编

高等教育出版社·北京

内容提要

第四版在保持第三版的基本内容的基础上，根据最新教学情况反馈和数学研究的进展，做了部分重要的修改。全书共十一章：实变函数部分包括集合、点集、测度论、可测函数、积分论、微分与不定积分；泛函分析则主要涉及赋范空间、有界线性算子、泛函、内积空间、泛函延拓、一致有界性以及线性算子的谱分析理论等内容。

第四版继续保持简明易懂的风格，力图摆脱纯形式推演的论述方式，尽量将枯燥的数学学术形态呈现为学生易于接受的方式。同时，适当补充了数字资源（以图标 📖 示意）。

本书可作为高等学校数学类专业学生的教学用书，也可作为自学参考书。

图书在版编目（CIP）数据

实变函数与泛函分析基础／程其襄等编.--4版
.--北京:高等教育出版社,2019.6（2024.12重印）
ISBN 978-7-04-050810-9

Ⅰ.①实…　Ⅱ.①程…　Ⅲ.①实变函数-高等学校-教材②泛函分析-高等学校-教材　Ⅳ.①O17

中国版本图书馆 CIP 数据核字（2018）第 234780 号

项目策划	李艳馥　李 蕊　兰莹莹						
策划编辑	李 蕊	责任编辑	李 蕊	特约编辑	高 旭	封面设计	王凌波
版式设计	徐艳妮	插图绘制	于 博	责任校对	张 薇	责任印制	赵 佳

出版发行	高等教育出版社	网　址	http://www.hep.edu.cn
社　址	北京市西城区德外大街 4 号		http://www.hep.com.cn
邮政编码	100120	网上订购	http://www.hepmall.com.cn
印　刷	人卫印务（北京）有限公司		http://www.hepmall.com
开　本	787mm×1092mm　1/16		http://www.hepmall.cn
印　张	15	版　次	1983 年 12 月第 1 版
字　数	320 千字		2019 年 6 月第 4 版
购书热线	010-58581118	印　次	2024 年 12 月第 9 次印刷
咨询电话	400-810-0598	定　价	33.50 元

本书如有缺页、倒页、脱页等质量问题,请到所购图书销售部门联系调换
版权所有　侵权必究
物料号　50810-00

实变函数与泛函分析基础

第四版

程其襄　张奠宙　胡善文　薛以锋　编

1. 计算机访问http://abook.hep.com.cn/1250042，或手机扫描二维码、下载并安装Abook应用。
2. 注册并登录，进入"我的课程"。
3. 输入封底数字课程账号（20位密码，刮开涂层可见），或通过Abook应用扫描封底数字课程账号二维码，完成课程绑定。
4. 单击"进入课程"按钮，开始本数字课程的学习。

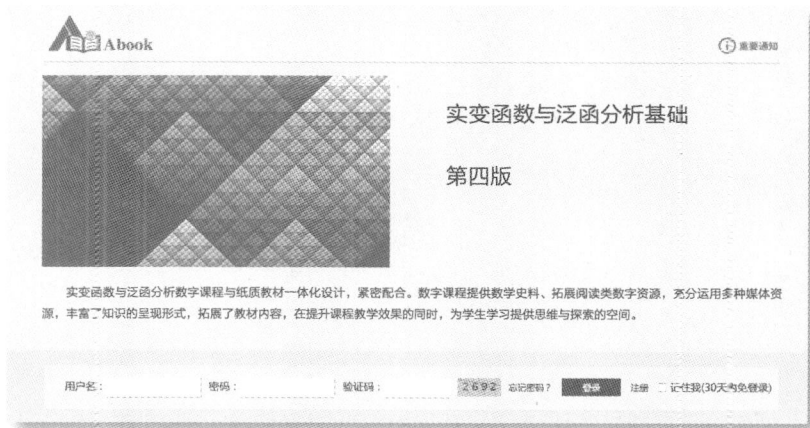

Abook

实变函数与泛函分析基础

第四版

实变函数与泛函分析数字课程与纸质教材一体化设计，紧密配合。数字课程提供教学史料、拓展阅读类数字资源，充分运用多种媒体资源，丰富了知识的呈现形式，拓展了教材内容，在提升课程教学效果的同时，为学生学习提供思维与探索的空间。

用户名：　　　密码：　　　验证码：　2692　忘记密码？　登录　注册　记住我(30天内免登录)

　　课程绑定后一年为数字课程使用有效期。受硬件限制，部分内容无法在手机端显示，请按提示通过计算机访问学习。

　　如有使用问题，请发邮件至abook@hep.com.cn。

扫描二维码
下载Abook应用

实变函数论简史　　　泛函分析简史　　　第一版前言

http://abook.hep.com.cn/1250042

第四版前言

　　2017 年我们着手进行第四版的修订。实变函数部分,在坚持主要研究 $\mathbf{R}^n$ 中勒贝格测度的同时,又介绍一般的测度空间的概念。在介绍黎曼-斯蒂尔切斯积分和勒贝格-斯蒂尔切斯测度时,重点强调由规范增函数诱导博雷尔测度空间,从而具有一般测度空间的所有性质。第六章还给出一些概率测度的例子。这些改动有助于沟通测度论与概率论之间的密切联系。泛函分析部分,全面介绍有限秩算子、全连续算子和弗雷德霍姆算子及指标的概念,希望弥补前三版这部分内容的缺憾。同时,适当补充数字资源(以图标 示意)。

　　本书初版的主持者程其襄先生已于 2000 年仙逝,先后参与写作的魏国强、王漱石也不幸故去。为了使本书的作者后继有人,这一版的修订工作由胡善文、薛以锋两位教授承担。他们都是华东师范大学算子代数研究团队的核心成员。

　　对于本书存在的缺陷和问题,非常欢迎读者批评指出,我们将努力改正。

张奠宙

2018 年 6 月

于华东师范大学数学科学学院

第三版前言

第二版前言

目录

第一篇　实变函数

第二篇　泛　函　分　析

第一篇
实变函数

常常听说"实变函数很难学".确实,在 20 世纪 50 年代,一位数学系的老师能够讲授实变函数论,往往就能使学生们刮目相看.可是,半个多世纪过去了,大学数学系的学生成倍、甚至几十倍地增加,大家都会学一些实变函数,实变函数也就不神秘了.时至今日,甚至一些工程师也需要知道一点"勒贝格积分",把平方可积函数空间当作一种常识.

实变函数论是 19 世纪末 20 世纪初,主要由法国数学家勒贝格(Lebesgue)创立的.它是普通微积分学的继续,其目的是想克服牛顿和莱布尼茨所建立的微积分学存在的缺点,使得微分和积分的运算更加对称、更加完美.

我们以前学过的微积分,有一个明显的不足:黎曼(Riemann)意义下可积的函数类太少.例如,定义在 $[0,1]$ 上的狄利克雷(Dirichlet)函数 $D(x)$(有理数点上取值 1,无理数点上取值 0),看上去非常简单,但是它不可积(黎曼意义下).于是数学家们想到,这大概是黎曼积分的定义有问题了,应该引进一种新的积分才是.这就是勒贝格研究实变函数的出发点.

那么黎曼积分究竟有什么缺陷呢? 让我们细细咀嚼一下黎曼积分的定义.对一个由 $y=f(x)$ 围成的曲边梯形来说,要求它的面积,总是用内填外包法:首先将定义区间分割为小区间;然后以小区间 Δ_i 的长度为底、函数在 Δ_i 上的下确界 m_i 为高的那些矩形内填,并且以相同的底、函数在 Δ_i 上的上确界 M_i 为高的那些矩形外包;如果在每个小区间内函数值的差别很小(连续函数就是这样,小区间上函数的上下确界 M_i 和 m_i 差别不大),那么当把区间分得很细的时候,能使这种差别的总和很小,那么内填、外包的矩形面积之差可以无限小,彼此都趋于一个定值 L,这就得到了定积分

$$\sum_i m_i \Delta x_i \leqslant \sum_i f(\xi_i) \Delta x_i \leqslant \sum_i M_i \Delta x_i.$$

$$L$$

$$(*)$$

回过头来看看狄利克雷函数 $D(x)$,不管把 $[0,1]$ 区间划分成多么小的 n 个区间,每个小区间里都有无理数和有理数,$D(x)$ 的函数值分别取值 0 和 1,它们彼此之差处处都是 1.($*$)式的左端恒为 0,右端恒为 1,不会趋于相同的值,于是在黎曼意义下就是"不可积"的了.

如上所述,用黎曼积分求曲边梯形的面积,是用以 Δx_i 为底边的那些矩形进行"内填外包"的.那么,我们能不能换个思路,变为用 Δy_i 为底边的矩形去内填外包呢? 记得苏轼咏庐山诗有"横看成岭侧成峰"的意境,恰好可以形容这一思想.勒贝格自己也曾经这样比喻说:假如我们要数一堆硬币,你可以一叠叠地竖着数,也可以一层层横着数(如图 0.1).这就是说,求曲边梯形面积时不要去分定义域 $[0,1]$,而是分值域,把函数值相差不多的那些点集放在一起考虑,用横放着的小矩形面积之和加以逼近,这样岂不是柳暗花明又一村了吗?(如图 0.2)仍以 $D(x)$ 为例,它只取两个函数值 0 和 1,取 0 的是 $[0,1]$ 中的无理数集 I,取 1 的是 $[0,1]$ 中的有理数集 Q.假定 I 的"长度"是 $m(I)=1$,Q 的长度 $m(Q)$ 是 0,不管把 y 轴上的 $[0,1]$ 区间分得如何细,因为 $D(x)$ 只有两个值,它和 $[0,1]$ 构成的曲边梯形"面积"始终是

$$1 \cdot m(Q) + 0 \cdot m(I).$$

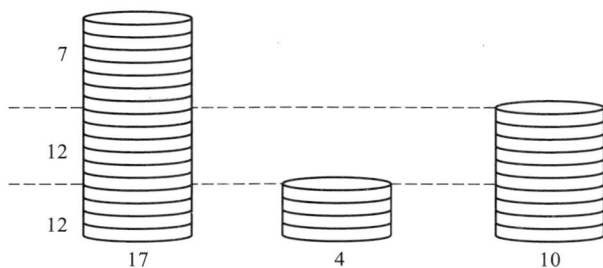

图 0.1　横着数、竖着数都是 31

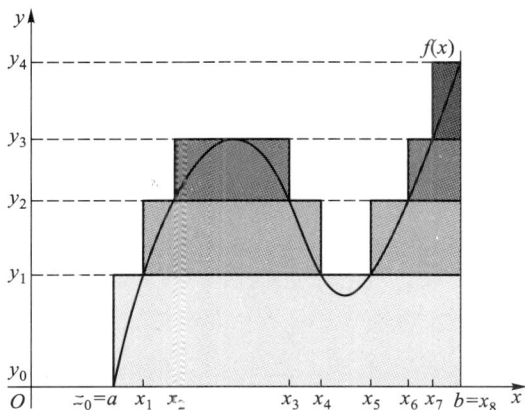

图 0.2　勒贝格积分示意图

上图是由 $y=f(x)$, $y=0$, $x=a$, $x=b$ 围成的曲边梯形面积,可以用横向
分割方式形成的矩形面积近似地加以表示:

$$(a-a)(y_1-y_0)+[(x_4-x_1)+(b-x_5)](y_2-y_1)+$$
$$[(x_3-x_2)+(x-x_6)](y_3-y_2)+(b-x_7)(y_4-y_3).$$

这样,问题就归结为如何来确定 $m(Q)$ 和 $m(I)$ 了.众所周知,在微积分课程里, Q, I 之类的集合是没有"长度"的.这要求我们重新制定一套理论.按照勒贝格创立的测度论, $m(Q)=0$, $m(I)=1$,于是 $D(x)$ 的勒贝格积分该是 0,问题迎刃而解!

本书的内容就顺着勒贝格的思路走,先讨论集合,再讨论集合的"长度",即测度.然后定义新的积分,并找出和某种微分的关系.实变函数的理论,就这样顺理成章地展开了.亲爱的读者,只要你把握住了这条思路,你就不会觉得实变函数的概念像是"帽子里突然跑出了一只兔子",而是合情合理、明白可亲的一门学问了.

第一章
集合

早在中学里我们就已接触过集合的概念,以及集合的并、交、补的运算,因此本章的前两节具有复习性质.不过,无限多个集合的并与交,是以前没有接触过的.它在本书中常常要用到,是学习实变函数论时的一项基本功.

康托尔(Cantor)在 19 世纪创立了"集合论",对无限集合也以大小、多少来分.例如他断言:全体实数比全体有理数"多".这是数学向无限王国挺进的重要里程碑,也是实变函数论的出发点.

实变函数论建立在实数理论和集合论的基础之上,对于实数的性质,我们假定读者已经学过,所以本书只是介绍集合论方面的基本知识.

§1 集合的表示

集合是数学中所谓原始概念之一,不能用别的概念加以定义.就目前来说,我们只要求掌握以下朴素的说法:

"在一定范围内的个体事物的全体,当将它们看作一个整体时,我们把这个整体称为一个集合,其中每个个体事物叫做该集合的元素."

顺便说明一下,一个集合的各个元素必须是彼此互异的;哪些事物是给定集合的元素必须是明确的.下面举出几个集合的例子.

例1 4,7,8,3 四个自然数构成的集合.

例2 全体自然数.

例3 0 与 1 之间的实数全体.

例4 平面上的向量全体.

例5 [0,1]上的所有实函数全体.

例6 A,B,C 三个字母构成的集合.

"全体高个子"并不构成一个集合.因为一个人究竟算不算"高个子"并没有明确的界限,有时难以判断他是否属于这个集合.

1. 集合的表示

一个具体集合 A 可以通过列举其元素 $a,b,c,\cdots$ 来定义,可记为

$$A = \{a,b,c,\cdots\},$$

也可以通过该集合中的各元素必须且只需满足的条件 p 来定义,并记为

$$A = \{x : x \text{ 满足条件 } p\}.$$

如例 1 可表示为 $\{4,7,8,3\}$,例 3 可表示为 $\{x : x \in (0,1)\}$.

设 A 是一个集合,x 是 A 的元素,我们称 x 属于 A,记为 $x \in A.$ x 不是 A 的元素,称 x 不属于 A,记为 $x \notin A$ 或 $x \bar{\in} A$.

为表达方便起见,$\varnothing$ 表示不含任何元素的空集,例如

$$\{x : \sin x > 1\} = \varnothing.$$

习惯上,$\mathbf{N}$ 表示自然数集,$\mathbf{Z}$ 表示整数集,$\mathbf{Q}$ 表示有理数集,$\mathbf{R}$ 表示实数集.

设 $f(x)$ 是定义在 E 上的函数,记 $f(E) = \{f(x) : x \in E\}$,称之为 f 的值域.若 D 是 $\mathbf{R}$ 中的集合,则 $f^{-1}(D) = \{x : x \in E, f(x) \in D\}$,称之为 D 的原像,在不致混淆时,$\{x : x \in E, f(x) \text{ 满足条件 } p\}$ 可简写成 $\{x : f(x) \text{ 满足条件 } p\}$.

2. 集合包含关系

若集合 A 和 B 满足关系:对任意 $x \in A$,可得到 $x \in B$,则称 A 是 B 的子集,记为 $A \subset B$ 或 $B \supset A.$若 $A \subset B$ 但 A 并不与 B 相同,则称 A 是 B 的真子集.

例 7　若 $f(x)$ 在 $\mathbf{R}$ 上定义,且在 $[a,b]$ 上有上界 M,即对任意 $x \in [a,b]$ 有 $f(x) \leqslant M$.用集合语言表示为:$[a,b] \subset \{x : f(x) \leqslant M\}$.

用集合语言描述函数性质,是实变函数中的常用方法,请再看下例.

例 8　若 $f(x)$ 在 $\mathbf{R}$ 上连续,任意取定 $x_0 \in \mathbf{R}$,则对任意 $\varepsilon > 0$,存在 $\delta > 0$,使得对任意 $x \in (x_0 - \delta, x_0 + \delta)$ 有 $|f(x) - f(x_0)| < \varepsilon$,即

$$f((x_0 - \delta, x_0 + \delta)) \subset (f(x_0) - \varepsilon, f(x_0) + \varepsilon).$$

3. 集合相等

若集合 A 和 B 满足关系:$A \subset B$ 且 $B \subset A$,则称 A 和 B 相等,记为 $A = B$.

例 9　设 $f(x)$ 在 $\mathbf{R}$ 上定义,且在 $\mathbf{R}$ 上有上界 M,则

$$\mathbf{R} = \{x : f(x) \leqslant M\} = \{x : f(x) \leqslant M + 1\}.$$

例 10　若 $f(x)$ 在 $[a,b]$ 上连续,则由连续函数的性质,$f([a,b]) = [m,M]$,其中

$$m = \min\{f(x) : x \in [a,b]\}, \quad M = \max\{f(x) : x \in [a,b]\}.$$

§2　集合的运算

从给定的一些集合出发,我们可以通过所谓"集合的运算"作出一些新的集合,其中最常用的运算有"并""交""减法"三种.实变函数中大量使用"无限并"和"无限交"的运算.

1. 集合的并集

设 A, B 是任意两个集合.设 C 由一切或属于 A 或属于 B 的元素所组成,则我们称 C 为 A 与 B 的并集或和集,简称为并或和,记为 $C = A \cup B$.它可表示为

$$A \cup B = \{x : x \in A \text{ 或 } x \in B\}.$$

图 1.1 是 $A \cup B$ 的示意图.

并集的概念可以推广到任意多个集合的情形. 设有一族集合 $\{A_\alpha : \alpha \in \Lambda\}$, 其中 α 是在固定指标集 Λ 中变化的指标; 则由一切 A_α ($\alpha \in \Lambda$) 的所有元素组成的集合称为这族集合的并集或和集, 记为 $\bigcup\limits_{\alpha \in \Lambda} A_\alpha$, 它可表示为

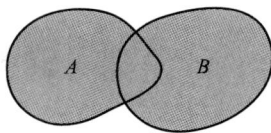

图 1.1

$$\bigcup_{\alpha \in \Lambda} A_\alpha = \{x : 存在某个 \alpha \in \Lambda, 使 x \in A_\alpha\}.$$

注意, 按照集合的定义, 重复出现在两个被并集合中的元素在作并运算时只能算一次.

习惯上, 当 $\Lambda = \{1, 2, \cdots, k\}$ 为有限集时, $A = \bigcup\limits_{\alpha \in \Lambda} A_\alpha$ 写成 $A = \bigcup\limits_{n=1}^{k} A_n$, 而 $A = \bigcup\limits_{n \in \mathbf{N}} A_n$ 写成 $A = \bigcup\limits_{n=1}^{\infty} A_n$.

例 1 设 $f(x)$ 和 $g(x)$ 是定义在 E 上的函数, 则对任意 $c \in \mathbf{R}$,
$$\{x : \max\{f(x), g(x)\} > c\} = \{x : f(x) > c\} \cup \{x : g(x) > c\}.$$

例 2 $(a, b) = \bigcup\limits_{n=1}^{\infty} \left[a + \dfrac{1}{n}, b - \dfrac{1}{n}\right]$

例 3 若记 $\mathbf{Q}_n = \left\{\dfrac{m}{n} : m \in \mathbf{Z}\right\}$, $n = 1, 2, \cdots$, 则 $\mathbf{Q} = \bigcup\limits_{n=1}^{\infty} \mathbf{Q}_n$.

例 4 若 $\{I_\alpha : \alpha \in \Lambda\}$ 是一族开区间, 而 $[a, b] \subset \bigcup\limits_{\alpha \in \Lambda} I_\alpha$, 则存在 $\{\alpha_1, \alpha_2, \cdots, \alpha_k\} \subset \Lambda$, 使得 $[a, b] \subset \bigcup\limits_{i=1}^{k} I_{\alpha_i}$ (有限覆盖定理).

例 5 若 $f(x)$ 是定义在 E 上的函数, 则 $\{x : f(x) > 0\} = \bigcup\limits_{n=1}^{\infty} \left\{x : f(x) > \dfrac{1}{n}\right\}$.

2. 集合的交集

设 A, B 是任意两个集合. 由一切既属于 A 又属于 B 的元素组成的集合 C, 称为 A 和 B 的交集或积集, 简称为交或积, 记为 $C = A \cap B$. 它可以表示为
$$A \cap E = \{x : x \in A 且 x \in B\},$$
如图 1.2 所示.

交的概念也可以推广到任意多个集合的情形. 设 $\{A_\alpha : \alpha \in \Lambda\}$ 是任意集族, 其中 α 是指标, Λ 是指标集; 则由一切同时属于每个 A_α ($\alpha \in \Lambda$) 的元素所组成的集, 称为该集族的交或积, 记为 $\bigcap\limits_{\alpha \in \Lambda} A_\alpha$, 它可以表示为

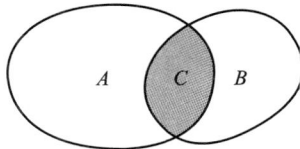

图 1.2

$$\bigcap_{\alpha \in \Lambda} A_\alpha = \{x : 对任意 \alpha \in \Lambda 有 x \in A_\alpha\}.$$

若 $\bigcap\limits_{\alpha \in \Lambda} A_\alpha = \varnothing$, 说明所有 A_α 没有公共元素.

习惯上, 当 $\Lambda = \{1, 2, \cdots, k\}$ 为有限集时, $A = \bigcap\limits_{\alpha \in \Lambda} A_\alpha$ 写成 $A = \bigcap\limits_{n=1}^{k} A_n$, 而 $A = \bigcap\limits_{n \in \mathbf{N}} A_n$ 写成 $A = \bigcap\limits_{n=1}^{\infty} A_n$.

例 6 若 $f(x)$ 是定义在 E 上的函数, 则 $\{x : a < f(x) \leqslant b\} = \{x : f(x) > a\} \cap \{x : f(x) \leqslant b\}$.

例 7 若 $[a_n, b_n] \subset [a_{n-1}, b_{n-1}]$, $n = 1, 2, \cdots$, 且 $\lim\limits_{n \to \infty} (b_n - a_n) = 0$, 则存在唯一 $a \in \mathbf{R}$,

使得 $a \in [a_n, b_n]$, $n = 1, 2, \cdots$, 即 $\{a\} = \bigcap\limits_{n=1}^{\infty} [a_n, b_n]$（区间套定理）.

例 8 若 $\{f_n(x)\}$ 是定义在 E 上的一列函数, 则对任意 $c \in \mathbf{R}$,

（1）$\left\{x : \sup\limits_{n} f_n(x) \leqslant c\right\} = \bigcap\limits_{n=1}^{\infty} \{x : f_n(x) \leqslant c\}$;

（2）$\left\{x : \sup\limits_{n} f_n(x) > c\right\} = \bigcup\limits_{n=1}^{\infty} \{x : f_n(x) > c\}$.

证明 我们只证明（1）,（2）的证明类似, 请读者自证.

若 $x \in \{x : \sup\limits_{n} f_n(x) \leqslant c\}$, 则对任意 n, $f_n(x) \leqslant \sup\limits_{n} \{f_n(x)\} \leqslant c$, 即 $x \in \{x : f_n(x) \leqslant c\}$. 由 n 的任意性, $x \in \bigcap\limits_{n=1}^{\infty} \{x : f_n(x) \leqslant c\}$; 反之, 若 $x \in \bigcap\limits_{n=1}^{\infty} \{x : f_n(x) \leqslant c\}$, 则对任意 n, $f_n(x) \leqslant c$, 因此 c 是 $\{f_n(x)\}$ 的一个上界, 于是 $\sup\limits_{n} \{f_n(x)\} \leqslant c$, 即 $x \in \{x : \sup\limits_{n} f_n(x) \leqslant c\}$. $\quad\square$

关于集合的并和交显然有下面的事实.

定理 1　（1）$A \cup B = B \cup A$, $A \cap B = B \cap A$;　（交换律）

（2）$A \cup (B \cup C) = (A \cup B) \cup C$,

　　　$A \cap (B \cap C) = (A \cap B) \cap C$;　　（结合律）

（3）$A \cap (B \cup C) = (A \cap B) \cup (A \cap C)$,

　　　$A \cap \left(\bigcup\limits_{\alpha \in \Lambda} B_\alpha \right) = \bigcup\limits_{\alpha \in \Lambda} (A \cap B_\alpha)$;　　（分配律）

（4）$A \cup A = A$, $A \cap A = A$.

证明 我们只证 $A \cap \left(\bigcup\limits_{\alpha \in \Lambda} B_\alpha \right) = \bigcup\limits_{\alpha \in \Lambda} (A \cap B_\alpha)$.

先设 $x \in A \cap \left(\bigcup\limits_{\alpha \in \Lambda} B_\alpha \right)$, 则 $x \in A$ 且有 $\alpha_0 \in \Lambda$, 使 $x \in B_{\alpha_0}$. 于是

$$x \in A \cap B_{\alpha_0} \subset \bigcup\limits_{\alpha \in \Lambda} (A \cap B_\alpha),$$

这证明了

$$A \cap \left(\bigcup\limits_{\alpha \in \Lambda} B_\alpha \right) \subset \bigcup\limits_{\alpha \in \Lambda} (A \cap B_\alpha).$$

再证反过来的包含关系. 设 $x \in \bigcup\limits_{\alpha \in \Lambda} (A \cap B_\alpha)$, 则有 $\alpha_0 \in \Lambda$, 使 $x \in A \cap B_{\alpha_0}$, 此即 $x \in A$, $x \in B_{\alpha_0}$, 当然更有 $x \in \bigcup\limits_{\alpha \in \Lambda} B_\alpha$. 因此 $x \in A \cap \left(\bigcup\limits_{\alpha \in \Lambda} B_\alpha \right)$. 于是

$$\bigcup\limits_{\alpha \in \Lambda} (A \cap B_\alpha) \subset A \cap \left(\bigcup\limits_{\alpha \in \Lambda} B_\alpha \right).$$

综合起来, 便得等式成立.　$\quad\square$

这表明, 集合运算的分配律, 在"无限并"的情况下依然成立.

3. 集合的差集和补集

若 A 和 B 是集合, 称 $A \backslash B = \{x : x \in A$ 且 $x \notin B\}$ 为 A 和 B 的差集. 图 1.3 是 $A \backslash B$ 的示意图.

当我们讨论的集合都是某一个大集合 S（称为全集）的子集时, 我们称 $S \backslash A$ 为 A 的补集, 并记 $S \backslash A = A^c$. 在欧氏空间 $\mathbf{R}^n$ 中, $\mathbf{R}^n \backslash A$ 写成 A^c.

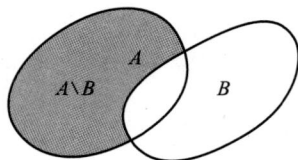

图 1.3

当全集确定时, 显然 $A \backslash B = A \cap B^c$, 因此研究差集运算可通过研究补集运算来实现.

例 9 $\mathbf{Q}^c = \{x : x$ 是无理数$\}$.

例 10 若 $f(x)$ 定义在集合 E 上，$S = E$，则

$$\{x : f(x) > a\}^c = \{x : f(x) \le a\}.$$

在集合论中处理差集或补集运算式时常用以下公式.

定理 2（德摩根（De Morgan）公式） **若 $\{A_\alpha : \alpha \in \Lambda\}$ 是一族集合，则**

（1）$\left(\bigcup\limits_{\alpha \in \Lambda} A_\alpha \right)^c = \bigcap\limits_{\alpha \in \Lambda} A_\alpha^c$；

（2）$\left(\bigcap\limits_{\alpha \in \Lambda} A_\alpha \right)^c = \bigcup\limits_{\alpha \in \Lambda} A_\alpha^c$.

证明 （1）的证明. 设 $x \in \left(\bigcup\limits_{\alpha \in \Lambda} A_\alpha \right)^c$，则 $x \notin \bigcup\limits_{\alpha \in \Lambda} A_\alpha$，因此对任意 $\alpha \in \Lambda$，$x \notin A_\alpha$，即对任意 $\alpha \in \Lambda$，$x \in A_\alpha^c$，从而 $x \in \bigcap\limits_{\alpha \in \Lambda} A_\alpha^c$. 反之，设 $x \in \bigcap\limits_{\alpha \in \Lambda} A_\alpha^c$，则对任意 $\alpha \in \Lambda$，$x \in A_\alpha^c$，即对任意 $\alpha \in \Lambda$，$x \notin A_\alpha$，则 $x \notin \bigcup\limits_{\alpha \in \Lambda} A_\alpha$，从而 $x \in \left(\bigcup\limits_{\alpha \in \Lambda} A_\alpha \right)^c$. 综合可得 $\left(\bigcup\limits_{\alpha \in \Lambda} A_\alpha \right)^c = \bigcap\limits_{\alpha \in \Lambda} A_\alpha^c$. $\square$

（2）的证明留给读者.

例 11 设 $\{f_n(x)\}$ 是定义在 E 上的函数列. 若 $x \in E$，则 $\{f_n(x)\}$ 有界的充要条件是存在 $M > 0$，使得对任意 n，$|f_n(x)| \le M$. **注意到与"存在"相对应的是并集运算，与"任意"相对应的是交集运算**，从而

$$\{x : \{f_n(x)\} \text{ 有界}\} = \bigcup\limits_{M \in \mathbf{R}^+} \bigcap\limits_{n=1}^{\infty} \{x : |f_n(x)| \le M\}.$$

用德摩根公式，有

$$\{x : \{f_n(x)\} \text{ 无界}\} = \left(\bigcup\limits_{M \in \mathbf{R}^+} \bigcap\limits_{n=1}^{\infty} \{x : |f_n(x)| \le M\} \right)^c$$

$$= \bigcap\limits_{M \in \mathbf{R}^+} \bigcup\limits_{n=1}^{\infty} \{x : |f_n(x)| > M\},$$

其中 $\mathbf{R}^+$ 为正实数集.

数学分析中的很多定义、命题涉及"任意"和"存在"这两个逻辑量词，它们的否定说法是把"任意"改为"存在"，而把"存在"改为"任意". 在集合论中，德摩根公式很好地反映了数学分析中这种论述的合理性.

请读者注意：我们怎样把描写函数列性质的 ε-N 语言，转换为集合语言.

例 12 设 $\{f_n(x)\}$ 是定义在 E 上的函数列，若 x 是使 $\{f_n(x)\}$ 收敛于 0 的点，则对任意 $\varepsilon > 0$，存在 $N \in \mathbf{N}$，使得对任意 $n \ge N$，$|f_n(x)| < \varepsilon$，即

$$\{x : \lim_{n \to \infty} f_n(x) = 0\} = \bigcap\limits_{\varepsilon \in \mathbf{R}^+} \bigcup\limits_{N=1}^{\infty} \bigcap\limits_{n=N}^{\infty} \{x : |f_n(x)| < \varepsilon\}. \tag{1}$$

若用分步分析，更容易理解，即

$$x \in \{x : \lim_{n \to \infty} f_n(x) = 0\}$$

$$\Leftrightarrow \text{对任意 } \varepsilon > 0, \text{存在 } N, \text{对任意 } n \ge N, |f_n(x)| < \varepsilon$$

$$\Leftrightarrow \text{对任意 } \varepsilon > 0, \text{存在 } N, x \in \bigcap\limits_{n=N}^{\infty} \{x : |f_n(x)| < \varepsilon\}$$

$$\Leftrightarrow \text{对任意 } \varepsilon > 0, x \in \bigcup\limits_{N=1}^{\infty} \bigcap\limits_{n=N}^{\infty} \{x : |f_n(x)| < \varepsilon\}$$

$$\Leftrightarrow x \in \bigcap\limits_{\varepsilon \in \mathbf{R}^+} \bigcup\limits_{N=1}^{\infty} \bigcap\limits_{n=N}^{\infty} \{x : |f_n(x)| < \varepsilon\}.$$

用德摩根公式

$$\{x:\lim_{n\to\infty}f_n(x)\neq 0 \text{ 或不存在}\}=\bigcup_{\varepsilon\in\mathbf{R}^+}\bigcap_{N=1}^{\infty}\bigcup_{n=N}^{\infty}\{x:|f_n(x)|\geqslant\varepsilon\}. \tag{2}$$

三重的"交""并"运算,在以后各章会多次出现.

4. 集合列的上极限和下极限

设 $A_1,A_2,\cdots,A_n,\cdots$ 是任意一列集.由属于上述集列中无限多个集合的那种元素的全体所组成的集合称为这一集列的**上极限**,记为 $\overline{\lim_{n\to\infty}}A_n$ 或 $\limsup A_n$.它可表示为

$$\overline{\lim_{n\to\infty}}A_n=\{x:\text{存在无穷多个 }A_n,\text{使 }x\in A_n\}.$$

读者不难证明:$\overline{\lim_{n\to\infty}}A_n=\{x:\text{对任意 }N>0,\text{存在 }n>N,\text{使 }x\in A_n\}.$

对集列 $A_1,A_2,\cdots,A_n,\cdots$ 那种除有限个下标外,属于集列中每个集合的元素全体所组成的集合称为这一集列的**下极限**,记为 $\varliminf_{n\to\infty}A_n$ 或 $\liminf_{n\to\infty}A_n$,它可表示为

$$\varliminf_{n\to\infty}A_n=\{x:\text{当 }n\text{ 充分大以后都有 }x\in A_n\}.$$

显然 $\varliminf_{n\to\infty}A_n\subset\overline{\lim_{n\to\infty}}A_n$.

例 13　设 A_n 是如下一列点集:

$$A_{2m+1}=\left[0,2-\frac{1}{2m+1}\right],\quad m=0,1,2,\cdots,$$

$$A_{2m}=\left[0,1+\frac{1}{2m}\right],\quad m=1,2,3,\cdots.$$

我们来确定 $\{A_n\}$ 的上极限和下极限.

因为闭区间 $[0,1]$ 中的点属于每个 $A_n,n=1,2,3,\cdots$,而对于开区间 $(1,2)$ 中的每个点 x,必存在正整数 $N(x)$,使得当 $m>N(x)$ 时,

$$1+\frac{1}{2m}<x\leqslant 2-\frac{1}{2m+1},$$

即当 $m>N(x)$ 时,$x\notin A_{2m}$,但 $x\in A_{2m+1}$,换句话说,对于开区间 $(1,2)$ 中的 x,具有充分大的奇数指标的集都含有 x,即 $\{A_n\}$ 中有无限多个集合含有 x,而充分大的偶数指标的集都不含有 x,即 $\{A_n\}$ 中不含 x 的集不会是有限个.又区间 $[0,2)$ 以外的点都不属于任何 A_n,因此

$$\overline{\lim_{n\to\infty}}A_n=[0,2),\quad\varliminf_{n\to\infty}A_n=[0,1].$$

例 14　设 $\lim_{n\to\infty}a_n=a$,则对任意 $\varepsilon>0$,除有限个 a_n 外,$a_n\in(a-\varepsilon,a+\varepsilon)$,即除有限个 n 外,$a\in(a_n-\varepsilon,a_n+\varepsilon)$,因此 $a\in\varliminf_{n\to\infty}\{x:|x-a_n|<\varepsilon\}$.由 ε 的任意性 $a\in\bigcap_{\varepsilon\in\mathbf{R}^+}\varliminf_{n\to\infty}\{x:|x-a_n|<\varepsilon\}$.再由极限的唯一性,

$$\{a\}=\bigcap_{\varepsilon\in\mathbf{R}^+}\varliminf_{n\to\infty}\{x:|x-a_n|<\varepsilon\}.$$

上、下极限还可以用交集与并集来表示.

定理 3

$$(1)\ \overline{\lim_{n\to\infty}}A_n=\bigcap_{n=1}^{\infty}\bigcup_{m=n}^{\infty}A_m;\qquad(2)\ \varliminf_{n\to\infty}A_n=\bigcup_{n=1}^{\infty}\bigcap_{m=n}^{\infty}A_m.$$

证明　我们利用

$$\varlimsup_{n\to\infty}A_n = \{x: \text{对任意 } N>0, \text{存在 } n>N, \text{使 } x\in A_n\}$$

来证明（1）.记 $A = \varlimsup_{n\to\infty}A_n$, $B = \bigcap_{n=1}^{\infty}\bigcup_{m=n}^{\infty}A_m$.设 $x\in A$,则对任意取定的 n,总有 $m>n$,使 $x\in A_m$,即对任何 n,总有 $x\in \bigcup_{m=n}^{\infty}A_m$,故 $x\in B$.反之,设 $x\in B$,则对任意的 $N>0$,总有 $x\in \bigcup_{m=N+1}^{\infty}A_m$,即总存在 $m>N$,有 $x\in A_m$,所以 $x\in A$,因此 $A=B$,即 $\varlimsup_{n\to\infty}A_n = \bigcap_{n=1}^{\infty}\bigcup_{m=n}^{\infty}A_m$.

（2）可同样证明.　□

用定理 3,例 12 中的（1）式和（2）式分别可简写为

$$\{x:\lim_{n\to\infty}f_n(x)=0\} = \bigcap_{\varepsilon\in\mathbf{R}^+}\varliminf_{n\to\infty}\{x:|f_n(x)|<\varepsilon\},$$

$$\{x:\lim_{n\to\infty}f_n(x)\neq 0 \text{ 或不存在}\} = \bigcup_{\varepsilon\in\mathbf{R}^+}\varlimsup_{n\to\infty}\{x:|f_n(x)|\geq\varepsilon\}.$$

如果 $\varlimsup_{n\to\infty}A_n = \varliminf_{n\to\infty}A_n$,则称 $\{A_n\}$ 收敛,记为 $\lim A_n$.若极限允许取 $\pm\infty$,则单调数列总有极限,在集合论中也有类似结论.

5. 单调集列

如果集列 $\{A_n\}$ 满足 $A_n\subset A_{n+1}(A_n\supset A_{n+1})$, $n=1,2,3,\cdots$,则称 $\{A_n\}$ 为增加（减少）集列.增加与减少的集列统称为单调集列.容易证明:单调集列是收敛的.如果 $\{A_n\}$ 增加,则 $\lim_{n\to\infty}A_n = \bigcup_{n=1}^{\infty}A_n$,如果 $\{A_n\}$ 减少,则 $\lim_{n\to\infty}A_n = \bigcap_{n=1}^{\infty}A_n$.请读者自证.

例 15　设 $f(x)$ 是定义在 E 上的有限函数,若 $F_n = \{x:|f(x)|\geq\frac{1}{n}\}$, $n=1,2,\cdots$,则 $\{F_n\}$ 是增加集列,且

$$\lim_{n\to\infty}F_n = \bigcup_{n=1}^{\infty}\left\{x:|f(x)|\geq\frac{1}{n}\right\} = \{x:f(x)\neq 0\};$$

若 $E_n = \{x:f(x)>n\}$, $n=1,2,\cdots$,则 $\{E_n\}$ 是减少集列,易知

$$\lim_{n\to\infty}E_n = \bigcap_{n=1}^{\infty}\{x:f(x)>n\} = \varnothing.$$

6. 集合的直积

若 $A_i(i=1,2,\cdots,n)$ 是集合,则 $A = \{(x_1,x_2,\cdots,x_n):x_i\in A_i, i=1,2,\cdots,n\}$ 称为 $A_i(i=1,2,\cdots,n)$ 的直积,记为

$$\prod_{i=1}^{n}A_i \text{ 或 } A_1\times A_2\times\cdots\times A_n.$$

类似地,

$$\prod_{i=1}^{\infty}A_i = A_1\times A_2\times\cdots = \{(x_1,x_2,\cdots):x_i\in A_i, i=1,2,\cdots\},$$

若 $A_i = A(i=1,2,\cdots)$,则

$$\prod_{i=1}^{n}A_i = A^n, \quad \prod_{i=1}^{\infty}A_i = A^{\infty}.$$

§3　对等与基数

本节主要研究集合中元素的"个数"的多少,以及怎样从有限集推广到无限集.

集合可分为两类——有限集合与无限集合,空集与只含有有限多个元素的集合称为有限集,其余的称为无限集.如通常所认为的那样,空集所含元素的个数为 0,而非空有限集的典型特性应该是具有一个标志其元素个数的正整数,而确定非空有限集 A 中元素个数的方法是把 A 中元素一个一个地"数".这等于将 A 中各元素按任一方式给它们编号,即 $A = \{a_1, a_2, \cdots, a_n\}$,其中 $i \neq k$ 时,a_i 和 a_k 是不同的元素.这样就把 A 和正整数列的某一截段 $\{1, 2, \cdots, n\}$ 一对一地对应起来,最后对应的一个正整数 n 显然就是 A 的元素"个数".由此不难推知,两个非空有限集合元素个数相同的充要条件,是它们能够和正整数列的同一截段一一对应,而这又等价于这两个集合彼此一一对应.我们打个比方.在一个大教室里,如果每个人都有一个座位,而且每个座位上都有且只有一个人,那么我们根本不用一个一个地去"数",便立刻知道教室中人数和座位数是相同的.

上述的讨论虽然只适用于非空有限集,但是一一对应的思想却不限于非空有限集.它将帮助我们把元素个数的概念推广到无限集.

以上只是一个朴素的说明.现在我们从严格意义上给出映射和一一对应的概念.

定义 1　设 A, B 为两个非空集合,如果有某一法则 φ,使每个 $x \in A$ 有唯一确定的 $y \in B$ 和它对应,则称 φ 为 A 到 B 内的映射,记为

$$\varphi : A \longrightarrow B.$$

当映射 φ 使 y 和 x 对应时,y 称为 x 在映射 φ 下的像,记作 $y = \varphi(x)$,

对任意 $E \subset A$,称 $\varphi(E) = \{y : y = f(x), x \in E\}$ 为 A 在 φ 下的像集.若 $F \subset B$,称 $\varphi^{-1}(F) = \{x : \varphi(x) \in F\}$ 为 F 关于 φ 的原像.

定义 2　设 $\varphi : A \to B$,称 φ 为

(1) 单射:若由任意 $x, y \in A$,$\varphi(x) = \varphi(y)$,可推得 $x = y$;

(2) 满射:若对任意 $y \in B$,存在 $x \in A$,使得 $\varphi(x) = y$;

(3) 双射:若 φ 既是单射又是满射.

定义 3　设 φ 是从 A 到 B 上的一个双射,则对任意 $y \in B$,存在唯一 $x \in A$,使 $y = \varphi(x)$,称 $\sigma(y) = x$ 所定义的映射 $\sigma : B \to A$ 为 φ 的逆映射,记为 $\sigma = \varphi^{-1} : B \to A$.

定义 4　设 $\varphi : A \to B$,$\psi : B \to C$,则称 $\rho(x) = \psi(\varphi(x))$ 所定义的映射 $\rho : A \to C$ 是 φ 和 ψ 的复合映射,记为 $\rho = \psi \circ \varphi : A \to C$.

定义 5　若 A, B 是非空集合,且存在双射 $\varphi : A \to B$,则称 A 与 B 对等,记为 $A \sim B$,规定 $\varnothing \sim \varnothing$.

例 1　我们可给出有限集合的一个不依赖于元素个数概念的定义:集合 A 称为有限集合,如果 $A = \varnothing$ 或者 A 和正整数的某一截段 $\{1, 2, \cdots, n\}$ 对等.

例 2　$\{$正奇数全体$\} \sim \{$正偶数全体$\}$.事实上,只要令 $\varphi(x) = x + 1$ 即可.

例 3　$\{$正整数全体$\} \sim \{$正偶数全体$\}$.这只需令 $\varphi(x) = 2x$,x 是正整数.

例 4 区间 $(0,1)$ 和全体实数 **R** 对等,只需对每个 $x \in (0,1)$,令 $\varphi(x) = \tan\left(\pi x - \dfrac{\pi}{2}\right)$.

例 5 设 A 与 B 是两个同心圆周(图 1.4),显然 $A \sim B$.事实上,对 A 上每一点 x 与同心圆的圆心的连线与 B 相交且只交于一点.值得注意的是,若将此两圆周展开为线段时,则这两条线段的长度并不相同.这告诉我们,一个较长的线段并不比另一个较短的线段含有"更多的点".例 4 还表明,无限长的"线段"也不比有限长的线段有"更多的点".

例 3 和例 4 说明,一个无限集可以和它的一个真子集对等(可以证明,这一性质正是无限集的特征,常用来作为无限集的定义).这一性质对有限集来说显然不能成立.由此可以看到无限集与有限集之间的深刻差异.

对等关系显然有以下性质:

定理 1 对任何集合 A,B,C,均有

(1) $A \sim A$ (自反性);

(2) $A \sim B$,则 $B \sim A$ (对称性);

(3) $A \sim B, B \sim C$,则 $A \sim C$ (传递性).

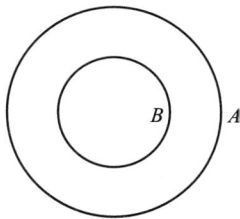

图 1.4

定义 6 若 A 和 B 对等,则称它们有相同的基数,记为 $\overline{\overline{A}} = \overline{\overline{B}}$.

定义 7 设 A,B 是两个集合,如果 A 不与 B 对等,但存在 B 的真子集 B^*,有 $A \sim B^*$,则称 A 比 B 有较小的基数(或 B 比 A 有较大的基数)并记为 $\overline{\overline{A}} < \overline{\overline{B}}$(或 $\overline{\overline{B}} > \overline{\overline{A}}$).

自然,我们要提出问题:任给两个集合 A,B,在

$$\overline{\overline{A}} < \overline{\overline{B}}, \quad \overline{\overline{A}} = \overline{\overline{B}}, \quad \overline{\overline{A}} > \overline{\overline{B}}$$

中是否必有一个成立且只有一个成立呢?回答是肯定的.但是第一个问题的论证较为复杂,不能在此讨论.以下是对第二个问题的回答.

定理 2(伯恩斯坦(Bernstein)定理) 设 A,B 是两个非空集合.如果 A 对等于 B 的一个子集,B 又对等于 A 的一个子集,那么 A 对等于 B.

注意,利用基数的说法是:设 $\overline{\overline{A}} \leqslant \overline{\overline{B}}, \overline{\overline{B}} \leqslant \overline{\overline{A}}$ 则 $\overline{\overline{A}} = \overline{\overline{B}}$.

*证明 由假设,存在 A 到 B 的子集 B_1 上的一一映射 φ_1 及 B 到 A 的子集 A_1 上的一一映射 φ_2.因为 $B_1 \subset B$,记 $A_2 = \varphi_2(B_1)$.显然 φ_2 是 B 到 A_2 上的一一映射,即

$$A \overset{\varphi_1}{\sim} B_1 \overset{\varphi_2}{\sim} A_2,$$

并且 $A_2 \subset A_1$.作映射 φ_1 和 φ_2 的复合映射 φ 如下:当 $x \in A$ 时,$\varphi(x) = \varphi_2(\varphi_1(x))$,那么 φ 实现了 A 到 A_2 上的一一对应.因为 A_1 是 A 的子集,$A_3 = \varphi(A_1)$ 是 A_2 的子集,所以

$$A_1 \overset{\varphi}{\sim} A_3,$$

并且 $A_3 \subset A_2$(图 1.5).

照这样进行下去,我们得到一列子集

$$A_1 \supset A_2 \supset A_3 \supset \cdots \supset A_n \supset \cdots.$$

于是在同一个映射 φ 之下,有

$$A \sim A_2 \sim A_4 \sim \cdots,$$

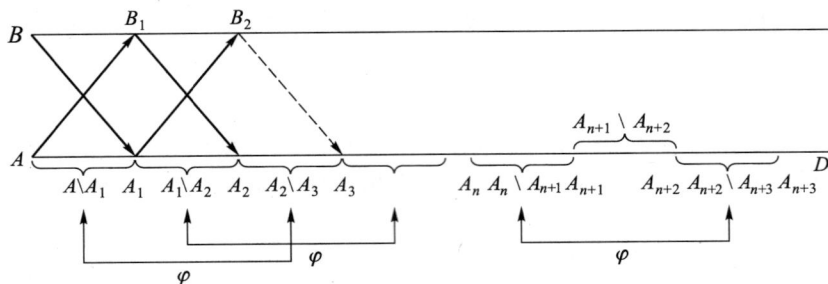

图 1.5 伯恩斯坦定理证明示意图

$$A_1 \sim A_3 \sim A_5 \sim \cdots.$$

这样我们可以把 A 分解为一系列互不相交的子集的并,即

$$A = (A \setminus A_1) \cup A_1 = (A \setminus A_1) \cup (A_1 \setminus A_2) \cup A_2$$
$$= (A \setminus A_1) \cup (A_1 \setminus A_2) \cup (A_2 \setminus A_3) \cup \cdots \cup D,$$

其中 $D = A \cap A_1 \cap A_2 \cap A_3 \cap \cdots$.

类似地,

$$A_1 = (A_1 \setminus A_2) \cup (A_2 \setminus A_3) \cup (A_3 \setminus A_4) \cup \cdots \cup D_1,$$

其中 $D_1 = A_1 \cap A_2 \cap A_3 \cap \cdots$.

易知 $D = D_1$,所以 $D \sim D_1$. 又因为映射 φ 是一一映射,容易看出

$$A \setminus A_1 \sim A_2 \setminus A_3,$$
$$A_1 \setminus A_2 \sim A_3 \setminus A_4,$$
$$\cdots\cdots\cdots\cdots$$
$$A_n \setminus A_{n+1} \sim A_{n+2} \setminus A_{n+3},$$
$$\cdots\cdots\cdots\cdots$$

显然,我们可以把 A 及 A_1 的上述分解写成

$$A = D \cup (A \setminus A_1) \cup (A_1 \setminus A_2) \cup (A_2 \setminus A_3) \cup (A_3 \setminus A_4) \cup \cdots,$$
$$A_1 = D \cup (A_2 \setminus A_3) \cup (A_1 \setminus A_2) \cup (A_4 \setminus A_5) \cup (A_3 \setminus A_4) \cup \cdots.$$

它们的对应项在映射 φ 之下是对等的,从而有 $A \sim A_1$. 而 $A_1 \sim B$,所以 $A \sim B$. □

注意,这一定理给我们提供了一个判定两个集合对等的有力工具. 作为定理的应用,我们可证明如下结论. 设 $A \supset B \supset C$,且 $A \sim C$,则 $A \sim B \sim C$. 事实上,由假设知

$$B \sim C^* \subset C \quad \text{及} \quad C \sim B^* \subset B,$$

再由伯恩斯坦定理知 $B \sim C$,从而 $A \sim B$,故 $A \sim B \sim C$.

§4 可 数 集 合

在本节中我们将较详细地讨论无限集合中最简单同时也是最常见的一类集合,即其元素能够排成一列的集合.

非空有限集合既然是那些和正整数列某一截段 $\{1, 2, \cdots, n\}$ 对等的集合,那么,在无限集合中首先受到关注的当然是那些和全体正整数所成集合对等的集合了(正整数列本身就是这种集合).

定义 凡和全体正整数所成集合 $\mathbf{Z}^+$ 对等的集合都称为<u>可数集合</u>或<u>可列集合</u>.

由于 $\mathbf{Z}^+$ 可按大小顺序排成一无穷序列

$$1,2,3,\cdots,n,\cdots,$$

因此,一个集合 A 是可数集合的充要条件为: A 可以排成一个无穷序列

$$a_1,a_2,a_3,\cdots,a_n,\cdots.$$

可数集合是无限集合,那么它在一般无限集合中处于什么地位呢?

定理 1 任何无限集合都至少包含一个可数子集.

证明 设 M 是一个无限集,因 $M\neq\varnothing$,总可以从 M 中取一元素记为 e_1,由于 M 是无限集,故 $M\setminus\{e_1\}\neq\varnothing$,于是又可以从 $M\setminus\{e_1\}$ 中取一元素,记为 e_2,显然 $e_2\in M$ 且 $e_1\neq e_2$,设已从 M 中取出 n 个这样的互异元素 $e_1,e_2,\cdots,e_n$,由于 M 是无限集,故 $M\setminus\{e_1,e_2,\cdots,e_n\}\neq\varnothing$,于是又可以从 $M\setminus\{e_1,e_2,\cdots,e_n\}$ 中取一元素,记为 e_{n+1},显然 $e_{n+1}\in M$ 且和 $e_1,e_2,\cdots,e_n$ 都不相同,这样由归纳法,我们就找到 M 的一个无限子集 $\{e_1,e_2,e_3,\cdots,e_n,\cdots\}$,它显然是一个可数集. □

该定理说明可数集的一个特征:它在所有无限集中有最小的基数.

下面的定理告诉我们可数集有怎样的子集.

定理 2 可数集合的任何无限子集必为可数集合,从而可数集合的任何子集或者是有限集或者是可数集.

证明 设 A 为可数集而 A^* 是 A 的一个无限子集,则由于 A^* 是 A 的子集,有 $\overline{\overline{A^*}}\leqslant\overline{\overline{A}}$,又由于 A^* 是无限集合,而 A 是可数集,依定理 1 有 $\overline{\overline{A^*}}\geqslant\overline{\overline{A}}$,因此按伯恩斯坦定理就有 $\overline{\overline{A^*}}=\overline{\overline{A}}$,即 A^* 也是可数集. □

下面我们来研究由可数集出发通过加法运算可产生什么样的集合.

定理 3 设 A 为可数集,B 为有限或可数集,则 $A\cup B$ 为可数集.

证明 (1)先设 $A\cap B=\varnothing$.

由于可数集总可排成无穷序列,不妨设 $A=\{a_1,a_2,\cdots\}$,$B=\{b_1,b_2,\cdots,b_n\}$(当 B 有限时)或 $B=\{b_1,b_2,\cdots,b_n,\cdots\}$(当 B 可数时).由于当 B 有限时(B 排在前,A 排在后),

$$A\cup B=\{b_1,b_2,\cdots,b_n,a_1,a_2,\cdots\};$$

又当 B 可数时(交错排列),

$$A\cup B=\{a_1,b_1,a_2,b_2,\cdots,a_n,b_n,\cdots\}.$$

可见 $A\cup B$ 总可以排成无穷序列,从而是可数集.

(2)一般情形下.

此时,令 $B^*=B\setminus A$,则 $A\cap B^*=\varnothing$,$A\cup B=A\cup B^*$,但 B^* 作为 B 的子集仍为有限或可数集(定理 2),这样就归结到(1)的情形了. □

推论 设 $A_i(i=1,2,\cdots,n)$ 是有限集或可数集,则 $\bigcup\limits_{i=1}^{n}A_i$ 也是有限集或可数集,但如果至少有一个 A_i 是可数集,则 $\bigcup\limits_{i=1}^{n}A_i$ 必为可数集.

定理 4 设 $A_i(i=1,2,3,\cdots)$ 都是可数集,则 $\bigcup\limits_{i=1}^{\infty}A_i$ 也是可数集.

证明 (1)先设 $A_i\cap A_j=\varnothing(i\neq j)$.

因 A_i 都是可数集,故可令

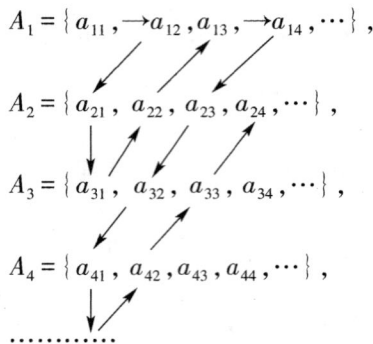

$$A_1 = \{a_{11}, a_{12}, a_{13}, a_{14}, \cdots\},$$
$$A_2 = \{a_{21}, a_{22}, a_{23}, a_{24}, \cdots\},$$
$$A_3 = \{a_{31}, a_{32}, a_{33}, a_{34}, \cdots\},$$
$$A_4 = \{a_{41}, a_{42}, a_{43}, a_{44}, \cdots\},$$
$$\cdots\cdots\cdots\cdots$$

按照箭头顺序可将 $\bigcup\limits_{i=1}^{\infty} A_i$ 排成

$$\bigcup_{i=1}^{\infty} A_i = \{a_{11}, a_{12}, a_{21}, a_{31}, a_{22}, a_{13}, a_{14}, \cdots\}.$$

因此, $\bigcup\limits_{i=1}^{\infty} A_i$ 是可数集.

注意,上面的证明当部分(不是全部) A_i 是有限集时仍可适用.

（2）一般情形下.

令 $A_1^* = A_1, A_i^* = A_i - \bigcup\limits_{j=1}^{i-1} A_j (i \geq 2)$,则 $A_i^* \cap A_j^* = \varnothing$（当 $i \neq j$ 时）,且 $\bigcup\limits_{i=1}^{\infty} A_i = \bigcup\limits_{i=1}^{\infty} A_i^*$.

易知 A_i^* 都是有限集或可数集（定理2）,如果只有有限个 A_i^* 不为空集,则由定理3的推论, $\bigcup\limits_{i=1}^{\infty} A_i^*$ 为可数集（因至少 $A_1^* = A_1$ 为可数集）,如果有无限多个（必为可数个）A_i^* 不为空集,则由（1）, $\bigcup\limits_{i=1}^{\infty} A_i^*$ 也是可数集,故在任何情形下, $\bigcup\limits_{i=1}^{\infty} A_i$ 都是可数集.　　□

今后我们用 a（或 $\aleph_0$）表示可数集的基数,则当 A_i 均为可数集合时,定理3的推论可简记为

$$n \cdot a = \underbrace{a + a + \cdots + a}_{n个} = a;$$

而本定理的结论就可简记为

$$a \cdot a = \underbrace{a + a + \cdots + a + \cdots}_{可数个} = a.$$

定理 5　**有理数全体成一可数集合.**

证明　设 $A_i = \left\{\dfrac{1}{i}, \dfrac{2}{i}, \dfrac{3}{i}, \cdots\right\}(i = 1, 2, 3, \cdots)$,则 A_i 是可数集,于是由定理4知全体正有理数成一可数集 $\mathbf{Q}^+ = \bigcup\limits_{i=1}^{\infty} A_i$,因正负有理数通过 $\varphi(r) = -r$ 成为一一对应,故全体负有理数成一可数集 $\mathbf{Q}^-$,有理数全体所成之集合 $\mathbf{Q} = \mathbf{Q}^+ \cup \mathbf{Q}^- \cup \{0\}$,故由定理3的推论知 $\mathbf{Q}$ 为可数集.　　□

应该注意,有理数在实数中是处处稠密的,即在数轴上任何小区间中都有有理数存在（并且有无穷多个）.尽管如此,全体有理数还只不过是一个和稀疏分布着的正整数全体成为一一对应的可数集.这个表面看来令人难以置信的事实,正是康托尔创立

集合论,向"无限"进军的一个重要成果,它是人类理性思维的又一胜利.

用有理数集的可数性和稠密性可推断出一些重要的结论.

例 1　设集合 A 中元素都是直线上的开区间,满足条件:若开区间 $K,J \in A$, $K \neq J$,则 $K \cap J = \varnothing$. 证明 A 是可数集或有限集.

证明　作映射 $\varphi : A \to \mathbf{Q}$. 设 $K \in A$, 由于 $\mathbf{Q}$ 在直线上稠密,任取 $r \in K \cap \mathbf{Q}$, 定义 $\varphi(K) = r$. 由于任意 $K, J \in A, K \neq J$, 有 $K \cap J = \varnothing$, 因此 φ 是 A 到 $\mathbf{Q}$ 内的单射,于是 $A \sim \varphi(A) \subset \mathbf{Q}$, 所以 $\overline{\overline{A}} \leqslant \overline{\overline{\mathbf{Q}}} = a$, 即 A 是可数集或有限集. □

定理 6　设 A_i 是可数集 $(i = 1, 2, \cdots, n)$, 则 $A = A_1 \times A_2 \times \cdots \times A_n$ 是可数集.

证明　用归纳法证明. 显然 $i = 1$ 时,结论成立. 假设已证:若 $A_i (i = 1, 2, \cdots, n-1)$ 是可数集,则 $A = A_1 \times A_2 \times \cdots \times A_{n-1}$ 是可数集. 因已知 A_n 可数,故可设 $A_n = \{x_1, x_2, \cdots, x_k, \cdots\}$. 记 $\hat{A}_k = A_1 \times A_2 \times \cdots \times A_{n-1} \times \{x_k\}$, 则 $\hat{A}_k \sim A_1 \times A_2 \times \cdots \times A_{n-1} (k = 1, 2, \cdots)$, 因此 $\hat{A}_k$ 是可数集. 又 $A \times A_2 \times \cdots \times A_n = \bigcup_{k=1}^{\infty} \hat{A}_k$, 由定理 4, $A = A_1 \times A_2 \times \cdots \times A_n$ 是可数集. □

例 2　平面上坐标为有理数的点的全体所成的集合为一可数集.

例 3　元素 $(n_1, n_2, \cdots, n_k)$ 是由 k 个正整数组成的,其全体成一可数集.

例 4　整系数多项式

$$a_0 x^n + a_1 x^{n-1} + \cdots + a_{n-1} x + a_n$$

的全体是一可数集.

证明　对任意 n, 设 A_n 是 n 次整系数多项式的全体组成的集合,则 $A_n = \{a_0 x^n + a_1 x^{n-1} + \cdots + a_n\} \sim \mathbf{Z}_0 \times \underbrace{\mathbf{Z} \times \cdots \times \mathbf{Z}}_{n \text{个}}$, 其中 $\mathbf{Z}_0 = \mathbf{Z} \backslash \{0\}$ 和 $\mathbf{Z}$ 都是可数集,因此由定理 6, A_n 是可数集. 从而整系数多项式的全体组成的集合 $A = \bigcup_{n=0}^{\infty} A_n$ 也是可数集. □

每个多项式只有有限个根,所以得下面的定理.

定理 7　代数数的全体成一可数集.

(所谓代数数,乃是整系数多项式的根.)

§5　不可数集合

到目前为止,在无限集合中我们只讨论了可数集,是不是无限集合全都是可数集合呢? 如果真是这样的话,那么所有无限集合将只能具有同一的基数,而基数概念的引进也将没有什么意义了. 下面我们将看到事实并非如此.

不是可数集合的无限集合我们称为**不可数集合**.

定理 1　全体实数所成集合 $\mathbf{R}$ 是一个不可数集合.

证明　由 §3 例 4 知 $\mathbf{R} \sim (0, 1)$, 我们只要证明 $(0, 1)$ 不是可数集就好了. 首先 $(0, 1)$ 中每一个实数 a 都可以唯一地表示为十进位无穷小数

$$a = 0.a_1 a_2 a_3 \cdots = \sum_{n=1}^{\infty} \frac{a_n}{10^n}$$

的形式,其中各 a_n 是 $0,1,\cdots,9$ 中的一个数字,不全为 9,且不以 0 为循环节,我们称实数的这种表示为一个正规表示[1].反之,每一个上述形式的无穷小数都是 $(0,1)$ 中某一实数的正规表示.

现用反证法:假设 $(0,1)$ 中的全体实数可排列成一个序列

$$(0,1) = \{a^{(1)}, a^{(2)}, a^{(3)}, \cdots\}.$$

将每个 $a^{(n)}$ 表示成正规的无穷小数:

$$a^{(1)} = 0.\, a_1^{(1)} a_2^{(1)} a_3^{(1)} \cdots,$$
$$a^{(2)} = 0.\, a_1^{(2)} a_2^{(2)} a_3^{(2)} \cdots,$$
$$a^{(3)} = 0.\, a_1^{(3)} a_2^{(3)} a_3^{(3)} \cdots,$$
$$\cdots\cdots\cdots\cdots$$

现在设法在 $(0,1)$ 中找一个与所有这些实数都不同的实数.为此利用对角线上的数字 $a_n^{(n)}$ $(n=1,2,\cdots)$ 作一个无穷小数如下:

$$0.\, a_1 a_2 a_3 \cdots, \quad \text{其中 } a_n = \begin{cases} 1, & \text{如果 } a_n^{(n)} \neq 1, \\ 2, & \text{如果 } a_n^{(n)} = 1. \end{cases}$$

则此无穷小数的各位数字既不全是 9,也不以 0 为循环节,因此必是 $(0,1)$ 中某一实数 a 的正规表示,但从这个无穷小数的作法可知,它与每一个 $a^{(n)}$ 的正规表示都不同(因为至少第 n 位小数不同),因此 $a \neq a^{(n)}$ $(n=1,2,3,\cdots)$,从而 $(0,1) \neq \{a^{(1)}, a^{(2)}, a^{(3)}, \cdots\}$,与假设矛盾.因此 $(0,1)$ 是不可数集合. □

推论 1　若用 c 表示全体实数所成集合 **R** 的基数,用 a 表示全体正整数所成集合 $\mathbf{Z}^+$ 的基数,则 $c>a$.

以后称 c 为连续基数(c 有时记为 $\aleph$).

定理 2　任意区间 $(a,b),[a,b],(a,b],(0,\infty),[0,\infty)$ 均具有连续基数 c(这里 $a<b$).

定理 3　设 $A_1, A_2, \cdots, A_n, \cdots$ 是一列互不相交的集合,它们的基数都是 c,则 $\bigcup\limits_{n=1}^{\infty} A_n$ 的基数也是 c.

证明　设 $I_n = [n-1,n)$,则 $I_n \cap I_m = \varnothing$ $(m \neq n)$,但 $\overline{\overline{I_n}} = c$ $(n=1,2,\cdots)$,故 $I_n \sim A_n$ $(n=1,2,\cdots)$,从而

$$\bigcup_{n=1}^{\infty} A_n \sim \bigcup_{n=1}^{\infty} I_n = [0,\infty),$$

于是由定理 2 即得. □

定理 4　设若有一列集合 $\{A_n : n \in \mathbf{Z}^+\}$,$\overline{\overline{A_n}} = c$ $(n=1,2,\cdots)$,而 $A = \prod\limits_{n=1}^{\infty} A_n$,则 $\overline{\overline{A}} = c$.

证明　由于 $\overline{\overline{A_n}} = \overline{\overline{(0,1)}} = c$,不妨设 $A_n = (0,1), n=1,2,\cdots$.

---

[1]　类似地,可定义 p 进位无穷小数 $0.\, a_1 a_2 a_3 \cdots = \sum\limits_{n=1}^{\infty} \dfrac{a_n}{p^n}$,其中 $p\ (\geqslant 2)$ 为正整数,a_n 取 $0,1,2,\cdots,p-1$.特别地,二进位小数在计算机科学中经常用到.类似可定义 $(0,1)$ 区间中数的 p 进位正规表示,并且 $(0,1)$ 中的数与它的 p 进位正规表示之间是一一对应的.

首先把 $(0,1)$ 中任何 x 与 A 中点

$$\bar x=\{x,x,x,\cdots\}$$

对应,就知道 $(0,1)$ 对等于 A 的一个子集.

反之,对 A 中的任何 $x=\{x_1,x_2,\cdots,x_n,\cdots\}$ 按正规十进位无限小数表示 x_n 有

$$x_1=0.x_{11}x_{12}\cdots x_{1n}\cdots,$$
$$x_2=0.x_{21}x_{22}\cdots x_{2n}\cdots,$$
$$\cdots\cdots\cdots\cdots$$
$$x_n=0.x_{n1}x_{n2}\cdots x_{nn}\cdots,$$
$$\cdots\cdots\cdots\cdots$$

由上述一列数 $x=\{x_n\}\in B$,作一小数

$$\psi(x)=0.x_{11}x_{12}x_{21}x_{31}x_{22}x_{13}x_{14}x_{23}\cdots$$

显然 $\psi(x)\in(0,1)$,而且当 $x\neq y$ 时,$\psi(x)\neq\psi(y)$.由映射 ψ,A 也对等于 $(0,1)$ 的一个子集.所以由伯恩斯坦定理得 $A\sim(0,1)$,定理得证. □

设 n 为一个正整数,将由 n 个实数 $x_1,x_2,\cdots,x_n$ 按确定的次序排成的数组 $(x_1,x_2,\cdots,x_n)$ 全体称为 n 维欧几里得空间(简称欧氏空间),记为 $\mathbf{R}^n$,每个组 $(x_1,x_2,\cdots,x_n)$ 称为欧几里得空间的点.又称 x_i 为点 $(x_1,x_2,\cdots,x_n)$ 的第 i 个坐标.

记 $\mathbf{R}^\infty=\{(x_1,x_2,\cdots):x_i\in\mathbf{R},i=1,2,\cdots\}$

定理 5 n 维欧几里得空间 $\mathbf{R}^n$ 的基数为 c.

证明 若将 $\mathbf{R}^n$ 中点 $(z_1,x_2,\cdots,x_n)$ 对应于 $\mathbf{R}^\infty$ 中点 $(x_1,x_2,\cdots,x_n,0,\cdots,0,\cdots)$ 时,就知道 $\mathbf{R}^n$ 对等于 $\mathbf{R}^\infty$ 的子集.如果再将 $\mathbf{R}$ 中点 x 对应于 $\mathbf{R}^n$ 中点 $(x,0,\cdots,0)$ 时,又知道 $\mathbf{R}$ 对等于 $\mathbf{R}^n$ 的一个子集.则有 $c=\overline{\overline{\mathbf{R}}}\leqslant\overline{\overline{\mathbf{R}^n}}\leqslant\overline{\overline{\mathbf{R}^\infty}}=c$,因此 $\overline{\overline{\mathbf{R}^n}}=c$. □

推论 2 设若有一列集合 $\{B_n:n\in\mathbf{Z}^+\}$,$B_n=\{0,1\}(n=1,2,\cdots)$,而 $B=\prod\limits_{n=1}^\infty B_n$,则 $\overline{\overline{B}}=c$.

证明 由于 $\overline{\overline{B_n}}\leqslant c$,因此 $\overline{\overline{B}}=\overline{\overline{\prod\limits_{n=1}^\infty B_n}}\leqslant\overline{\overline{\prod\limits_{n=1}^\infty A_n}}=c$,其中 $A_n=(0,1),n=1,2,\cdots$.

任取 $x\in(0,1)$.用正规的二进位小数表示 x,即 $x=0.a_1a_2\cdots a_n\cdots$,其中 $a_n=0,1;n=1,2,\cdots$.

定义 $\varphi:(0,1)\to B,\varphi(x)=(a_1,a_2,\cdots,a_n,\cdots)$.显然 φ 是单射,于是 $\overline{\overline{B}}\geqslant\overline{\overline{\varphi((0,1))}}=\overline{\overline{(0,1)}}=c$,由伯恩斯坦定理,$\overline{\overline{B}}=c$. □

定理 4、定理 5 和推论 2 分别可简写成

$$c^a=c,\quad c^n=c,\quad 2^a=c.$$

由定理 4,实数列的全体组成的集合基数仍为 c,自然产生了新的问题,有没有基数大于 c 的集合呢?有没有最大的基数呢?下面定理圆满地回答了这个问题.

定理 6 设 M 是任意的一个集合,它的所有子集作成新的集合 μ,则 $\overline{\overline{\mu}}>\overline{\overline{M}}$.

证明 我们先证明 μ 不能与 M 对等.假设不然,即 $\mu\sim M$,则对应于每个 $\alpha\in M$,都应有 M 的一子集 M_α 与之对应.现在我们将 M 中所有那样的 α,满足 $\alpha\notin M_\alpha$,作成一集

合 M^1，则 $M^1 \subset M$，所以 $M^1 \in \mu$，从而应有 M 中元素 α^1 与之对应. 若 $\alpha^1 \in M^1$，则与 M^1 之定义矛盾. 因 M^1 是由那些 $\alpha \notin M_\alpha$ 的 α 作成的，可见 $\alpha^1 \notin M^1$. 但是如果 $\alpha^1 \notin M^1$，那么由 M^1 的定义，α^1 又应该属于 M^1，因为 M^1 包括了所有 $\alpha \notin M_\alpha$ 的 α. 这就产生了矛盾，因而 M 不对等于 μ. 至于 M 对等于 μ 的一个子集，则是显然的事实，因为那些只含一个元素的子集自然是作成一个对等于 M 的 μ 的子集.　　□

一般，集合 M 的所有子集组成的集合记为 2^M，称为 M 的幂集. 定理 6 证明了，对任意集合 M，$\overline{\overline{M}} < \overline{\overline{2^M}}$，从而没有最大的基数.

由于可数集中元素比连续基数集中元素少得多，我们通常尽可能地用可数集合交、并运算代替不可数集合的交、并运算. 这一点，在第三章测度论中有十分重要的应用.

例 1　设 $f(x)$ 是定义在点集 E 上的函数，则

$$\{x: |f(x)| = 0\} = \bigcap_{\varepsilon \in \mathbf{R}^+} \{x: |f(x)| < \varepsilon\} = \bigcap_{n=1}^{\infty} \left\{x: |f(x)| < \frac{1}{n}\right\}.$$

例 2　设 $\{f_n(x)\}$ 是定义在点集 E 上的函数列，则本章 §2 例 12 中的（1）式

$$\{x: \lim_{n\to\infty} f_n(x) = 0\} = \bigcap_{\varepsilon \in \mathbf{R}^+} \bigcup_{N=1}^{\infty} \bigcap_{n=N}^{\infty} \{x: |f_n(x)| < \varepsilon\}$$

和（2）式

$$\{x: \lim_{n\to\infty} f_n(x) \neq 0 \text{ 或不存在}\} = \bigcup_{\varepsilon \in \mathbf{R}^+} \bigcap_{N=1}^{\infty} \bigcup_{n=N}^{\infty} \{x: |f_n(x)| \geq \varepsilon\},$$

分别可写成

$$\{x: \lim_{n\to\infty} f_n(x) = 0\} = \bigcap_{k=1}^{\infty} \bigcup_{N=1}^{\infty} \bigcap_{n=N}^{\infty} \left\{x: |f_n(x)| < \frac{1}{k}\right\} \tag{1}$$

和

$$\{x: \lim_{n\to\infty} f_n(x) \neq 0 \text{ 或不存在}\} = \bigcup_{k=1}^{\infty} \bigcap_{N=1}^{\infty} \bigcup_{n=N}^{\infty} \left\{x: |f_n(x)| \geq \frac{1}{k}\right\} \tag{2}$$

由此，我们再次看到函数列的极限过程怎样用集合运算来描述，这在以后的各章中都有重要应用.

第一章习题

1. 证明：

（1）$(A \backslash B) \backslash C = A \backslash (B \cup C)$；

（2）$(A \cup B) \backslash C = (A \backslash C) \cup (B \backslash C)$.

2. 证明：

（1）$\bigcup_{\alpha \in I} A_\alpha \backslash B = \bigcup_{\alpha \in I} (A_\alpha \backslash B)$；

（2）$\bigcap_{\alpha \in I} A_\alpha \backslash B = \bigcap_{\alpha \in I} (A_\alpha \backslash B)$.

3. 设 $\{A_n\}$ 是一列集合，作 $B_1 = A_1$，$B_n = A_n \backslash (\bigcup_{i=1}^{n-1} A_i)$，$n = 2, 3, \cdots$，证明 $\{B_n\}$ 是一列互不相交的集合，而且 $\bigcup_{i=1}^{n} A_i = \bigcup_{i=1}^{n} B_i$，$n = 1, 2, \cdots$.

4. 设 $A_{2n-1}=\left(0,\dfrac{1}{n}\right)$，$A_{2n}=(0,n)$，$n=1,2,\cdots$，求出集列 $\{A_n\}$ 的上限集和下限集.

5. 证明：$\varlimsup\limits_{n\to\infty}A_n=\bigcup\limits_{n=1}^{\infty}\bigcap\limits_{m=n}^{\infty}A_m$.

6. (1) 设 $f:X\to Y$，$g:Y\to Z$. 对任意 $O\subset Z$，证明：$(g\circ f)^{-1}(O)=f^{-1}(g^{-1}(O))$；

(2) 设 $f:X\to Y$ 是双射，$O\subset Y$，证明：$f^{-1}(O^c)=(f^{-1}(O))^c$；

7. 设 $f(x),g(x)$ 是定义在 E 上的函数，证明：

(1) $\{x:f(x)>g(x)\}=\bigcup\limits_{n=1}^{\infty}\left\{x:f(x)>g(x)+\dfrac{1}{n}\right\}$；

(2) $\{x:f(x)\geqslant g(x)\}=\bigcap\limits_{n=1}^{\infty}\left\{x:f(x)>g(x)-\dfrac{1}{n}\right\}$.

8. 设 $\{A_\varepsilon:\varepsilon\in\mathbf{R}^+\}$ 是集合族.

(1) 若对任意 $\varepsilon_1<\varepsilon_2$，$A_{\varepsilon_2}\subset A_{\varepsilon_1}$，证明：$\bigcup\limits_{\varepsilon\in\mathbf{R}^+}A_\varepsilon=\bigcup\limits_{n=1}^{\infty}A_{1/n}$；

(2) 若对任意 $\varepsilon_1<\varepsilon_2$，$A_{\varepsilon_1}\subset A_{\varepsilon_2}$，证明：$\bigcap\limits_{\varepsilon\in\mathbf{R}^+}A_\varepsilon=\bigcap\limits_{n=1}^{\infty}A_{1/n}$.

9. 设 $f(x),g(x)$ 是定义在 E 上的函数，证明：对任意 $\varepsilon>0$，
$$\{x:|f(x)+g(x)|>2\varepsilon\}\subset\{x:|f(x)|>\varepsilon\}\cup\{x:|g(x)|>\varepsilon\}.$$

10. 证明：若 $\{f_n(x)\}$ 是定义在 E 上的一列函数，则对任意 $c\in\mathbf{R}$，

(1) $\{x:\inf\{f_n(x)\}<c\}=\bigcup\limits_{n=1}^{\infty}\{x:f_n(x)<c\}$；

(2) $\{x:\inf\{f_n(x)\}\geqslant c\}=\bigcap\limits_{n=1}^{\infty}\{x:f_n(x)\geqslant c\}$.

11. 若 $\{f_n(x)\}$ 是定义在 E 上的一列函数，且对任意 $x\in E$，$f_n(x)\leqslant f_{n+1}(x)$，$n=1,2,\cdots$. 证明对任意 $c\in\mathbf{R}$，$A_n=\{x:f_n(x)>c\}$ 是单调增集合列，且 $\lim\limits_{n\to\infty}A_n=\{x:\lim\limits_{n\to\infty}f_n(x)>c\}$.

12. 证明：若 $\{f_n(x)\}$ 是定义在 $\mathbf{R}$ 上的函数列，令 $E=\{x:\lim\limits_{n\to\infty}f_n(x)=\infty\}$，则
$$E=\bigcap\limits_{k=1}^{\infty}\bigcup\limits_{N=1}^{\infty}\bigcap\limits_{n=N}^{\infty}\{x:f_n(x)>k\}.$$

13. 作出一个从 $(-1,1)$ 到 $(-\infty,\infty)$ 的双射，并写出该映射的解析表达式.

14. 证明：将球面去掉一点以后，余下的点所成的集合和整个平面上的点所成集合是对等的.

15. 证明：所有系数为有理数的多项式组成一可数集.

16. 设 A 是平面上以有理点（即坐标都是有理数）为中心，有理数为半径的圆的全体，则 A 是可数集.

17. 证明：增函数的不连续点最多只有可数多个.

18. 求下列集合的基数：

(1) $A=\{(r_1,r_2,\cdots,r_n,r,r,\cdots):r,r_i\in\mathbf{Q};i=1,2,\cdots,n;n=1,2,\cdots\}$；

(2) $B=\{(\varepsilon_1,\varepsilon_2,\cdots,\varepsilon_n,\cdots):\varepsilon_i\in\{0,1\},i=1,2,\cdots\}$；

(3) $C=\mathbf{Q}^\infty=\{(r_1,r_2,\cdots,r_n,\cdots):r_i\in\mathbf{Q},i=1,2,\cdots\}$.

19. 设 $f(x)$ 是定义在 $\mathbf{R}$ 上的有限实函数. 如果对于任意 $x\in\mathbf{R}$，存在 $\delta_x>0$，使得对任意 $y\in(x-\delta_x,x+\delta_x)$，$f(y)\geqslant f(x)$，则 $f(x)$ 的值域 $f(\mathbf{R})$ 至多是可数集.

20. 证明 $[a,b]$ 上的全体连续函数组成的集合 $C[a,b]$ 的基数为 c.

拓展阅读

第二章
点集

第一章介绍了集合的概念及其运算.那里的集合只提到其中的元素,以及元素的个数(有限、可数无限、不可数无限等),没有涉及集合各个元素之间的关系.但是,数学中需要处理的集合,其元素之间原本就存在着某种关系,也就是说,集合内部有一种结构.打个比方,第一章研究的集合,相当于赤裸的原始人.这一章研究的点集,是具有结构的集合,相当于穿有各种衣服的文明人.例如,对于全体实数组成的集合,我们不仅考虑一个个的实数,而且要度量彼此间的距离,以及研究实数间的运算,等等.距离就是一种结构.大家知道,有了两点间的距离,就可以构成区间、定义邻域,于是就可以研究集合上函数的极限、连续、可导等.因此,能够度量元素间距离的集合,是数学研究的重要对象.

这一章中,我们就是要考察这样的空间——度量空间(也称之为距离空间).由于我们研究的函数往往定义在一维的实数直线上,以及在 n 维的欧氏空间 $\mathbf{R}^n$ 中,而其中的元素称为"点",并且两点之间有距离,所以习惯上把集合中元素间有某种关系、集合内有某种结构的集合,叫做空间或者点集.

当然,度量空间不仅限于数集和欧氏空间,区间 $[a,b]$ 上连续函数的全体也构成度量空间.把朴素的欧氏空间推广到更一般的空间,扩大数学视野,形成一般的抽象空间的观念,是本章的任务.

§1 度量空间,n 维欧氏空间

让我们回忆数学分析中的极限概念.在定义数列 $\{x_n\}$ 的极限是 x 时,要用绝对值 $|x_n-x|$ 来表示 x_n 和 x 的接近程度.如果我们将实数直线 $\mathbf{R}$ 上任何两点 a 和 b 之间的距离 $d(a,b)$ 用 $|a-b|$ 加以表示,那么所谓 $\mathbf{R}$ 中数列 $\{x_n\}$ 收敛于 x,就意味着 x_n 和 x 之间的距离随 $n\to\infty$ 而趋于 0,即

$$\lim_{n\to\infty}d(x_n,x)=0.$$

这使我们想到,在一般的点集 E 中如果也有"距离",那么在点集 E 中也可借这一距离定义极限,这对研究集合的性质将是极其重要的工具.那么,究竟什么是距离呢?

设 X 是一个集合,若对于 X 中任意两个元素 x,y,都有唯一确定的实数 $d(x,y)$ 与之对应,而且这一对应关系满足下列条件:

1° $d(x,y)\geqslant0,d(x,y)=0$ 的充要条件为 $x=y$;

2°　　$d(x,y) \leqslant d(x,z) + d(y,z)$. 对任意 z 都成立,

则称 $d(x,y)$ 是 x, y 之间的距离,称 (X,d) 为度量空间或距离空间. X 中的元素称为点,条件 2° 称为三点不等式.

距离 d 有对称性,即 $d(x,y) = d(y,x)$. 实际上,在三点不等式中取 $z = x$,并由条件 1° 知

$$d(x,y) \leqslant d(x,x) + d(y,x) = d(y,x).$$

由于 x 和 y 的次序是任意的,故同样可证 $d(y,x) \leqslant d(x,y)$,这就得到 $d(x,y) = d(y,x)$.

如果 (X,d) 是度量空间,Y 是 X 的一个非空子集,则 (Y,d) 也是一个度量空间,称为 (X,d) 的子空间.

下面我们只讨论欧氏空间 $\mathbf{R}^n$,对于其他度量空间的例子将在第七章中给出.

对 $\mathbf{R}^n$ 中任意两点

$$x = (\xi_1, \xi_2, \cdots, \xi_n), \quad y = (\eta_1, \eta_2, \cdots, \eta_n),$$

规定距离

$$d(x,y) = \left(\sum_{i=1}^{n} (\xi_i - \eta_i)^2 \right)^{\frac{1}{2}}.$$

容易验证 $d(x,y)$ 满足距离的条件. 首先,条件 1° 显然是满足的. 现在验证条件 2°.

由柯西(Cauchy)不等式

$$\left(\sum_{i=1}^{n} a_i b_i \right)^2 \leqslant \left(\sum_{i=1}^{n} a_i^2 \right) \left(\sum_{i=1}^{n} b_i^2 \right)$$

得到

$$\sum_{i=1}^{n} (a_i + b_i)^2 = \sum_{i=1}^{n} a_i^2 + 2 \sum_{i=1}^{n} a_i b_i + \sum_{i=1}^{n} b_i^2$$

$$\leqslant \sum_{i=1}^{n} a_i^2 + 2 \sqrt{\sum_{i=1}^{n} a_i^2 \cdot \sum_{i=1}^{n} b_i^2} + \sum_{i=1}^{n} b_i^2$$

$$= \left(\sqrt{\sum_{i=1}^{n} a_i^2} + \sqrt{\sum_{i=1}^{n} b_i^2} \right)^2.$$

令 $z = (\zeta_1, \zeta_2, \cdots, \zeta_n), a_i = \zeta_i - \xi_i, b_i = \eta_i - \zeta_i$,则

$$\eta_i - \xi_i = a_i + b_i.$$

代入上面不等式即为三点不等式.

$(\mathbf{R}^n, d)$ 称为 n 维欧氏空间,其中 d 称为欧几里得距离.

此外,在 $\mathbf{R}^n$ 中还可以用下面方法定义其他的距离:

$$\rho'(x,y) = \max_i |\xi_i - \eta_i|;$$

$$\rho''(x,y) = \sum_{i=1}^{n} |\xi_i - \eta_i|.$$

容易验证 ρ', ρ'' 也满足距离条件 1° 和 2°. 由此可知,在一个集合中引入距离的方法可以不限于一种.

下面我们将考察 $\mathbf{R}^n$ 中的极限、开集、闭集、紧集等一系列概念,它们的基础都是邻域,而邻域则依靠距离即可作出. 其实本章的结论在一般度量空间中也都是成立的. 这

一点我们在第七章还要涉及.

我们从定义邻域的概念开始.

定义 1 $\mathbf{R}^n$ 中所有和定点 P_0 之距离小于定数 $\delta>0$ 的点的全体,即集合

$$\{P:d(P,P_0)<\delta\}$$

称为点 P_0 之 δ 邻域,并记为 $U(P_0,\delta)$. P_0 称为邻域的中心,δ 称为邻域的半径.在不需要特别指出是怎样的一个半径时,也干脆说是 P_0 的一个邻域,记作 $U(P_0)$.显然,在 $\mathbf{R}$, $\mathbf{R}^2$,$\mathbf{R}^3$ 中的 $U(P_0,\delta)$,就是以 P_0 为中心 δ 为半径的开区间,开圆和开球.

容易证明邻域具有下面的基本性质:

(1) $P\in U(P)$;

(2) 对于 $U_1(P)$ 和 $U_2(P)$,存在 $U_3(P)\subset U_1(P)\cap U_2(P)$;

(3) 对于 $Q\in U(P)$,存在 $U(Q)\subset U(P)$;

(4) 对于 $P\neq Q$,存在 $U(P)$ 和 $U(Q)$,使 $U(P)\cap U(Q)=\varnothing$.

定义 2 设 $\{P_n\}$ 为 $\mathbf{R}^m$ 中一点列,$P_0\in\mathbf{R}^m$,如果当 $n\to\infty$ 时有 $d(P_n,P_0)\to0$,则称点列 $\{P_n\}$ 收敛于 P_0.记为 $\lim\limits_{n\to\infty}P_n=P_0$ 或 $P_n\to P_0(n\to\infty)$.用邻域的术语来说就是:对于 P_0 的任一邻域 $U(P_0)$,存在某个自然数 N,使当 $n>N$ 时,$P_n\in U(P_0)$.

定义 3 两个非空的点集 A,B 的距离定义为

$$d(A,B)=\inf\{d(x,y):x\in A,y\in B\}.$$

当 $A=\{x\}$ 是单点集时,

$$d(x,B)=d(\{x\},B)=\inf\{d(x,y):y\in B\}.$$

定义 4 一个非空点集 E 的直径定义为

$$\delta(E)=\sup_{\substack{P\in E\\Q\in E}}d(P,Q).$$

定义 5 设 E 为 $\mathbf{R}^n$ 中一点集,如果 $\delta(E)<\infty$,则称 E 为有界点集(空集也作为有界点集).

显然,E 为有界点集的充要条件是存在常数 $K>0$,使对于所有的 $x=(x_1,x_2,\cdots,x_n)\in E$,都有 $|x_i|\leqslant K(i=1,2,\cdots,n)$.此等价于:存在 $K>0$,对所有 $x\in E$ 有 $d(x,0)\leqslant K$,这里 $0=(0,0,\cdots,0)$,称为 n 维实空间的原点.

定义 6 点集 $\{(x_1,x_2,\cdots,x_n):a_i<x_i<b_i,i=1,2,\cdots,n\}$ 称为一个开区间(n 维),如将其中不等式一律换成 $a_i\leqslant x_i\leqslant b_i,i=1,2,\cdots,n$(或 $a_i<x_i\leqslant b_i,i=1,2,\cdots,n$),则称之为一个闭区间(或左开右闭区间).当上述各种区间无区别的必要时,统称为区间,记作 I. $b_i-a_i(i=1,2,\cdots,n)$ 称为 I 的第 i 个"边长",$\prod\limits_{i=1}^{n}(b_i-a_i)$ 称为 I 的"体积",记为 $|I|$.

§2 聚点,内点,界点

数学分析中,经常要遇到开区间 (a,b) 和闭区间 $[a,b]$ 这样的点集.在实变函数论中,我们要将它们扩展为更一般的开集和闭集,并由此生成许多重要的集合类.现在我

们从原始概念说起.

设 E 是 n 维空间 $\mathbf{R}^n$ 中的一个点集，P_0 是 $\mathbf{R}^n$ 中的一个定点，我们来研究 P_0 与 E 的关系.现在有三种互斥的情形：

第一，在 P_0 的附近根本没有 E 的点；

第二，P_0 附近全是 E 的点；

第三，P_0 附近既有 E 的点，又有不属于 E 的点.

针对这些情况我们给出下述定义.

定义 1　如果存在 P_0 的某一邻域 $U(P_0)$，使 $U(P_0) \subset E$，则称 P_0 为 E 的内点；

如果 P_0 是 E^c 的内点（这里余集是对全空间 $\mathbf{R}^n$ 来作的，即 $E^c = \mathbf{R}^n \setminus E$，以后仿此），则称 P_0 为 E 的外点；

如果 P_0 既非 E 的内点又非 E 的外点，也就是：P_0 的任一邻域内既有属于 E 的点，也有不属于 E 的点，则称 P_0 为 E 的界点或边界点.

上述三个概念中当然以内点最为重要，因为其他两个概念都是由此派生出来的.

定义 2　设 E 是 $\mathbf{R}^n$ 中一点集，P_0 为 $\mathbf{R}^n$ 中一定点，如果 P_0 的任一邻域内都含有无穷多个属于 E 的点，则称 P_0 为 E 的一个聚点.

由聚点定义可知有限集没有聚点.

显然 E 之内点必为 E 之聚点，但 E 之聚点却不一定是 E 的内点，因为还可能是 E 的界点.其次，E 之内点一定属于 E，但 E 的聚点则可以属于 E 也可以不属于 E.

定理 1　下面的三个陈述是等价的：

（1）P_0 是 E 的聚点；

（2）在 P_0 的任一邻域内，至少含有一个属于 E 而异于 P_0 的点；

（3）存在 E 中互异的点所成点列 $\{P_n\}$，使 $P_n \to P_0 (n \to \infty)$.

证明　由（1）推出（2）及由（3）推出（1）是显然的，现证由（2）推出（3）.

由假定在 $U(P_0, 1)$ 中至少有一点 P_1 属于 E 而异于 P_0，令 $\delta_1 = \min\left\{ d(P_1, P_0), \dfrac{1}{2} \right\}$，

则在 $U(P_0, \delta_1)$ 中至少有一点 P_2 属于 E 而异于 P_0，令 $\delta_2 = \min\left\{ d(P_2, P_0), \dfrac{1}{3} \right\}$，则在 $U(P_0, \delta_2)$ 中又至少有一点 P_3 属于 E 而异于 P_0，这样无限继续下去，便得到点列 $\{P_n\}$，它显然满足要求.　　　　　　　　　　　　　　　□

再介绍一个派生的概念.

定义 3　设 E 是 $\mathbf{R}^n$ 中一点集，P_0 为 $\mathbf{R}^n$ 中一定点，如果 P_0 属于 E 但不是 E 的聚点，则 P_0 称为 E 的孤立点.

由定理 1 可知：P_0 是 E 的孤立点的充分必要条件是：存在 P_0 的某邻域 $U(P_0)$，使 $E \cap U(P_0) = \{P_0\}$.

由此又知：E 的界点不是聚点便是孤立点.

既然这样，所有 $\mathbf{R}^n$ 中的点，对 E 来说又可分为聚点、孤立点、外点三种.故可列表如下：

$$\mathbf{R}^n \text{ 中的点（对 } E \text{ 来说）} \begin{cases} \text{内点,} \\ \text{界点,} \\ \text{外点} \end{cases} \text{或} \begin{cases} \text{聚点,} \\ \text{孤立点,} \\ \text{外点.} \end{cases}$$

注意,对一个具体的点集 E 来说,上述任何分类中的三种点不一定都出现.界点或聚点可以属于 E,也可以不属于 E.

根据上面引入的概念,对于一个给定的点集 E,我们可以考虑上述各种点的集合,其中重要的是下面四种.

定义 4 设 E 是 $\mathbf{R}^n$ 中一个点集,有

(1) E 的全体内点所成的集合,称为 E 的开核,记为 $\overset{\circ}{E}$,即
$$\overset{\circ}{E} = \{x : 存在 U(x) \subset E\};$$

(2) E 的全体聚点所成的集合,称为 E 的导集,记为 E',即
$$E' = \{x : 对任意 U(x), U(x) \cap E \backslash \{x\} \neq \varnothing\};$$

(3) E 的全体界点所成的集合,称为 E 的边界,记为 ∂E,即
$$\partial E = \{x : 对任意 U(x), U(x) \cap E \neq \varnothing, U(x) \cap E^c \neq \varnothing\};$$

(4) $\{E 的孤立点\} = \{x : 存在 U(x), U(x) \cap E = \{x\}\}$.

(5) $E \cup E'$ 称为 E 的闭包,记为 $\overline{E}$,由(2),
$$\overline{E} = \{x : 对任意 U(x), U(x) \cap E \neq \varnothing\}.$$

由(5)还可得到
$$\overline{E} = E \cup \partial E = \overset{\circ}{E} \cup \partial E = E' \cup \{E 的孤立点\}$$

及闭包与内核的对偶关系
$$(\overset{\circ}{E})^c = \overline{E^c}, \quad (\overline{E})^c = \overset{\circ}{E^c}.$$

定理 2 设 $A \subset B$,则 $A' \subset B'$,$\overset{\circ}{A} \subset \overset{\circ}{B}$,$\overline{A} \subset \overline{B}$.

定理 3 $(A \cup B)' = A' \cup B'$.

证明 因为 $A \subset A \cup B$,$B \subset A \cup B$,故从定理 2,$A' \subset (A \cup B)'$,$B' \subset (A \cup B)'$ 从而
$$A' \cup B' \subset (A \cup B)'.$$

另一方面,假设 $P \in (A \cup B)'$,则必有 $P \in A' \cup B'$.否则,若 $P \notin A' \cup B'$,那么将有 $P \notin A'$ 且 $P \notin B'$.因而有 P 的某一邻域 $U_1(P)$,在 $U_1(P)$ 内除 P 外不含 A 的任何点,同时有 P 的某一邻域 $U_2(P)$,在 $U_2(P)$ 内除 P 外不含 B 的任何点,则由邻域基本性质(2)知,存在 $U_3(P) \subset U_1(P) \cap U_2(P)$,在 $U_3(P)$ 中除点 P 外不含 $A \cup B$ 中的任何点,这与 $P \in (A \cup B)'$ 的假设矛盾. $\square$

下面的定理告诉我们什么时候 $E' \neq \varnothing$.

定理 4(波尔查诺-魏尔斯特拉斯(Bolzano-Weierstrass)定理) 设 E 是一个有界的无限集合,则 E 至少有一个聚点.

证明方法与数学分析中在 $\mathbf{R}$ 与 $\mathbf{R}^2$ 时的证明相同,在此略去,请读者自行给出.

定理 5 设 $E \neq \varnothing$,$E \neq \mathbf{R}^n$,则 E 至少有一界点(即 $\partial E \neq \varnothing$).

证明留作习题.

§3 开集,闭集,完备集

本节着重讨论两类特殊点集.

定义 1 设 $E \subset \mathbf{R}^n$,如果 E 的每一点都是 E 的内点,则称 E 为开集.

例如整个空间 $\mathbf{R}^n$ 是开集,空集也是开集.又如在 $\mathbf{R}$ 中任意开区间 (a,b) 是开集,$[0,1)$ 不是开集.在 $\mathbf{R}^2$ 中 $E = \{(x,y):x^2+y^2<1\}$ 是开集(但把它放在 $\mathbf{R}^3$ 中来看时,即看做 $E = \{(x,y,z):x^2+y^2<1,z=0\}$ 就不再是开集了).

定义 2 设 $E \subset \mathbf{R}^n$,如果 E 的每一个聚点都属于 E,则称 E 为闭集.

例如整个空间 $\mathbf{R}^n$ 是闭集,空集是闭集.又如在 $\mathbf{R}$ 中闭区间 $[a,b]$ 是闭集,但 $[0,2)$ 不是闭集.在 $\mathbf{R}^2$ 中 $E = \{(x,y):x^2+y^2 \leq 1\}$ 是闭集.再如任意的有限集合都是闭集.

开集、闭集利用开核、闭包等术语来说,就是

E 为开集的充要条件是 $E \subset \overset{\circ}{E}$,亦即 $E = \overset{\circ}{E}$;

E 为闭集的充要条件是 $E' \subset E$(或 $\partial E \subset E$).

今后开集常用字母 G 表示,闭集常用字母 F 表示.

定理 1 对任何 $E \subset \mathbf{R}^n$,$\overset{\circ}{E}$ 是开集,E' 和 $\overline{E}$ 都是闭集($\overset{\circ}{E}$ 称为开核,$\overline{E}$ 称为闭包的理由也在于此).

证明 设 $P \in \overset{\circ}{E}$,由 $\overset{\circ}{E}$ 的定义知,存在邻域 $U(P) \subset E$,对于任意的 $Q \in U(P)$,从本章 §1 中邻域基本性质(3)可知,有 $U(Q)$ 使 $U(Q) \subset U(P) \subset E$,即 Q 是 E 的内点,故 $U(P) \subset \overset{\circ}{E}$,所以 P 是 $\overset{\circ}{E}$ 的内点,故 $\overset{\circ}{E}$ 是开集.

其次证明 E' 为闭集.设 $P_0 \in (E')'$,则由本章 §2 定理 1 的(2),在 P_0 的任一邻域 $U(P_0)$ 内,至少含有一个属于 E' 而异于 P_0 的点 P_1.因为 $P_1 \in E'$,于是又有属于 E 的 $P_2 \in U(P_0)$,而且还可以要求 $P_2 \neq P_0$,再次利用该定理,即得 $P_0 \in E'$.所以 E' 是闭集.

最后证明 $\overline{E}$ 是闭集.因为 $\overline{E} = E \cup E'$,由本章 §2 定理 3,

$$(\overline{E})' = E' \cup (E')' \subset E' \cup E' = E' \subset \overline{E}.$$

从而 $\overline{E}$ 是闭集. □

定理 2(开集与闭集的对偶性) 设 E 是开集,则 E^c 是闭集;设 E 是闭集,则 E^c 是开集.

证明 第一部分:设 E 是开集,而 P_0 是 E^c 的任一聚点,那么,P_0 的任一邻域都有不属于 E 的点.这样,P_0 就不可能是 E 的内点,从而不属于 E(因 E 是开集),也就是 $P_0 \in E^c$.

第二部分:设 E 是闭集,对任一 $P_0 \in E^c$,假如 P_0 不是 E^c 的内点,则 P_0 的任一邻域内至少有一个属于 E 的点,而且这点又必异于 P_0(因 $P_0 \in E^c$),这样 P_0 就是 E 的聚点(§2 定理 1),从而必属于 E(因 E 是闭集),与假设矛盾.故 P_0 为 E^c 的内点.

另证,设 E 是开集,则 $E = \overset{\circ}{E}$,由闭包、开核对偶关系,得 $\overline{E^c} = (\overset{\circ}{E})^c = E^c$,可见 E^c 是闭

集.同样可证另一部分. □

正由于开集和闭集的这种对偶关系,在许多情形下,我们将闭集看作是由开集派生出来的一个概念.也就是说,如果定义了开集,闭集也就随之确定.

定理 3 任意多个开集之并仍是开集,有限多个开集之交仍是开集.

证明 第一部分显然,现证第二部分.不妨就两个开集来证明.

设 G_1, G_2 为开集,任取 $P_0 \in G_1 \cap G_2$. 因 $P_0 \in G_i (i=1,2)$,故存在 $U_i(P_0) \subset G_i (i=1,2)$. 由 §1 邻域性质(2),存在 $U_3(P_0) \subset U_1(P_0) \cap U_2(P_0)$,从而 $U_3(P_0) \subset G_1 \cap G_2$,可见 P_0 是 $G_1 \cap G_2$ 的内点. □

注意,任意多个开集的交不一定是开集.例如,

$$G_n = \left(-1-\frac{1}{n}, 1+\frac{1}{n}\right), \quad n=1,2,3,\cdots,$$

每个 G_n 是开集,但 $\bigcap_{n=1}^{\infty} G_n = [-1,1]$ 不是开集.

定理 4 任意多个闭集之交仍为闭集,有限多个闭集之并仍为闭集.

证明 (利用德摩根公式)设 $F_i, i \in \Lambda$(或 $i=1,2,\cdots,m$)是闭集,则由定理 2 知各 F_i^c 是开集,从而由定理 3 知,$\bigcup_{i \in \Lambda} F_i^c \left(\text{或} \bigcap_{i=1}^{m} F_i^c\right)$ 也是开集,但由德摩根公式有

$$\bigcap_{i \in \Lambda} F_i = \left(\bigcup_{i \in \Lambda} F_i^c\right)^c \quad \left(\text{或} \bigcup_{i=1}^{m} F_i = \left(\bigcap_{i=1}^{m} F_i^c\right)^c\right),$$

故再利用定理 2 便知 $\bigcap_{i \in \Lambda} F_i$(或 $\bigcup_{i=1}^{m} F_i$)是闭集. □

注意,任意多个闭集的和不一定是闭集.例如,

$$F_n = \left[\frac{1}{n}, 1-\frac{1}{n}\right], \quad n=3,4,\cdots,$$

则 F_n 是闭集,而 $\bigcup_{n=3}^{\infty} F_n = (0,1)$ 不是闭集.

例 设 F_1, F_2 是 **R** 中两个互不相交的闭集.证明:存在两个互不相交的开集 G_1, G_2,使 $G_1 \supset F_1$, $G_2 \supset F_2$.

证明 对任何 $P \in F_1$,有 $d(P, F_2) > 0$. 事实上,若有 $P_0 \in F_1$,使 $d(P_0, F_2) = 0$,则由于 $d(P_0, F_2) = \inf_{P \in F_2} d(P_0, P)$,所以由下确界定义,存在点列 $\{P_n\} \subset F_2$,使

$$\lim_{n \to \infty} d(P_0, P_n) = d(P_0, F_2) = 0,$$

因此 $P_0 \in F_2' \subset F_2$,这与 $F_1 \cap F_2 = \varnothing$ 矛盾.

对每个 $P \in F_1$,以 $\delta_P = \frac{1}{2} d(P, F_2)$ 为半径,作 P 的邻域 $U(P, \delta_P)$,令 $G_1 = \bigcup_{P \in F_1} U(P, \delta_P)$,则 G_1 是开集且 $F_1 \subset G_1$. 同理,对每个 $Q \in F_2$,以 $\delta_Q = \frac{1}{2} d(Q, F_1)$ 为半径,作 Q 的邻域 $U(Q, \delta_Q)$,令 $G_2 = \bigcup_{Q \in F_2} U(Q, \delta_Q)$,则 G_2 是开集且 $F_2 \subset G_2$.

下证 $G_1 \cap G_2 = \varnothing$. 若 $G_1 \cap G_2 \neq \varnothing$,则存在 $P_0 \in G_1 \cap G_2$,由 G_1 及 G_2 的作法知必有 $P \in F_1, Q \in F_2$,使 $P_0 \in U(P, \delta_P)$ 和 $P_0 \in U(Q, \delta_Q)$,即 $d(P_0, P) < \delta_P = \frac{1}{2} d(P, F_2)$,同理

$d(P_0,Q)<\dfrac{1}{2}d(Q,F_1)$，从而有

$$d(P,Q)\leqslant d(P,P_0)+d(Q,P_0)<\dfrac{1}{2}\big[d(P,F_2)+d(Q,F_1)\big].$$

注意到

$$d(P,F_2)\leqslant d(P,Q)，\qquad d(Q,F_1)\leqslant d(P,Q)，$$

故有

$$d(P,Q)<\dfrac{1}{2}\big[d(P,F_2)+d(Q,F_1)\big]\leqslant d(P,Q)，$$

矛盾，这就证明了 $G_1\cap G_2=\varnothing$. $\qquad\qquad\qquad\qquad\qquad\qquad\square$

　　注意，两个闭集 F_1,F_2 不相交并不能推出它们之间的距离

$$d(F_1,F_2)=\inf_{\substack{P\in F_1\\Q\in F_2}}d(P,Q)>0.$$

　　在数学分析中大家已经学习了以下形式的海涅-博雷尔(Heine-Borel)有限覆盖定理：设 I 是 $\mathbf{R}^n$ 中的闭区间，$\mathscr{M}$ 是一族开区间，它覆盖了 I，则在 $\mathscr{M}$ 中一定存在有限个开区间，它们同样覆盖了 I.

　　我们下面要把上述定理推广成更一般的形式.

　　定理 5（海涅-博雷尔有限覆盖定理）　设 F 是一个有界闭集，$\mathscr{M}$ 是一族开集 $\{U_i\}_{i\in\Lambda}$，它覆盖了 F（即 $F\subset\bigcup\limits_{i\in\Lambda}U_i$），则 $\mathscr{M}$ 中一定存在有限多个开集 $U_1,U_2,\cdots,U_m$，它们同样覆盖了 F（即 $F\subset\bigcup\limits_{i=1}^{m}U_i$）.

　　证明　因 F 是有界闭集，所以在 $\mathbf{R}^n$ 中存在闭区间 I 包含 F. 记 $\mathscr{D}$ 为由 $\mathscr{M}$ 中的全体开集与开集 F^c 一起组成的新开集族，则 $\mathscr{D}$ 覆盖了 $\mathbf{R}^n$，因此也覆盖了 I. 对于 I 中任一点 P，存在 $\mathscr{D}$ 中开集 U_P，使得 $P\in U_P$，因而存在开区间 $I_P\subset U_P$，并且 $P\in I_P$，所以开区间族 $\{I_P:P\in I\}$ 覆盖了 I. 由数学分析中有限覆盖定理，在这族开区间中存在有限个开区间，设为 $I_{P_1},I_{P_2},\cdots,I_{P_m}$，仍然覆盖了 I，则由 $F\subset I$，及 $I_{P_i}\subset U_{P_i}(i=1,2,\cdots,m)$，得 $F\subset\bigcup\limits_{i=1}^{m}U_{P_i}$. 如果开集 F^c 不在这 m 个开集中，则 $U_{P_1},U_{P_2},\cdots,U_{P_m}$ 覆盖了 F，定理得证；否则从这 m 个开集中去掉 F^c，因为 F^c 与 F 不相交，所以剩下的 $m-1$ 个开集仍然覆盖了 F. $\qquad\square$

　　定义 3　设 M 是度量空间 X 中一集合，$\mathscr{M}$ 是 X 中任一族覆盖了 M 的开集，如果必可从 $\mathscr{M}$ 中选出有限个开集仍然覆盖 M，则称 M 为 X 中的紧集.

　　由定理 5 知 $\mathbf{R}^n$ 中的有界闭集必为紧集，反之我们有如下定理.

　　定理 6　设 M 是 $\mathbf{R}^n$ 中的紧集，则 M 是 $\mathbf{R}^n$ 中的有界闭集.

　　证明　设点 $Q\in M^c$，对于 M 中的任意一点 P，由于 $P\neq Q$，由邻域性质，存在 $\delta_P>0$，使得

$$U(P,\delta_P)\cap U(Q,\delta_P)=\varnothing.$$

　　显然开集族 $\{U(P,\delta_P):P\in M\}$ 覆盖了 M，由于 M 是紧集，因此存在有限个邻域 $U(P_i,\delta_{P_i})(i=1,2,\cdots,m)$，使得

$$M\subset\bigcup_{i=1}^{m}U(P_i,\delta_{P_i})\qquad\qquad\qquad\qquad(1)$$

由此立即可知 M 是有界集.又令
$$\delta = \min\{\delta_{P_1}, \delta_{P_2}, \cdots, \delta_{P_m}\},$$
则 $\delta > 0$,并且 $U(Q, \delta) \cap U(P_i, \delta_{P_i}) = \varnothing (i = 1, 2, \cdots, m)$,由(1)式得 $U(Q, \delta) \cap M = \varnothing$,因此 Q 不是 M 的聚点,所以 $M' \cap M^c = \varnothing$,这说明 $M' \subset M$,即 M 是闭集. □

定理 5 及定理 6 说明,在 $\mathbf{R}^n$ 中紧集与有界闭集是一致的.但是在一般度量空间中完全与定理 6 类似可以证明,紧集一定是有界闭集,但反之不然(见第十一章 §3).

定义 4 设 $E \subset \mathbf{R}^n$,如果 $E \subset E'$,就称 E 是自密集.换句话说,当集合中每点都是这个集的聚点时,这个集是自密集.另一个说法是没有孤立点的集就是自密集.

例如,空集是自密集,$\mathbf{R}$ 中有理数全体所组成的集是自密集.

定义 5 设 $E \subset \mathbf{R}^n$,如果 $E = E'$,则称 E 为完备集或完全集.

完备集就是自密闭集,也就是没有孤立点的闭集.

例如,空集是完备集,$\mathbf{R}$ 中的任一闭区间 $[a, b]$ 及全直线都是完备集.

表面上看来,既然一个完备集合一方面是闭集,而另一方面每一点又都是聚点,似乎它就会铺满空间的一小块,但这是一种错觉.在 §5 中,我们将以著名的康托尔三分集作为例子来说明这一点.

§4 直线上的开集、闭集及完备集的构造

在本节中我们将讨论直线上(即 $\mathbf{R}$ 中)开集与闭集的构造.

在直线上,开区间是开集.虽然开集一般来说不一定是一个开区间,但容易看出非空开集是一系列开区间的和集.我们现在来研究直线上的开集的结构.为此先引入构成区间的概念.

定义 1 设 G 是直线上的开集.如果开区间 $(\alpha, \beta) \subset G$,而且端点 α, β 不属于 G,那么称 (α, β) 为 G 的构成区间.

例如,开集 $(0, 1) \cup (2, 3)$ 的构成区间是 $(0, 1)$ 以及 $(2, 3)$.

定理 1(开集构造定理) **直线上任一个非空开集可以表示成有限个或可数个互不相交的构成区间的和集.**

证明 设 G 是直线上的一个非空开集,分以下几步来论证.

(1) 开集 G 的任何两个不同的构成区间必不相交.不然的话,设 (α_1, β_1),(α_2, β_2) 是 G 的两个不同的构成区间,但相交.这时必有一个区间的端点在另一个区间内,例如 $\alpha_1 \in (\alpha_2, \beta_2)$,但 $(\alpha_2, \beta_2) \subset G$,这和 $\alpha_1 \notin G$ 矛盾.因此不同的构成区间不相交.再由第一章 §4 例 1,开集 G 的构成区间全体最多只有可数个.

(2) 开集中任何一点必含在一个构成区间中.事实上,任意取 $x_0 \in G$,记 A_{x_0} 为适合条件 $x_0 \in (\alpha, \beta) \subset G$ 的开区间 (α, β) 全体所成的区间集.因为 G 是开集,A_{x_0} 不会空.记
$$\alpha_0 = \inf_{(\alpha, \beta) \in A_{x_0}} \alpha, \qquad \beta_0 = \sup_{(\alpha, \beta) \in A_{x_0}} \beta.$$
作开区间 (α_0, β_0)(其实 $(\alpha_0, \beta_0) = \bigcup_{(\alpha, \beta) \in A_{x_0}} (\alpha, \beta)$).显然,$x_0 \in (\alpha_0, \beta_0)$.现在证明

(α_0,β_0) 是 G 的构成区间. 先证 $(\alpha_0,\beta_0)\subset G$. 任意取 $x'\in(\alpha_0,\beta_0)$, 不妨设 $x'\leqslant x_0$. 由于 α_0 是下确界, 所以必有 $(\alpha,\beta)\in A_{x_0}$, 使 $\alpha_0<\alpha<x'$, 因此

$$x'\in[\alpha,x_0]\subset(\alpha,\beta)\subset G.$$

同样, 如果 $x'>x_0$, 也可以证明类似的结果. 因此 $(\alpha_0,\beta_0)\subset G$. 由此顺便得到 $(\alpha_0,\beta_0)\in A_{x_0}$. 再证 $\alpha_0\notin G$. 如果不成立, 那么 $\alpha_0\in G$, 因为 G 是开集, 必有区间 (α',β'), 使得 $\alpha_0\in(\alpha',\beta')\subset G$. 这样, $x_0\in(\alpha',\beta_0)\subset(\alpha',\beta')\cup(\alpha_0,\beta_0)\subset G$, 因此, $(\alpha',\beta_0)\in A_{x_0}$, 而 $\alpha'<\alpha_0$, 这就和 α_0 是 A_{x_0} 中的区间左端点的下确界相矛盾. 所以 $\alpha_0\notin G$. 同样有 $\beta_0\notin G$. 这就是说 (α_0,β_0) 是 G 的构成区间.

(3) 作 G 的所有构成区间的和 $\cup(\alpha,\beta)$. 由 (2), 它应是 G; 由 (1), G 必定是有限个或可数个互不相交的构成区间的和集. 用 (α_ν,β_ν) ($\nu=1,2,\cdots,n$ 或 $\nu=1,2,\cdots$) 记 G 的构成区间, 那么 $G=\bigcup\limits_{\nu}(\alpha_\nu,\beta_\nu)$.

因此非空开集必然可以表示成有限个或可数个互不相交的开区间的和集. □

既然闭集的余集是开集, 那么从开集的构造可以引入余区间的概念.

定义 2 设 A 是直线上的闭集, 称 A 的余集 A^c 的构成区间为 A 的余区间或邻接区间.

我们又可以得到闭集的构造如下.

定理 2 直线上的闭集 F 或者是全直线, 或者是从直线上挖掉有限个或可数个互不相交的开区间 (即 F 的余区间) 所得到的集.

由孤立点的定义很容易知道, 直线上点集 A 的孤立点必是包含在 A 的余集中的某两个开区间的公共端点. 因此, 闭集的孤立点一定是它的两个余区间的公共端点. 完备集是没有孤立点的闭集, 所以, 完备集就是没有相邻接的余区间的闭集.

§5 康托尔三分集

下面我们将讨论一个重要的例子, 即康托尔三分疏朗集. 为此我们先给出疏朗集和稠密集的定义.

定义 设 $E\subset\mathbf{R}^n$,

(1) $F\subset\mathbf{R}^n$, 若对任意 $x\in F$ 和任意邻域 $U(x)$, $U(x)\cap E\neq\varnothing$, 则称 E 在 F 中稠密.

(2) 若对任意 $x\in\mathbf{R}^n$ 和任意邻域 $U(x)$, 存在 $U(y)\subset U(x)\cap E^c$, 则称 E 是疏朗集或无处稠密集.

如有限点集或收敛可数列都是疏朗集. 有理点集 $\mathbf{Q}^n$ 在 $\mathbf{R}^n$ 中稠密.

例(康托尔三分集) 将 $[0,1]$ 三等分, 去掉中间的开区间 $\left(\dfrac{1}{3},\dfrac{2}{3}\right)$, 剩下两个闭区间 $\left[0,\dfrac{1}{3}\right]$, $\left[\dfrac{2}{3},1\right]$, 记这两个闭区间之并为 E_1. 又把这两个闭区间各三等分, 去掉中间的两个开区间, 即 $\left(\dfrac{1}{9},\dfrac{2}{9}\right)$, $\left(\dfrac{7}{9},\dfrac{8}{9}\right)$, 剩下 2^2 个闭区间, 记这些闭区间之并为 E_2. 一般

地,当进行到第 n 次时,一共去掉 2^{n-1} 个开区间,剩下 2^n 个长度为 3^{-n} 的互相隔离的闭区间,记这些闭区间之并为 E_n. 而在第 $n+1$ 次时,再将这 2^n 个闭区间各三等分,并去掉中间的开区间. 如此继续下去,就从 $[0,1]$ 去掉了可数多个互不相交且没有公共端点的开区间,如图 2.1 所示.

由 §4 定理 2,剩下的必是一个闭集(它至少包含各邻接区间的端点及其聚点),称它为康托尔三分集,记为 P.

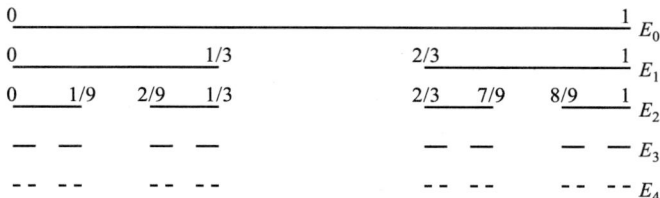

图 2.1

让我们来考察这个闭集 P 的性质.

1° **P 是完备集** 由于 P 的邻接区间的作法,它们中的任何两个之间根本不存在公共端点,故 P 没有孤立点,因而 P 自密,又 P 是闭集,因此 P 是完备集.

2° **P 没有内点** 事实上,在 P 的作法中讲过,"去掉"过程进行到第 n 次为止时,剩下 2^n 个长度是 3^{-n} 的互相隔离的闭区间,因此任何一点 $x_0 \in P$ 必含在这 2^n 个闭区间的某一个里面. 从而在 x_0 的任一邻域 $U(x_0, 3^{-n})$ 内至少有一点不属于 P,但 $3^{-n} \to 0 (n \to \infty)$,故 x_0 不可能是 P 的内点.

P 既然是没有内点的闭集,那么在(直线上)任一开区间 I 内必至少含有开集 P^c 的一点,从而 I 内必至少有一子开区间,其中不含 P 的点. 由疏朗集的定义, P 是一个疏朗集合.

3° **$[0,1] \backslash P$ 是可数个互不相交的开区间,其长度之和为 1** 第 n 次去掉的 2^{n-1} 个长度为 $\dfrac{1}{3^n}$ 区间,因此 $[0,1] \backslash P$ 中互不相交的开区间的长度之和为 $\displaystyle\sum_{n=1}^{\infty} \dfrac{2^{n-1}}{3^n} = 1$. 若 P 有"长度",其"长度"只能为 0. 在下一章,我们将定义非区间的点集的"长度"为测度,因此 P 的测度为零.

4° **P 的基数为 c** 若 $[0,1]$ 中的数用三进制小数表示,第一次去掉的区间 $\left(\dfrac{1}{3}, \dfrac{2}{3}\right)$ 中每个数的第一位小数都是 1,第二次去掉的两个区间中的每个数的第二位小数都是 1. 依此类推,第 n 次去掉的 2^{n-1} 个长度为 $\dfrac{1}{3^n}$ 区间中的每个数的第 n 位小数都是 1,因此所有每位小数可以仅用 0 或 2 表示的数(即 P 中的点)是永远不会去掉的. 定义映射 $\varphi: [0,1] \to P$,对 $x \in [0,1]$,

若 $x = \displaystyle\sum_{n=1}^{\infty} \dfrac{a_n}{2^n}$(二进制小数表示),则

$$\varphi(x) = \sum_{n=1}^{\infty} \dfrac{b_n}{3^n} \quad (三进制小数表示),$$

其中

$$\dot{b}_n = \begin{cases} 0, & a_n = 0, \\ 2, & a_n = 1. \end{cases}$$

由以上分析 $\varphi(x) \in P$，且易知 φ 是单射.因此 $\overline{\overline{P}} \geqslant \overline{\overline{\varphi([0,1])}} = \overline{\overline{[0,1]}} = c$. 又 $P \subset [0,1]$，又有 $\overline{\overline{P}} \leqslant \overline{\overline{[0,1]}} = c$，因此 $\overline{\overline{P}} = c$.

综上所述，我们将康托尔三分集的特点归纳为一句话：它是一个测度为零且基数为 c 的疏朗完备集.

康托尔三分集与分形几何

1883 年，德国数学家康托尔构造了一个所谓"数学怪物"——三分集.它是人类理性思维的产物，并非某个现实原型的摹写；尤其值得关注的是，用传统的几何学术语言很难对它进行描述.它既不是满足某些简单条件的点的轨迹，也不是一个简单方程的解集.可以说，它是一种新的几何对象.

瑞典人科赫（Koch）于 1904 年提出了著名的"雪花"曲线，这种曲线的作法和康托尔三分集的构造，可说是异曲同工.它从一个正三角形开始，把每条边分成三等份，然后以各边中间的部分长度为底边，分别向外作正三角形，再把"底边"线段抹掉，这样就得到一个六角形，它共有 12 条边.再把每条边三等分，以各中间部分的长度为底边，向外作正三角形后，抹掉底边线段.反复进行这一过程，就会得到一个"雪花"样子的曲线.该曲线叫做科赫曲线或雪花曲线.科赫曲线有着极不寻常的特性，不但它的周长为无限大，而且曲线上任两点之间的线内距离也是无限大.曲线在任何一点处都连续，但却处处"不可导"（没有确定的切线方向）.该曲线长度无限，却包围着有限的面积，如图 2.2 所示.

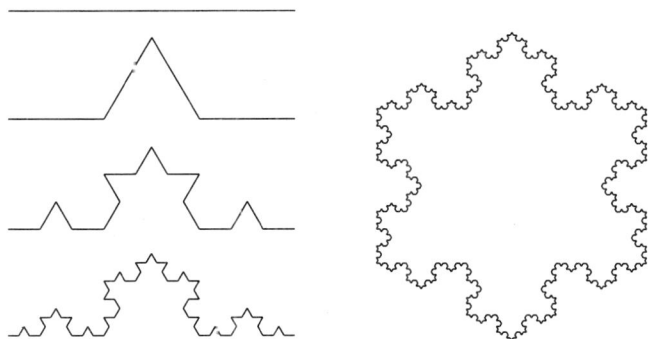

图 2.2　美丽的科赫曲线

普通几何学研究的对象，一般都具有整数的维数.比如，零维的点、一维的线、二维的面、三维的立体、乃至四维的时空.德国的数学家豪斯多夫（Hausdorff）在 1918 年提出了"分数维"的概念.又经过半个世纪的发展，法国数学家芒德布罗（Mandelbrot）在 1975年，1977 年和 1982 年先后用法文和英文出版了三本书，特别是《分形对象：形、机遇和维数》以及《自然界中的分形几何学》（*Fractal Geometry of Nature*）的出版，开创了新的数学分支——分形几何学."分形"（fractal）这个词正是芒德布罗在 1975 年造出来的，词根是拉丁文的 fractus,是"破碎"的意思.分形几何学是研究不规则几何图形性质的几何学.分形具有分数的维数.

　　康托尔三分集是最早出现的分形.首先,它具有"自相似性",即其局部与整体彼此相似.这是分形的一个重要特征.其次,它是无穷操作或迭代的结果,呈现出一种特别的精细结构.这种奇异的几何图形,用欧氏几何和解析几何方法难以表述.

　　下面,我们来介绍分形的豪斯多夫维数.假设我们把分形图形分成 N 个相等的部分,每一部分在线性尺度上都是原来图形的 $\dfrac{1}{m}$,那么这个图形的维数就是 $\log_m N$.现在我们用这个定义进行一些简单的计算.

　　(1)康托尔三分集的维数

　　把 $[0,1]$ 中的康托尔三分集分成两部分: $\left[0,\dfrac{1}{3}\right]$, $\left[\dfrac{2}{3},1\right]$,而每一部分还是原来的 $\dfrac{1}{3}$,所以有 $N=2,m=3$,按照公式计算出来的维数是

$$\log_3 2 = 0.63.$$

这个维数表明,它介于 0 维的点和一维的线之间.

　　(2)科赫曲线的维数

　　从我们构造科赫曲线的方法出发,可以把科赫曲线分成四个部分,而每一部分都是原来的 $\dfrac{1}{3}$,所以 $N=4$, $m=3$,那么科赫曲线的维数就是 $\log_3 4 = 1.26$.科赫曲线是一条团挤在一起的图形,比一维的线段的维数要高,但是达不到平面图像的二维水平.

　　(3)谢尔平斯基(W. Sierpinski)地毯的维数

　　构造的方法是,把一个正方形分成相等的九份,去掉中间的一份.然后对剩下的八个小正方形照此办理,一直到无穷,如图 2.3 所示.

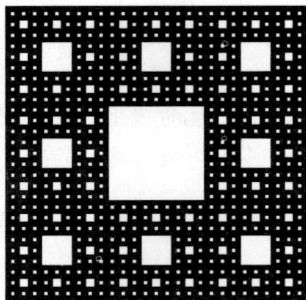

图 2.3

　　这样得到的图形的维数是 $\log_3 8 = 1.89$.要注意的是,在这里虽然每个小正方形的面积是原来的 $\dfrac{1}{9}$,但是豪斯多夫维数的定义是看"线性"尺度,即限于比较"边长"的缩放程度.我们看到,"边长"只缩小了 $\dfrac{1}{3}$,所以 $m=3$.如果我们穿过正方形的中心用一条水平的直线来截这块地毯,就可以发现截出来的"断面"正好是康托尔三分集.

*本章的一个注记

　　当 $n>1$ 时, $\mathbf{R}^n$ 中的开集一般不能表示成至多可数个互不相交的开区间(n 维)的和,但总可表示成可数个互不相交的半开半闭(例如左开右闭)区间之和,不过这种表示法没有唯一性(在 $\mathbf{R}$ 中一个开集只能用一种方式表示成构成区间之和).今以 $n=2$ 的情形说明如下.

　　设 G 为 $\mathbf{R}^2$ 中任一开集.在 $\mathbf{R}^2$ 上以两族平行线

$$x=m, \quad y=n \quad (m,n=0,\pm1,\pm2,\cdots)$$

作成无数个左开右闭的正方形;这些正方形中全部落在 G 中的,记为 $Q_{11},Q_{12},\cdots,Q_{1n_1}(n_1$ 可能是 $\infty)$,

参见图 2.4.再作两族平行线

$$x=m+\frac{1}{2}, \quad y=n+\frac{1}{2} \quad (m,n=0,\pm 1,\pm 2,\cdots),$$

将所余的每个正方形分为四个左开右闭的正方形,记这些正方形中完全落入 G 中的为 $Q_{21},Q_{22},\cdots,Q_{2n_2}(n_2$ 可能是 ∞).如此继续进行,陆续添作两族平行线

$$x=m+\frac{\nu}{2^k} \quad y=n+\frac{\nu}{2^k}$$

$$(m,n=0,\pm 1,\pm 2,\cdots;k=2,3,\cdots,\nu=1,3,\cdots,2^k-1),$$

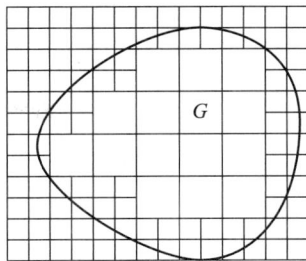

图 2.4

将尚未在 G 中之正方形等分为四个左开右闭之正方形,等分后,其能全部落入 G 中的,把它们记作 $Q_{k1},Q_{k2},\cdots,Q_{kn_k}(n_k$ 可能不是有限的).于是得正方形的和集

$$\bigcup_{k=1}^{\infty}\bigcup_{\nu=1}^{n_k}Q_{k\nu}=S.$$

显然,$S\subset G$.现证 $G\subset S$.若 $P\in G$,则取 k 很大时必有边长为 $\frac{1}{2^k}$ 的(上面所作的)正方形含有点 P 而落入于开集 G 中.假如有 $Q_{l\nu}$ 适合

$$l<k, \quad 1\leqslant \nu \leqslant n_l, \quad P\in Q_{l\nu},$$

那么 $P\in S$,若不然,则上述边长为 $\frac{1}{2^k}$ 的正方形,应记它为 $Q_{k\nu}$,因此,

$$P\in Q_{k\nu}\subset S,$$

所以 $G\subset S$.从而 $S=G$.

第二章习题

1. 设 $E_1=[0,1]\cap\mathbf{Q}$,求在 $\mathbf{R}$ 内的 $E_1',\mathring{E}_1,\overline{E}_1$.

2. 设 $E_2=\{(x,y):x^2+y^2<1\}$,求在 $\mathbf{R}^2$ 内的 $E_2',\mathring{E}_2,\overline{E}_2$.

3. 设 E_3 是函数

$$y=\begin{cases}\sin\dfrac{1}{x}, & \text{当 } x\neq 0,\\[2mm] 0, & \text{当 } x=0\end{cases}$$

的图形上的点所组成的集合,求在 $\mathbf{R}^2$ 内的 $E_3',\mathring{E}_3,\overline{E}_3$.

4. 设 $E\subset\mathbf{R}^n$,定义 $f(x)=d(x,E)=\inf\{d(x,y):y\in E\}$.证明 $f(x)$ 在 $\mathbf{R}^n$ 上一致连续.

5. 证明:点集 F 为闭集的充要条件是 $\overline{F}=F$.

6. 设 $E\subset\mathbf{R}^n$,证明:$\overline{E}$ 是包含 E 的最小闭集,即若 F 是闭集,且 $E\subset F$,则必有 $\overline{E}\subset F$.

7. 设 $A\subset\mathbf{R}^p,B\subset\mathbf{R}^q$,证明:在 $\mathbf{R}^{p+q}$ 中,

$$(A\times B)'=(\overline{A}\times B')\cup(A'\times\overline{B}).$$

8. 设 G_1,G_2 是 $\mathbf{R}^n$ 中互不相交的开集,证明:$\overline{G}_1\cap G_2=\varnothing$.

9. 设 $E\subset\mathbf{R}^n$,证明:

(1) $(\mathring{E})^c=\overline{E^c}$;(2) $(\overline{E})^c=\mathring{E^c}$.

10. 证明:每个闭集必是可数个开集的交集;每个开集可以表示成可数个闭集的并集.

11. 证明:用十进位小数表示 $[0,1]$ 中的数时,其用不着数字 7 的一切数成一完备集.

12. 证明:$f(x)$ 为 $[a,b]$ 上连续函数的充要条件是对任意实数 c,$E_1 = \{x : f(x) \geqslant c\}$ 和 $E_2 = \{x : f(x) \leqslant c\}$ 都是闭集.

13. 证明 §2 定理 5.

14. 设 $f(x)$ 是定义在 $\mathbf{R}$ 上的单调函数,证明集合
$$\{x : 对任意 \; \varepsilon > 0, f(x+\varepsilon) > f(x-\varepsilon)\}$$
是闭集.

15. 设 $E \subset \mathbf{R}^n$.则 E 是紧集的充分且必要条件是:对任意 $\{x_n\} \subset E$,存在子列 $\{x_{n_k}\}$,使得 $x_{n_k} \to x_0 \in E$.

16. 若 $f(x)$ 是定义在 $\mathbf{R}$ 上的连续函数,证明:$E = \{(x,y) : y = f(x)\}$ 和 $F = \{(x,y) : y \leqslant f(x)\}$ 是 $\mathbf{R}^2$ 中的闭集;而 $G = \{(x,y) : y < f(x)\}$ 是 $\mathbf{R}^2$ 中的开集.

拓展阅读

第三章
测度论

在日常生活经验中,我们已经有了长度、面积、体积等概念.它们都是一些几何图形(点集)所具有的数量特征.例如,线段有长度,矩形有面积,长方体有体积.线段有了长度,那么折线段可以有长度,有限个线段之并也有长度,通过矩形面积的定义,我们又可以"求"许多其他几何图形(点集)的面积,如三角形、多边形面积等.利用极限方法,又可以求出圆的面积、曲边梯形面积,等等.也就是说,三角形、圆、曲边梯形等都是"可求面积"的图形.体积的情形也类似.

从日常生活经验来看,其实我们已经使用了以下约定俗成的长度公理(面积公理、体积公理可以类似叙述).

长度公理:设有实数直线上的一些点集所构成的集合族 $\mathcal{M}$,若对于每个 $E \in \mathcal{M}$,都对应一个实数 m,使得

(1) $m(E) \geqslant 0$(非负性);

(2) 如果 $E_1, E_2, \cdots, E_n$ 两两不相交,那么

$\qquad m(E_1 \cup E_2 \cup \cdots \cup E_n) = m(E_1) + m(E_2) + \cdots + m(E_n)$(有限可加性);

(3) $m([0,1]) = 1$(正则性).

以上三条,过去虽未明说,但大家都是默认了的.然而,仅仅根据凭经验得来的这三条长度公理,实际上只给出了区间 $[a,b]$,以及有限个线段之并的长度.能够量出"长度"的点集是很少的,例如 $[0,1]$ 中"有理数集合"是可数个单点集之并,就没有长度可言,同样 $[0,1]$ 中"无理数集合"的长度是多少也无法确定.显然,我们应该修改长度公理,扩大集合族 $\mathcal{M}$ 的范围,使更多的集合具有新意义的长度,我们称之为"测度".

看来,非负性和正则性的要求非常自然,因而不能改,可以改的只有有限可加性.于是我们设想把它改为"无限可加性".首先,一点 a 所成的集合的长度是 $m([a,a]) = a - a = 0$.现在,假定笼统地说"无限可加性"可以成立,那么 $[0,1]$ 中全体有理数和全体无理数所成集合的长度分别都是 0,于是区间 $[0,1]$ 的长度也是 0 了,这是荒唐的.所以简单地推广到"无限可加性"是不行的.于是我们"退而求其次",数学家勒贝格用可数可加性考察如下的"测度":

勒贝格测度公理:对于实数直线上的一部分集合族 $\mathcal{M}$,使得每个 $E \in \mathcal{M}$,都对应一个实数 m,满足

(1) $m(E) \geqslant 0$(非负性);

(2) 如果 $E_1, E_2, \cdots, E_n, \cdots$ 两两不相交,那么

$\qquad m(E_1 \cup E_2 \cup \cdots \cup E_n \cup \cdots) = m(E_1) + m(E_2) + \cdots + m(E_n) + \cdots$(可列可加性);

(3) $m([a,b]) = b - a$(正则性).

根据这一公理,$[0,1]$ 中有理数集是可数个点的集合,每点的测度是 0.所以它的勒贝格测度是 0;而 $[0,1]$ 中无理数集是不可数的,所以其勒贝格测度就不会是 0 了(应该是 1).

可是我们要问,满足勒贝格测度公理且在集合族 $\mathcal{M}$ 上定义的实函数 $m(E)$ 是否存在？$\mathcal{M}$ 由哪些集合构成？是否每个集合都有测度呢？这些问题的答案,就是本章要叙述的内容.

本章内容的核心是找出一个可列可加测度 m,以及关于 m 的可测集类 $\mathcal{M}$.那么,我们从哪里入手呢？

首先想到最常用的方法:内填外包法.从小学就知道,要测量一块不规则图形的面积,就将图形及其周围分割成许多正方形格子.外部包围图形的那些格子的面积之和中最小者,以及内部填满图形的那些格子的面积之和中的最大者,分别是该图形的过剩近似值和不足近似值.当格子越来越密,小正方形面积趋于 0 时,过剩与不足近似值能够趋于同一个值,这个值便是图形的面积.

微积分中求曲边梯形的面积,也是用达布大和与达布小和趋于同一个值(当分点越来越细时),作为曲边梯形存在面积(相当于函数可积)的判据.

于是,我们想到对 $\mathbf{R}^n$ 中可数可加测度的确定,以及一个集合是否可测的判定,也可以采用内填外包的办法.

首先,在 §1 引进外测度概念.这时外包的集合不会再是小方格那样的正方形或矩形.取而代之的将是开集.为简单起见,我们考虑一维空间 $\mathbf{R}$ 中的有界集合 E.作开集 $G \supset E$.开集 G 是一列开区间之并.开区间是有长度的.所以 G 也有测度.取包含 E 的那些开集的测度的下确界,称之为外测度 $m^*(E)$.同样对有界闭集 F,存在区间 I,$F \subset I$,可定义 $m(F) = |I| - m(I - F)$.对一般有界集,可用内填闭集的测度的上确界为 E 的内测度 $m_*(E)$.如果 $m^*(E) = m_*(E)$,则称 E 可测.无界集可测就是要求其与任意有界开区间的交集可测.这种想法就是勒贝格测度的原始定义.但这种可测的定义分有界、无界两种情况,讨论测度性质时非常繁琐,需另想办法.§1 详细讨论了外测度.

在 §2 中我们采用的是国内外通用的只用外测度定义可测性的方法.即放弃内测度的概念,同时再加一个卡拉泰奥多里(Carathéodory)的条件作为判别集合是否可测的依据.这一条件简化了许多与可测集性质有关的证明.两种定义的等价性,将在附录一中证明.

在 §3 中,对哪些集合是可测集作了探讨.为此我们引入了测度空间的概念,证明了全体可测集组成一个 σ 代数.其中包括开集,因此包含了由开集经过手续不超过可数次的交、并、余、差运算而产生的集合.这些集合统称为博雷尔集.博雷尔集的概念在概率论中有很多应用.

最后,我们要指出,并不是所有的集合都是可测的,的确存在着不可测集的例子.在 §4 中将述及这一点.例子比较难,初学者只要求了解便可.

现在,勒贝格测度的存在性已经是一个构筑完善的"平台",我们只管放心使用就是了.

本章的理论框架和展开方式,是数学思维的重要典范,应该掌握.至于其中的详细证明,并不要求都记住,重点还是在于对整体的理解.

§1　外　测　度

现在,我们就从 $\mathbf{R}^n$ 中集合 E 的外测度 $m^*(E)$ 的定义开始"可列可加测度"理论的建设.

正如在本章引言中所言,我们用覆盖集合 E 的那些开集的"长度"的下确界作为集合 E 的外测度.但由第二章的注记,开集是有限或可数个互不相交左开右闭区间之并,但左开右闭区间与它去掉边界后的开区间具有相同的"体积".这就启发我们给出下面外测度的定义.

定义　设 E 为 $\mathbf{R}^n$ 中任一点集.对于每一列覆盖 E 的开区间[1] $\bigcup\limits_{i=1}^{\infty} I_i \supset E$,作出它的体积总和 $\mu = \sum\limits_{i=1}^{\infty} |I_i|$($\mu$ 可以等于 ∞,不同的区间列一般有不同的 μ),所有这一切的 μ 组成一个下方有界的数集[2],它的下确界(完全由 E 确定)称为 E 的勒贝格外测度,简称 L 外测度或外测度,记为 m^*E,即

$$m^* E = \inf_{E \subset \bigcup\limits_{i=1}^{\infty} I_i} \sum_{i=1}^{\infty} |I_i|.$$

注意,这里不能像数学分析那样用覆盖 E 的有限个区间体积和的下确界定义 E 的测度.例如覆盖 $[0,1]$ 区间中有理数集的有限个区间与它们的端点一起也一定覆盖 $[0,1]$,结果 $[0,1]$ 中有理数集的测度为 1,同理 $[0,1]$ 中无理数集的测度也为 1,由可加性得 $[0,1]$ 区间的长度为 2,这显然是不合情理的.

外测度具有以下三条基本性质.

定理　(1) $m^*E \geqslant 0$,当 E 为空集时,则 $m^*E = 0$;

(2) 设 $A \subset B$,则 $m^*A \leqslant m^*B$(**单调性**);

(3) $m^* \left(\bigcup\limits_{i=1}^{\infty} A_i \right) \leqslant \sum\limits_{i=1}^{\infty} m^*A_i$(**次可数可加性**).

证明　(1)显然成立.

(2)的证明.设 $A \subset B$,则任一列覆盖 B 的开区间 $\{I_i\}$ 一定也是覆盖 A 的,因而

$$m^*A \leqslant \sum_{i=1}^{\infty} |I_i|,$$

对所有能覆盖 B 的开区间列取下确界即得

$$m^*A \leqslant \inf_{\bigcup\limits_{i=1}^{\infty} I_i \supset B} \sum_{i=1}^{\infty} |I_i| = m^*B.$$

---

[1]　它也可以是有限序列,因为某些 I_i 也可以是空集.

[2]　这里的数可以是 $+\infty$,今后我们把 $+\infty$ 和 $-\infty$ 看作广义实数,$+\infty$ 比任何有限实数都大,$-\infty$ 比任何有限实数都小.

（3）的证明.任给 $\varepsilon>0$，由外测度定义，对每个 n 都应有一列开区间 $I_{n,1},I_{n,2},\cdots,$ $I_{n,m},\cdots$，使 $A_n\subset\bigcup\limits_{m=1}^{\infty}I_{n,m}$，且

$$\sum_{m=1}^{\infty}|I_{n,m}|\leqslant m^*A_n+\frac{\varepsilon}{2^n}$$

（因 m^*A_n 可能为 ∞，故用"$\leqslant$"）.从而

$$\bigcup_{n=1}^{\infty}A_n\subset\bigcup_{n,m=1}^{\infty}I_{n,m},$$

且

$$\sum_{n,m=1}^{\infty}|I_{n,m}|=\sum_{n=1}^{\infty}\sum_{m=1}^{\infty}|I_{n,m}|\leqslant\sum_{n=1}^{\infty}\left(m^*A_n+\frac{\varepsilon}{2^n}\right)$$

$$=\sum_{n=1}^{\infty}m^*A_n+\sum_{n=1}^{\infty}\frac{\varepsilon}{2^n}=\sum_{n=1}^{\infty}m^*A_n+\varepsilon.$$

可见

$$m^*\left(\bigcup_{n=1}^{\infty}A_n\right)\leqslant\sum_{m,n=1}^{\infty}|I_{n,m}|\leqslant\sum_{n=1}^{\infty}m^*A_n+\varepsilon.$$

由于 ε 的任意性，即得

$$m^*\left(\bigcup_{n=1}^{\infty}A_n\right)\leqslant\sum_{n=1}^{\infty}m^*A_n.\qquad\square$$

例1　设 E 为 $[0,1]$ 中的全体有理数，则 $m^*E=0$.事实上，设 $E=\{r_1,r_2,\cdots\}$.对任给 $\varepsilon>0$，令

$$I_i=\left(r_i-\frac{\varepsilon}{2^{i+1}},r_i+\frac{\varepsilon}{2^{i+1}}\right),$$

则 $|I_i|=\dfrac{\varepsilon}{2^i}$，且 $E\subset\bigcup\limits_{i=1}^{\infty}I_i$，

而

$$\sum_{i=1}^{\infty}|I_i|=\sum_{i=1}^{\infty}\frac{\varepsilon}{2^i}=\varepsilon,\quad m^*E\leqslant\inf\sum_{i=1}^{\infty}|I_i|,$$

所以
$$m^*E=0.$$

例2　对于区间 I，有 $m^*I=|I|$.

证明　（1）设 I 为闭区间.对于任给 $\varepsilon>0$，存在开区间 I'，使得 $I\subset I'$ 且
$$|I'|<|I|+\varepsilon.$$

由外测度定义，$m^*I<|I|+\varepsilon$，由 ε 的任意性，有
$$m^*I\leqslant|I|.$$

现在来证明 $m^*I\geqslant|I|$.对于任给 $\varepsilon>0$，存在一列开区间 $\{I_i\}$，使 $I\subset\bigcup\limits_{i=1}^{\infty}I_i$，且

$$\sum_{i=1}^{\infty}|I_i|<m^*I+\varepsilon.$$

由有限覆盖定理，在 $\{I_i\}$ 中存在有限多个区间，不妨设为 $I_1,I_2,\cdots,I_n$，使得 $I\subset\bigcup\limits_{i=1}^{n}I_i$.

因为 $I = \bigcup\limits_{i=1}^{n} (I \cap I_i)$，于此 $I \cap I_i$ 为区间，由初等几何易知

$$|I| \leq \sum_{i=1}^{n} |I \cap I_i| \quad \text{①},$$

故

$$|I| \leq \sum_{i=1}^{n} |I \cap I_i| \leq \sum_{i=1}^{n} |I_i| \leq \sum_{i=1}^{\infty} |I_i| < m^*I + \varepsilon.$$

由于 ε 的任意性，即得

$$|I| \leq m^*I.$$

于是 $m^*I = |I|$。

（2）设 I 为任意区间。作闭区间 I_1 及 I_2 使 $I_1 \subset I \subset I_2$ 且

$$|I_2| - \varepsilon < |I| < |I_1| + \varepsilon$$

（I_2 可取为 I 的闭包 $\bar{I}$），则

$$|I| - \varepsilon \leq |I_1| = m^*I_1 \leq m^*I \leq m^*I_2 = |I_2| < |I| + \varepsilon.$$

由于 $\varepsilon > 0$ 的任意性，即得

$$m^*I = |I|. \qquad \square$$

§2　可　测　集

在 §1 中，我们在假定满足勒贝格测度公理的集合函数 m 存在的前提下找到了 $m(E)$ 的一个上界，即 E 的外测度 m^*E。外测度的一个优点是任何集合都有外测度，但是外测度只具有次可数可加性，不具有可数可加性。事实上，在 $\mathbf{R}^n$ 中的确存在互不相交的一列集合 $\{E_i\}$（例如用本章 §4 中介绍的不可测集来构造），使得

$$m^* \left(\bigcup_{i=1}^{\infty} E_i \right) < \sum_{i=1}^{\infty} m^* E_i.$$

这意味着，如果把外测度当作测度看，使得任何集合都有测度，那是办不到的。这就启发我们能否对外测度 m^* 的定义域加以限制，即设法在 $\mathbf{R}^n$ 中找出某一集合类 $\mathcal{M}$，在 $\mathcal{M}$ 上能够满足测度公理呢？这就是本节要研究的问题。这一限制条件便是下面要介绍的定义。为了理解该定义的合理性，我们先对 $\mathcal{M}$ 作一粗略的考察。首先，$\mathcal{M}$ 对某些集合运算应该封闭，例如对 $\mathcal{M}$ 中的集合作可数并（当然对有限并也成立，只要添加可数个空集）、作交及作差的运算后仍在 $\mathcal{M}$ 中，而且对 $\mathcal{M}$ 中一列互不相交的集合 $\{E_i\}$，有

$$m^* \left(\bigcup_{i=1}^{\infty} E_i \right) = \sum_{i=1}^{\infty} m^* E_i. \tag{1}$$

其次，由测度公理（3），自然应该要求 $\mathcal{M}$ 包含 $\mathbf{R}^n$ 中的所有有限开区间。又由于 $\mathbf{R}^n$ 是

---

① 以 $\mathbf{R}^2$ 的情形为例：在 I 中延长所有 $I \cap I_i$ 各边，将 I 分解成有限多个无公共内点的小区间，且每个小区间至少包含在某一个 $I \cap I_i$ 中。

一列有限开区间的可列并,所以 $\mathscr{M}$ 也应包括 $\mathbf{R}^n$.

如何从 $\mathbf{R}^n$ 中挑出集合类 $\mathscr{M}$ 呢?这只要附加一个判断 $\mathbf{R}^n$ 中集合 E 属于 $\mathscr{M}$ 的条件即可.我们试从(1)式的可加性条件来加以思考.

设 $E \subset \mathbf{R}^n$.如果 $E \in \mathscr{M}$,由于 $\mathbf{R}^n$ 中任何开区间 I 都属于 $\mathscr{M}$,由 $\mathscr{M}$ 的运算封闭性,则 $I \cap E, I \cap E^c$ 都应该属于 $\mathscr{M}$.但由 $(I \cap E) \cap (I \cap E^c) = \varnothing, I = (I \cap E) \cup (I \cap E^c)$,所以由(1)式,应该有

$$m^* I = m^*(I \cap E) + m^*(I \cap E^c)^{①}. \tag{2}$$

反之,如果存在某个开区间 I,使(2)式不成立,则 E 自然不应该属于 $\mathscr{M}$.

由上可见,对于 $\mathbf{R}^n$ 中点集 E 是否属于 $\mathscr{M}$,我们可以用(2)式是否对 $\mathbf{R}^n$ 中的任何开区间成立来判断.事实上,我们还可以进一步得到如下结论.

引理 设 $E \subset \mathbf{R}^n$,则(2)式对 $\mathbf{R}^n$ 中任何开区间都成立的充要条件是对 $\mathbf{R}^n$ 中的任何点集 T 都有

$$m^* T = m^*(T \cap E) + m^*(T \cap E^c). \tag{3}$$

证明 充分性显然成立.下证必要性.设 T 为 $\mathbf{R}^n$ 中的任意集合,则由外测度定义,对于任何 $\varepsilon > 0$,有一列开区间 $\{I_i\}$,使得

$$T \subset \bigcup_{i=1}^{\infty} I_i, \quad 且 \sum_{i=1}^{\infty} |I_i| \leqslant m^* T + \varepsilon.$$

但由于

$$T \cap E \subset \bigcup_{i=1}^{\infty} (I_i \cap E), \quad T \cap E^c \subset \bigcup_{i=1}^{\infty} (I_i \cap E^c),$$

故

$$m^*(T \cap E) \leqslant \sum_{i=1}^{\infty} m^*(I_i \cap E),$$

$$m^*(T \cap E^c) \leqslant \sum_{i=1}^{\infty} m^*(I_i \cap E^c).$$

从而

$$m^*(T \cap E) + m^*(T \cap E^c) \leqslant \sum_{i=1}^{\infty} m^*(I_i \cap E) + \sum_{i=1}^{\infty} m^*(I_i \cap E^c)$$

$$= \sum_{i=1}^{\infty} [m^*(I_i \cap E) + m^*(I_i \cap E^c)]$$

$$= \sum_{i=1}^{\infty} |I_i| \leqslant m^* T + \varepsilon.$$

由于 ε 的任意性,即得

$$m^*(T \cap E) + m^*(T \cap E^c) \leqslant m^* T.$$

另一方面,显然有

$$m^*(T \cap E) + m^*(T \cap E^c) \geqslant m^* T,$$

故

---

① (1)式显然对 $\mathscr{M}$ 中有限个互不相交的集也成立,因 $\varnothing \in \mathscr{M}$.

$$m^*(T \cap E) + m^*(T \cap E^c) = m^*T.$$

由上述引理,我们现在可以给出 $\mathbf{R}^n$ 中集合属于 $\mathscr{M}$ 的定义.这个定义是由卡拉泰奥多里给出的[①].

定义 设 E 为 $\mathbf{R}^n$ 中的点集,如果对任一点集 T 都有
$$m^*T = m^*(T \cap E) + m^*(T \cap E^c),$$
则称 E 是 L 可测的.这时 E 的 L 外测度 m^*E 即称为 E 的 L 测度,记为 mE.L 可测集全体记为 $\mathscr{M}$.

以下便根据该定义来推导 L 测度的性质,包括验证它确实满足我们的要求.

定理 1 集合 E 可测的充要条件是对于任意 $A \subset E, B \subset E^c$,总有
$$m^*(A \cup B) = m^*A + m^*B.$$

证明 必要性.取 $T = A \cup B$,则 $T \cap E = A, T \cap E^c = B$,所以
$$m^*(A \cup B) = m^*T = m^*(T \cap E) + m^*(T \cap E^c) = m^*A + m^*B.$$

充分性.对于任意 T,令 $A = T \cap E, B = T \cap E^c$,则 $A \subset E, B \subset E^c$,且 $A \cup B = T$,因此
$$m^*T = m^*(A \cup B) = m^*A + m^*B = m^*(T \cap E) + m^*(T \cap E^c).$$

定理 2 S 可测的充要条件是 S^c 可测.

证明 事实上,对于任意的 T
$$m^*T = m^*(T \cap S) + m^*(T \cap S^c) = m^*(T \cap (S^c)^c) + m^*(T \cap S^c).$$

定理 3 设 S_1, S_2 都可测,则 $S_1 \cup S_2$ 也可测,并且当 $S_1 \cap S_2 = \varnothing$ 时,对于任意集合 T 总有
$$m^*[T \cap (S_1 \cup S_2)] = m^*(T \cap S_1) + m^*(T \cap S_2).$$

证明 首先证明 $S_1 \cup S_2$ 的可测性,即要证对任何 T 有
$$m^*T = m^*[T \cap (S_1 \cup S_2)] + m^*[T \cap (S_1 \cup S_2)^c]. \tag{4}$$
事实上,因 S_1 可测,故对任何 T 有
$$m^*T = m^*(T \cap S_1) + m^*(T \cap S_1^c). \tag{5}$$
又因为 S_2 可测,故右边第二项可写成
$$m^*(T \cap S_1^c) = m^*((T \cap S_1^c) \cap S_2) + m^*[(T \cap S_1^c) \cap S_2^c],$$
代入(5)式得
$$m^*T = m^*(T \cap S_1) + m^*[(T \cap S_1^c) \cap S_2] + m^*[(T \cap S_1^c) \cap S_2^c]. \tag{6}$$

由德摩根公式,(6)式右边第三项可写为 $m^*[T \cap (S_1 \cup S_2)^c]$,又因 S_1 可测,且 $T \cap S_1 \subset S_1, (T \cap S_1^c) \cap S_2 \subset S_1^c$,故由定理 1,(6)式右边第一、二两项可合并为
$$m^*(T \cap S_1) + m^*[(T \cap S_1^c) \cap S_2]$$
$$= m^*[T \cap (S_1 \cup (S_1^c \cap S_2))] = m^*[T \cap (S_1 \cup S_2)],$$

[①] 勒贝格最初给出下述 L 可测集定义:设 E 为 $\mathbf{R}^n$ 中有界集,I 为任一包含 E 的开区间,记 $m_*E = |I| - m^*(I-E)$,称为 E 的内测度.如果 $m^*E = m_*E$,则称 E 是 L 可测的.又设 E 是 $\mathbf{R}^n$ 中的无界集,如果对任何开区间 I,有界集 $E \cap I$ 都是 L 可测的,则称 E 是 L 可测的.勒贝格关于 L 可测集的定义与本节中定义的等价性见附录一.由于勒贝格定义中有界集与无界集受到不同的对待,而且同时出现内、外两种测度,使用起来很不方便.

所以最后得(4)式

$$m^* T = m^* [T \cap (S_1 \cup S_2)] + m^* [T \cap (S_1 \cup S_2)^c].$$

其次当 $S_1 \cap S_2 = \varnothing$ 时,因 S_1 可测,且 $T \cap S_1 \subset S_1$,$T \cap S_2 \subset S_1^c$,故由定理1,有

$$m^* [T \cap (S_1 \cup S_2)] = m^* (T \cap S_1) + m^* (T \cap S_2).$$ □

推论 1 设 $S_i (i = 1,2,\cdots,n)$ 都可测,则 $\overset{n}{\underset{i=1}{\cup}} S_i$ 也可测,并且当 $S_i \cap S_j = \varnothing (i \neq j)$ 时,对于任意集合 T 总有

$$m^* \left(T \cap \left(\overset{n}{\underset{i=1}{\cup}} S_i \right) \right) = \sum_{i=1}^{n} m^* (T \cap S_i).$$

定理 4 设 S_1,S_2 都可测,则 $S_1 \cap S_2$ 也可测.

证明 因有 $S_1 \cap S_2 = [(S_1 \cap S_2)^c]^c = [S_1^c \cup S_2^c]^c$,故应用定理2与定理3即得. □

推论 2 设 $S_i (i = 1,2,\cdots,n)$ 都可测,则 $\overset{n}{\underset{i=1}{\cap}} S_i$ 也可测.

定理 5 设 S_1,S_2 都可测,则 $S_1 \setminus S_2$ 也可测.

证明 因为 $S_1 \setminus S_2 = S_1 \cap S_2^c$,故应用定理2与定理4即得. □

定理 6 设 $\{ S_i \}$ 是一列互不相交的可测集,则 $\overset{\infty}{\underset{i=1}{\cup}} S_i$ 也是可测集,且

$$m \left(\overset{\infty}{\underset{i=1}{\cup}} S_i \right) = \sum_{i=1}^{\infty} m S_i. \tag{7}$$

证明 首先证明 $\overset{\infty}{\underset{i=1}{\cup}} S_i$ 的可测性.因由推论1,对任何 n,$\overset{n}{\underset{i=1}{\cup}} S_i$ 可测,故对于任意 T 总有

$$m^* T = m^* \left[T \cap \left(\overset{n}{\underset{i=1}{\cup}} S_i \right) \right] + m^* \left[T \cap \left(\overset{n}{\underset{i=1}{\cup}} S_i \right)^c \right]$$

$$\geqslant m^* \left[T \cap \left(\overset{n}{\underset{i=1}{\cup}} S_i \right) \right] + m^* \left[T \cap \left(\overset{\infty}{\underset{i=1}{\cup}} S_i \right)^c \right] \quad (外测度性质(2))$$

$$= \sum_{i=1}^{n} m^* (T \cap S_i) + m^* \left[T \cap \left(\overset{\infty}{\underset{i=1}{\cup}} S_i \right)^c \right]. \quad (推论1)$$

令 $n \rightarrow \infty$ 得

$$m^* T \geqslant \sum_{i=1}^{\infty} m^* (T \cap S_i) + m^* \left[T \cap \left(\overset{\infty}{\underset{i=1}{\cup}} S_i \right)^c \right]. \tag{8}$$

由外测度性质(3),故有

$$m^* T \geqslant m^* \left[T \cap \left(\overset{\infty}{\underset{i=1}{\cup}} S_i \right) \right] + m^* \left[T \cap \left(\overset{\infty}{\underset{i=1}{\cup}} S_i \right)^c \right].$$

另一方面由于

$$T = \left(T \cap \left(\overset{\infty}{\underset{i=1}{\cup}} S_i \right) \right) \cup \left(T \cap \left(\overset{\infty}{\underset{i=1}{\cup}} S_i \right)^c \right),$$

又有

$$m^* T \leqslant m^* \left(T \cap \left(\overset{\infty}{\underset{i=1}{\cup}} S_i \right) \right) + m^* \left(T \cap \left(\overset{\infty}{\underset{i=1}{\cup}} S_i \right)^c \right),$$

因此

$$m^* T = m^* \left(T \cap \left(\overset{\infty}{\underset{i=1}{\cup}} S_i \right) \right) + m^* \left(T \cap \left(\overset{\infty}{\underset{i=1}{\cup}} S_i \right)^c \right).$$

这就证明了 $\overset{\infty}{\underset{i=1}{\cup}}S_i$ 的可测性.

在(8)式中,令 $T=\overset{\infty}{\underset{i=1}{\cup}}S$,这时由于 $\left(\overset{\infty}{\underset{i=1}{\cup}}S_i\right)\cap S_i=S_i$,便得

$$m\left(\overset{\infty}{\underset{i=1}{\cup}}S_i\right)\geqslant\sum_{i=1}^{\infty}mS_i.$$

另一方面由外测度性质(3)有

$$m\left(\overset{\infty}{\underset{i=1}{\cup}}S_i\right)\leqslant\sum_{i=1}^{\infty}mS_i,$$

故(7)式成立. □

推论 3　设 $\{S_i\}$ 是一列可测集合,则 $\overset{\infty}{\underset{i=1}{\cup}}S_i$ 也是可测集合.

证明　因 $\overset{\infty}{\underset{i=1}{\cup}}S_i$ 可表示为被加项互不相交的和:

$$\overset{\infty}{\underset{i=1}{\cup}}S_i=S_1\cup(S_2\backslash S_1)\cup[S_3\backslash(S_1\cup S_2)]\cup[S_4\backslash(S_1\cup S_2\cup S_3)]\cup\cdots,$$

故应用定理 3,5,6 即得. □

由定理 3,4,5,6 及推论 1,2,3 便知,L 可测集对于作可数和及作交、作差的运算是封闭的.定理 6 的公式(7)更告诉我们 L 测度是具有可数可加性的测度.

定理 7　设 $\{S_i\}$ 是一列可测集合,则 $\overset{\infty}{\underset{i=1}{\cap}}S_i$ 也是可测集合.

证明　因有 $\left(\overset{\infty}{\underset{i=1}{\cap}}S_i\right)^c=\overset{\infty}{\underset{i=1}{\cup}}S_i^c$,应用定理 2 与推论 3 即得. □

定理 8　设 $\{S_i\}$ 是一列递增的可测集合

$$S_1\subset S_2\subset\cdots\subset S_n\subset\cdots,$$

令 $S=\overset{\infty}{\underset{i=1}{\cup}}S_i=\lim_{n\to\infty}S_n$,则

$$mS=\lim_{n\to\infty}mS_n.$$

证明　因有

$$S=S_1\cup(S_2\backslash S_1)\cup(S_3\backslash S_2)\cup\cdots\cup(S_n\backslash S_{n-1})\cup\cdots,$$

其中各被加项都可测且互不相交,故应用定理 6 公式(7),即得(令 $S_0=\varnothing$)

$$mS=\sum_{i=1}^{\infty}m(S_i\backslash S_{i-1})=\lim_{n\to\infty}\sum_{i=1}^{n}m(S_i\backslash S_{i-1})$$

$$=\lim_{n\to\infty}m\left[\overset{n}{\underset{i=1}{\cup}}(S_i\backslash S_{i-1})\right]=\lim_{n\to\infty}mS_n.$$ □

定理 9　设 $\{S_i\}$ 是一列递降的可测集合

$$S_1\supset S_2\supset\cdots\supset S_n\supset\cdots,$$

令 $S=\overset{\infty}{\underset{i=1}{\cap}}S_i=\lim_{n\to\infty}S_n$,则当 $mS_1<\infty$ 时,

$$mS=\lim_{n\to\infty}mS_n.$$

证明　由于 S_n 可测,由定理 7 知 S 可测.又因 S_n 递降,从而 $\{S_1\backslash S_n\}$ 递增,故由定理 8 有

$$\lim_{n\to\infty}m[S_1\backslash S_n]=m\left[\overset{\infty}{\underset{i=1}{\cup}}(S_1\backslash S_n)\right]=m(S_1\backslash S).$$

因 $mS_1 < \infty$ 及

$$(S_1 \backslash S_n) \cup S_n = S_1,$$
$$m(S_1 \backslash S_n) + mS_n = mS_1,$$

有

$$m(S_1 \backslash S) = \lim_{n \to \infty} m(S_1 \backslash S_n) = mS_1 - \lim_{n \to \infty} mS_n.$$

由于

$$m(S_1 \backslash S) = mS_1 - mS,$$

故

$$mS = \lim_{n \to \infty} mS_n. \qquad \square$$

注意,定理 9 中 $mS_1 < \infty$ 的条件是重要的.为举出反例,我们先用下节定理 2 的结论:任意区间 I 都是可测的,且 $mI = |I|$.下面是一反例.

设 $S_n = (n, \infty)(n = 1, 2, \cdots)$.显然 $S_1 \supset S_2 \supset \cdots$, $S = \bigcap\limits_{n=1}^{\infty}(n, \infty) = \varnothing$,所以 $mS = 0$.
而

$$mS_n = m(n, \infty) = \infty,$$

故

$$\lim_{n \to \infty} mS_n = \infty \neq 0 = mS.$$

§3 可 测 集 类

在前一节中,我们定义了可测集合,并且讨论了可测集合的一些性质,但是在一般常见的集合中有哪些是可测的呢? 我们现在来回答这个问题.

定理 1 (1)凡外测度为零之集皆可测,称为零测度集;

(2)零测度集之任何子集仍为零测度集;

(3)有限个或可数个零测度集之和集仍为零测度集.

证明留给读者.

定理 2 区间 I(不论开、闭或半开半闭区间)都是可测集合,且 $mI = |I|$.

证明 设 I_0 为异于区间 I 的任一开区间,则

$$|I_0| = m^*(I_0 \cap I) + m^*(I_0 \cap I^c).$$

事实上,在 $\mathbf{R}$ 中显然,在 $\mathbf{R}^2$ 中由于 $I_0 \cap I$ 为区间,而 $I_0 \cap I^c$ 可以分解成至多四个互不相交的区间 I_i, $i = 1, 2, 3, 4$,从而可证

$$m^*(I_0 \cap I^c) \leqslant \sum_{i=1}^{4} |I_i|,$$

因此

$$m^*(I_0 \cap I) + m^*(I_0 \cap I^c) \leqslant |I_0|,$$

另一方面,反向不等式总成立,于是

$$m^*(I_0 \cap I) + m^*(I_0 \cap I^c) = |I_0|,$$

$\mathbf{R}^n$ 情形仿此.

由 §2 的引理及 $m^* I_0 = |I_0|$, 得到对 $\mathbf{R}^n$ 中任意点集 T 都有

$$m^* T = m^* (T \cap I) + m^* (T \cap I^c).$$

这说明 I 满足 §2 定义的条件, 从而 I 可测.

至于

$$mI = |I|$$

是因为 §1 之例 2, 即 $m^* I = |I|$.　□

定理 3　凡开集、闭集皆可测.

证明　这是因为任何非空开集可表示为可数多个互不相交的左开右闭区间之并 (在 $\mathbf{R}$ 则可表示为有限个或可数多个开区间之并, 其中可包含无界的区间), 而区间是可测的. 开集既可测, 则闭集作为开集之余集自然也可测 (§2 定理 2).　□

为了进一步拓广可测集类, 我们给出下面的定义.

定义 1　设 Ω 是由 $\mathbf{R}^n$ 的一些子集类组成的集合类, 如果 Ω 满足条件

(1) $\varnothing \in \Omega$;

(2) 若 $E \in \Omega$, 则 $E^c \in \Omega$;

(3) 若 $E_n \in \Omega, n = 1, 2, \cdots$, 则 $\bigcup_{n=1}^{\infty} E_n \in \Omega$.

则称 Ω 是 $\mathbf{R}^n$ 的一个 σ 代数.

由上节及本节定理 2 讨论可知: $\mathbf{R}^n$ 中可测集全体所成的集合类 L_n 是一 σ 代数. 为方便起见, 当不至于混淆时, 我们用 L 代替 L_n.

定义 2　设 Ω 是 $\mathbf{R}^n$ 上的一个 σ 代数. 如果定义在 Ω 上的非负值集合函数 μ 满足条件

(1) $\mu(\varnothing) = 0$;

(2) 若 $E_n \in \Omega, n = 1, 2, \cdots$, 且任意 $n \neq m, E_n \cap E_m = \varnothing$, 有

$$\mu\left(\bigcup_{n=1}^{\infty} E_n\right) = \sum_{n=1}^{\infty} \mu(E_n),$$

则称 μ 是 Ω 上的 (正) 测度.

由上节的讨论, 勒贝格测度 m 是定义在 σ 代数 L 上的测度.

由 σ 代数的定义易知: 如果 $\{\Omega_\alpha\}$ 是 $\mathbf{R}^n$ 上的一族 σ 代数, 则它们的交集 $\bigcap_\alpha \Omega_\alpha$ 也是 σ 代数.

定义 3　设 Σ 是 $\mathbf{R}^n$ 的一个子集族, 则称所有包含 Σ 的 σ 代数的交集为 Σ 生成的 σ 代数.

由于 $\mathbf{R}^n$ 的所有子集组成的子集族是 σ 代数, 因此包含 Σ 的 σ 代数是存在的。而由 Σ 生成的 σ 代数是包含 Σ 的最小的 σ 代数.

定义 4　由 $\mathbf{R}^n$ 中全体开集组成的子集类生成的 σ 代数, 记为 $\mathscr{B}$, 称为博雷尔代数. (同样, 为简单起见, 原应记为 $\mathscr{B}_n$, 省略了下标 n).

因为开集都是可测集, 因此 $\mathscr{B} \subset L$, 因而有以下定理.

定理 4　凡博雷尔集都是勒贝格可测集.

定义 5　若 Ω 是 $\mathbf{R}^n$ 上的一个 σ 代数, μ 是 Ω 上的测度, 则称 $(\mathbf{R}^n, \Omega, \mu)$ 为测度

空间.

根据以上定义和讨论，$(\mathbf{R}^n, L, m)$ 和 $(\mathbf{R}^n, \mathscr{B}, m)$ 都是测度空间.

定义 6 设集合 G 可表示为一列开集 $\{G_i\}$ 之交集：

$$G = \bigcap_{i=1}^{\infty} G_i,$$

则称 G 为 G_δ 型集.

设集合 F 可表示为一列闭集 $\{F_i\}$ 之并集：

$$F = \bigcup_{i=1}^{\infty} F_i,$$

则称 F 为 F_σ 型集.

显然 G_δ 型集及 F_σ 型集都是博雷尔集.

根据博雷尔集的定义，博雷尔集全体已构成一个 σ 代数. 但是可以证明，并非每个 L 可测集都是博雷尔集. 那么 L 可测集合类中除了博雷尔集之外，究竟还包含一些怎样的集合呢?

定理 5 设 E 是任一可测集，则一定存在 G_δ 型集 G，使 $G \supset E$，且 $m(G \backslash E) = 0$.

证明 （1）先证：对于任意 $\varepsilon > 0$，存在开集 G，使 $G \supset E$，且 $m(G \backslash E) < \varepsilon$.

为此，先设 $mE < \infty$，则由测度定义，有一列开区间 $\{I_i\}$ $(i = 1, 2, \cdots)$，使 $\bigcup_{i=1}^{\infty} I_i \supset E$，且

$$\sum_{i=1}^{\infty} |I_i| < mE + \varepsilon.$$

令 $G = \bigcup_{i=1}^{\infty} I_i$，则 G 为开集，$G \supset E$，且

$$mE \leqslant mG \leqslant \sum_{i=1}^{\infty} mI_i = \sum_{i=1}^{\infty} |I_i| < mE + \varepsilon.$$

因此，$mG - mE < \varepsilon$（这里用到 $mE < \infty$），从而 $m(G \backslash E) < \varepsilon$.

其次，设 $mE = \infty$，这时 E 必为无界集，但它总可表示成可数多个互不相交的有界可测集的并，即 $E = \bigcup_{n=1}^{\infty} E_n (mE_n < \infty)$，对每个 E_n 应用上面结果，可找到开集 $G_n \supset E_n$，使 $m(G_n \backslash E_n) < \dfrac{\varepsilon}{2^n}$.

令 $G = \bigcup_{n=1}^{\infty} G_n$，则 G 为开集，$G \supset E$，且

$$G \backslash E = \bigcup_{n=1}^{\infty} G_n \backslash \bigcup_{n=1}^{\infty} E_n \subset \bigcup_{n=1}^{\infty} (G_n \backslash E_n),$$
$$m(G \backslash E) \leqslant \sum_{n=1}^{\infty} m(G_n \backslash E_n) < \varepsilon.$$

（2）依次取 $\varepsilon_n = \dfrac{1}{n}$，$n = 1, 2, \cdots$，由证明中的（1）存在开集 $G_n \supset E$，使 $m(G_n \backslash E) < \dfrac{1}{n}$.

令 $G = \bigcap_{n=1}^{\infty} G_n$，则 G 为 G_δ 型集，$G \supset E$，且

$$m(G \backslash E) \leqslant m(G_n \backslash E) < \frac{1}{n}, \ n = 1, 2, \cdots,$$

故
$$m(G \backslash E) = 0.$$

定理 6 设 E 是任一可测集,则一定存在 F_σ 型集 F,使 $F \subset E$,且 $m(E \backslash F) = 0$.

证明 因 E^c 也可测,由定理 5 知,存在 G_δ 型集 $G \supset E^c$,使 $m(G \backslash E^c) = 0$.

令 $F = G^c$,则 F 为 F_σ 型集,$F \subset E$,且
$$m(E \backslash F) = m(E \backslash G^c) = m(G \backslash E^c) = 0.$$

上面两个定理告诉我们:只要有了全部 G_δ 型集(或 F_σ 型集)(它们只是博雷尔集合类的一部分)和全部 L 零测度集,那么,一切 L 可测集都可以获得.它们一律可以表示成 $E = G \backslash M$ 或 $E = F \cup M$ 的形式,其中 G 是 G_δ 型集,F 是 F_σ 型集,而 M 是零测度集.

勒贝格测度还具有以下的正规性,这也是勒贝格测度的重要性质.

定理 7 若 E 是一可测集,则

(1) $mE = \inf\{mG : G$ 是开集,$E \subset G\}$(**外正规性**);

(2) $mE = \sup\{mK : K$ 是紧集,$K \subset E\}$(**内正规性**).

证明 (1)的证明.若 $mE = \infty$,则对任意 $G \supset E$,$mG = \infty$,因此(1)成立.

若 $mE < \infty$,则由定理 5 的证明,对任意 $\varepsilon > 0$,存在开集 $G \supset E$,$m(G \backslash E) < \varepsilon$,因此
$$mG = m(G \backslash E) + mE < mE + \varepsilon.$$

由确界定义,(1)成立.

(2)的证明.若 E 有界,则存在有界闭区间 I,使得 $E \subset I$.对任意 $\varepsilon > 0$,存在开集 $G \supset I \backslash E$,使得 $m(G \backslash (I \backslash E)) < \varepsilon$.令 $K = I \backslash G$,则 K 是紧集,且
$$E \backslash K = E \cap G \subset G \backslash (I \backslash E),$$

故
$$m(E \backslash K) < \varepsilon.$$

于是当 E 有界时,(2)成立.

若 E 无界,对任意 n,令
$$E_n = \{x : d(x, 0) < n\} \cap E,$$

则 $\{E_n\}$ 单调可测,$\lim_{n \to \infty} E_n = E$,且 $\lim_{n \to \infty} mE_n = mE$.由上述证明,存在紧集 $K_n \subset E_n$,
$$mE_n - \frac{1}{n} \leqslant mK_n \leqslant mE_n, \quad n = 1, 2, \cdots,$$

由此得到
$$\lim_{n \to \infty} mK_n = mE.$$

因此无论 $mE = \infty$ 或 $mE < \infty$,(2)成立.

由定理 7,若 E 是有界可测集,则
$$\inf\{mG : G \text{ 是开集}, E \subset G\} = \sup\{mK : K \text{ 是紧集}, K \subset E\}.$$

反之,若有界集 E 使上式成立,可证 E 是可测集.此题作为习题,请读者自证.

最后我们提出一个问题:是否 $\mathbf{R}^n$ 中每一点集都是可测集? 我们将在下一节专门讨论这一问题.

*§4 不 可 测 集

在本节中我们仅对直线上每个集是否都是 L 可测集作出回答.下面我们要作一个不是 L 可测的集.注意构造这样的集不是很容易的,因为我们构造集通常都是从区间出发经过一系列并、交、差等运算来获得,而这样的集都是博雷尔集,当然总是 L 可测的.下面我们先讲勒贝格测度的平移不变性,然后利用这种平移不变性来构造一个 L 不可测集.

对于任何一个实数 α,作 $\mathbf{R} \rightarrow \mathbf{R}$ 的映射 $\tau_\alpha : x \rightarrow x+\alpha$.它是直线上的一个平移.一个集 $E \subset \mathbf{R}$,经过平移 α 后所得的集记为 $\tau_\alpha E = \{x+\alpha : x \in E\}$.现在我们讨论在平移变换下,集的测度有什么变化.显然当 E 为区间时,$\tau_\alpha E$ 亦为区间,而且 $mE = m(\tau_\alpha E)$.

定理 对任何集 $E \subset \mathbf{R}$,具有 $m^* E = m^*(\tau_\alpha E)$,且当 E 为 L 可测时,$\tau_\alpha E$ 也为 L 可测的.

证明 因对任何一列开区间 $\{I_i\}$,$E \subset \bigcup_{i=1}^\infty I_i$,同时就有 $\tau_\alpha I_i$ 亦为开区间,以及 $\tau_\alpha E \subset \bigcup_{i=1}^\infty (\tau_\alpha I_i)$,所以

$$m^* E = \inf\left\{ \sum_{i=1}^\infty |I_i| : E \subset \bigcup_{i=1}^\infty I_i \right\} \geqslant m^*(\tau_\alpha E).$$

但 $\tau_\alpha E$ 再平移 $\tau_{-\alpha}$ 后就是 E,所以 $m^*(\tau_\alpha E) \geqslant m^* E$.这样就得到 $m^* E = m^*(\tau_\alpha E)$.

如果 E 为 L 可测,那么对于任何 $T \subset \mathbf{R}$,有

$$m^* T = m^*(T \cap E) + m^*(T \cap E^c).$$

由于 $\tau_\alpha(T \cap E) = \tau_\alpha T \cap \tau_\alpha E, \tau_\alpha(T \cap E^c) = \tau_\alpha T \cap \tau_\alpha E^c$,因此从上式得到

$$m^*(\tau_\alpha T) = m^*(\tau_\alpha T \cap \tau_\alpha E) + m^*(\tau_\alpha T \cap \tau_\alpha E^c),$$

而上式中 $\tau_\alpha T$ 是任意集,因此 $\tau_\alpha E$ 为 L 可测. □

定理说明,集 $E \subset \mathbf{R}$ 经过平移后,它的外测度不变,而 L 可测集经过平移后仍为 L 可测集(当然它的测度也不变).这个性质称为勒贝格测度的平移不变性.

用类似的方法还可以证明勒贝格测度的反射不变性,就是说,如果记 τ 是 $\mathbf{R} \rightarrow \mathbf{R}$ 的如下映射:

$$\tau : x \rightarrow -x, \quad \tau E = \{-x : x \in E\},$$

那么对任何 L 可测集 $E \subset \mathbf{R}, mE = m(\tau E)$.我们不再详述.

下面我们利用测度的平移不变性作一个不可测集.

我们的想法是这样的:在直线上构造一个集 Z,要求对于 Z,可取这样的一列数 $r_1, r_2, \cdots, r_n, \cdots$,使得 Z 经平移 τ_{r_n} 后得到的集 $Z_n = \tau_{r_n} Z$ 有下面的性质:

1° $\bigcup_{n=1}^\infty Z_n$ 包含一个区间(例如 $\bigcup_{n=1}^\infty Z_n \supset [0,1]$);

2° $\{Z_n\}$ 是一列互不相交的集,而且 $\bigcup_{n=1}^\infty Z_n$ 是有界集(例如 $\bigcup_{n=1}^\infty Z_n \subset [-1,2]$).

如果 Z 具有这样两条性质,那么 Z 就一定不是 L 可测集.因为如果 Z 是可测的,那么 Z_n 也是可测的,而且 $mZ_n = mZ$.由于 Z_n 是两两不相交的,所以

$$m\left(\bigcup_{n=1}^\infty Z_n \right) = \sum_{n=1}^\infty mZ_n = \sum_{n=1}^\infty mZ. \tag{1}$$

又因为 $\bigcup_{n=1}^\infty Z_n$ 是有界集,并且它包含一个长度不为零的区间,因此由测度的单调性可知

$$0 < \alpha \leqslant m\left(\bigcup_{n=1}^\infty Z_n \right) \leqslant \beta < \infty,$$

从这个式子及(1)式,就发现 mZ 必须等于零又必须大于零.这个矛盾说明 Z 是不可测集.

现在我们具体地构造这样的集 Z.

将 $[0,1]$ 中的所有数依下法分类:两数 ξ,η 当且仅当 $\xi-\eta$ 是有理数时,称 ξ 与 η 属于同一类,设 $\xi\in[0,1]$,将 $[0,1]$ 中具有形式 $\xi+r$(r 表示有理数)的点全体归为一类 $E(\xi)$.这样,对于一个 ξ 有一类 $E(\xi)$ 与之对应,且 $\xi\in E(\xi)$,集 $E(\xi)$ 不同于 $E(\eta)$ 时,称 $E(\xi)$ 与 $E(\eta)$ 是不同的类,应当注意的是,当 $\xi\neq\eta$ 时可能 $E(\xi)=E(\eta)$.可以证明不同的两类 $E(\xi)$ 和 $E(\eta)$ 是不相交的:因为如果 $E(\xi)\cap E(\eta)\neq\varnothing$,则必有 $\zeta\in E(\xi)\cap E(\eta)$,因而 $\zeta=\xi+r_\xi,\zeta=\eta+r_\eta$,其中 r_ξ,r_η 都是有理数.故得 $\eta=\xi+r_\xi-r_\eta$.现在假定 $t\in E(\eta)$,则由 $t=\eta+r=\xi+(r_\xi-r_\eta+r)$,得 $t\in E(\xi)$.从而 $E(\eta)\subset E(\xi)$.同理可得 $E(\xi)\subset E(\eta)$,因此 $E(\xi)=E(\eta)$.这与 $E(\xi)$ 与 $E(\eta)$ 是不同的两类之假设矛盾.

这样一来,就把 $[0,1]$ 区间分解成一族两两不交的集的并集.我们在每类(集)中取一个代表数组成一个集 Z(当 $E(\xi)=E(\eta)$ 时,尽管 ξ 可以不等于 η,但这是同一类,我们只取这类中的一个代表数).换句话说,对任何 $\xi\in[0,1]$,$E(\xi)\cap Z$ 是一个单元素集.

接着我们把 $[-1,1]$ 中的全体有理数排成一列 $r_1,r_2,r_3,\cdots$,并记 $Z_n=\tau_{r_n}Z$.我们证明这样作出的 Z_n 确实具有前面说的性质 1° 和 2°.

1° 对于任何 $\xi\in[0,1]$,$E(\xi)\cap Z$ 是单元素集,设为 $\{\eta\},\eta\in Z$.因此 $\xi-\eta$ 是有理数,由于 ξ,η 都在 $[0,1]$ 中,所以 $\xi-\eta\in[-1,1]$ 因此 $\xi-\eta$ 是 $r_1,r_2,r_3,\cdots$ 中的某一个,设 $\xi-\eta=r_{k'}$,可见 $\xi\in\tau_{r_{k'}}Z=Z_{k'}$.这样我们就证明了任何 $\xi\in[0,1]$ 必在 $\bigcup_{n=1}^\infty Z_n$ 中,即 $[0,1]\subset\bigcup_{n=1}^\infty Z_n$.

2° Z_n 这一列集是两两不相交的,因为如果存在两个不同的正整数 l 及 n,使 $\xi\in Z_l\cap Z_n$,那么 $\xi-r_l,\xi-r_n$ 都属于 Z.但这两个数属于同一类,且因 $l\neq n$,必定 $r_l\neq r_n$.所以 $\xi-r_l$ 与 $\xi-r_n$ 是不同的数,但由 Z 的作法,它与每个类的交集只有一个元,这就产生了矛盾.由此证明了 $\{Z_n\}$ 这一列集是互不相交的.另外由 $Z\subset[0,1]$,$r_n\in[-1,1]$,即知 $Z_n\subset[-1,2]$,所以 $\bigcup_{n=1}^\infty Z_n\subset[-1,2]$.

由性质 1°,2° 可知,Z 确是不可测集.

注意,如果我们不是从闭区间 $[0,1]$ 出发,而是从任何一个具有正测度的集 E 出发,施行同样的过程,那么就知道 E 中存在不可测的子集 Z.因此,凡具有正测度的集必含有不可测的子集.

至此,读者可能会问,既然在直线上还存在勒贝格不可测集,我们能否给出另一种测度,使得对于 $\mathbf{R}$ 中的任何子集都有测度可言,即任何子集都可测? 答案是否定的.现已证明,在 $\mathbf{R}$ 上不可能存在满足所有以下条件的测度:

1° 任何子集都可测;

2° $[0,1]$ 的测度是 1,即测度具有正则性;

3° 具有可数可加性;

4° 测度对运动不变,即 A 和 B 全等,则 A 和 B 有相同的测度.

在 $\mathbf{R}^n$($n>1$)上也不存在这样的测度.因此,要找一个任何子集都可测的可数可加测度是办不到的.然而如果退一步,只要有限可加,那么在 $\mathbf{R}$ 和 $\mathbf{R}^2$ 存在着巴拿赫(Banach)测度,使得任何子集都可测.这就是 1923 年巴拿赫证明的定理:

在 $\mathbf{R}$ 和 $\mathbf{R}^2$ 上,存在着正则的(即 $[0,1]$ 的测度是 1)、有限可加的、对运动不变的测度,使得任何子集均可测.不过,这样的测度并没有多大用处.

另外,测度的可数可加性不可改为任意可测集族的并集是可测的.否则因为任意 $E\subset\mathbf{R}^n$,$E=\bigcup_{x\in E}\{x\}$,由于任意单点集 $\{x\}$ 都是可测的,从而导出任意集合都是可测,且 $mE=\sum_{x\in E}m(\{x\})=0$ 的结论.

第三章习题

1. 证明:若 E 有界,则 $m^*E<\infty$.

2. 证明:可数点集的外测度为零.

3. 设 E 是直线上一有界集合, $m^*E>0$, 则对任意小于 m^*E 的正数 c, 恒有 E 的子集 E_1, 使得 $m^*E_1=c$.

4. 设 $S_1,S_2,\cdots,S_n$ 是互不相交的可测集合, $E_i\subset S_i(i=1,2,\cdots,n)$, 求证: $m^*(E_1\cup E_2\cup\cdots\cup E_n)=m^*E_1+m^*E_2+\cdots+m^*E_n$.

5. 设 $E\subset\mathbf{R}^n$, 若 $m^*E=0$, 证明: E 可测.

6. 设 $E\subset\mathbf{R}^n$ 是可测集, 若对任意有限区间 $I\subset\mathbf{R}^n$, $m(E\cap I)=0$, 证明: $mE=0$.

7. 设 $A,B\subset\mathbf{R}^n$, 且 $m^*B<\infty$. 若 A 是可测集, 证明:
$$m^*(A\cup B)=mA+m^*B-m^*(A\cap B).$$

8. 证明:若 E 可测,则对任意 $\varepsilon>0$, 恒有开集 G 及闭集 F, 使 $F\subset E\subset G$, 而 $m(G\backslash E)<\varepsilon, m(E\backslash F)<\varepsilon$.

9. 设 $E\subset\mathbf{R}^n$, 存在两列可测集 $\{A_n\},\{B_n\}$, 使得 $A_n\subset E\subset B_n$ 且 $m(B_n\backslash A_n)\to0(n\to\infty)$, 则 E 可测.

10. E 是可测集的充要条件是:对任意 $\varepsilon>0$, 存在开集 G_1,G_2, $E\subset G_1$, $E^c\subset G_2$, $m(G_1\cap G_2)<\varepsilon$.

11. 设 $\{E_n\}$ 是一列可测集,证明 $\varliminf\limits_{n\to\infty}E_n$ 和 $\varlimsup\limits_{n\to\infty}E_n$ 都是可测集,且

(1) $m(\varliminf\limits_{n\to\infty}E_n)\leqslant\varliminf\limits_{n\to\infty}m(E_n)$;

(2) 若 $m(\bigcup\limits_{n=1}^{\infty}E_n)<\infty$, 则 $\varlimsup\limits_{n\to\infty}m(E_n)\leqslant m(\varlimsup\limits_{n\to\infty}E_n)$.

12. 设 $\{E_n\}$ 是一列可测集,若 $\sum\limits_{n=1}^{\infty}mE_n<\infty$, 证明:
$$m(\varlimsup\limits_{n\to\infty}E_n)=0.$$

13. 设 E 是 $[0,1]$ 中可测集,若 $mE=1$, 证明:对任意可测集 $A\subset[0,1]$, $m(E\cap A)=m(A)$.

14. 设 $\{E_n\}$ 是 $[0,1]$ 中可测集列,若 $mE_n=1(n=1,2,\cdots)$, 证明: $m(\bigcap\limits_{n=1}^{\infty}E_n)=1$.

15. 若有界集 $E\subset\mathbf{R}^n$ 满足条件:
$$\inf\{mG:G\text{ 是开集}, E\subset G\}=\sup\{mK:K\text{ 是紧集}, K\subset E\},$$
证明: E 是可测集.

16. 若 $E\subset\mathbf{R}^n$. 对任意 $c\in\mathbf{R}$, 记 $cE=\{cx:x\in E\}$.

(1) 若 $m^*E=0$, 证明 $m^*(cE)=0$;

(2) 若 E 是可测集, 证明 cE 是可测集.

17. 设 $A,B\subset\mathbf{R}^n$ 且 $A\cup B$ 可测, $m(A\cup B)<\infty$. 若 $m(A\cup B)=m^*A+m^*B$, 证明: A 与 B 可测.

拓展阅读

第四章
可测函数

在数学分析课程中,所研究的函数基本上是连续的,许多情形还要求是可导的.实变函数论所研究的函数,则要宽泛得多,我们称之为可测函数.它包括很多不连续的函数,例如多次提到过的狄利克雷函数等.连续函数只是可测函数的一个特例.

在本书的引言中,我们提到过,一种新的积分是曲边梯形的面积"横"着数,即把函数的值域分割成小段

$$A = y_0 < y_1 < y_2 < \cdots < y_i < \cdots < y_n = B,$$

然后考虑积分和 $\sum_{i=1}^{n} f(\xi_i) mE_i$ 的极限,其中 E_i 由函数值落在区间 $[y_{i-1}, y_i]$ 中的那些 x 组成.于是,我们要研究的函数必须使得集合

$$E_i = \{x \in [a, b] : y_{i-1} \leq f(x) < y_i\}$$

都是可测集.本章中,我们称这类函数为可测函数,并研究它的性质.

如果 $f(x)$ 是 $[a, b]$ 上的连续函数,那么由上一章知 E_i 都是可测集.所以连续函数当然是可测函数.

另外一个要注意的问题是,实变函数论中研究的函数可以取无穷大的值,这和数学分析中不一样.

§1 可测函数及其性质

可测函数是从测度观点来研究函数时所必然要考虑的一类函数.它一方面包含大家熟悉的连续函数作为特例,另一方面又在应用上和理论上具有足够的广泛性.

这里特别声明一下,今后凡提到函数都是指定义在 $\mathbf{R}^n$ 中某点集上的实数,并且允许它以 $+\infty$ 或 $-\infty$ 为函数值.$\pm\infty$ 也称为非真正的实数,通常的实数则称为有限实数.函数值都是有限实数的函数称为有限函数.有界函数仍在通常意义下来理解.因此有界函数必是有限函数,但反之不真.

关于包含 $\pm\infty$ 在内的实数运算作如下规定:

$+\infty$ 是全体有限实数的上确界,$-\infty$ 是全体有限实数的下确界:$-\infty < a < +\infty$(a 为任何有限实数).从而对于上(下)方无界的递增(减)数列 $\{a_n\}$,总有 $\lim_{n} a_n = +\infty \ (-\infty)$.

对于任何有限实数 a,

$$a + (\pm\infty) = (\pm\infty) + a = (\pm\infty) - a = a - (\mp\infty) = \pm\infty,$$

$$(\pm\infty)+(\pm\infty)=\pm\infty, \quad \frac{a}{\pm\infty}=0,$$

对任何有限实数 $a>0(<0)$,

$$a(\pm\infty)=(\pm\infty)a=\frac{\pm\infty}{a}=\pm\infty \quad (\mp\infty),$$

$$(+\infty)(+\infty)=(-\infty)(-\infty)=+\infty,$$

$$(-\infty)(+\infty)=(+\infty)(-\infty)=-\infty,$$

$$0\cdot(\pm\infty)=(\pm\infty)\cdot 0=0.$$

反之, $(\pm\infty)-(\pm\infty)$, $(\pm\infty)+(\mp\infty)$, $\dfrac{\pm\infty}{\pm\infty}$, $\dfrac{\mp\infty}{\pm\infty}$, $\dfrac{a}{0}$, $\dfrac{\pm\infty}{0}$ 都认为是无意义的.

一个定义在 $E\subset\mathbf{R}^n$ 上的实函数 $f(x)$ 确定了 E 的一组子集

$$\{x:x\in E, f(x)>a\} \quad (简记作\ E[f>a]),$$

这里 a 取遍一切有限实数,反之,易知 $f(x)$ 本身也由 E 的这组子集完全确定.因此从这组子集的性质,可以反映出 $f(x)$ 的性质.

定义 1　设 $f(x)$ 是定义在可测集 $E\subset\mathbf{R}^n$ 的实函数.如果对于任何有限实数 a, $E[f>a]$ 都是可测集,则称 $f(x)$ 为定义在 E 上的可测函数.

定理 1　设 $f(x)$ 是定义在可测集 E 上的实函数,下列任一条件都是 $f(x)$ 在 E 上可测的充要条件:

(1) 对任何有限实数 a, $E[f\geqslant a]$ 都可测;

(2) 对任何有限实数 a, $E[f<a]$ 都可测;

(3) 对任何有限实数 a, $E[f\leqslant a]$ 都可测;

(4) 对任何有限实数 $a,b(a<b)$, $E[a\leqslant f<b]$ 都可测(但充分性要假定 $f(x)$ 是有限函数).

证明　$E[f\geqslant a]$ 与 $E[f<a]$ 对于 E 是互余的,同样 $E[f\leqslant a]$ 与 $E[f>a]$ 对于 E 也是互余的,故在前三个条件中,只需证明(1)的充要性.

事实上,易知

$$E[f\geqslant a]=\bigcap_{n=1}^{\infty}E\left[f>a-\frac{1}{n}\right],$$

$$E[f>a]=\bigcup_{n=1}^{\infty}E\left[f\geqslant a+\frac{1}{n}\right].$$

由第一式便知 $f(x)$ 可测时条件(1)成立(一列可测集的交仍为可测集).由第二式便知条件(1)成立时 $f(x)$ 可测(一列可测集之并仍为可测集).

仿此关于(4)的充要性,只需注意表示式

$$E[a\leqslant f<b]=E[f\geqslant a]\backslash E[f\geqslant b],$$

以及 $f(x)$ 为有限函数时,

$$E[f\geqslant a]=\bigcup_{n=1}^{\infty}E[a\leqslant f<a+n]. \qquad\square$$

推论　设 $f(x)$ 在 E 上可测,则 $E[f=a]$ 总可测,不论 a 是有限实数或 $\pm\infty$.

证明　只需注意

$$E[f=a]=E[f\geqslant a]\backslash E[f>a]$$

和

$$E[f=+\infty] = \bigcap_{n=1}^{\infty} E[f>n], \quad E[f=-\infty] = \bigcap_{n=1}^{\infty} E[f<-n].$$

根据定理 1,当 $f(x)$ 可测时,出现在三个式子右边的各集都是可测集,因此它们的差或交仍为可测集.

例 1 区间 $[a,b]$ 上的连续函数和单调函数都是可测函数.

我们还可以看到定义在可测集 $E \subset \mathbf{R}^n$ 的任何连续函数都是可测函数.不过需先明确在一般点集(不限于区间或域)上的连续函数是怎样定义的.

定义 2 定义在 $E \subset \mathbf{R}^n$ 上的实函数 $f(x)$ 称为在 $x_0 \in E$ 连续,如果 $y_0 = f(x_0)$ 有限,而且对于 y_0 的任一邻域 V,存在 x_0 的某邻域 U,使得 $f(U \cap E) \subset V$,即只要 $x \in E$ 且 $x \in U$ 时,便有 $f(x) \in V$.如果 $f(x)$ 在 E 中每一点都连续,则称 $f(x)$ 在 E 上连续.

显然,一个函数在其定义域中的每一个孤立点都是连续的.

定理 2 可测集 $E \subset \mathbf{R}^n$ 上的连续函数是可测函数.

证明 设 $x \in E[f>a]$,则由连续性假设,存在 x 的某邻域 $U(x)$,使

$$U(x) \cap E \subset E[f>a].$$

因此,令 $G = \bigcup_{x \in E[f>a]} U(x)$,则

$$G \cap E = \left(\bigcup_{x \in E[f>a]} U(x) \right) \cap E = \bigcup_{x \in E[f>a]} (U(x) \cap E) \subset E[f>a].$$

反之,显然有 $G \supset E[f>a]$,因此

$$E[f>a] \subset G \cap E[f>a] \subset G \cap E,$$

从而 $E[f>a] = G \cap E$.但 G 是开集(因为它是一族开集之并),而 E 为可测集,故其交 $G \cap E$ 仍为可测集.

为了介绍另一类重要的可测函数,我们先引入如下定理.

定理 3 (1) 设 $f(x)$ 是可测集 E 上的可测函数,而 $E_1 \subset E$ 为 E 的可测子集,则 $f(x)$ 看作定义在 E_1 上的函数时,它是 E_1 上的可测函数;

(2) 设 $f(x)$ 定义在有限个可测集 $E_i (i=1,2,\cdots,s)$ 的并集 $E = \bigcup_{i=1}^{s} E_i$ 上,且 $f(x)$ 在每个 E_i 上都可测,则 $f(x)$ 在 E 上也可测.

证明 (1) 对于任何有限数 a,$E_1[f>a] = E_1 \cap E[f>a]$.由假设等式右边是可测集.

(2) E 是可测集而且对于任何有限数 a,有

$$E[f>a] = \bigcup_{i=1}^{s} E_i[f>a].$$

由假设等式右边也是可测集.

定义 3 设 $f(x)$ 的定义域 E 可分为有限个互不相交的可测集 $E_1, E_2, \cdots, E_s$,$E = \bigcup_{i=1}^{s} E_i$,使 $f(x)$ 在每个 E_i 上都等于某常数 c_i,则称 $f(x)$ 为简单函数.

例如,在区间 $[0,1]$ 上的狄利克雷函数便是简单函数.

定义在可测集上的常值函数显然是可测的,由定理 3 便知任何简单函数都是可测的.因此狄利克雷函数是可测的非连续函数.

下面我们要讨论可测函数的四则运算.

引理 设 $f(x)$ 与 $g(x)$ 为 E 上的可测函数,则 $E[f>g]$ 与 $E[f \geq g]$ 都是可测集.

证明 因 $E[f \geq g] = E \setminus E[f<g]$,故只需证明 $E[f>g]$ 可测.设 $x_0 \in E[f>g]$,亦即 $f(x_0)>g(x_0)$,则必存在有理数 r,使 $f(x_0)>r>g(x_0)$,亦即

$$x_0 \in E[f>r] \cap E[g<r],$$

反之亦然.

因此,设有理数全体为 $r_1, r_2, \cdots$,则

$$E[f>g] = \bigcup_{n=1}^{\infty} (E[f>r_n] \cap E[g<r_n]),$$

但由定理 1,等式右边显然是可测集. □

定理 4 设 $f(x), g(x)$ 在 E 上可测,则下列函数(假定它们在 E 上有意义)皆在 E 上可测:

$(1)\ f(x)+g(x); (2)\ |f(x)|; (3)\ \dfrac{1}{f(x)}; (4)\ f(x) \cdot g(x).$

证明 我们先对 (1) 和 (4) 中当 $g(x)=c$(有限常数)时的特殊情形进行证明.

关于 $f(x)+c$ 只需注意 $E[f+c>a]=E[f>a-c]$.

关于 $cf(x)$,则当 $c=0$ 时,显然是可测的;当 $c \neq 0$ 时只需注意

$$E[cf>a] = \begin{cases} E\left[f>\dfrac{a}{c}\right], & \text{当 } c>0, \\ E\left[f<\dfrac{a}{c}\right], & \text{当 } c<0. \end{cases}$$

现在分别对一般情形进行证明.

(1) $E[f+g>a]=E[f>-g+a]$,右边括弧中的 $-g+a$ 是可测函数(它是上述 $(1),(4)$ 特殊情形的结合),故由引理知右边是可测集.

(2) $E[|f|>a] = \begin{cases} E[f>a] \cup E[f<-a], & \text{当 } a \geq 0, \\ E, & \text{当 } a<0. \end{cases}$

(3) $E\left[\dfrac{1}{f}>a\right] = \begin{cases} E[f>0] \cap E\left[f<\dfrac{1}{a}\right], & \text{当 } a>0, \\ E[f>0] \setminus E[f=+\infty], & \text{当 } a=0, \\ E[f>0] \cup E\left[f<\dfrac{1}{a}\right], & \text{当 } a<0. \end{cases}$

(4) $E[f \cdot g>a] = \begin{cases} \{(E[f>0] \cap E[g>0]) \cup (E[f<0] \cap E[g<0])\} \cap E\left[|f|>\dfrac{a}{|g|}\right], \\ \qquad\qquad\qquad\qquad\qquad\qquad \text{当 } a \geq 0, \\ E \setminus E[f \cdot g \leq a] = E \setminus \{(E[f>0] \cap E[g<0]) \cup \\ (E[f<0] \cap E[g>0]) \cap E\left[|f| \geq \dfrac{-a}{|g|}\right]\}, \quad \text{当 } a<0. \end{cases}$

□

定理 5 设 $\{f_n(x)\}$ 是 E 上一列(或有限个)可测函数,则 $\mu(x) = \inf_n f_n(x)$ 与 $\lambda(x) = \sup_n f_n(x)$ 都在 E 上可测.

证明 由于
$$E[\mu \geqslant a] = \bigcap_n E[f_n \geqslant a], \quad E[\lambda \leqslant a] = \bigcap_n E[f_n \leqslant a]$$
而得证. □

定理 6 设 $\{f_n(x)\}$ 是 E 上一列可测函数,则 $F(x) = \varliminf_{n\to\infty} f_n(x), G(x) = \varlimsup_{n\to\infty} f_n(x)$ 也在 E 上可测,特别当 $F(x) = \lim_n f_n(x)$ 存在时,它也在 E 上可测.

证明 由于
$$\varliminf_{n\to\infty} f_n(x) = \sup_n (\inf_{m \geqslant n} f_m(x)), \quad \varlimsup_{n\to\infty} f_n(x) = \inf_n (\sup_{m \geqslant n} f_m(x)),$$
重复应用定理 5 即得证. □

设 $f(x)$ 是定义在 E 上的实函数.令
$$f^+(x) = \max\{f(x), 0\} = \begin{cases} f(x), & \text{当 } f(x) \geqslant 0, \\ 0, & \text{当 } f(x) < 0. \end{cases}$$
$$f^-(x) = -\min\{f(x), 0\} = \begin{cases} -f(x), & \text{当 } f(x) \leqslant 0, \\ 0, & \text{当 } f(x) > 0. \end{cases}$$

则 $f^+(x)$ 和 $f^-(x)$ 都是 E 上非负函数,分别称为 $f(x)$ 的**正部**和**负部**.由定义,我们有
$$f(x) = f^+(x) - f^-(x), \quad |f(x)| = f^+(x) + f^-(x).$$

显然,$E[f^+ > 0] \cap E[f^- > 0] = \varnothing$. 反之,若 $g(x), h(x)$ 是 E 上两个非负实函数,易知它们分别是某个实函数的正部及负部的充要条件是 $E[g > 0] \cap E[h > 0] = \varnothing$.

由定理 5,若 $f(x)$ 是 E 上可测函数,则 $f^+(x), f^-(x)$ 也是 E 上的可测函数.

上面我们知道简单函数都是可测函数,因此由定理 6 可知一列简单函数 $\varphi_n(x)$ 的极限函数 $f(x) = \lim_{n\to\infty} \varphi_n(x)$ 也是 E 上的可测函数.反之有如下结论.

定理 7(可测函数与简单函数的关系)

(1) 若 $f(x)$ 在 E 上非负可测,则存在可测简单函数列 $\{\varphi_k(x)\}$,使得对任意 $x \in E$, $\varphi_k(x) \leqslant \varphi_{k+1}(x)$ $(k = 1, 2, \cdots)$,且 $\lim_{k\to\infty} \varphi_k(x) = f(x)$;

(2) 若 $f(x)$ 在 E 上可测,则存在可测简单函数列 $\{\varphi_k(x)\}$,使得对任意 $x \in E$, $\lim_{k\to\infty} \varphi_k(x) = f(x)$.若 $f(x)$ 还在 E 上有界,则上述收敛可以是一致的.

证明 (1) 若 $f(x)$ 在 E 上非负可测.对任意自然数 k,将 $[0, k]$ 划分为 $k2^k$ 等份,令
$$E_{k,j} = E\left[\frac{j-1}{2^k} \leqslant f < \frac{j}{2^k}\right], \quad j = 1, 2, \cdots, k2^k,$$
$$E_k = E[f \geqslant k], \quad k = 1, 2, \cdots,$$
作函数列
$$\varphi_k(x) = \begin{cases} \dfrac{j-1}{2^k}, & x \in E_{k,j}, \\ k, & x \in E_k, \end{cases} \quad j = 1, 2, \cdots, k2^k; k = 1, 2, \cdots,$$
则 $\varphi_k(x)$ 是简单函数,且
$$\varphi_k(x) \leqslant \varphi_{k-1}(x) \leqslant f(x), \quad k = 1, 2, \cdots.$$

设 $x \in E$,若 $f(x) \neq +\infty$,则当 $k > f(x)$ 时,$0 \leqslant f(x) - \varphi_k(x) \leqslant 2^{-k}$;若 $f(x) = +\infty$,则

$\varphi_k(x) = k, k = 1, 2, \cdots$，于是对任意 $x \in E$，$\lim\limits_{k \to \infty} \varphi_k(x) = f(x)$.

（2）若 $f(x)$ 是一般的可测函数，则 $f(x) = f^+(x) - f^-(x)$，其中 $f^+(x)$ 和 $f^-(x)$ 分别是 $f(x)$ 的正部和负部.由（1），存在可测简单函数列 $\{\varphi_k^+(x)\}$ 和 $\{\varphi_k^-(x)\}$，使得对任意 $x \in E$，

$$\lim_{k \to \infty} \varphi_k^+(x) = f^+(x), \qquad \lim_{k \to \infty} \varphi_k^-(x) = f^-(x).$$

令 $\varphi_k(x) = \varphi_k^+(x) - \varphi_k^-(x)$，则 $\{\varphi_k(x)\}$ 是可测简单函数列，且对任意 $x \in E$，$\lim\limits_{k \to \infty} \varphi_k(x) = f(x)$.

若 $f(x)$ 在 E 有界，设 $\sup\{|f(x)| : x \in E\} = M$，则由（1）的证明可知，对任意 $k > M$，

$$\sup\{|f^+(x) - \varphi_k^+(x)| : x \in E\} \leqslant \frac{1}{2^k},$$

$$\sup\{|f^-(x) - \varphi_k^-(x)| : x \in E\} \leqslant \frac{1}{2^k},$$

因此，

$$\sup\{|f(x) - \varphi_k(x)| : x \in E\} \leqslant \frac{1}{2^{k-1}} \to 0 \quad (k \to \infty),$$

从而 $\{\varphi_k(x)\}$ 在 E 上一致收敛于 $f(x)$. □

定义 4 设 π 是一个与集合 E 的点 x 有关的命题，如果存在 E 的子集 M，满足 $mM = 0$，使得 π 在 $E \backslash M$ 上恒成立，也就是说，$E \backslash E[\pi \ 成立]$ 是零测度集，则我们称 π 在 E 上几乎处处成立，或说 π a.e.于 E.

例 2 $|\tan x| < \infty$ a.e.于 $\mathbf{R}$；$[0,1]$ 上的狄利克雷函数 $D(x) = 0$ a.e.于 $[0,1]$.

注意，根据零测度性质，由 π_1 a.e.于 E 且 π_2 a.e.于 E，显然可得"π_1 且 π_2"a.e.于 E.

例 3 设 $f(x) = g(x)$ a.e.于 E，且 $g(x) = h(x)$ a.e.于 E，则 $f(x) = h(x)$ a.e.于 E.

§2 叶戈罗夫定理

在数学分析中知道，一致收敛是函数列很重要的性质，它能保证极限过程和一些运算的可交换性.但一般而论，一个收敛的函数列在其收敛域上是不一定一致收敛的.例如 $f_n(x) = x^n$ 在 $[0,1]$ 上不一致收敛.但是只要从 $[0,1]$ 的右端点去掉任意小的一段成为 $[0, 1-\delta]$，则 $\{f_n\}$ 在其上就一致收敛了.其实这一现象在某种意义下是带有普遍性的.这就是下面要讲的叶戈罗夫（Eropoв）定理.

定理（叶戈罗夫定理） 设 $mE < \infty$，$\{f_n\}$ 是 E 上一列 a.e.收敛于一个 a.e.有限的函数 f 的可测函数，则对任意 $\delta > 0$，存在子集 $E_\delta \subset E$，使 $\{f_n\}$ 在 E_δ 上一致收敛，且 $m(E \backslash E_\delta) < \delta$.

证明 由条件，$m(E[|f_n| = \infty]) = 0 (n = 1, 2, \cdots)$；$m(E[|f| = \infty]) = 0$.因此得 $mE_0 = 0$，其中

$$E_0 = \bigcup_{n=1}^{\infty} E[|f_n| = +\infty] \cup E[|f| = +\infty].$$

用 $E \backslash E_0$ 替代 E，不妨设 $f_n(x), f(x)$ 都是有限函数，且 $\lim\limits_{n \to \infty} (f_n(x) - f(x)) = 0$ 在 E 上几

乎处处成立.

由第一章 §5(2) 式, 在 E 上 $f_n(x)$ 不收敛于 $f(x)$ 的点集

$$E\left[\lim_{n\to\infty}(f_n-f)\neq 0 \text{ 或极限不存在}\right] = \bigcup_{k=1}^{\infty}\bigcap_{N=1}^{\infty}\bigcup_{n=N}^{\infty} E\left[|f_n-f|\geqslant\frac{1}{k}\right].$$

由假定 $m(E[(f_n-f)\text{ 不收敛于 }0])=0$, 因此对任意固定的 k,

$$m\left(\bigcap_{N=1}^{\infty}\bigcup_{n=N}^{\infty} E\left[|f_n-f|\geqslant\frac{1}{k}\right]\right)=0.$$

由于

$$\bigcup_{n=N}^{\infty} E\left[|f_n-f|\geqslant\frac{1}{k}\right] \supset \bigcup_{n=N+1}^{\infty} E\left[|f_n-f|\geqslant\frac{1}{k}\right], \quad k=1,2,\cdots,$$

而 $mE<\infty$, 因此由第三章 §2 定理 5,

$$\lim_{N\to\infty} m\left(\bigcup_{n=N}^{\infty} E\left[|f_n-f|\geqslant\frac{1}{k}\right]\right) = m\left(\bigcap_{N=1}^{\infty}\bigcup_{n=N}^{\infty} E\left[|f_n-f|\geqslant\frac{1}{k}\right]\right)=0.$$

于是对任意 $\delta>0$ 和任意正整数 k, 存在 N_k, 使 $m\left(\bigcup_{n=N_k}^{\infty} E\left[|f_n-f|\geqslant\frac{1}{k}\right]\right) < \dfrac{\delta}{2^k}$.

令

$$E_\delta = \bigcap_{k=1}^{\infty}\bigcap_{n=N_k}^{\infty} E\left[|f_n-f|<\frac{1}{k}\right].$$

下证 E_δ 满足定理要求的结论. 由于

$$E\backslash E_\delta = E\backslash \bigcap_{k=1}^{\infty}\bigcap_{n=N_k}^{\infty} E\left[|f_n-f|<\frac{1}{k}\right] = \bigcup_{k=1}^{\infty}\bigcup_{n=N_k}^{\infty} E\left[|f_n-f|\geqslant\frac{1}{k}\right],$$

因此

$$m(E\backslash E_\delta) \leqslant \sum_{k=1}^{\infty} m\left(\bigcup_{n=N_k}^{\infty} E\left[|f_n-f|\geqslant\frac{1}{k}\right]\right) < \sum_{k=1}^{\infty}\frac{\delta}{2^k} = \delta.$$

为证 $f_n(x)$ 在 E_δ 上一致收敛于 $f(x)$, 任取 $\varepsilon>0$, 存在 k, 使 $\dfrac{1}{k}<\varepsilon$, 令 $N=N_k$. 由于

$$E_\delta \subset \bigcap_{n=N_k}^{\infty} E\left[|f_n-f|<\frac{1}{k}\right],$$

因此, 对任意 $n\geqslant N$, 且对任意 $x\in E_\delta$,

$$|f_n(x)-f(x)|<\frac{1}{k}<\varepsilon$$

成立, 这就证明了 $\{f_n(x)\}$ 在 E_δ 上一致收敛于 $f(x)$. □

这个定理告诉我们, 凡是满足定理假设的 a.e. 收敛的可测函数列, 即使不一致收敛, 也是"基本上"(指去掉一个测度可任意小的某点集外)一致收敛的. 因此在许多场合它提供了处理极限交换问题的有力工具.

要注意当 $mE=\infty$ 时, 定理不成立. 而逆定理当 $mE<\infty$ 和 $mE=\infty$ 时都成立.

§3 可测函数的构造

在 §1 我们看到可测集上的连续函数一定是可测函数. 反之, 一般的可测函数可以说是"基本上连续"的函数. 这就是下列定理.

定理 1(卢津(Лузин)定理) **设 $f(x)$ 是 E 上 a.e. 有限的可测函数, 则对任意 $\delta>0$, 存在闭子集 $F_\delta \subset E$, 使 $f(x)$ 在 F_δ 上是连续函数, 且 $m(E\backslash F_\delta)<\delta$.**

简言之, 在 E 上 a.e. 有限的可测函数是"基本上连续"的函数.

证明 我们从特殊到一般分三种情形来讨论.

(1) 简单函数情形

设 $E=\bigcup_{i=1}^n E_i$, 各 E_i 可测、互不相交, 且 $f(x)=c_i$ 当 $x\in E_i$, $i=1,2,\cdots,n$. 对于 $\delta>0$, 由于 E_i 是可测集, 从而可知存在闭子集 $F_i\subset E_i$, 且 $m(E_i\backslash F_i)<\dfrac{\delta}{n}$. 令 $F_\delta=\bigcup_{i=1}^n F_i$, 则 F_δ 为闭集且 $m(E\backslash F_\delta)<\delta$. 易证 $f(x)$ 限制在 F_δ 上是连续函数.

(2) 有界可测情形

若 $f(x)$ 有界, 则由 §1 定理 7, 存在可测简单函数列 $\{\varphi_k(x)\}$, 使得 $\{\varphi_k(x)\}$ 在 E 上一致收敛于 $f(x)$. 对任意 $\delta>0$, 由(1), 存在闭集 $F_k\subset E$, $m(E\backslash F_k)<\dfrac{\delta}{2^k}$, 使得 $\varphi_k(x)$ 在 F_k 上连续. 令 $F_\delta=\bigcap_{k=1}^\infty F_k$, 则 F_δ 为闭集且

$$m(E\backslash F_\delta)=m\left(E\backslash\bigcap_{k=1}^\infty F_k\right)=m\left(\bigcup_{k=1}^\infty(E\backslash F_k)\right)\leqslant\sum_{k=1}^\infty m(E\backslash F_k)<\delta.$$

由于 $\varphi_k(x)$ 在 F_δ 上连续, 且一致收敛于 $f(x)$, 因此 $f(x)$ 在 F_δ 上连续(证明与区间上的相同).

(3) 一般的可测函数情形

由于 $m(E[\,|f|=\infty\,])=0$, 不妨设 $f(x)$ 是 E 上有限函数. 设 $g(x)=\dfrac{f(x)}{1+|f(x)|}$, $x\in E$, 则 $g(x)$ 在 E 上有界可测. 由(2), 存在闭集 $F_\delta\subset E$, $m(E\backslash F_\delta)<\delta$, 使得 $g(x)$ 在 F_δ 上连续.

因为 $f(x)=\dfrac{g(x)}{1-|g(x)|}$, $|g(x)|<1$, 所以 $f(x)$ 在 F_δ 上连续. □

上述证明方法很重要. 先考虑简单函数, 然后再往一般的可测函数过渡, 这在许多场合下是行之有效的方法.

卢津定理使我们对可测函数的结构有了进一步的了解, 它揭示了可测函数与连续函数的关系. 在应用上通过它常常可以把有关的可测函数问题归结为连续函数的问题, 从而得以简化.

最后提一句, 有的著者用卢津定理所反映的重要性质来定义可测函数, 事实上这

两和定义是等价的,因为卢津定理的逆命题也是成立的.

我们还可以以另一个形式给出卢津定理.

定理 2 设 $f(x)$ 是 $E \subset \mathbf{R}$ 上 a.e.有限的可测函数,则对任意 $\delta > 0$,存在闭集 $F \subset E$ 及整个 $\mathbf{R}$ 上的连续函数 $g(x)$(F 及 $g(x)$ 依赖于 δ),使得在 F 上 $g(x) = f(x)$,且 $m(E \setminus F) < \delta$. 此外还可要求

$$\sup_{\mathbf{R}} g(x) = \sup_F f(x) \quad \text{及} \quad \inf_{\mathbf{R}} g(x) = \inf_F f(x).$$

证明 由定理 1,存在闭集 $F \subset E$,使 $f(x)$ 在 F 上连续且 $m(E \setminus F) < \delta$.

现在的问题在于将闭集 F 上的连续函数 $f(x)$ 延拓成整个 $\mathbf{R}$ 上的连续函数.这是可以办到的.

事实上,由于 F 是闭集,故 $\mathbf{R} \setminus F$ 是开集,从而是至多可数个互不相交的开区间 (a_i, b_i) 的并集(这些开区间中可能包括一到两个无限长的区间).由于各 (a_i, b_i) 的端点属于 F,故总可将 $f(x)$ 按下面方式在各 $[a_i, b_i]$ 中保持线性而且连续地延拓为 $g(x)$:

$$g(x) = \begin{cases} f(x), & \text{当 } x \in F, \\ f(a_i) + \dfrac{f(b_i) - f(a_i)}{b_i - a_i}(x - a_i), & \text{当 } x \in (a_i, b_i), a_i, b_i \text{ 有限}, \\ f(a_i), & \text{当 } x \in (a_i, b_i), b_i = \infty, \\ f(b_i), & \text{当 } x \in (a_i, b_i), a_i = -\infty. \end{cases}$$

则 $g(x)$ 即为所求函数.事实上由 $g(x)$ 的作法知,当 $x \in F$ 时,有 $g(x) = f(x)$,并且有

$$\sup_{\mathbf{R}} g(x) = \sup_F f(x), \quad \inf_{\mathbf{R}} g(x) = \inf_F f(x).$$

因此我们只需证 $g(x)$ 是 $\mathbf{R}$ 上的连续函数.显然 F^c 中的点都是 $g(x)$ 的连续点.下证 F 中的点也是 $g(x)$ 的连续点.任取 $x_0 \in F$,对任何 $\varepsilon > 0$,因为 $f(x)$ 在 F 上连续,必有 $\delta > 0$,使得当 $x \in (x_0 - \delta, x_0 + \delta) \cap F$ 时,有

$$|f(x) - f(x_0)| < \varepsilon.$$

如果 $(x_0 - \delta, x_0) \cap F = \varnothing$,则 x_0 必是 F^c 的某个构成区间 (a_i, b_i) 的右端点.由于 $g(x)$ 在 (a_i, b_i) 中是线性函数,所以 $g(x)$ 在点 x_0 左连续.

如果 $(x_0 - \delta, x_0) \cap F \neq \varnothing$,设 $\hat{x} \in (x_0 - \delta, x_0) \cap F$,那么当 $x \in [\hat{x}, x_0] \cap F$ 时,有 $g(x) = f(x)$,$g(x_0) = f(x_0)$.因此

$$|g(x) - g(x_0)| = |f(x) - f(x_0)| < \varepsilon \tag{1}$$

而当 $x \in [\hat{x}, x_0] \setminus F$ 时,那么必有 F^c 的构成区间 (a_k, b_k),使得 $x \in (a_k, b_k) \subset (\hat{x}, x_0)$.由于 a_k, b_k 都属于 $[\hat{x}, x_0] \cap F$,由(1)式,有

$$|g(a_k) - g(x_0)| < \varepsilon, \quad |g(b_k) - g(x_0)| < \varepsilon.$$

因为 $g(x)$ 的值介于 $g(a_k)$ 与 $g(b_k)$ 之间,因此对 $g(x)$,(1)式也成立.这就证明了 $g(x)$ 在点 x_0 左连续.类似可证 $g(x)$ 在点 x_0 右连续.因此 $g(x)$ 在点 x_0 连续. □

值得注意的是这个定理也可推广到 n 维空间[1].

---

[1] 参看 L.M.Graves 著 *The Theory of Function of Real Variables*,1946,Chicago.第 116-118 页.

§4 依测度收敛

现在我们引进一种用测度来描述函数列收敛的概念.

定义 设 $\{f_n\}$ 是 $E \subset \mathbf{R}^q$ 上的一列 a.e. 有限的可测函数,若有 E 上 a.e. 有限的可测函数 $f(x)$ 满足下列关系:

对任意 $\sigma > 0$,有 $\lim\limits_{n} mE[\,|f_n - f| \geqslant \sigma\,] = 0$,则称函数列 $\{f_n\}$ <u>依测度收敛</u>于 f,或<u>度量收敛</u>于 f,记为 $f_n(x) \Rightarrow f(x)$.

改用 ε-N 说法:对任意 $\varepsilon > 0$ 及 $\sigma > 0$,存在正数 $N(\varepsilon, \sigma)$,使 $n \geqslant N(\varepsilon, \sigma)$ 时,$mE[\,|f_n - f| \geqslant \sigma\,] < \varepsilon$.

依测度收敛用文字叙述,就是说,如果事先给定一个(误差)$\sigma > 0$,不论这个 σ 有多么小,使得 $|f_n(x) - f(x)|$ 大于 σ 的点 x 虽然可能很多,但这些点所成之集合的测度随着 n 无限增大而趋于零.

依测度收敛和我们熟知的处处收敛或几乎处处收敛的概念是有很大区别的.我们不妨举例加以说明.

例 1 依测度收敛而处处不收敛的函数列.

取 $E = (0, 1]$,将 E 等分,定义两个函数:

$$f_1^{(1)}(x) = \begin{cases} 1, & x \in \left(0, \dfrac{1}{2}\right], \\ 0, & x \in \left(\dfrac{1}{2}, 1\right]. \end{cases}$$

$$f_2^{(1)}(x) = \begin{cases} 0, & x \in \left(0, \dfrac{1}{2}\right], \\ 1, & x \in \left(\dfrac{1}{2}, 1\right]. \end{cases}$$

然后将 $(0, 1]$ 四等分、八等分,等等.一般地,对每个 n,作 2^n 个函数:

$$f_j^{(n)}(x) = \begin{cases} 1, & x \in \left(\dfrac{j-1}{2^n}, \dfrac{j}{2^n}\right], \\ 0, & x \notin \left(\dfrac{j-1}{2^n}, \dfrac{j}{2^n}\right], \end{cases} \quad j = 1, 2, \cdots, 2^n.$$

我们把 $\{f_j^{(n)} : j = 1, 2, \cdots, 2^n\}$ 先按 n 后按 j 的顺序逐个地排成一列:

$$f_1^{(1)}(x), f_2^{(1)}(x), \cdots, f_1^{(n)}(x), f_2^{(n)}(x), \cdots, f_{2^n}^{(n)}(x), \cdots \tag{1}$$

$f_j^{(n)}(x)$ 在这个序列中是第 $N = 2^n - 2 + j$ 个函数.可以证明这个序列是依测度收敛于零的.这是因为对任何 $\sigma > 0$,$E[\,|f_j^{(n)} - 0| \geqslant \sigma\,]$ 或是空集(当 $\sigma > 1$),或是 $\left(\dfrac{j-1}{2^n}, \dfrac{j}{2^n}\right]$(当 $0 < \sigma \leqslant 1$),所以

$$m(E[\,|f_j^{(n)} - 0| \geqslant \sigma\,]) \leqslant \frac{1}{2^n} \quad (\text{当 } \sigma > 1 \text{ 时,左端为 } 0).$$

由于当 $N = 2^n - 2 + j (j = 1, 2, \cdots, 2^n)$ 趋于 ∞ 时, $n \to \infty$. 由此可见

$$\lim_{N \to \infty} m(E[\,|f_j^{(n)} - 0| \geq \sigma]) = 0,$$

即 $f_j^{(n)}(x) \Rightarrow 0$.

但是函数列(1)在 $(0, 1]$ 上的任何一点都不收敛. 事实上, 对任何点 $x_0 \in (0, 1]$, 无论 n 多么大, 总存在 j, 使 $x_0 \in \left(\dfrac{j-1}{2^n}, \dfrac{j}{2^n} \right]$, 因而 $f_j^{(n)}(x_0) = 1$, 然而 $f_{j+1}^{(n)}(x_0) = 0$ 或 $f_{j-1}^{(n)}(x_0) = 0$, 换言之, 对任何 $x_0 \in (0, 1]$, 在 $\{f_s^{(n)}(x_0)\}$ 中必有两个子列, 一个恒为 1, 另一个恒为零, 所以序列(1)在 $(0, 1]$ 上任何点都是发散的.

反过来, 一个 a.e. 收敛的函数列也可以不是依测度收敛的.

例 2 取 $E = (0, \infty)$, 作函数列

$$f_n(x) = \begin{cases} 1, & x \in (0, n], \\ 0, & x \in (n, \infty), \end{cases} \quad n = 1, 2, \cdots.$$

显然 $f_n(x) \to 1 \ (n \to \infty)$, 当 $x \in E$. 但是当 $0 < \sigma < 1$ 时,

$$E[\,|f_n - 1| \geq \sigma] = (n, \infty),$$

且 $m(n, \infty) = \infty$. 这说明 $\{f_n\}$ 不依测度收敛于 1.

尽管两种收敛区别很大, 一种收敛不能包含另一种收敛, 但是下列定理反映出它们还是有密切联系的.

定理 1 (里斯(Riesz)定理) 设在 E 上 $\{f_n\}$ 依测度收敛于 f, 则存在子列 $\{f_{n_i}\}$ 在 E 上 a.e. 收敛于 f.

证明 对任何正整数 s, 取 $\varepsilon = \dfrac{1}{2^s}, \delta = \dfrac{1}{2^s}$. 由于 $f_n(x) \Rightarrow f(x)$, 所以存在正整数 n_s, 使

$$mE_s < \frac{1}{2^s}, \quad s = 1, 2, \cdots,$$

其中 $E_s = E\left[\,|f_{n_s} - f| \geq \dfrac{1}{2^s}\right]$. 不妨设 $n_1 < n_2 < \cdots$, 取

$$F_k = \bigcap_{s=k}^{\infty} (E \backslash E_s).$$

由于

$$E \backslash E_s = E\left[\,|f_{n_s} - f| < \frac{1}{2^s}\right],$$

所以

$$F_k = E\left[\,|f_{n_s} - f| < \frac{1}{2^s}, s = k, k+1, \cdots\right].$$

显然在 F_k 上, $f_{n_s}(x) \to f(x)$ (其实也是一致收敛的). 作 $F = \bigcup_{k=1}^{\infty} F_k$, 则在 F 上, $f_{n_s}(x) \to f(x)$.

现在只要证明 $m(E \backslash F) = 0$ 即可. 由于关系

$$E \backslash F = E \backslash \bigcup_{k=1}^{\infty} F_k = \bigcap_{k=1}^{\infty} (E \backslash F_k) = \bigcap_{k=1}^{\infty} \bigcup_{s=k}^{\infty} E_s = \overline{\lim_s} E_s$$

以及

$$\sum_{s=1}^{\infty} mE_s < \sum_{s=1}^{\infty} \frac{1}{2^s} = 1,$$

再由上限集定义,则对任何自然数 k 有

$$\varlimsup_{s\to\infty}E_s \subset \bigcup_{s=k}^{\infty}E_s.$$

因此

$$m(\varlimsup_{s\to\infty}E_s) \leqslant m(\bigcup_{s=k}^{\infty}E_s) \leqslant \sum_{s=k}^{\infty}mE_s \to 0 \ (k\to\infty).$$

从而得到

$$m(E\backslash F)=m(\varlimsup_{s\to\infty}E_s)=0.\qquad\square$$

定理 2(勒贝格）　设

（1） $mE<\infty$;

（2） $\{f_n\}$ 是 E 上 a.e.有限的可测函数列;

（3） $\{f_n\}$ 在 E 上 a.e.收敛于 a.e.有限的函数 f,

则

$$f_n(x)\Rightarrow f(x).$$

证明　由叶戈罗夫定理的证明,对任意 k

$$\lim_{N\to\infty}m\left(\bigcup_{n=N}^{\infty}E\left[|f_n-f|\geqslant\frac{1}{k}\right]\right)=0.$$

对任意 $\varepsilon>0$,存在 $k,\frac{1}{k}<\varepsilon$,则

$$E[|f_n-f|\geqslant\varepsilon]\subset E\left[|f_n-f|\geqslant\frac{1}{k}\right]\subset\bigcup_{j=n}^{\infty}E\left[|f_j-f|\geqslant\frac{1}{k}\right],$$

于是

$$\lim_{n\to\infty}m(E[|f_n-f|\geqslant\varepsilon])\leqslant\lim_{n\to\infty}m\left(\bigcup_{j=n}^{\infty}E\left[|f_j-f|\geqslant\frac{1}{k}\right]\right)=0,$$

即 $\{f_n\}$ 在 E 上依测度收敛于 f.　$\square$

上面定理说明 a.e.收敛的函数列是在何时成为依测度收敛的.

要注意, $mE<\infty$ 这个条件是不能去掉的（见例2).再结合例1,在 $mE<\infty$ 条件下,依测度收敛弱于 a.e.收敛.

定理 3　设 $f_n(x)\Rightarrow f(x),f_n(x)\Rightarrow g(x)$,则 $f(x)=g(x)$ 在 E 上几乎处处成立.

证明　由于

$$|f(x)-g(x)|\leqslant|f(x)-f_k(x)|+|f_k(x)-g(x)|,$$

故对任何自然数 n,

$$E\left[|f-g|\geqslant\frac{1}{n}\right]\subset E\left[|f-f_k|\geqslant\frac{1}{2n}\right]\cup E\left[|f_k-g|\geqslant\frac{1}{2n}\right],$$

从而

$$mE\left[|f-g|\geqslant\frac{1}{n}\right]\leqslant mE\left[|f-f_k|\geqslant\frac{1}{2n}\right]+mE\left[|f_k-g|\geqslant\frac{1}{2n}\right].$$

令 $k\to\infty$,即得

$$mE\left[|f-g|\geqslant\frac{1}{n}\right]=0.$$

但是

$$E[f\neq g] = \bigcup_{n=1}^{\infty} E\left[\ |f-g|\ \geqslant \frac{1}{n}\right],$$

故 $mE[f\neq g]=0$，即 $f(x)=g(x)$ a.e.于 E.

例 3　设 $E\subset \mathbf{R}$, $f(x)$ 是 E 上 a.e.有限的可测函数.证明:存在定义在 $\mathbf{R}$ 上的一列连续函数 $\{g_n\}$，使得

$$\lim_{n\to\infty} g_n(x) = f(x) \ \text{a.e.于}\ E.$$

证明　由于涉及可测函数与连续函数之间关系,我们首先会想到应用卢津定理.因为 $f(x)$ 在 E 上可测,由卢津定理,对任何正整数 n,存在 E 的可测子集 E_n,使得 $m(E\setminus E_n)<\dfrac{1}{n}$,同时存在定义在 $\mathbf{R}$ 上的连续函数 $g_n(x)$,使得当 $x\in E_n$ 时有 $g_n(x)=f(x)$.所以对任意的 $\eta>0$,有

$$E[\ |f-g_n|\ \geqslant \eta] \subset E\setminus E_n,$$

由此可得

$$mE[\ |f-g_n|\ \geqslant \eta] \leqslant m(E\setminus E_n) < \frac{1}{n}.$$

因此

$$\lim_{n\to\infty} mE[\ |f-g_n|\ \geqslant \eta] = 0,$$

即 $g_n(x)\Rightarrow f(x)$,由里斯定理,存在 $\{g_n\}$ 的子列 $\{g_{n_k}\}$,使得

$$\lim_{k\to\infty} g_{n_k}(x) = f(x) \ \text{a.e.于}\ E.$$

第四章习题

1. 证明: $f(x)$ 在 E 上可测的充要条件是对任一有理数 r,集合 $E[f>r]$ 可测.如果集合 $E[f=r]$ 可测,问 $f(x)$ 是否可测?

2. 设 $\{f_n(x)\}$ 为 E 上可测函数列,证明它的收敛点集和发散点集都是可测集.

3. 设 E 是 $[0,1]$ 中不可测集,令

$$f(x) = \begin{cases} x, & x\in E, \\ -x, & x\in[0,1]\setminus E. \end{cases}$$

问 $f(x)$ 在 $[0,1]$ 上是否可测? $|f(x)|$ 是否可测?

4. 设 $mE<\infty$,若 $f(x)$ 是 E 上 a.e.有限的可测函数,证明对任意 $\delta>0$,存在 $E_\delta\subset E$ 和 $M>0$,使得 $m(E\setminus E_\delta)<\delta$,且对任意 $x\in E_\delta$,$|f(x)|\leqslant M$.

5. 设 $\{f_n(x)\}$ 是可测集 E 上 a.e.有限的可测函数列,而且 a.e.收敛于有限函数 $f(x)$,证明对任意 $\delta>0$,存在常数 $M>0$ 与可测集 $E_\delta\subset E$,$m(E\setminus E_\delta)<\delta$,使得对一切 n 和 $x\in E_\delta$,有 $|f_n(x)|\leqslant M$.这里 $mE<\infty$.

6. 设 $f(x)$ 在 $(-\infty,\infty)$ 上连续,$g(x)$ 在可测集 $E\subset \mathbf{R}^n$ 上有限可测,则 $f\circ g(x)=f(g(x))$ 在 E 上可测.

7. 设 $\{f_n(x)\}$ 在可测集 E 上"基本上"一致收敛于 $f(x)$,证明 $\{f_n(x)\}$ a.e.收敛于 $f(x)$.

8. 试证卢津定理的逆定理成立.

9. 设函数列 $\{f_n(x)\}$ 在 E 上依测度收敛于 $f(x)$，且对任意正整数 n，$f_n(x) \leqslant g(x)$ a.e.于 E.证明：$f(x) \leqslant g(x)$ a.e.于 E.

10. 设在可测集 E 上，$f_n(x) \Rightarrow f(x)$，而对任意正整数 n 和 a.e.的 $x \in E$，$f_n(x) \leqslant f_{n+1}(x)$，证明：$f_n(x)$ a.e.收敛于 $f(x)$.

11. 设在可测集 E 上，$f_n(x) \Rightarrow f(x)$，而对任意正整数 n 和 a.e.的 $x \in E$，$g_n(x) = f_n(x)$，证明：$g_n(x) \Rightarrow f(x)$.

12. 设 $mE < \infty$，证明：在 E 上 $f_n(x) \Rightarrow f(x)$ 的充要条件是：对于 $\{f_n(x)\}$ 的任何子函数列 $\{f_{n_k}(x)\}$，存在 $\{f_{n_k}(x)\}$ 的子函数列 $\{f_{n_{k_j}}(x)\}$，使得 $\lim\limits_{j \to \infty} f_{n_{k_j}}(x) = f(x)$ a.e.于 E.

13. 设 $mE < \infty$，$\{f_n(x)\}$，$\{g_n(x)\}$ 是两个在 E 上 a.e.有限的可测函数列，分别依测度收敛于 $f(x)$ 和 $g(x)$，证明：

（1）$f_n(x) + g_n(x) \Rightarrow f(x) + g(x)$；

（2）$\max\{f_n(x), g_n(x)\} \Rightarrow \max\{f(x), g(x)\}$；

（3）$f_n(x) g_n(x) \Rightarrow f(x) g(x)$.

14. 设 $E_n \subset E (n = 1, 2, \cdots)$，对任意 A，$\chi_A(x) = \begin{cases} 1, & x \in A, \\ 0, & x \notin A. \end{cases}$

证明以下结论：

（1）$\{\chi_{E_n}(x)\}$ 一致收敛于 $\chi_E(x)$ 的充要条件是：存在正整数 N，使得对任意 $n \geqslant N$，$E_n = E$；

（2）$\{\chi_{E_n}(x)\}$ "基本上"一致收敛于 $\chi_E(x)$ 的充要条件是

$$\lim_{N \to \infty} m\left(\bigcup_{n=N}^{\infty} (E \backslash E_n) \right) = 0；$$

（3）$\{\chi_{E_n}(x)\}$ a.e.收敛于 $\chi_E(x)$ 的充要条件是

$$m\left(\bigcap_{N=1}^{\infty} \bigcup_{n=N}^{\infty} (E \backslash E_n) \right) = 0；$$

（4）$\{\chi_{E_n}(x)\}$ 依测度收敛于 $\chi_E(x)$ 的充要条件是 $\lim\limits_{n \to \infty} m(E \backslash E_n) = 0$.

15. 设 $\{E_k\}$ 是 $\mathbf{R}^n$ 中可测集列，$f(x)$ 是 $\mathbf{R}^n$ 上的可测函数.若 $\chi_{E_n}(x) \Rightarrow f(x)$，证明：存在可测集 E，使得 $f(x) = \chi_E(x)$，a.e.于 $\mathbf{R}^n$.

16. 设 $\{f_n(x)\}$ 是 E 上有限可测函数列且 $mE < \infty$.求证：$\lim\limits_{n \to \infty} f_n(x) = 0$ a.e.于 E 的充要条件是 $g_n(x) \Rightarrow 0$，其中 $g_n(x) = \sup\{|f_k(x)| : k \geqslant n\}$.

17. 设 $\{f_n(x)\}$ 在 $[a, b]$ 上依测度收敛于 $f(x)$，且 $f(x)$ 在 $[a, b]$ 上有界.证明：若 $g(x)$ 在 $\mathbf{R}$ 上连续，则 $\{g(f_n(x))\}$ 在 $[a, b]$ 上依测度收敛于 $g(f(x))$.若 $[a, b]$ 改为 $(-\infty, \infty)$，结论是否还成立？

拓展阅读

第五章
积分论

经过一段漫长的准备工作,我们得到了可测集和可测函数的概念.这一章将进入实变函数的核心——建立勒贝格积分理论.我们先从黎曼积分说起,然后定义可数可加测度下的积分,讨论它的性质.在 §4,一个积分号下求极限的定理展示了勒贝格积分论的威力,它也因此成为现代数学的重要工具之一.

§1 黎曼积分的局限性,勒贝格积分简介

黎曼将柯西只对连续函数定义的积分概念扩张成现在我们所知的黎曼积分(即 R 积分),从而扩大了积分的应用范围.但是即使在有界函数范围内,R 积分还是存在着很大的缺陷,主要表现在以下两个方面.

(1) R 积分与极限可交换的条件太严.

我们知道一列 R 可积函数的极限函数(即使有界)不一定 R 可积.因此在积分与极限交换问题上,R 积分的局限性就特别突出,大家知道:为了使

$$\int_a^b \lim_{n\to\infty} f_n(x)\,\mathrm{d}x = \lim_{n\to\infty}\int_a^b f_n(x)\,\mathrm{d}x,$$

对一列收敛的 R 可积函数 $\{f_n\}$ 能成立,通常需要对 $\{f_n\}$ 加上一致收敛的条件.可是这一充分条件不但非常苛刻而且检验起来也非常不便,因而大大降低了 R 积分的效果.

(2) 积分运算不完全是微分运算的逆运算.

我们知道任一 R 可积函数 $f(x)$ 的变动上限积分 $F(x) = \int_a^x f(t)\,\mathrm{d}t$ 在 $f(x)$ 的所有连续点都有 $F'(x) = f(x)$,换言之,就是积分后再微分可以还原($f(x)$ 的不连续点构成零集,可忽略不计).

但是另一方面有例子说明,一个可微函数 $F(x)$ 的导函数 $f(x)$ 即使有界也不一定 R 可积[沃尔泰拉(Volterra)的例],因此也就无法成立牛顿-莱布尼茨(Newton-Leibniz)公式

$$F(x) - F(a) = \int_a^x f(t)\,\mathrm{d}t,$$

所以在 R 积分范围内,积分运算只是部分地成为微分运算之逆.

鉴于 R 积分的上述缺陷,人们长期以来就致力于对此进行改进.1902 年法国数学家勒贝格基于可列可加的测度,成功地引入了一种新积分,后人称之为勒贝格积分,简称 L

积分.由于它在很大程度上摆脱了上述 R 积分的困境,而且大大地扩充了可积函数的范围,所以今天已成为分析数学中不可缺少的工具.

那么,建立勒贝格积分的基本思路和步骤是怎样的呢? 大家知道,建立函数 $f(x)$ 在 $[a,b]$ 上的黎曼积分的基本思路是:分割 $[a,b]$ 成小区间,作积分和,取极限.对有界可测函数而言,勒贝格积分的基本思路也是如此.正如本书第一篇引言中所说,不同的是:"竖"着分割区间 $[a,b]$ 改为"横"着分割值域 $[L,M]$.于是与黎曼积分和

$$\sum_{i=1}^{n} f(\xi_i)(x_i - x_{i-1})$$

相应的是勒贝格积分和

$$\sum_{i=1}^{n} y_i mE[y_i \leq f \leq y_{i+1}].$$

然后,当两种分割都越来越细的时候,两种积分和分别趋于黎曼积分和勒贝格积分.在许多实变函数教科书中,都曾这样处理过.但是,正如大家在前几章看到的,可测函数不必有界,甚至可以取无穷大值,积分区域也可以有无穷大的测度,如果从有界情形开始处理,一步步推广,过程将很繁琐.

这时,通过重新审视黎曼积分和曲边梯形面积的关系,另一个建立勒贝格积分的思路浮现出来了.

首先,注意到曲边梯形的面积,当 $f(x) \geq 0$ 时,它为 0 或正;当 $f(x) \leq 0$ 时,它为 0 或负.因此,一般函数 $f(x)$ 所围曲边梯形的面积有正有负,最终的积分值是它们的代数和.这样一来,一旦可测函数 $f(x)$ 不是有界函数(没有上界和下界,甚至可以取无穷大值),最后的积分值就可能会出现 $\infty - \infty$ 的不定情形.为了避免这种情形的出现,在定义勒贝格积分时,第一步仅限于非负函数,是一个合理的选择.

其次,注意到非负函数围成的曲边梯形的面积(即黎曼积分),实际上是一列"阶梯函数"所围成的小矩形面积之和的极限.阶梯函数是分割区间 $[a,b]$ 为小区间之后所形成的.对于勒贝格积分,将以"可测集分割"加以取代,形成所谓"简单函数".这就是说,我们将积分区域($[a,b]$ 或一般的多维空间中的可测集 E)分为有限个两两不相交的可测子集 E_i,在 E_i 上取值 c_i,构成一个函数:

$$\sum_{i=1}^{n} c_i \chi_{E_i}(x).$$

于是,这种非负简单函数的积分是我们首先要处理的对象.这让我们又一次回忆起第一篇引言中提到的"横着数"的思想.

在 §2 定义非负简单函数的勒贝格积分之后,§3 将进一步介绍非负可测函数的积分,§4 最后讨论一般的可测函数的勒贝格积分.在这几节中,考察的核心问题是极限运算和勒贝格积分运算之间的交换关系.

§5 研究勒贝格积分和黎曼积分的关系.指出黎曼可积的充要条件是其不连续点构成勒贝格零测集.

本书研究的积分是在 n 维欧氏空间上,这就涉及重积分和累次积分的关系问题,而 §6 的富比尼(Fubini)定理证明了在一般条件下高维的重积分可以化为低维的累次积分.

§2 非负简单函数的勒贝格积分

定义 设 $E \subset \mathbf{R}^n$ 为可测集，$\varphi(x)$ 为 E 上的一个非负简单函数，即 E 表示为有限个互不相交的可测集 $E_1, E_2, \cdots, E_k$ 之并，而在每个 E_i 上 $\varphi(x)$ 取非负常数值 c_i，也就是说

$$\varphi(x) = \sum_{i=1}^{k} c_i \chi_{E_i}(x).$$

这里 $\chi_{E_i}(x)$ 是 E_i 的特征函数.

$\varphi(x)$ 在 E 上的勒贝格积分 (简称 L 积分, 不产生误解时就称为积分), 定义为

$$\int_E \varphi(x) \, \mathrm{d}x = \sum_{i=1}^{k} c_i m E_i.$$

设 $A \subset E$ 为可测子集, $\varphi(x)$ 在 A 上的勒贝格积分定义为 φ 在 A 上的限制 $\varphi|_A$ 在 A 上的勒贝格积分, 于是

$$\int_A \varphi(x) \, \mathrm{d}x = \sum_{i=1}^{k} c_i m(A \cap E_i).$$

例 设全体有理数所成之集记为 $\mathbf{Q}$, $\mathbf{R}$ 上的狄利克雷函数定义为

$$D(x) = \begin{cases} 1, & \text{若 } x \in \mathbf{Q}, \\ 0, & \text{若 } x \in \mathbf{Q}^c, \end{cases}$$

则

$$\int_{\mathbf{R}} D(x) \, \mathrm{d}x = 1 \cdot m\mathbf{Q} + 0 \cdot m\mathbf{Q}^c = 1 \cdot 0 + 0 \cdot \infty = 0.$$

定理 1 设 $E \subset \mathbf{R}^n$ 为可测集, $\varphi(x)$ 为 E 上的一个非负简单函数. 我们有

(1) 对于任意的非负实数 c,

$$\int_E c\varphi(x) \, \mathrm{d}x = c\int_E \varphi(x) \, \mathrm{d}x \, ;$$

(2) 设 A 和 B 是 E 的两个不相交的可测子集, 则

$$\int_{A \sqcup B} \varphi(x) \, \mathrm{d}x = \int_A \varphi(x) \, \mathrm{d}x + \int_B \varphi(x) \, \mathrm{d}x \, ;$$

(3) 设 $\{A_n\}_{n=1}^{\infty}$ 是 E 的一列可测子集, 满足

① $A_1 \subset A_2 \subset \cdots \subset A_n \subset A_{n+1} \subset \cdots$;

② $\bigcup_{n=1}^{\infty} A_n = E$,

则

$$\lim_{n \to \infty} \int_{A_n} \varphi(x) \, \mathrm{d}x = \int_E \varphi(x) \, \mathrm{d}x \, .$$

证明 设 $\varphi = \sum_{i=1}^{k} c_i \chi_{E_i}$, 这里 $E_1, E_2, \cdots, E_k$ 都是 E 的互不相交的可测子集且 $E = \bigcup_{i=1}^{k} E_i$.

(1) $\int_E c\varphi(x) \, \mathrm{d}x = \sum_{i=1}^{k} cc_i m E_i = c\sum_{i=1}^{k} c_i m E_i = c\int_E \varphi(x) \, \mathrm{d}x.$

(2) $\int_{A \cup B} \varphi(x) \, \mathrm{d}x = \sum_{i=1}^{k} c_i m((A \cup B) \cap E_i)$

$$= \sum_{i=1}^{k} c_i m(A \cap E_i) + \sum_{i=1}^{k} c_i m(B \cap E_i)$$

$$= \int_A \varphi(x)\mathrm{d}x + \int_B \varphi(x)\mathrm{d}x.$$

（3）$\lim\limits_{n\to\infty}\int_{A_n}\varphi(x)\mathrm{d}x = \lim\limits_{n\to\infty}\sum\limits_{i=1}^{k} c_i m(A_n \cap E_i) = \sum\limits_{i=1}^{k} c_i mE_i = \int_E \varphi(x)\mathrm{d}x.$ □

定理 2　设 $E \subset \mathbf{R}^n$ 为可测集，$\varphi(x)$ 和 $\psi(x)$ 都是 E 上的非负简单函数，则

（1）$\displaystyle\int_E \varphi(x)\mathrm{d}x + \int_E \psi(x)\mathrm{d}x = \int_E (\varphi(x)+\psi(x))\mathrm{d}x;$

（2）对于任意的非负实数 α 和 β，有

$$\alpha\int_E \varphi(x)\mathrm{d}x + \beta\int_E \psi(x)\mathrm{d}x = \int_E (\alpha\varphi(x) + \beta\psi(x))\mathrm{d}x.$$

证明　（1）设

$$\varphi = \sum_{i=1}^{k} c_i \chi_{E_i}, \quad \psi = \sum_{j=1}^{l} d_j \chi_{F_j}.$$

这里 $E_1, E_2, \cdots, E_k$ 是 E 的一组互不相交的可测子集，$\bigcup\limits_{i=1}^{k} E_i = E$. $F_1, F_2, \cdots, F_l$ 也是 E 的一组互不相交的可测子集，$\bigcup\limits_{j=1}^{l} F_j = E$. 于是

$$\int_E (\varphi(x) + \psi(x))\mathrm{d}x = \sum_{i=1}^{k}\sum_{j=1}^{l}(c_i + d_j)m(E_i \cap F_j)$$

$$= \sum_{i=1}^{k} c_i \left(\sum_{j=1}^{l} m(E_i \cap F_j)\right) + \sum_{j=1}^{l} d_j \left(\sum_{i=1}^{k} m(E_i \cap F_j)\right)$$

$$= \sum_{i=1}^{k} c_i mE_i + \sum_{j=1}^{l} d_j mF_j$$

$$= \int_E \varphi(x)\mathrm{d}x + \int_E \psi(x)\mathrm{d}x.$$

（2）由本定理的（1）和本节定理 1 即得. □

§3　非负可测函数的勒贝格积分

定义　设 $E \subset \mathbf{R}^n$ 为可测集，$f(x)$ 是 E 上的一个非负可测函数，$f(x)$ 在 E 上的勒贝格积分定义为

$$\int_E f(x)\mathrm{d}x = \sup\left\{\int_E \varphi(x)\mathrm{d}x : \varphi(x) \text{ 是 } E \text{ 上的简单函数,}\right.$$

$$\left. \text{且 } x \in E \text{ 时}, 0 \le \varphi(x) \le f(x)\right\}.$$

显然 $0 \le \displaystyle\int_E f(x)\mathrm{d}x \le \infty$，若 $\displaystyle\int_E f(x)\mathrm{d}x < \infty$，则称 $f(x)$ 在 E 上勒贝格可积.

设 $A \subset E$ 为可测集，则 $f(x)$ 在 A 上的勒贝格积分定义为 f 在 A 上的限制 $f|_A$ 在 A 上的勒贝格积分.我们有

$$\int_A f(x)\,\mathrm{d}x = \int_E f(x)\chi_A(x)\,\mathrm{d}x.$$

定理 1 设 $E \subset \mathbf{R}^n$ 为可测集，$f(x)$ 为 E 上的一个非负可测函数，我们有

（1）若 $mE = 0$，则 $\int_E f(x)\,\mathrm{d}x = 0$；

（2）若 $\int_E f(x)\,\mathrm{d}x = 0$，则 $f(x) = 0$ a.e. 于 E；

（3）若 $\int_E f(x)\,\mathrm{d}x < \infty$，则 $0 \le f(x) < \infty$ a.e. 于 E；

（4）设 A 和 B 为 E 的两个互不相交的可测子集，则

$$\int_{A\cup B} f(x)\,\mathrm{d}x = \int_A f(x)\,\mathrm{d}x + \int_B f(x)\,\mathrm{d}x.$$

证明 （1）由本节的定义即得.

（2）对于任意的正整数 n，令

$$A_n = E\left[f \ge \frac{1}{n}\right],$$

$$\varphi_n(x) = \begin{cases} \dfrac{1}{n}, & \text{若 } x \in A_n, \\ 0, & \text{若 } x \in E\backslash A_n. \end{cases}$$

则

$$0 = \int_E f(x)\,\mathrm{d}x \ge \int_E \varphi_n(x)\,\mathrm{d}x = \frac{1}{n}\cdot mA_n \ge 0,$$

故 $mA_n = 0$. 而 $E[f>0] = \bigcup_{n=1}^{\infty} A_n$. 故 $mE[f>0] = 0$. 因而 $f(x) = 0$ a.e. 于 E.

（3）令 $E_\infty = E[f = +\infty]$.
对于任一正整数 n，令

$$\varphi_n(x) = \begin{cases} n, & \text{若 } x \in E_\infty, \\ 0, & \text{若 } x \in E\backslash E_\infty. \end{cases}$$

则

$$\infty > \int_E f(x)\,\mathrm{d}x \ge \int_E \varphi_n(x)\,\mathrm{d}x = n\cdot mE_\infty \ge 0.$$

故

$$0 \le mE_\infty \le \frac{1}{n}\int_E f(x)\,\mathrm{d}x$$

对任意的正整数 n 都成立. 所以 $mE_\infty = 0$. 因而 $0 \le f(x) < \infty$ a.e. 于 E.

（4）设 $\varphi(x)$ 是 $A\cup B$ 上任一满足条件

$$x \in A\cup B \text{ 时}, \quad 0 \le \varphi(x) \le f(x)$$

的简单函数. 由 §1 的定理 1 和本节的定义得

$$\int_{A\cup B} \varphi(x)\,\mathrm{d}x = \int_A \varphi(x)\,\mathrm{d}x + \int_B \varphi(x)\,\mathrm{d}x \le \int_A f(x)\,\mathrm{d}x + \int_B f(x)\,\mathrm{d}x.$$

因而

$$\int_{A\cup B} f(x)\,\mathrm{d}x \leqslant \int_A f(x)\,\mathrm{d}x + \int_B f(x)\,\mathrm{d}x.$$

另一方面,

$$\int_{A\cup B} f(x)\,\mathrm{d}x \geqslant \int_{A\cup B} \varphi(x)\,\mathrm{d}x = \int_A \varphi(x)\,\mathrm{d}x + \int_B \varphi(x)\,\mathrm{d}x.$$

故

$$\int_{A\cup B} f(x)\,\mathrm{d}x \geqslant \int_A f(x)\,\mathrm{d}x + \int_B f(x)\,\mathrm{d}x.$$

由以上两方面可知

$$\int_{A\cup B} f(x)\,\mathrm{d}x = \int_A f(x)\,\mathrm{d}x + \int_B f(x)\,\mathrm{d}x. \qquad\square$$

定理 2　设 $E\subset \mathbf{R}^n$ 为可测集, $f(x)$ 和 $g(x)$ 都是 E 上的非负可测函数. 我们有

(1) 若 $f(x)\leqslant g(x)$ a.e. 于 E, 则 $\int_E f(x)\,\mathrm{d}x \leqslant \int_E g(x)\,\mathrm{d}x$; 这时, 若 $g(x)$ 在 E 上 L 可积, 则 $f(x)$ 也在 E 上 L 可积;

(2) 若 $f(x)=g(x)$ a.e. 于 E, 则 $\int_E f(x)\,\mathrm{d}x = \int_E g(x)\,\mathrm{d}x$; 特别地, 若 $f(x)=0$ a.e. 于 E, 则 $\int_E f(x)\,\mathrm{d}x = 0$.

证明　(1) 令 $E_1=E[f\leqslant g]$, $E_2=E[f>g]$, 则 E_1 和 E_2 都是 E 的可测子集, $E_1\cap E_2=\varnothing$, $E_1\cup E_2=E$, 且 $mE_2=0$.

由本节定理 1,

$$\int_E f(x)\,\mathrm{d}x = \int_{E_1} f(x)\,\mathrm{d}x, \quad \int_E g(x)\,\mathrm{d}x = \int_{E_1} g(x)\,\mathrm{d}x.$$

对于 E_1 上任一满足条件 $x\in E_1$ 时 $0\leqslant \varphi(x)\leqslant f(x)$ 的非负简单函数 $\varphi(x)$, 显然 $x\in E_1$ 时, $0\leqslant\varphi(x)\leqslant g(x)$, 故

$$\int_{E_1} \varphi(x)\,\mathrm{d}x \leqslant \int_{E_1} g(x)\,\mathrm{d}x.$$

因而

$$\int_{E_1} f(x)\,\mathrm{d}x \leqslant \int_{E_1} g(x)\,\mathrm{d}x.$$

由此可知

$$\int_E f(x)\,\mathrm{d}x \leqslant \int_E g(x)\,\mathrm{d}x.$$

这时, 若 $g(x)$ 在 E 上 L 可积, 则 $\int_E g(x)\,\mathrm{d}x < \infty$, 故 $\int_E f(x)\,\mathrm{d}x < \infty$. 因而 $f(x)$ 在 E 上 L 可积.

(2) 由(1)和本节定理 1 立即可得. $\qquad\square$

定理 3　(莱维(Levi)定理)　设 $E\subset\mathbf{R}^n$ 为可测集, $\{f_n\}_{n=1}^\infty$ 为 E 上的一列非负可测函数, 当 $x\in E$ 时对于任一正整数 n, 有 $f_n(x)\leqslant f_{n+1}(x)$, 令 $f(x)=\lim\limits_{n\to\infty} f_n(x)$, $x\in E$, 则

$$\lim_{n\to\infty}\int_E f_n(x)\,\mathrm{d}x = \int_E f(x)\,\mathrm{d}x.$$

证明　显然 $f(x)$ 在 E 上非负可测且 $f_n(x)\leqslant f_{n+1}(x)\leqslant f(x)$, 故

$$\int_E f_n(x)\,\mathrm{d}x \leqslant \int_E f_{n+1}(x)\,\mathrm{d}x \leqslant \int_E f(x)\,\mathrm{d}x.$$

因而

$$\lim_{n\to\infty}\int_E f_n(x)\,\mathrm{d}x \leqslant \int_E f(x)\,\mathrm{d}x. \tag{1}$$

现证相反的不等式,任取 E 上一非负简单函数 $\varphi(x)$,使 $x\in E$ 时,$0\leqslant\varphi(x)\leqslant f(x)$. 再任取 $0<c<1$,我们先证

$$\lim_{n\to\infty}\int_E f_n(x)\,\mathrm{d}x \geqslant c\int_E \varphi(x)\,\mathrm{d}x.$$

令 $E_n=E[f_n\geqslant c\varphi]$,则 E_n 是 E 的可测子集,$E_n\subset E_{n+1}$,$\bigcup_{n=1}^{\infty}E_n=E$ 且

$$\int_E f_n(x)\,\mathrm{d}x \geqslant \int_{E_n} f_n(x)\,\mathrm{d}x \geqslant \int_{E_n} c\varphi(x)\,\mathrm{d}x = c\int_{E_n}\varphi(x)\,\mathrm{d}x$$

由 §2 的定理 1,

$$\lim_{n\to\infty}\int_{E_n}\varphi(x)\,\mathrm{d}x = \int_E\varphi(x)\,\mathrm{d}x,$$

故

$$\lim_{n\to\infty}\int_E f_n(x)\,\mathrm{d}x \geqslant c\left(\lim_{n\to\infty}\int_{E_n}\varphi(x)\,\mathrm{d}x\right) = c\int_E\varphi(x)\,\mathrm{d}x.$$

由于 $0<c<1$ 是任意的,所以

$$\lim_{n\to\infty}\int_E f_n(x)\,\mathrm{d}x \geqslant \int_E\varphi(x)\,\mathrm{d}x$$

再由 φ 的任意性,可知

$$\lim_{n\to\infty}\int_E f_n(x)\,\mathrm{d}x \geqslant \int_E f(x)\,\mathrm{d}x. \tag{2}$$

由(1)与(2)得

$$\lim_{n\to\infty}\int_E f_n(x)\,\mathrm{d}x = \int_E f(x)\,\mathrm{d}x. \qquad\square$$

定理 4 设 $E\subset\mathbf{R}^n$ 为可测集,$f(x)$ 和 $g(x)$ 都是 E 上的非负可测函数,α 和 β 都是非负实数,则

$$\int_E(\alpha f(x)+\beta g(x))\,\mathrm{d}x = \alpha\int_E f(x)\,\mathrm{d}x + \beta\int_E g(x)\,\mathrm{d}x.$$

特别地

$$\int_E \alpha f(x)\,\mathrm{d}x = \alpha\int_E f(x)\,\mathrm{d}x,$$

$$\int_E(f(x)+g(x))\,\mathrm{d}x = \int_E f(x)\,\mathrm{d}x + \int_E g(x)\,\mathrm{d}x.$$

证明 在 E 上取两列非负简单函数 $\{\varphi_n\}_{n=1}^{\infty}$ 和 $\{\psi_n\}_{n=1}^{\infty}$,使得
(1) 对任意的 $x\in E$ 和正整数 n,有

$$0\leqslant\varphi_n(x)\leqslant\varphi_{n+1}(x),\quad 0\leqslant\psi_n(x)\leqslant\psi_{n+1}(x);$$

(2) 对任意的 $x\in E$,当 $n\to\infty$ 时

$$\varphi_n(x)\to f(x),\quad \psi_n(x)\to g(x).$$

则

$$0 \leqslant \alpha\varphi_n(x) + \beta\psi_n(x) \leqslant \alpha\varphi_{n+1}(x) + \beta\psi_{n+1}(x),$$

且 $n \to \infty$ 时,

$$\alpha\varphi_n(x) + \beta\psi_n(x) \to \alpha f(x) + \beta g(x).$$

由本节定理 3,当 $n \to \infty$ 时,

$$\int_E \varphi_n(x)\,\mathrm{d}x \to \int_E f(x)\,\mathrm{d}x, \quad \int_E \psi_n(x)\,\mathrm{d}x \to \int_E g(x)\,\mathrm{d}x,$$

且

$$\int_E (\alpha\varphi_n(x) + \beta\psi_n(x))\,\mathrm{d}x \to \int_E (\alpha f(x) + \beta g(x))\,\mathrm{d}x.$$

由 §2 定理 2,

$$\int_E (\alpha\varphi_n(x) + \beta\psi_n(x))\,\mathrm{d}x = \alpha\int_E \varphi_n(x)\,\mathrm{d}x + \beta\int_E \psi_n(x)\,\mathrm{d}x,$$

故 $n \to \infty$ 时,

$$\int_E (\alpha\varphi_n(x) + \beta\psi_n(x))\,\mathrm{d}x \to \alpha\int_E f(x)\,\mathrm{d}x + \beta\int_E g(x)\,\mathrm{d}x,$$

因而

$$\int_E (\alpha f(x) + \beta g(x))\,\mathrm{d}x = \alpha\int_E f(x)\,\mathrm{d}x + \beta\int_E g(x)\,\mathrm{d}x \qquad \square$$

推论　设 $E \subset \mathbf{R}^n$ 为可测集,f 和 g 都是 E 上的非负 L 可积函数,α 和 β 是非负实数,则 $\alpha f + \beta g$ 也在 E 上非负 L 可积.

定理 5(逐项积分定理)　设 $E \subset \mathbf{R}^n$ 为可测集,$\{f_n\}_{n=1}^{\infty}$ 为 E 上的一列非负可测函数,则

$$\int_E \left(\sum_{n=1}^{\infty} f_n(x) \right) \mathrm{d}x = \sum_{n=1}^{\infty} \int_E f_n(x)\,\mathrm{d}x.$$

证明　令 $g_n(x) = \sum_{k=1}^{n} f_k(x)$,令 $f(x) = \lim_{n \to \infty} g_n(x)$.
由本节的定理 3 和定理 4,

$$\int_E \left(\sum_{n=1}^{\infty} f_n(x) \right) \mathrm{d}x = \int_E f(x)\,\mathrm{d}x = \lim_{n \to \infty} \int_E g_n(x)\,\mathrm{d}x = \lim_{n \to \infty} \int_E \left(\sum_{k=1}^{n} f_k(x) \right) \mathrm{d}x$$

$$= \lim_{n \to \infty} \left(\sum_{k=1}^{n} \int_E f_k(x)\,\mathrm{d}x \right) = \sum_{n=1}^{\infty} \int_E f_n(x)\,\mathrm{d}x. \qquad \square$$

定理 6　(法图(Fatou)引理)　设 $E \subset \mathbf{R}^n$ 为可测集,$\{f_n\}_{n=1}^{\infty}$ 为 E 上的一列非负可测函数,则

$$\int_E \varliminf_{n \to \infty} f_n(x)\,\mathrm{d}x \leqslant \varliminf_{n \to \infty} \int_E f_n(x)\,\mathrm{d}x.$$

证明　令

$$g_n(x) = \inf\{f_k(x) : k \geqslant n, x \in E\},$$

则 $\{g_n\}_{n=1}^{\infty}$ 是 E 上的一列非负可测函数且 $x \in E$ 时,

$$0 \leqslant g_n(x) \leqslant g_{n+1}(x) \leqslant f_{n+1}(x).$$

于是

$$\int_E \lim_{n\to\infty} f_n(x)\,dx = \int_E \lim_{n\to\infty} g_n(x)\,dx = \lim_{n\to\infty}\int_E g_n(x)\,dx \leqslant \varliminf_{n\to\infty}\int_E f_n(x)\,dx.$$

下面的例子说明不能把法图引理中的"≤"改成"=".

例 令

$$f_n(x) = \begin{cases} n, & \text{若 } 0 < x < \dfrac{1}{n}, \\ 0, & \text{若 } x \geqslant \dfrac{1}{n}, \end{cases}$$

则对任意 $x \in (0,\infty)$,有 $\lim_{n\to\infty} f_n(x) = 0$,故 $\int_{(n,\infty)} \lim_{n\to\infty} f_n(x)\,dx = 0$,而对于任意的正整数 n,

$$\int_{(0,\infty)} f_n(x)\,dx = \int_{(0,\frac{1}{n})} f_n(x)\,dx + \int_{[\frac{1}{n},\infty)} f_n(x)\,dx = 1 + 0 = 1,$$

故

$$\int_{(0,\infty)} \lim_{n\to\infty} f_n(x)\,dx < \varliminf_{n\to\infty}\int_{(0,\infty)} f_n(x)\,dx.$$

§4 一般可测函数的勒贝格积分

定义 设 $E \subset \mathbf{R}^n$ 为可测集,$f(x)$ 为 E 上的可测函数.令
$$f^+(x) = \max\{f(x),0\}, \quad f^-(x) = \max\{-f(x),0\}.$$
则 f^+ 和 f^- 都是 E 上的非负可测函数,当 $x \in E$ 时,
$$f^+(x) - f^-(x) = f(x), \quad f^+(x) + f^-(x) = |f(x)|.$$

若 $\int_E f^+(x)\,dx$ 和 $\int_E f^-(x)\,dx$ 至少一个有限,则称 f 在 E 上积分确定,称 $\int_E f^+(x)\,dx - \int_E f^-(x)\,dx$ 为 f 在 E 上的<u>勒贝格积分</u>,记作 $\int_E f(x)\,dx$.

若 $\int_E f^+(x)\,dx$ 和 $\int_E f^-(x)\,dx$ 都有限,则称 f 在 E 上<u>勒贝格可积</u>,简称 <u>L 可积</u>.

可测集 E 上 L 可积函数的全体所成之集记作 $L(E)$.

定理 1 设 $E \subset \mathbf{R}^n$ 为可测集,我们有

(1) 若 $E \neq \varnothing$ 但 $mE = 0$,则 E 上的任何实函数 f 都在 E 上 L 可积且 $\int_E f(x)\,dx = 0$;

(2) 若 $f \in L(E)$,则 $mE[\,|f| = \infty\,] = 0$,即 $|f(x)| < \infty$ a.e. 于 E;

(3) 设 f 在 E 上积分确定,则 f 在 E 的任一可测子集 A 上也积分确定,又若 $E = A \cup B$,这里 A 和 B 都是 E 的可测子集且 $A \cap B = \varnothing$,则
$$\int_E f(x)\,dx = \int_A f(x)\,dx + \int_B f(x)\,dx;$$

(4) 设 f 在 E 上积分确定且 $f(x) = g(x)$ a.e. 于 E,则 g 也在 E 上积分确定且
$$\int_E f(x)\,dx = \int_E g(x)\,dx;$$

（5）设 f 和 g 都在 E 上积分确定且 $f(x) \leqslant g(x)$ a.e.于 E,则

$$\int_E f(x)\,\mathrm{d}x \leqslant \int_E g(x)\,\mathrm{d}x.$$

特别地,若 $mE<\infty$ **且** $b \leqslant f(x) \leqslant B$ a.e.于 E,则

$$bmE \leqslant \int_E f(x)\,\mathrm{d}x \leqslant BmE;$$

（6）设 f 在 E 上 L 可积,则 $|f|$ 也在 E 上 L 可积,且

$$\left| \int_E f(x)\,\mathrm{d}x \right| \leqslant \int_E |f(x)|\,\mathrm{d}x;$$

（7）设 f 是 E 上的可测函数,g 是 E 上的非负 L 可积函数且 $|f(x)| \leqslant g(x)$ a.e.于 E,则 f 也在 E 上 L 可积且

$$\left| \int_E f(x)\,\mathrm{d}x \right| \leqslant \int_E |f(x)|\,\mathrm{d}x \leqslant \int_E g(x)\,\mathrm{d}x.$$

证明 （1）由于 $mE=0$,故 E 上的任何实函数 f 都在 E 上可测且 f^+ 和 f^- 都在 E 上非负可测,由 §3 定理 1,

$$\int_E f^+(x)\,\mathrm{d}x = 0, \quad \int_E f^-(x)\,\mathrm{d}x = 0$$

所以 f 在 E 上 L 可积且 $\int_E f(x)\,\mathrm{d}x = 0$.

（2）由于 $f \in L(E)$,故

$$0 \leqslant \int_E f^+(x)\,\mathrm{d}x < \infty,$$

且 $0 \leqslant \int_E f^-(x)\,\mathrm{d}x < \infty$. 由 §3 定理 1,$0 \leqslant f^+(x) < \infty$ a.e.于 E 且 $0 \leqslant f^-(x) < \infty$ a.e. 于 E.因而 $|f(x)| < \infty$ a.e.于 E,即 $mE[|f|=\infty]=0$.

（3）由于 f 在 E 上积分确定,故

$$0 \leqslant \int_E f^+(x)\,\mathrm{d}x < \infty \quad \text{或} \quad 0 \leqslant \int_E f^-(x)\,\mathrm{d}x < \infty.$$

不妨设 $0 \leqslant \int_E f^+(x)\,\mathrm{d}x < \infty$. 由 §3 定理 1,对于任一可测集 $A \subset E$,

$$0 \leqslant \int_A f^+(x)\,\mathrm{d}x \leqslant \int_E f^+(x)\,\mathrm{d}x < \infty.$$

因而 f 在 A 上也积分确定.

又若 $E=A \cup B$,这里 A 和 B 都是 E 的可测子集且 $A \cap B = \varnothing$.由 §3 定理 1 和本节定义,可推得

$$\int_E f(x)\,\mathrm{d}x = \int_E f^+(x)\,\mathrm{d}x - \int_E f^-(x)\,\mathrm{d}x$$

$$= \left(\int_A f^+(x)\,\mathrm{d}x + \int_B f^+(x)\,\mathrm{d}x \right) - \left(\int_A f^-(x)\,\mathrm{d}x + \int_B f^-(x)\,\mathrm{d}x \right)$$

$$= \left(\int_A f^+(x)\,\mathrm{d}x - \int_A f^-(x)\,\mathrm{d}x \right) + \left(\int_B f^+(x)\,\mathrm{d}x - \int_B f^-(x)\,\mathrm{d}x \right)$$

$$= \int_A f(x)\,\mathrm{d}x + \int_B f(x)\,\mathrm{d}x.$$

（4）由于 f 在 E 上积分确定，故 $\int_E f^+(x)\mathrm{d}x$ 和 $\int_E f^-(x)\mathrm{d}x$ 中至少一个有限. 由于 $f(x)=g(x)$ a.e. 于 E，故 $f^+(x)=g^+(x)$ a.e. 于 E 且 $f^-(x)=g^-(x)$ a.e. 于 E. 由 §3 定理 2，

$$\int_E f^+(x)\mathrm{d}x = \int_E g^+(x)\mathrm{d}x$$

且

$$\int_E f^-(x)\mathrm{d}x = \int_E g^-(x)\mathrm{d}x,$$

所以 $\int_E g^+(x)\mathrm{d}x$ 和 $\int_E g^-(x)\mathrm{d}x$ 中至少一个有限，因而 g 在 E 上积分确定且

$$\int_E g(x)\mathrm{d}x = \int_E g^+(x)\mathrm{d}x - \int_E g^-(x)\mathrm{d}x = \int_E f^+(x)\mathrm{d}x - \int_E f^-(x)\mathrm{d}x = \int_E f(x)\mathrm{d}x.$$

（5）由于 $f(x)\le g(x)$ a.e. 于 E，故 $f^+(x)\le g^+(x)$ a.e. 于 E 且 $f^-(x)\ge g^-(x)$ a.e. 于 E. 又由于 f 和 g 都在 E 上积分确定，故

$$\int_E f(x)\mathrm{d}x = \int_E f^+(x)\mathrm{d}x - \int_E f^-(x)\mathrm{d}x \le \int_E g^+(x)\mathrm{d}x - \int_E g^-(x)\mathrm{d}x = \int_E g(x)\mathrm{d}x$$

（6）由于 f 在 E 上 L 可积，故 f 在 E 上可测，f^+,f^- 和 $|f|$ 在 E 上非负可测且

$$0\le \int_E f^+(x)\mathrm{d}x < \infty, \quad 0\le \int_E f^-(x)\mathrm{d}x < \infty.$$

因而

$$\int_E |f(x)|\mathrm{d}x = \int_E f^+(x)\mathrm{d}x + \int_E f^-(x)\mathrm{d}x < \infty.$$

由此可知 $|f|$ 在 E 上非负 L 可积且

$$\left|\int_E f(x)\mathrm{d}x\right| = \left|\int_E f^+(x)\mathrm{d}x - \int_E f^-(x)\mathrm{d}x\right| \le \int_E f^+(x)\mathrm{d}x + \int_E f^-(x)\mathrm{d}x = \int_E |f(x)|\mathrm{d}x.$$

（7）显然

$$0\le f^+(x)\le g(x) \text{ 且 } 0\le f^-(x)\le g(x).$$

由于 g 在 E 上非负 L 可积，由 §3 定理 2 可知，f^+ 和 f^- 都在 E 上非负 L 可积，故 f 在 E 上 L 可积且

$$\left|\int_E f(x)\mathrm{d}x\right| \le \int_E |f(x)|\mathrm{d}x \le \int_E g(x)\mathrm{d}x. \qquad \square$$

定理 2 设 $E\subset \mathbf{R}^n$ 为可测集，f 和 g 都是 E 上的 L 可积函数，则

（1）对于任意的 $\lambda\in\mathbf{R}$，λf 在 E 上 L 可积且

$$\int_E \lambda f(x)\mathrm{d}x = \lambda\int_E f(x)\mathrm{d}x;$$

（2）$f+g$ 在 E 上 L 可积且

$$\int_E (f(x)+g(x))\mathrm{d}x = \int_E f(x)\mathrm{d}x + \int_E g(x)\mathrm{d}x;$$

（3）对于任意的 $\alpha,\beta\in\mathbf{R}$，$\alpha f+\beta g$ 在 E 上 L 可积，且

$$\int_E (\alpha f(x)+\beta g(x))\mathrm{d}x = \alpha\int_E f(x)\mathrm{d}x + \beta\int_E g(x)\mathrm{d}x.$$

证明 （1）分三种情况讨论.

若 $\lambda=0$，则结论显然成立.

若 $\lambda > 0$，则对于任意的 $x \in E$，$(\lambda f)^+(x) = \lambda f^+(x)$，$(\lambda f)^-(x) = \lambda f^-(x)$. 由于 f 在 E 上 L 可积,由本节定义,

$$0 \leqslant \int_E (\lambda f)^+(x)\,\mathrm{d}x = \int_E \lambda f^+(x)\,\mathrm{d}x = \lambda \int_E f^+(x)\,\mathrm{d}x < \infty,$$

$$0 \leqslant \int_E (\lambda f)^-(x)\,\mathrm{d}x = \int_E \lambda f^-(x)\,\mathrm{d}x = \lambda \int_E f^-(x)\,\mathrm{d}x < \infty.$$

故 λf 在 E 上 L 可积,且

$$\int_E (\lambda f)(x)\,\mathrm{d}x = \int_E (\lambda f)^+(x)\,\mathrm{d}x - \int_E (\lambda f)^-(x)\,\mathrm{d}x$$

$$= \lambda \int_E f^+(x)\,\mathrm{d}x - \lambda \int_E f^-(x)\,\mathrm{d}x$$

$$= \lambda \left(\int_E f^+(x)\,\mathrm{d}x - \int_E f^-(x)\,\mathrm{d}x \right)$$

$$= \lambda \int_E f(x)\,\mathrm{d}x.$$

若 $\lambda < 0$，则 $\lambda = -|\lambda|$，注意到

$$(-f)^+(x) = f^-(x), \quad (-f)^-(x) = f^+(x).$$

故

$$(\lambda f)^+(x) = |\lambda| f^-(x), \quad (\lambda f)^-(x) = |\lambda| f^+(x),$$

所以

$$0 \leqslant \int_E (\lambda f)^+(x)\,\mathrm{d}x = \int_E |\lambda| f^-(x)\,\mathrm{d}x = |\lambda| \int_E f^-(x)\,\mathrm{d}x < \infty,$$

$$0 \leqslant \int_E (\lambda f)^-(x)\,\mathrm{d}x = \int_E |\lambda| f^+(x)\,\mathrm{d}x = |\lambda| \int_E f^+(x)\,\mathrm{d}x < \infty.$$

因而 λf 在 E 上 L 可积且

$$\int_E (\lambda f)(x)\,\mathrm{d}x = \int_E (\lambda f)^+(x)\,\mathrm{d}x - \int_E (\lambda f)^-(x)\,\mathrm{d}x$$

$$= |\lambda| \int_E f^-(x)\,\mathrm{d}x - |\lambda| \int_E f^+(x)\,\mathrm{d}x$$

$$= \lambda \left(\int_E f^+(x)\,\mathrm{d}x - \int_E f^-(x)\,\mathrm{d}x \right) = \lambda \int_E f(x)\,\mathrm{d}x.$$

(2) 由于 f 和 g 都在 E 上 L 可积,故 f^+, f^-, g^+, g^- 都在 E 上非负 L 可积. 由 §3 定理 4 的推论 $f^+ + g^+$ 和 $f^- + g^-$ 都在 E 上非负 L 可积

由于

$$0 \leqslant (f+g)^+(x) = \max\{f(x) + g(x), 0\}$$

$$\leqslant \max\{f^+(x) + g^+(x), 0\} = f^+(x) + g^+(x),$$

$$0 \leqslant (f+g)^-(x) = \max\{-f(x) - g(x), 0\}$$

$$\leqslant \max\{f^-(x) + g^-(x), 0\} = f^-(x) + g^-(x).$$

由本节定理 1,$(f+g)^+$ 和 $(f+g)^-$ 都在 E 上非负 L 可积,因而 $f+g$ 在 E 上 L 可积.

由于

$$f(x) = f^+(x) - f^-(x), g(x) = g^+(x) - g^-(x),$$

$$f(x) + g(x) = (f+g)^+(x) - (f+g)^-(x),$$

故

$$(f+g)^+(x)-(f+g)^-(x)=f^+(x)-f^-(x)+g^+(x)-g^-(x),$$

所以

$$(f+g)^+(x)+f^-(x)+g^-(x)=(f+g)^-(x)+f^+(x)+g^+(x).$$

由 §3 定理 4,

$$\int_E (f+g)^+(x)\,dx + \int_E f^-(x)\,dx + \int_E g^-(x)\,dx$$

$$=\int_E (f+g)^-(x)\,dx + \int_E f^+(x)\,dx + \int_E g^+(x)\,dx,$$

所以

$$\int_E (f+g)^+(x)\,dx - \int_E (f+g)^-(x)\,dx$$

$$=\int_E f^+(x)\,dx - \int_E f^-(x)\,dx + \int_E g^+(x)\,dx - \int_E g^-(x)\,dx,$$

即

$$\int_E (f(x)+g(x))\,dx = \int_E f(x)\,dx + \int_E g(x)\,dx.$$

(3) 由(1)和(2)即得. □

定理 3(积分的绝对连续性)　设 $E \subset \mathbf{R}^n$ 为可测集, $f \in L(E)$, 则对于任意的 $\varepsilon>0$, 存在 $\delta>0$, 使得对于任意的可测集 $A \subset E$, 只要 $mA<\delta$, 就有

$$\left|\int_A f(x)\,dx\right| \le \int_A |f(x)|\,dx < \varepsilon.$$

证明　由于 $f \in L(E)$, 故 $|f| \in L(E)$, 由 §3 定义, 对于任意的 $\varepsilon>0$, 存在 E 上的非负简单函数 φ, 使得当 $x \in E$ 时, $0 \le \varphi(x) \le |f(x)|$, 且

$$\int_E |f(x)|\,dx - \frac{\varepsilon}{2} \le \int_E \varphi(x)\,dx \le \int_E |f(x)|\,dx.$$

令 $M = 1+\max\{\varphi(x):x \in E\}, \delta=\dfrac{\varepsilon}{2M}$, 则对于任意的可测集 $A \subset E$, 只要 $mA<\delta$, 就有

$$\left|\int_A f(x)\,dx\right| \le \int_A |f(x)|\,dx$$

$$=\int_A (|f(x)|-\varphi(x))\,dx + \int_A \varphi(x)\,dx$$

$$\le \int_E (|f(x)|-\varphi(x))\,dx + mA \cdot \max\{\varphi(x):x \in E\}$$

$$\le \frac{\varepsilon}{2} + \delta\max\{\varphi(x):x \in E\} < \frac{\varepsilon}{2} + \frac{\varepsilon}{2} = \varepsilon. \quad □$$

定理 4(积分的可数可加性)　设 $E \subset \mathbf{R}^n$ 为可测集, $E = \bigcup\limits_{n=1}^{\infty} E_n$, 这里每个 E_n 都是可测集且 $i \ne j$ 时 $E_i \cap E_j = \varnothing$, 设 f 在 E 上积分确定, 则

$$\int_E f(x)\,dx = \sum_{n=1}^{\infty} \int_{E_n} f(x)\,dx$$

证明　对于任意的正整数 n, 令 $f_n=f^+ \cdot \chi_{E_n}$, 则每个 f_n 在 E 上非负可测, 且当 $x \in E$

时，$f^+(x) = \sum\limits_{n=1}^{\infty} f_n(x)$，由 §3 定理 5

$$\int_E f^+(x)\,\mathrm{d}x = \int_E \Big(\sum_{n=1}^{\infty} f_n(x)\Big)\mathrm{d}x = \sum_{n=1}^{\infty}\int_E f_n(x)\,\mathrm{d}x$$

$$= \sum_{n=1}^{\infty}\int_E f^+(x)\chi_{E_n}(x)\,\mathrm{d}x = \sum_{n=1}^{\infty}\int_{E_n} f^+(x)\,\mathrm{d}x.$$

同理

$$\int_E f^-(x)\,\mathrm{d}x = \sum_{n=1}^{\infty}\int_{E_n} f^-(x)\,\mathrm{d}x.$$

由于 f 在 E 上积分确定，所以两个正项级数

$$\sum_{n=1}^{\infty}\int_{E_n} f^+(x)\,\mathrm{d}x \text{ 和 } \sum_{n=1}^{\infty}\int_{E_n} f^-(x)\,\mathrm{d}x$$

中至少一个收敛，因而

$$\int_E f(x)\,\mathrm{d}x = \int_E f^+(x)\,\mathrm{d}x - \int_E f^-(x)\,\mathrm{d}x$$

$$= \Big(\sum_{n=1}^{\infty}\int_{E_n} f^+(x)\,\mathrm{d}x\Big) - \Big(\sum_{n=1}^{\infty}\int_{E_n} f^-(x)\,\mathrm{d}x\Big)$$

$$= \sum_{n=1}^{\infty}\Big(\int_{E_n} f^+(x)\,\mathrm{d}x - \int_{E_n} f^-(x)\,\mathrm{d}x\Big) = \sum_{n=1}^{\infty}\int_{E_n} f(x)\,\mathrm{d}x. \qquad \square$$

定理 5（勒贝格控制收敛定理）　设 $E \subset \mathbf{R}^n$ 为可测集，$\{f_n\}_{n=1}^{\infty}$ 为 E 上的一列可测函数. F 是 E 上的非负 L 可积函数，如果对于任意的正整数 n，$|f_n(x)| \leqslant F(x)$ a.e. 于 E 且 $\lim\limits_{n\to\infty} f_n(x) = f(x)$ a.e. 于 E，则

（1）$\lim\limits_{n\to\infty}\int_E |f_n(x) - f(x)|\,\mathrm{d}x = 0$；

（2）$\lim\limits_{n\to\infty}\int_E f_n(x)\,\mathrm{d}x = \int_E f(x)\,\mathrm{d}x.$

证明　（1）显然 f 在 E 上可测且 $|f(x)| \leqslant F(x)$ a.e. 于 E. 由本节定理 1，f 在 E 上 L 可积，每个 f_n 也在 E 上 L 可积.

令 $g_n(x) = |f_n(x) - f(x)|$，$x \in E$，则 g_n 在 E 上非负 L 可积，$0 \leqslant g_n(x) \leqslant 2F(x)$ a.e. 于 E 且 $\lim\limits_{n\to\infty} g_n(x) = 0$，a.e. 于 E. 因而

$$2F(x) - g_n(x) \geqslant 0 \text{ a.e. 于 } E$$

且

$$\lim_{n\to\infty}(2F(x) - g_n(x)) = 2F(x) \text{ a.e. 于 } E.$$

由法图引理（§3 定理 6），

$$2\int_E F(x)\,\mathrm{d}x = \int_E \lim_{n\to\infty}(2F(x) - g_n(x))\,\mathrm{d}x$$

$$\leqslant \varliminf_{n\to\infty}\int_E (2F(x) - g_n(x))\,\mathrm{d}x$$

$$= \varliminf_{n\to\infty}\Big(2\int_E F(x)\,\mathrm{d}x - \int_E g_n(x)\,\mathrm{d}x\Big)$$

$$= 2\int_E F(x)\,\mathrm{d}x - \varlimsup_{n\to\infty}\int_E g_n(x)\,\mathrm{d}x.$$

所以 $\overline{\lim\limits_{n\to\infty}}\displaystyle\int_E g_n(x)\,\mathrm{d}x \leqslant 0.$ 由于 $\displaystyle\int_E g_n(x)\,\mathrm{d}x \geqslant 0,$ 故

$$\lim_{n\to\infty}\int_E g_n(x)\,\mathrm{d}x = 0,$$

即

$$\lim_{n\to\infty}\int_E |f_n(x) - f(x)|\,\mathrm{d}x = 0.$$

（2）由（1）即得. □

定理 6　设 $E\subset \mathbf{R}^n$ 为可测集，f 和 $f_n(n=1,2,3,\cdots)$ 都是 E 上的可测函数，F 是 E 上的非负 L 可积函数，如果 $|f_n(x)| \leqslant F(x)$ a.e. 于 E 且 $n\to\infty$ 时 $f_n \Rightarrow f$，则

（1）$\lim\limits_{n\to\infty}\displaystyle\int_E |f_n(x) - f(x)|\,\mathrm{d}x = 0$；

（2）$\lim\limits_{n\to\infty}\displaystyle\int_E f_n(x)\,\mathrm{d}x = \displaystyle\int_E f(x)\,\mathrm{d}x.$

证明　（1）由本节定理 1，每个 f_n 都在 E 上 L 可积，由里斯定理可知 $\{f_n\}_{n=1}^{\infty}$ 有子列在 E 上 a.e. 收敛于 $f(x)$，故 $|f(x)| \leqslant F(x)$ a.e. 于 E，因而 f 也在 E 上 L 可积.

若

$$\lim_{n\to\infty}\int_E |f_n(x) - f(x)|\,\mathrm{d}x = 0$$

不成立，则 $\{f_n\}_{n=1}^{\infty}$ 有子列 $\{f_{m_k}\}_{k=1}^{\infty}$，使得

$$\lim_{k\to\infty}\int_E |f_{m_k}(x) - f(x)|\,\mathrm{d}x = \alpha > 0,$$

不妨设

$$\lim_{n\to\infty}\int_E |f_n(x) - f(x)|\,\mathrm{d}x = \alpha > 0. \tag{1}$$

由里斯定理，$\{f_n\}_{n=1}^{\infty}$ 有子列 $\{f_{n_k}\}_{k=1}^{\infty}$，使得

$$\lim_{k\to\infty} f_{n_k}(x) = f(x)\ \text{a.e.}\ \text{于}\ E.$$

由本节定理 5，

$$\lim_{k\to\infty}\int_E |f_{n_k}(x) - f(x)|\,\mathrm{d}x = 0.$$

这与（1）式矛盾，故

$$\lim_{n\to\infty}\int_E |f_n(x) - f(x)|\,\mathrm{d}x = 0.$$

（2）由（1）即得. □

推论　设 $E\subset \mathbf{R}^n$ 为可测集，$mE<\infty$，f 和 $f_n(n=1,2,3,\cdots)$ 都是 E 上的可测函数. 如果存在 $M>0$ 使得对于任意的正整数 n，$|f_n(x)| \leqslant M$ a.e. 于 E 且 $n\to\infty$ 时

$$f_n(x) \longrightarrow f(x)\ \text{a.e.}\ \text{于}\ E\ \text{或}\ f_n \Rightarrow f,$$

则（1）$\lim\limits_{n\to\infty}\displaystyle\int_E |f_n(x) - f(x)|\,\mathrm{d}x = 0$；

（2）$\lim\limits_{n\to\infty}\displaystyle\int_E f_n(x)\,\mathrm{d}x = \displaystyle\int_E f(x)\,\mathrm{d}x.$

定理 7　设 $E\subset \mathbf{R}^n$ 为可测集，$\{f_n\}_{n=1}^{\infty}$ 为 E 上的一列 L 可积函数. 如果正项级数

$\displaystyle\sum_{n=1}^{\infty}\int_{E}\left|f_{n}(x)\right|\mathrm{d}x$ 收敛,则函数项级数 $\displaystyle\sum_{n=1}^{\infty}f_{n}(x)$ 在 E 上 a.e.收敛,其和函数在 E 上 L 可积,且

$$\int_{E}\left(\sum_{n=1}^{\infty}f_{n}(x)\right)\mathrm{d}x=\sum_{n=1}^{\infty}\int_{E}f_{n}(x)\mathrm{d}x.$$

证明 令

$$F(x)=\sum_{n=1}^{\infty}\left|f_{n}(x)\right|,x\in E.$$

由已知条件和 §3 定理 5,

$$\int_{E}F(x)\mathrm{d}x=\int_{E}\left(\sum_{n=1}^{\infty}\left|f_{n}(x)\right|\right)\mathrm{d}x=\sum_{n=1}^{\infty}\int_{E}\left|f_{n}(x)\right|\mathrm{d}x<\infty.$$

故 F 在 E 上非负 L 可积,所以 $0\leqslant F(x)<+\infty$ a.e.于 E,因而 $\displaystyle\sum_{n=1}^{\infty}f_{n}(x)$ 在 E 上 a.e. 收敛.

令

$$g(x)=\sum_{n=1}^{\infty}f_{n}(x),\quad g_{n}(x)=\sum_{k=1}^{n}f_{k}(x),\quad x\in E,$$

则

$$\left|g_{n}(x)\right|\leqslant\sum_{k=1}^{n}\left|f_{k}(x)\right|\leqslant F(x)\text{a.e. 于}E$$

且 $n\to\infty$ 时,$g_{n}(x)\to g(x)$a.e.于 E,由本节定理 5(勒贝格控制收敛定理),g 在 E 上 L 可积且

$$\begin{aligned}\int_{E}g(x)\mathrm{d}x&=\lim_{n\to\infty}\int_{E}g_{n}(x)\mathrm{d}x\\&=\lim_{n\to\infty}\int_{E}\left(\sum_{k=1}^{n}f_{k}(x)\right)\mathrm{d}x=\lim_{n\to\infty}\sum_{k=1}^{n}\int_{E}f_{k}(x)\mathrm{d}x\\&=\sum_{n=1}^{\infty}\int_{E}f_{n}(x)\mathrm{d}x,\end{aligned}$$

即

$$\int_{E}\left(\sum_{n=1}^{\infty}f_{n}(x)\right)\mathrm{d}x=\sum_{n=1}^{\infty}\int_{E}f_{n}(x)\mathrm{d}x.\qquad\square$$

定理 8 设 $E\subset\mathbf{R}^{n}$ 为可测集,$f(x,t)$ 是 $E\times(a,b)$ 上的实函数.如果对于任意的 $t\in(a,b)$,$f(x,t)$ 作为 x 的函数在 E 上 L 可积,对于 a.e.的 $x\in E$,$f(x,t)$ 作为 t 的函数在 (a,b) 上可导且 $\left|\dfrac{\partial}{\partial t}f(x,t)\right|\leqslant F(x)$,这里 F 是 E 上某个非负 L 可积函数,则 $\displaystyle\int_{E}f(x,t)\mathrm{d}x$ 作为 t 的函数在 (a,b) 上可导,且

$$\frac{\mathrm{d}}{\mathrm{d}t}\int_{E}f(x,t)\mathrm{d}x=\int_{E}\frac{\partial}{\partial t}f(x,t)\mathrm{d}x.$$

证明 固定 $t\in(a,b)$任取数列 $h_{n}\to 0,h_{n}\neq 0$.令

$$g_{n}(x)=\frac{1}{h_{n}}(f(x,t+h_{n})-f(x,t)),$$

则

$$\left| g_n(x) \right| = \left| \frac{1}{h_n}(f(x,t+h_n)-f(x,t)) \right| = \left| \frac{\partial}{\partial t}f(x,t+\theta_n h_n) \right| \leqslant F(x)\,\mathrm{a.e.}\,于\,E,$$

这里 $0<\theta_n<1$,且 $n\to\infty$ 时,

$$g_n(x) \to \frac{\partial}{\partial t}f(x,t)\,\mathrm{a.e.}\,于\,E.$$

由本节定理 5,$\frac{\partial}{\partial t}f(x,t)$ 作为 x 的函数在 E 上 L 可积

且

$$\lim_{n\to\infty}\int_E g_n(x)\,\mathrm{d}x = \int_E \frac{\partial}{\partial t}f(x,t)\,\mathrm{d}x,$$

即 $n\to\infty$ 时,

$$\frac{1}{h_n}\left(\int_E f(x,t+h_n)\,\mathrm{d}x - \int_E f(x,t)\,\mathrm{d}x \right) \to \int_E \frac{\partial}{\partial t}f(x,t)\,\mathrm{d}x.$$

由于非零的数列 $h_n\to 0$ 是任取的,故 $\int_E f(x,t)\,\mathrm{d}x$ 在 t 处可导,且

$$\frac{\mathrm{d}}{\mathrm{d}t}\int_E f(x,t)\,\mathrm{d}x = \int_E \frac{\partial}{\partial t}f(x,t)\,\mathrm{d}x. \qquad \Box$$

例 设 $f\in L[a,b]$,则对于任意的 $\varepsilon>0$,存在 $g\in C[a,b]$,使得

$$\int_{[a,b]} \left| f(x)-g(x) \right|\mathrm{d}x<\varepsilon.$$

证明 由于 $f\in L[a,b]$,故 f^+ 和 f^- 都在 $[a,b]$ 上非负 L 可积.对于任意的 $\varepsilon>0$,由 §3 定义,存在 $[a,b]$ 上的两个非负简单函数 φ_1 和 φ_2,使得 $x\in[a,b]$ 时,$0\leqslant\varphi_1(x)\leqslant f^+(x)$,$0\leqslant\varphi_2(x)\leqslant f^-(x)$.且

$$\int_{[a,b]} f^+(x)\,\mathrm{d}x - \frac{\varepsilon}{4} \leqslant \int_{[a,b]} \varphi_1(x)\,\mathrm{d}x \leqslant \int_{[a,b]} f^+(x)\,\mathrm{d}x,$$

$$\int_{[a,b]} f^-(x)\,\mathrm{d}x - \frac{\varepsilon}{4} \leqslant \int_{[a,b]} \varphi_2(x)\,\mathrm{d}x \leqslant \int_{[a,b]} f^-(x)\,\mathrm{d}x.$$

令 $\varphi(x)=\varphi_1(x)-\varphi_2(x)$,则 φ 是 $[a,b]$ 上的简单函数,且

$$\int_{[a,b]} \left| f(x)-\varphi(x) \right|\mathrm{d}x = \int_{[a,b]} \left| f^+(x)-f^-(x)-\varphi_1(x)+\varphi_2(x) \right|\mathrm{d}x$$

$$\leqslant \int_{[a,b]} \left| f^+(x)-\varphi_1(x) \right|\mathrm{d}x + \int_{[a,b]} \left| f^-(x)-\varphi_2(x) \right|\mathrm{d}x$$

$$= \left(\int_{[a,b]} f^+(x)\,\mathrm{d}x - \int_{[a,b]} \varphi_1(x)\,\mathrm{d}x \right) + \left(\int_{[a,b]} f^-(x)\,\mathrm{d}x - \int_{[a,b]} \varphi_2(x)\,\mathrm{d}x \right)$$

$$\leqslant \frac{\varepsilon}{4} + \frac{\varepsilon}{4} = \frac{\varepsilon}{2}.$$

令 $M=\max\{\left| \varphi(x) \right|:x\in[a,b]\}$,令 $\delta=\frac{\varepsilon}{1+4M}$,由卢津定理,存在闭集 $F\subset[a,b]$ 以及 $g\in C[a,b]$,使得 $m([a,b]\backslash F)<\delta$.$x\in F$ 时,$g(x)=\varphi(x)$;且 $x\in[a,b]$ 时,$\left| g(x) \right|\leqslant M$.于是

$$\int_{[a,b]} \left| \varphi(x)-g(x) \right|\mathrm{d}x = \int_{[a,b]\backslash F} \left| \varphi(x)-g(x) \right|\mathrm{d}x$$

$$\leqslant \int_{[a,b]\setminus F} |\varphi(x)| \,\mathrm{d}x + \int_{[a,b]\setminus F} |g(x)| \,\mathrm{d}x < M\delta + M\delta$$

$$< \frac{\varepsilon}{4} + \frac{\varepsilon}{4} = \frac{\varepsilon}{2},$$

因而

$$\int_{[a,b]} |f(x) - g(x)| \,\mathrm{d}x$$

$$\leqslant \int_{[a,b]} |f(x) - \varphi(x)| \,\mathrm{d}x + \int_{[a,b]} |\varphi(x) - g(x)| \,\mathrm{d}x$$

$$< \frac{\varepsilon}{2} + \frac{\varepsilon}{2} = \varepsilon.$$

　　　　　　　　　　　　　　　　　　　　　　　　　　　　　　　□

§5　黎曼积分和勒贝格积分

　　本节就一元函数的情形讨论黎曼积分和勒贝格积分的关系.我们把一元函数 $f(x)$ 在 $[a,b]$ 上的黎曼积分和勒贝格积分分别记为 $(R)\int_a^b f(x)\,\mathrm{d}x$ 和 $(L)\int_{[a,b]} f(x)\,\mathrm{d}x$.我们先给出有界函数 $f(x)$ 在 $[a,b]$ 上 R 可积的一个充要条件,然后讨论这两种积分之间的关系,结论如下:

　　勒贝格积分是黎曼积分的推广但不是黎曼反常积分的推广.

　　设 $f(x)$ 是 $[a,b]$ 上的一个有界函数, $x\in[a,b]$ 时 $|f(x)|\leqslant M$.对于任意的正整数 n,作 $[a,b]$ 的分法

$$T^{(n)}: a = x_0^{(n)} < x_1^{(n)} < \cdots < x_{P_n}^{(n)} = b,$$

使得 $n\to\infty$ 时, $\delta(T^n)\to 0$,这里

$$\delta(T^n) = \max\{x_i^{(n)} - x_{i-1}^{(n)} : i = 1,2,3,\cdots,P_n\}$$

表示分法 $T^{(n)}$ 的最大区间长.令

$$M_i^{(n)} = \sup\{f(x) : x_{i-1}^{(n)} \leqslant x \leqslant x_i^{(n)}\},$$

$$m_i^{(n)} = \inf\{f(x) : x_{i-1}^{(n)} \leqslant x \leqslant x_i^{(n)}\}.$$

由数学分析中关于黎曼积分的知识可知,当 $n\to\infty$ 时,

$$\sum_{i=1}^{P_n} M_i^{(n)}(x_i^{(n)} - x_{i-1}^{(n)}) \to \overline{\int_a^b} f(x)\,\mathrm{d}x,$$

$$\sum_{i=1}^{P_n} m_i^{(n)}(x_i^{(n)} - x_{i-1}^{(n)}) \to \underline{\int_a^b} f(x)\,\mathrm{d}x,$$

这里 $\overline{\int_a^b} f(x)\,\mathrm{d}x$ 和 $\underline{\int_a^b} f(x)\,\mathrm{d}x$ 分别是 $f(x)$ 在 $[a,b]$ 上的达布(Darboux)上积分与下积分.

　　令 E 为所有的分划 $T^{(n)}(n=1,2,3,\cdots)$ 的分点的全体所成之集,则 $E\subset[a,b]$ 为可数集,因而 E 是可测集且 $mE=0$.

令 $\omega(x)$ 为 $f(x)$ 在点 $x\in[a,b]$ 处的振幅,即
$$\omega(x)=\lim_{\delta\to 0^+}\sup\{\,|f(y)-f(z)|:y,z\in(x-\delta,x+\delta)\cap[a,b]\}.$$
则对于任意的 $x\in[a,b],\omega(x)\geqslant 0.$ 易证 $\omega(x)=0$ 的充要条件是 $f(x)$ 在 x 处连续.令
$$h_n(x)=\begin{cases}M_i^{(n)}-m_i^{(n)}, & 若\ x_{i-1}^{(n)}<x<x_i^{(n)},\\ 0, & 若\ x\ 是\ T^{(n)}\ 的分点,\end{cases}$$
则 $x\in[a,b]$ 时 $0\leqslant h_n(x)\leqslant 2M$,且对于任意的 $x\in[a,b]\backslash E$,当 $n\to\infty$ 时,$h_n(x)\to\omega(x)$.

于是由 §4 定理 6 的推论,
$$\lim_{n\to\infty}(L)\int_{[a,b]}h_n(x)\,\mathrm{d}x=(L)\int_{[a,b]}\omega(x)\,\mathrm{d}x.$$
而
$$\begin{aligned}&\lim_{n\to\infty}(L)\int_{[a,b]}h_n(x)\,\mathrm{d}x\\[2mm]&=\lim_{n\to\infty}\sum_{i=1}^{P_n}(M_i^{(n)}-m_i^{(n)})(x_i^{(n)}-x_{i-1}^{(n)})\\[2mm]&=\lim_{n\to\infty}\sum_{i=1}^{P_n}M_i^{(n)}(x_i^{(n)}-x_{i-1}^{(n)})-\lim_{n\to\infty}\sum_{i=1}^{P_n}m_i^{(n)}(x_i^{(n)}-x_{i-1}^{(n)})\\[2mm]&=\int_a^{\overline{b}}f(x)\,\mathrm{d}x-\int_{\underline{a}}^b f(x)\,\mathrm{d}x.\end{aligned}$$
故
$$(L)\int_{[a,b]}\omega(x)\,\mathrm{d}x=\int_a^{\overline{b}}f(x)\,\mathrm{d}x-\int_{\underline{a}}^b f(x)\,\mathrm{d}x\,.$$

定理 1　设 $f(x)$ 是 $[a,b]$ 上有界函数,则 $f(x)$ 在 $[a,b]$ 上 R 可积的充要条件为 $f(x)$ 在 $[a,b]$ 上 a.e.连续,即 $f(x)$ 的不连续点全体成一零测度集.

证明　$$f(x)\ 在\ [a,b]\ 上\ R\ 可积\Leftrightarrow\int_a^{\overline{b}}f(x)\,\mathrm{d}x=\int_{\underline{a}}^b f(x)\,\mathrm{d}x$$
$$\Leftrightarrow(L)\int_{[a,b]}\omega(x)\,\mathrm{d}x=0\Leftrightarrow\omega(x)=0\ \text{a.e.}\ 于\ [a,b]$$
$$\Leftrightarrow f(x)\ 在\ [a,b]\ 上\ \text{a.e.}\ 连续.$$

定理 2　设 $f(x)$ 是 $[a,b]$ 上的一个有界函数,若 $f(x)$ 在 $[a,b]$ 上 R 可积,则 $f(x)$ 在 $[a,b]$ 上 L 可积,且
$$(L)\int_{[a,b]}f(x)\,\mathrm{d}x=(R)\int_a^b f(x)\,\mathrm{d}x.$$

证明　由于 $f(x)$ 在 $[a,b]$ 上 R 可积,由本节定理 1,$f(x)$ 在 $[a,b]$ 上的不连续点成一零测度集,这样 $f(x)$ 在 $[a,b]$ 上有界可测,故 $f(x)$ 在 $[a,b]$ 上 L 可积.

根据本节开始时引进的记号,令
$$g_n(x)=\begin{cases}M_i^{(n)}, & 若\ x_{i-1}^{(n)}<x<x_i^{(n)},\\ 0, & 若\ x\ 是\ T^{(n)}\ 的分点,\end{cases}$$
则 $x\in[a,b]$ 时 $|g_n(x)|\leqslant M$,当 x 为 f 的连续点且 $x\in[a,b]\backslash E$ 时 $\lim\limits_{n\to\infty}g_n(x)=f(x)$,因而 $\lim\limits_{n\to\infty}g_n(x)=f(x)$ a.e.于 $[a,b]$.

由 §4 定理 6 的推论,

$$(L) \int_{[a,b]} f(x)\,\mathrm{d}x = \lim_{n \to \infty} (L) \int_{[a,b]} g_n(x)\,\mathrm{d}x$$

$$= \lim_{n \to \infty} \sum_{i=1}^{P_n} M_i^{(n)} (x_i^{(n)} - x_{i-1}^{(n)})$$

$$= \overline{\int_a^b} f(x)\,\mathrm{d}x = (R) \int_a^b f(x)\,\mathrm{d}x.\qquad \square$$

定理 3　设 $f(x)$ 是 $[a,\infty)$ 上的一个非负实函数,若对于任意的 $A>a$,$f(x)$ 在 $[a,A]$ 上 R 可积且 R 反常积分 $(R)\int_a^\infty f(x)\,\mathrm{d}x$ **收敛**,则 $f(x)$ 在 $[a,\infty)$ 上 L 可积且

$$(L) \int_{[a,\infty)} f(x)\,\mathrm{d}x = (R) \int_a^\infty f(x)\,\mathrm{d}x.$$

证明　由已知条件可知,$f(x)$ 在 $[a,\infty)$ 上非负可测,故积分值 $(L)\int_{[a,\infty)} f(x)\,\mathrm{d}x$ 存在.任取数列 $\{A_n\}_{n=1}^\infty$ 使得 $a<A_n \to \infty$($n \to \infty$ 时),令

$$f_n(x) = \begin{cases} f(x), & \text{若 } a \leqslant x \leqslant A_n, \\ 0, & \text{若 } x > A_n. \end{cases}$$

由 §3 定理 3、本节定理 2 和已知条件可知

$$(L) \int_{[a,\infty)} f(x)\,\mathrm{d}x = \lim_{n \to \infty} (L) \int_{[a,\infty)} f_n(x)\,\mathrm{d}x = \lim_{n \to \infty} (L) \int_{[a,A_n]} f(x)\,\mathrm{d}x$$

$$= \lim_{n \to \infty} (R) \int_a^{A_n} f(x)\,\mathrm{d}x = (R) \int_a^\infty f(x)\,\mathrm{d}x < \infty.$$

由此立即得到 $f(x)$ 在 $[a,\infty)$ 上 L 可积.

同理可证,对于非负函数 $f(x)$,当 R 反常积分 $(R)\int_a^\infty f(x)\,\mathrm{d}x$ 发散时 $(L)\int_{[a,\infty)} f(x)\,\mathrm{d}x = \infty$.　$\square$

关于非负无界函数的 R 反常积分与 L 积分的关系,也有类似的结果,这里就不一一叙述了.

定理 2 说明 L 积分是 R 积分的推广,定理 3 说明对于非负函数而言 L 积分也是 R 反常积分的推广,但下面的例题说明在一般情况下 L 积分并不是 R 反常积分的推广,这主要因为 L 积分是绝对收敛的积分而收敛的 R 反常积分并不一定绝对收敛.

例　令

$$f(x) = \begin{cases} \dfrac{\sin x}{x}, & \text{若 } x > 0, \\ 1, & \text{若 } x = 0, \end{cases}$$

则 $f(x)$ 在 $[0,\infty)$ 上连续,$f(x)$ 在 $[0,\infty)$ 上的 R 反常积分收敛且

$$(R) \int_0^\infty \frac{\sin x}{x}\,\mathrm{d}x = \frac{\pi}{2}.$$

但是,

$$(L) \int_{[0,\infty)} f^+(x)\,\mathrm{d}x = \sum_{n=0}^\infty (L) \int_{[2n\pi,(2n+1)\pi]} \frac{\sin x}{x}\,\mathrm{d}x$$

$$= \sum_{n=0}^{\infty} (R) \int_{2n\pi}^{(2n+1)\pi} \frac{\sin x}{x} \mathrm{d}x = \sum_{n=0}^{\infty} (R) \int_{0}^{\pi} \frac{\sin(2n\pi + t)}{2n\pi + t} \mathrm{d}t$$

$$= \sum_{n=0}^{\infty} (R) \int_{0}^{\pi} \frac{\sin t}{2n\pi + t} \mathrm{d}t \geqslant \sum_{n=0}^{\infty} \frac{1}{(2n+1)\pi} \int_{0}^{\pi} \sin t \mathrm{d}t$$

$$= \sum_{n=0}^{\infty} \frac{2}{(2n+1)\pi} = \infty .$$

同理,

$$(L) \int_{[0,\infty)} f^{-}(x) \mathrm{d}x = \infty .$$

所以 $f(x)$ 在 $[0,\infty)$ 上不是积分确定的,当然不是 L 可积.

§6 勒贝格积分的几何意义,富比尼定理

到目前为止,我们讲测度也好,积分也好,都是就同一个 n 维空间来考虑的.现在我们将考虑不同维空间的可测集及测度,并研究其间的关系.这样不仅可以得到 L 积分的几何解释,而且还可以导出重积分化累次积分的重要公式.

定义 1 设 $A \subset \mathbf{R}^p, B \subset \mathbf{R}^q$ 为两个非空点集,则 $\mathbf{R}^{p+q}$ 中的点集 $\{(x,y) : x \in A, y \in B\}$①称为 A 与 B 的**直积**,记作 $A \times B$.

注意,一般地,$A \times B \neq B \times A$.

例 1 $\mathbf{R}^{p+q} = \mathbf{R}^p \times \mathbf{R}^q$.

例 2 二维区间

$$\{(x,y) : c_1 \leqslant x \leqslant b_1, a_2 \leqslant y \leqslant b_2\} = [a_1, b_1] \times [a_2, b_2].$$

例 3 三维柱体

$$\{(x,y,z) : x^2 + y^2 \leqslant 1, 0 \leqslant z \leqslant 1\} = \{(x,y) : x^2 + y^2 \leqslant 1\} \times [0,1].$$

定义 2 设 E 是 $\mathbf{R}^{p+q}$ 中一点集,x_0 是 $\mathbf{R}^p$ 中一固定点,则 $\mathbf{R}^q$ 中的点集

$$\{y \in \mathbf{R}^q : (x_0, y) \in E\}$$

称为 E 关于 x_0 的**截面**(图 5.1),记为 E_{x_0}②.

容易验证,直积与截面具有下列简单性质:

(1) 如果 $A_1 \subset A_2$,则 $A_1 \times B \subset A_2 \times B$;

(2) 如果 $A_1 \cap A_2 = \varnothing$,则 $(A_1 \times B) \cap (A_2 \times B) = \varnothing$;

(3) $(\bigcup_i A_i) \times B = \bigcup_i (A_i \times B)$,

---

① 这里是

$$\{(x_1, x_2, \cdots, x_p, y_1, y_2, \cdots, y_q) : (x_1, x_2, \cdots, x_p) \in A, (y_1, y_2, \cdots, y_q) \in B\}$$

的简写.

② 当然也可定义 E 关于 $y_0 \in \mathbf{R}^q$ 的截面

$$\{x \in \mathbf{R}^p : (x, y_0) \in E\} = E_{y_0}.$$

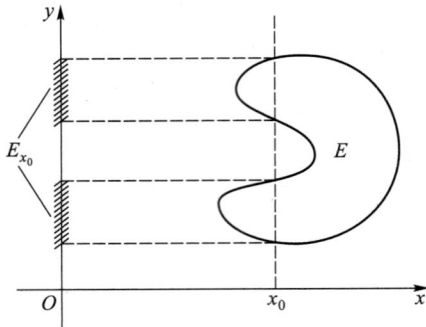

图 5.1

$$(\bigcap_i A_i)\times B = \bigcap_i (A_i \times B);$$

(4) $(A_1 \backslash A_2)\times B = (A_1\times B)\backslash (A_2\times B)$;

(5) 如果 $A_1 \subset A_2$,则 $(A_1)_x \subset (A_2)_x$;

(6) 如果 $A_1 \cap A_2 = \varnothing$,则 $(A_1)_x \cap (A_2)_x = \varnothing$;

(7) $(\bigcup_i A_i)_x = \bigcup_i (A_i)_x , (\bigcap_i A_i)_x = \bigcap_i (A_i)_x$;

(8) $(A_1 \backslash A_2)_x = (A_1)_x \backslash (A_2)_x$.

例 4 设 $F_1 \subset \mathbf{R}^p, F_2 \subset \mathbf{R}^q$ 为闭集,$G_1 \subset \mathbf{R}^p, G_2 \subset \mathbf{R}^q$ 为开集,则 $F_1\times F_2, G_1\times G_2$ 分别为 $\mathbf{R}^{p+q}$ 中的闭集和开集.

证明 由于 G_1 与 G_2 为开集,所以对任何 $x = (x_1 , x_2) \in G_1\times G_2$,存在邻域 $U_1(x_1 , r)\subset G_1$ 与 $U_2(x_2 , r)\subset G_2$,不难证明 $U(x,r)\subset U_1(x_1 , r)\times U_2(x_2 , r)$,从而 $U(x,r)\subset G_1\times G_2$,故 $G_1\times G_2$ 为开集.

因为 $F_1\times F_2 \subset \overline{F_1\times F_2}$.下面证明相反的包含关系.设 $x = (x_1 , x_2) \in \overline{F_1\times F_2}$,但 $x \notin F_1 \times F_2$,则 $x_1 \notin F_1$ 或 $x_2 \notin F_2$.不妨设 $x_1 \notin F_1$,由于 F_1 是闭集,用前结论,$F_1^c \times \mathbf{R}^q$ 是开集且 $x \in F_1^c \times \mathbf{R}^q$.又因为

$$(F_1^c \times \mathbf{R}^q) \cap (F_1\times F_2) = \varnothing ,$$

所以 $x \notin \overline{F_1\times F_2}$.矛盾.故 $\overline{F_1\times F_2}\subset F_1\times F_2$.于是得到 $F_1\times F_2 = \overline{F_1\times F_2}$,即 $F_1\times F_2$ 为 $\mathbf{R}^{p+q}$ 中的闭集.

下面的重要定理给我们提供了一个由低维测度求高维测度的工具.

定理 1(截面定理) 设 $E \subset \mathbf{R}^{p+q}$ 是可测集,则

(1) 对于 $\mathbf{R}^p$ 中几乎所有的点 x,E_x 是 $\mathbf{R}^q$ 中可测集;

(2) mE_x 作为 x 的函数,它是 $\mathbf{R}^p$ 上 a.e.有定义的可测函数;

(3) $mE = \displaystyle\int_{\mathbf{R}^p} mE_x \mathrm{d}x$.

证明 我们只对 E 是有界集加以证明,因无界集总可以表示为可数个有界可测集的并.

从特殊到一般分五步来证明.

(1) E 为区间(左开右闭)的情况.

设 $E = \Delta\times\Delta_1$,其中 Δ, Δ_1 分别是 $\mathbf{R}^p$ 及 $\mathbf{R}^q$ 中左开右闭区间,则

$$E_x = \begin{cases} \Delta_1, & x \in \Delta, \\ \varnothing, & x \notin \Delta, \end{cases}$$

故 E_x 为 $\mathbf{R}^q$ 中可测集.

又

$$mE_x = \begin{cases} |\Delta_1|, & x \in \Delta, \\ 0, & x \notin \Delta, \end{cases}$$

故 mE_x 为 $\mathbf{R}^p$ 上简单函数.最后由区间体积的定义得

$$mE = |\Delta \times \Delta_1| = |\Delta| \cdot |\Delta_1| = \int_{\mathbf{R}^p} mE_x \mathrm{d}x.$$

（2）E 为开集情形.

设 $E = \bigcup_{i=1}^{\infty} I_i$,其中各 I_i 是 $\mathbf{R}^{p+q}$ 中互不相交的左开右闭区间,则 $E_x = \bigcup_{i=1}^{\infty}(I_i)_x$,由（1）各 $(I_i)_x$ 是 $\mathbf{R}^q$ 中的可测集,所以 E_x 也可测.

又因各 $(I_i)_x$ 互不相交,所以

$$mE_x = \sum_{i=1}^{\infty} m(I_i)_x,$$

由（1）各 $m(I_i)_x$ 都是 $\mathbf{R}^p$ 上的可测函数,所以 mE_x 也是可测的.

最后

$$mE = \sum_{i=1}^{\infty} mI_i = \sum_{i=1}^{\infty}\int_{\mathbf{R}^p} m(I_i)_x \mathrm{d}x = \int_{\mathbf{R}^p}\sum_{i=1}^{\infty} m(I_i)_x \mathrm{d}x = \int_{\mathbf{R}^p} mE_x \mathrm{d}x.$$

（3）E 是 G_δ 型集情况.

设 $E = \bigcap_{i=1}^{\infty} G_i$,其中各 G_i 是 $\mathbf{R}^{p+q}$ 中的开集,且 $G_1 \supset G_2 \supset, \cdots$,每个 G_δ 型集 E 总可以做到这点.否则只要令 $G_1^* = G_1, G_2^* = G_1^* \cap G_2, \cdots, G_n^* = G_{n-1}^* \cap G_n, \cdots$,则 $E = \bigcap_{i=1}^{\infty} G_i^*$,显然每个 G_i^* 都是开集,这是由于它们都是有限个开集的交.故 $E_x = \bigcap_{i=1}^{\infty}(G_i)_x$,由（2）各 $(G_i)_x$ 都是 $\mathbf{R}^q$ 中可测集,所以 E_x 也是可测的.

又因 $m(G_1)_x < \infty$,且 $(G_1)_x \supset (G_2)_x \supset \cdots$,根据第三章 §2 定理 9,所以

$$mE_x = \lim_i m(G_i)_x,$$

由（2）各 $m(G_i)_x$ 都是 $\mathbf{R}^p$ 中的 x 的可测函数,因此 mE_x 也可测.

最后

$$mE = \lim_n mG_n = \lim_n \int_{\mathbf{R}^p} m(G_n)_x \mathrm{d}x = \int_{\mathbf{R}^p} \lim_n m(G_n)_x \mathrm{d}x = \int_{\mathbf{R}^p} mE_x \mathrm{d}x.$$

（第二个等式由（2）,第三个等式由控制收敛定理可得.）

（4）E 是零集情形.

设 E 是 $\mathbf{R}^{p+q}$ 中零集（即零测度集）,这时总存在 $\mathbf{R}^{p+q}$ 中 G_δ 型集 $G \supset E$,使 $mE = mG = 0$,但由（3）有 $0 = mG = \int_{\mathbf{R}^p} mG_x \mathrm{d}x$,所以 $mG_x = 0$ a.e.于 $\mathbf{R}^p$（§3 定理 1（2））.于是再由 $E_x \subset G_x$,就有 $mE_x = 0$ a.e.于 $\mathbf{R}^p$,且 $mE = \int_{\mathbf{R}^p} mE_x \mathrm{d}x.$

（5）E 是有界可测集.

设 $E = G\backslash M$，其中 G 与 M 分别为 $\mathbf{R}^{p+q}$ 中 G_δ 型集及零集，且 $G \supset E$（第三章 §3 定理 5），由于 $E_x = G_x\backslash M_x$，由（3），（4），E_x a.e. 是 $\mathbf{R}^q$ 中可测集. 又 $mE_x = mG_x - mM_x = mG_x$ a.e. 于 $\mathbf{R}^p$，故由（3），mE_x 是 $\mathbf{R}^p$ 上 a.e. 有定义的可测函数.

最后

$$mE = mG = \int_{\mathbf{R}^p} mG_x \mathrm{d}x = \int_{\mathbf{R}^p} mE_x \mathrm{d}x. \qquad \square$$

定理 2　设 A,B 分别是 $\mathbf{R}^p, \mathbf{R}^q$ 中的可测集，则 $A \times B$ 是 $\mathbf{R}^{p+q}$ 中的可测集且 $m(A \times B) = mA \cdot mB$.

证明　先证 $A \times B$ 是 $\mathbf{R}^{p+q}$ 中可测集，不妨设 A,B 有界，$A \subset I, B \subset I^*$（$I, I^*$ 为有限区间）.

由于 A,B 可测，对任何 $\varepsilon > 0$，总存在 $\mathbf{R}^p$ 中的开集 G 及闭集 F 和 $\mathbf{R}^q$ 中的开集 G^* 及闭集 F^* 使

$$F \subset A \subset G \subset I, \quad F^* \subset B \subset G^* \subset I^*,$$

且

$$m(G\backslash F) < \frac{\varepsilon}{2|I^*|} \text{ 及 } m(G^* \backslash F^*) < \frac{\varepsilon}{2|I|}.$$

由上述两个不等式，又分别存在 $\mathbf{R}^p, \mathbf{R}^q$ 中开区间列 $\{I_i\}$ 及 $\{I_i^*\}$，使

$$G\backslash F \subset \bigcup_i I_i, \quad G^* \backslash F^* \subset \bigcup_i I_i^*.$$

且

$$\sum_i |I_i| < \frac{\varepsilon}{2|I^*|}, \quad \sum_i |I_i^*| < \frac{\varepsilon}{2|I|},$$

由例 4 知 $G \times G^*$ 与 $F \times F^*$ 分别是 $\mathbf{R}^{p+q}$ 中的开、闭集，且有

$$\begin{aligned}
G \times G^* \backslash F \times F^* &= G \times (G^* \backslash F^*) \cup (G\backslash F) \times G^* \\
&\subset I \times (G^* \backslash F^*) \cup (G\backslash F) \times I^* \\
&\subset \bigcup_i (I \times I_i^*) \cup \bigcup_i (I_i \times I^*),
\end{aligned}$$

以及

$$\sum_i |I \times I_i^*| + \sum_i |I_i \times I^*| = |I| \sum_i |I_i^*| + |I^*| \sum_i |I_i| < \varepsilon,$$

故

$$m(G \times G^* \backslash F \times F^*) < \varepsilon.$$

由于 ε 的任意性，易证 $A \times B$ 是可测集.

其次，$A \times B$ 既然是可测的，那么由定理 1，对于 $x \in \mathbf{R}^p$ 有

$$(A \times B)_x = \begin{cases} B, & x \in A, \\ \varnothing, & x \notin A. \end{cases}$$

所以

$$m(A \times B) = \int_{\mathbf{R}^p} m(A \times B)_x \mathrm{d}x = \int_A mB \mathrm{d}x = mA \cdot mB. \qquad \square$$

定义 3（下方图形）　设 $f(x)$ 是 $E \subset \mathbf{R}^n$ 上的非负函数，则 $\mathbf{R}^{n+1}$ 中的点集

$$\{(x,z) : x \in E, 0 \leqslant z < f(x)\},$$

称为 $f(x)$ 在 E 上的下方图形，记为 $G(E,f)$.

定理 3(非负可测函数积分的几何意义) 设 $f(x)$ 为可测集 $E \subset \mathbf{R}^n$ 上的非负函数，则

（1）$f(x)$ 是 E 上的可测函数的充要条件是 $G(E,f)$ 是 $\mathbf{R}^{n+1}$ 中的可测集；

（2）当 $f(x)$ 在 E 上可测时，

$$\int_E f(x)\,\mathrm{d}x = mG(E,f).$$

证明 设 $f(x) = c$（常数）$\geqslant 0$，则

$$G(E,f) = \begin{cases} E \times [0,c), & c > 0, \\ \varnothing, & c = 0. \end{cases}$$

所以由定理 2，$G(E,f)$ 是 $\mathbf{R}^{n+1}$ 中的可测集.

设 $f(x)$ 为 E 上的简单函数，这时因为对于 $E = \bigcup_k E_k$（各 E_k 可测，互不相交），总有 $G(E,f) = \bigcup_k G(E_k,f)$，故 $G(E,f)$ 可测.

设 $f(x)$ 是非负可测函数，由第四章 §1 定理 7 总存在一列简单函数 $0 \leqslant \varphi_1(x) \leqslant \varphi_2(x) \leqslant \cdots$，使

$$\lim_n \varphi_n(x) = f(x), \quad x \in E.$$

不难证明，$G(E,\varphi_1) \subset G(E,\varphi_2) \subset \cdots$，且

$$\bigcup_{n=1}^{\infty} G(E,\varphi_n) = G(E,f)^{①},$$

从上面已知各 $G(E,\varphi_n)$ 都可测，所以 $G(E,f)$ 可测.

反之，如果 $G(E,f)$ 是可测的，由定理 1，$mG(E,f)_x$ 是在 $\mathbf{R}^n$ 中 a.e. 有定义的可测函数，且

$$mG(E,f)_x = \begin{cases} f(x), & x \in E, \\ 0, & x \notin E, \end{cases}$$

所以 $f(x)$ 在 E 上可测且

$$\int_E f(x)\,\mathrm{d}x = mG(E,f). \qquad \square$$

推论 1 设 $f(x)$ 为 $E \subset \mathbf{R}^n$ 上的可积函数，则

$$\int_E f(x)\,\mathrm{d}x = mG(E,f^+) - mG(E,f^-).$$

推论 2 可测函数 $f(x)$ 在 $E \subset \mathbf{R}^n$ 上可积分的充要条件是 $mG(E,f^+)$ 与 $mG(E,f^-)$ 都是有限的.

由上面的两个定理立即可以导出富比尼定理，它说明了高维积分与低维积分之间的联系，也就是数学分析中重积分化累次积分的推广.

定理 4(富比尼定理) （1）设 $f(P) = f(x,y)$ 在 $A \times B \subset \mathbf{R}^{p+q}$（$A,B$ 分别为 $\mathbf{R}^p$ 与 $\mathbf{R}^q$ 中之可测集）上非负可测，则对 a.e. 的 $x \in A$，$f(x,y)$ 作为 y 的函数在 B 上可测，且

$$\int_{A \times B} f(P)\,\mathrm{d}P = \int_A \mathrm{d}x \int_B f(x,y)\,\mathrm{d}y. \tag{1}$$

（2）设 $f(P) = f(x,y)$ 在 $A \times B \subset \mathbf{R}^{p+q}$ 上可积，则对 a.e. 的 $x \in A$，$f(x,y)$ 作为 y 的函数在

---

① 此等式的成立同下方图形 $\sqcap$ 采用了 $0 \leqslant z < f(x)$ 而不是采用了 $0 \leqslant z \leqslant f(x)$ 有关.

B 上可积,又 $\int_B f(x,y)\mathrm{d}y$ 作为 x 的函数在 A 上可积且(1)式成立.

证明　(1) 由定理 3,$G(A\times B,f)$ 是 $\mathbf{R}^{p+q+1}$ 中可测集,且

$$mG(A\times B,f)=\int_{A\times B}f(P)\mathrm{d}P,\qquad(2)$$

但是由定理 1,可得

$$mG(A\times B,f)=\int_{\mathbf{R}^p}mG(A\times B,f)_x\,\mathrm{d}x,\qquad(3)$$

其中被积函数 a.e. 有意义.由于

$$\mathbf{R}^{q+1}\supset G(A\times B,f)_x=\begin{cases}\{(y,z):y\in B,0\leqslant z<f(x,y)\},&x\in A,\\\varnothing,&x\notin A.\end{cases}$$

所以对于 $x\in A$,该截面实际上就是将 x 固定后,$f(x,y)$ 看作是 y 的函数时,在 B 上的下方图形 $G(B,f_{(x固定)})$.于是当此截面可测时由定理 3 有

$$mG(A\times B,f)_x=mG(B,f_{(x固定)})=\int_B f(x,y)\mathrm{d}y.\qquad(4)$$

从公式(2),(3)和(4)即得公式(1).

(2) 设 $f(P)$ 在 $A\times B$ 上可积,则 $f^+(P),f^-(P)$ 在 $A\times B$ 上也可积,对它们分别应用 (1)式,相减即得

$$\begin{aligned}\int_{A\times B}f(P)\mathrm{d}P&=\int_{A\times B}f^+(P)\mathrm{d}P-\int_{A\times B}f^-(P)\mathrm{d}P\\&=\int_A\mathrm{d}x\int_B f^+(x,y)\mathrm{d}y-\int_A\mathrm{d}x\int_B f^-(x,y)\mathrm{d}y\\&=\int_A\mathrm{d}x\Big(\int_B f^+\mathrm{d}y-\int_B f^-\mathrm{d}y\Big)\\&=\int_A\mathrm{d}x\int_B(f^+-f^-)\mathrm{d}y\\&=\int_A\mathrm{d}x\int_B f(x,y)\mathrm{d}y.\end{aligned}$$

(这里 $\int_B f^+\mathrm{d}y,\int_B f^-\mathrm{d}y$ 作为 x 的函数,显然它们在 A 上均可积分,因此有第三等式,而且已知两积分在 A 上 a.e. 有限,由此得对a.e.的 $x\in A,f^+,f^-$ 在 B 上可积,所以有第四等式,而且对 a.e.的 $x\in A,f(x,y)$ 在 B 上可积.)　□

注意,公式(1)换成

$$\int_{A\times B}f(P)\mathrm{d}P=\int_B\mathrm{d}y\int_A f(x,y)\mathrm{d}x,$$

照样成立,当然定理中某些字母都要作相应的对调.

读者可以回忆一下,在 R 积分理论中重积分化成累次积分所要求的条件比 L 积分理论中要多,这是 L 积分的另一个成功之处.

从富比尼定理,我们看到,只要重积分有限,它就和两个累次积分相等.

例 5　设 $f(x,y)=\dfrac{x^2-y^2}{(x^2+y^2)^2}$ 定义在 $E=(0,1)\times(0,1)$ 上,则可算出

$$\int_{(0,1)}\int_{(0,1)} f\mathrm{d}y\mathrm{d}x = \int_0^1 \frac{1}{1+x^2}\mathrm{d}x = \frac{\pi}{4},$$

$$\int_{(0,1)}\int_{(0,1)} f\mathrm{d}x\mathrm{d}y = \int_0^1 \frac{-1}{1+y^2}\mathrm{d}y = -\frac{\pi}{4}.$$

由富比尼定理知,$f(x,y)$ 在 E 上不可积.

第五章习题

1. 设在康托尔集 P 上定义函数 $f(x)=0$,而在 P 的补集中长为 3^{-n} 的构成区间上定义为 $n,n=1,2,\cdots$.证明:$f(x)$ 可积,并求出积分值.

2. 设 E 可测,$f(x)$ 在 E 上可积,$e_n = E[\,|f|\ge n\,]$,则
$$\lim_{n\to\infty} n\cdot me_n = 0.$$

3. 设 E 可测,且 $mE<\infty$,$f(x)$ 在 E 上可测,$E_n = E[n-1\le f<n]$,则 $f(x)$ 在 E 上可积的充要条件是 $\sum_{-\infty}^{\infty}|n|mE_n < \infty$.

4. 设 $f(x)$ 在 $[a,b]$ 上黎曼反常积分收敛,其中 a 是唯一的瑕点.证明:$f(x)$ 在 $[a,b]$ 上勒贝格可积的充要条件是 $|f(x)|$ 在 $[a,b]$ 上 R 反常积分收敛.并证明
$$(L)\int_{[a,b]} f(x)\mathrm{d}x = (R)\int_a^b f(x)\mathrm{d}x.$$

5. 设 $\{f_n(x)\}$ 为 E 上非负可测函数列,若 $\lim_{n\to\infty}\int_E f_n(x)\mathrm{d}x = 0$,则 $f_n\Rightarrow 0$.

6. 设 $mE<\infty$,$\{f_n(x)\}$ 为 a.e.有限可测函数列,证明:
$$\lim_{n\to\infty}\int_E \frac{|f_n(x)|}{1+|f_n(x)|}\mathrm{d}x = 0$$
的充要条件是 $f_n\Rightarrow 0$.

7. 设 $f(x)=\dfrac{\sin\frac{1}{x}}{x^\alpha},0<x\le 1$,讨论 α 为何值时,$f(x)$ 为 $(0,1]$ 上 L 可积.

8. 设由 $[0,1]$ 中取出 n 个可测子集 $E_1,E_2,\cdots,E_n$,假定 $[0,1]$ 中任一点至少属于这 n 个集中的 q 个,试证必有一集,它的测度大于或等于 $\frac{q}{n}$.

9. 设 $mE\ne 0$,$f(x)$ 在 E 上可积.若对任意有界可测函数 $\varphi(x)$,都有
$$\int_E f(x)\varphi(x)\mathrm{d}x = 0,$$
则 $f(x)=0$ a.e.于 E.

10. 设 $F\subset[a,b]$ 是疏朗闭集,则 $\chi_F(x)$ 在 $[a,b]$ 上黎曼可积的充要条件是 $mF=0$.

11. 设 $f(x)$ 在 $[a,b]$ 上黎曼可积,$g(x)$ 是 $\mathbf{R}$ 上连续函数,证明:$g(f(x))$ 在 $[a,b]$ 上黎曼可积.

12. 试从 $\dfrac{1}{1+x} = (1-x)+(x^2-x^3)+\cdots(0<x<1)$ 证明:
$$\ln 2 = 1-\frac{1}{2}+\frac{1}{3}-\frac{1}{4}+\cdots.$$

13. 证明:

$$\lim_{n\to\infty}\int_0^\infty \frac{\mathrm{d}t}{\left(1+\frac{t}{n}\right)^n t^{\frac{1}{n}}} = 1.$$

14. 若 $p>-1$,求证:

$$\int_0^1 \frac{x^p}{1-x}\ln\frac{1}{x}\mathrm{d}x = \sum_{n=1}^\infty \frac{1}{(p+n)^2}.$$

15. 设 $\{f_n(x)\}$ 为 E 上可积函数列, $\lim_{n\to\infty}f_n(x)=f(x)$ a.e.于 E,且

$$\int_E |f_n(x)|\mathrm{d}x \leq K, K \text{ 为常数}$$

证明 $f(x)$ 可积.

16. 设 $f(x)$ 在 $[a-\varepsilon, a+\varepsilon]$ 上可积,证明:

$$\lim_{t\to 0}\int_a^b |f(x+t)-f(x)|\mathrm{d}x = 0.$$

17. 设 $f(x)$, $f_n(x)(n\in\mathbf{N}_+)$ 在 E 上可积, $\lim_{n\to\infty}f_n(x)=f(x)$ a.e.于 E,且

$$\lim_{n\to\infty}\int_E |f_n(x)|\mathrm{d}x = \int_E |f(x)|\mathrm{d}x,$$

对任意可测子集 $e\subset E$,证明:

$$\lim_{n\to\infty}\int_e |f_n(x)|\mathrm{d}x = \int_e |f(x)|\mathrm{d}x.$$

18. 设 $f(x)$ 在 $\mathbf{R}^p$ 上可积, $g(y)$ 在 $\mathbf{R}^q$ 上可积,证明: $f(x)g(y)$ 在 $\mathbf{R}^p\times\mathbf{R}^q$ 上可积.

19. 设 $f(x)$, $g(x)$ 是 E 上非负可测函数且 $f(x)g(x)$ 在 E 上可积.令 $E_y=E[g\geq y]$.证明:

$$F(y) = \int_{E_y} f(x)\mathrm{d}x$$

对一切 $y>0$ 都存在,且成立

$$\int_0^\infty F(y)\mathrm{d}y = \int_E f(x)g(x)\mathrm{d}x.$$

20. 设 $f(x)$ 在 $\mathbf{R}$ 上可积, $f(0)=0$, $f'(0)$ 存在且有限,证明: $\frac{f(x)}{x}$ 在 $\mathbf{R}$ 上可积.

21. 设 $E\subset\mathbf{R}^n$ 为可测集, $\{f_n(x)\}$ 是定义在 E 上的可测函数列, $f(x)$ 是 E 上非负 L 可积函数且 $|f_n(x)|\leq f(x)$ a.e.于 E.求证:

$$\int_E \varliminf_{n\to\infty}f_n(x)\mathrm{d}x \leq \varliminf_{n\to\infty}\int_E f_n(x)\mathrm{d}x,$$

$$\varlimsup_{n\to\infty}\int_E f_n(x)\mathrm{d}x \leq \int_E \varlimsup_{n\to\infty}f_n(x)\mathrm{d}x.$$

22. 设 $E\subset\mathbf{R}^n$ 为可测集, $f(x)$ 是定义在 E 上的一个实函数,若在 E 上有两列勒贝格可积函数 $\{g_n(x)\}$ 和 $\{h_n(x)\}$,使得

(1) $g_n(x)\leq f(x)\leq h_n(x)$;

(2) $\lim_{n\to\infty}\int_E (h_n(x)-g_n(x))\mathrm{d}x = 0$,

求证: $f(x)$ 是 E 上的 L 可积函数.

23. 设 $E\subset\mathbf{R}^n$ 为可测集, $\{f_n(x)\}$ 是 E 上一列 L 可积函数, $\{g_n(x)\}$ 是 E 上一列非负 L 可积函数且 $|f_n(x)|\leq g_n(x)$ a.e.于 E.若 $\lim_{n\to\infty}f_n(x)=f(x)$, $\lim_{n\to\infty}g_n(x)=g(x)$ a.e.于 E,且

$$\lim_{n\to\infty}\int_E g_n(x)\mathrm{d}x = \int_E g(x)\mathrm{d}x.$$

证明:

$$\lim_{n \to \infty} \int_E f_n(x)\,dx = \int_E f(x)\,dx.$$

24. 设 $\{r_n\}$ 是 $[0,1]$ 中全体有理数,求证:$\displaystyle\sum_{k=1}^{\infty} \frac{1}{k^2 \sqrt{|x-r_k|}}$ 在 $[0,1]$ a.e. 收敛.

25. 设 $f(x)$ 是 $\mathbf{R}$ 上的 L 可积函数,证明:$\displaystyle\sum_{n=1}^{\infty} f(x+n)$ 在 $\mathbf{R}$ 上 a.e. 绝对收敛.

26. 设 $f(x)$ 是 $[0,2\pi]$ 上的可测函数,若 $|f(x)|\ln(1+|f(x)|)$ 是 $[0,2\pi]$ 上的 L 可积函数,证明:$f(x)$ 是 $[0,2\pi]$ 上的 L 可积函数.

27. 设 $E \subset \mathbf{R}^n$ 是可测集,$f(x)$ 和 $f_n(x):n=1,2,\cdots$ 都是 E 上的可积函数. 若 $\displaystyle\lim_{n \to \infty} \int_E |f_n(x) - f(x)|\,dx = 0$,证明:存在子列 $\{f_{n_k}(x)\}$,$\displaystyle\lim_{k \to \infty} f_{n_k}(x) = f(x)$ a.e. 于 E.

28. 设 $E \subset \mathbf{R}^n$ 为可测集,$f(x)$ 为 E 上非负 L 可积函数,则对任意 $\varepsilon > 0$,存在测度有限的可测集 $E_0 \subset E$,使得 $(L)\displaystyle\int_{E \setminus E_0} f(x)\,dx < \varepsilon$.

29. 设 $E \subset \mathbf{R}^n$ 为可测集,$f(x)$ 和 $f_n(x),n=1,2,\cdots$ 都是 E 上勒贝格可积函数,$\displaystyle\lim_{n \to \infty} f_n(x) = f(x)$ a.e. 于 E. 若

$$\lim_{n \to \infty} \int_E f_n(x)\,dx = \int_E f(x)\,dx,$$

且

$$\lim_{n \to \infty} \int_E |f_n(x)|\,dx = \int_E |f(x)|\,dx,$$

求证:

$$\lim_{n \to \infty} \int_E |f_n(x) - f(x)|\,dx = 0.$$

30. 设 $\{f_n(x)\}$ 是可测集 E 上的一列可积函数,a.e. 收敛于可积函数 $f(x)$. 若 $\{f_n(x)\}$ 具有一致的积分绝对连续性,即满足条件:对任意 $\varepsilon > 0$,存在 $\delta > 0$,使得任取 $e \subset E$,$me < \delta$ 时,对任意 n,有 $\displaystyle\int_e |f_n(x)|\,dx < \varepsilon$. 证明当 $mE < \infty$ 时,

$$\lim_{n \to \infty} \int_E |f_n(x) - f(x)|\,dx = 0.$$

🔳🔳🔳 **拓展阅读**

第六章
微分与不定积分

在数学分析中,我们已经知道任一 R 可积函数 $f(x)$ 的变动上限的积分

$$F(x) = \int_a^x f(t)\,dt$$

在 $f(x)$ 的所有连续点都有 $F'(x) = f(x)$,换言之,对于可积函数,积分后再微分除去一个零测集(因 R 可积函数的不连续点全体是一零测集)可以还原.

反之,如果 $f(x)$ 在 $[a,b]$ 上可微且其导函数 $f'(x)$ 在 $[a,b]$ 上 R 可积,则由牛顿(Newton)-莱布尼茨(Leibniz)公式有

$$f(x) - f(a) = \int_a^x f'(t)\,dt,$$

也就是当 $f(x)$ 的导函数 R 可积时,$f(x)$ 微分后再积分也可以还原.

上述两个结果可以简称为积分与微分互为逆运算.本章的主要任务是要把上述结果推广到勒贝格积分的情形.

显然要推广这些结果必须涉及函数的可微性.但在第五章中,我们曾经提到一个可微函数的导函数即使有界也不一定 R 可积,因此我们必须对微分作更仔细的讨论.

本章的函数都定义在区间 $[a,b]$ 上.

为了把数学分析的牛顿-莱布尼茨公式推广到勒贝格积分的情形,我们需要做许多准备工作,逐步完成.

第一步,首先要研究具有变动上限的函数的结构,并注意它和单调函数的关系:

$$\int_a^x f(t)\,dt = \int_a^x f^+(t)\,dt - \int_a^x f^-(t)\,dt.$$

这说明,$f(x)$ 具有变动上限的积分是两个非负函数 $f^+(x)$ 和 $f^-(x)$ 的积分之差,而非负函数的具有变动上限的积分是变动上限 x 的增函数,所以,L 可积函数的具有变动上限的积分是两个增函数的差.这样,不定积分是否可导的问题就归结为单调函数的可导问题.

第二步,我们希望单调函数都有导数.在数学分析中,单调函数不必可导,甚至可以不连续.但是,经过我们的分析,原来单调函数"不可导"的点至多是一个零测集,也就是说,"单调函数几乎处处有导数",这是漂亮的结果.为证明这一点,我们需要一个工具:维塔利(Vitali)定理.

第三步,既然具有变动上限的函数是两个单调增函数之差,于是我们索性研究这一类函数,并称之为"有界变差函数".这类函数在许多地方都有用,值得了解.不过,在证明微分和积分关系上,关键在于知道单调函数几乎处处可导,有界变差函数只需简单涉及.

第四步,引进绝对连续函数的概念.可以证明 L 可积函数的变动上限的函数是绝对连续函数,对它先积分再微分可以还原.

第五步,单调函数(有界变差函数)可以几乎处处有导数,那么对它先微分后积分能否还原? 结论是:一般不行.只有绝对连续函数的导函数,再积分可以还原.这样一来,在绝对连续的条件下,牛顿-莱布尼茨公式得以推广.我们的任务也就到此完成.

本章最后两节介绍的是黎曼-斯蒂尔切斯(Stieltjes)和勒贝格-斯蒂尔斯测度.此类积分和测度是研究概率论的重要工具,并且与本章的主要内容有着密切的联系.通过 $\mathbf{R}$ 上的博雷尔测度空间的描述,特别是建立了它们与 $\mathbf{R}$ 上规范的单调增函数之间的一一对应关系,为我们掌握一般测度空间的理论和走进概率论的大门铺平了道路.

*§1　维塔利定理①

定义　设 $E\subset\mathbf{R}$, $\mathscr{V}=\{I\}$ 是长度为正的区间族,如果对于任意 $x\in E$ 及任意 $\varepsilon>0$,存在区间 $I_x\in\mathscr{V}$,使 $x\in I_x$ 且 $mI_x<\varepsilon$,则称 $\mathscr{V}$ 依维塔利意义覆盖 E,简称 E 的 V-覆盖.

易证其定义的等价形式为:对于任意 $x\in E$,存在一列区间 $\{I_n\}\subset\mathscr{V}$,使 $x\in I_n$, $n=1$, $2,\cdots$,且 $mI_n\to 0$ $(n\to\infty)$.

定理(维塔利覆盖定理)　设 $E\subset\mathbf{R}$ 且 $m^*E<\infty$, $\mathscr{V}$ 是 E 的 V-覆盖,则可选出区间列 $\{I_n\}\subset\mathscr{V}$,使各 I_n 互不相交且

$$m\left(E\setminus\bigcup_k I_k\right)=0. \tag{1}$$

证明　不妨设 $\mathscr{V}$ 是由闭区间组成的,这是因为

$$m^*\left(E\setminus\bigcup_k I_k\right)=m^*\left(E\setminus\bigcup_k \bar{I}_k\right).$$

其次不妨再设 $\mathscr{V}$ 中各区间都含在一个测度有限的开集 U 内.任取 $I_1\in\mathscr{V}$,如果满足(1)式,则引理得证.否则令

$$r_1=\sup\{mI:I\cap I_1=\varnothing, I\in\mathscr{V}\},$$

显然

$$r_1\leqslant mU<\infty, \text{ 且 } r_1>0,$$

其中 U 为上述开集,所以存在 I_2 使 $mI_2>\dfrac{1}{2}r_1$ 且 $I_1\cap I_2=\varnothing$.如果 $\{I_1,I_2\}$ 满足(1)式,则引理得证.否则,再作下去,一般地,如果 $I_1,I_2,\cdots,I_n$ 已由 $\mathscr{V}$ 中取出而不满足(1)式,则令

$$r_n=\sup\{mI:I\cap I_j=\varnothing, j=1,2,\cdots,n, \text{ 且 } I\in\mathscr{V}\},$$

同样 $0<r_n<\infty$,再取 I_{n+1} 使 $mI_{n+1}>\dfrac{1}{2}r_n$ 且 $I_{n+1}\cap I_j=\varnothing$, $j=1,2,\cdots,n$.如此继续下去,如在某一步取出之区间能满足(1)式,则停止,此时定理即得证.否则便得一列区间 $\{I_j\}$.

下面我们证明这一列区间 $\{I_j\}$ 满足(1)式.

因为 $\{I_j\}$ 中各 I_j 不相交且 $\{I_j\}\subset U$,所以有 $\sum\limits_{j=1}^{\infty}mI_j<\infty$.故对任意 $\varepsilon>0$,存在 $N>0$,使 $\sum\limits_{j=N+1}^{\infty}mI_j<$

---

① 如果学时不足,也可以只了解定理的意义,略去证明.

$\varepsilon/5$.

若 $E\setminus\bigcup_j I_j=\varnothing$，则（1）式成立.如果非空，则任取 $y\in E\setminus\bigcup_j I_j$，存在 $I_y\in\mathscr{V}$，使 $y\in I_y$ 且 $I_y\cap I_j=\varnothing$，$j=1,2,\cdots,N$.易证存在 $n>N$ 使 $I_y\cap I_n\neq\varnothing$.事实上，如果对任何 $n>N$，总有 $I_y\cap I_n=\varnothing$，则由 r_n 的定义与 $\{I_j\}$ 之构造有 $mI_y\leqslant r_n\leqslant 2mI_{n+1}$，但 $\sum_j mI_j<\infty$，所以 $mI_j\to 0$.从而 $mI_y=0$，这与 $mI_y>0$ 的假设矛盾.

设 $n=n(y)$ 是使 $I_y\cap I_n\neq\varnothing$ 的最小下标.令 x_n 为 I_n 的中点（图6.1），则

$$|y-x_n|<\frac{5}{2}mI_n. \qquad (2)$$

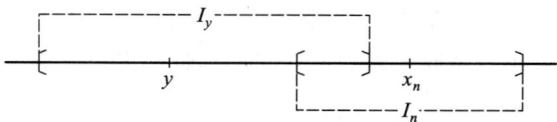

图 6.1

事实上，由上图得 $|y-x_n|\leqslant mI_y+\frac{1}{2}mI_n$，又由 $mI_y\leqslant r_{n-1}\leqslant 2mI_n$，即得证.

对每个 $i>N$，设 J_i 是以 x_i 为中心，$mJ_i=5mI_i$ 的闭区间，这里 x_i 是区间 I_i 的中点.

由于 $n=n(y)>N$，由（2）式，得 $y\in J_n\subset\bigcup_{i=N+1}^{\infty}J_i$，而 $y\in E\setminus\bigcup_j I_j$ 是任取的，所以

$$E\setminus\bigcup_{j=1}^{\infty}I_j\subset\bigcup_{i=N+1}^{\infty}J_i,$$

但是

$$m(\bigcup_{i=N+1}^{\infty}J_i)\leqslant\sum_{i=N+1}^{\infty}mJ_i=5\sum_{i=N+1}^{\infty}mI_i<\varepsilon,$$

故

$$m(E\setminus\bigcup_{i=1}^{\infty}I_i)=0. \qquad\square$$

维塔利覆盖定理也可表示成另一种形式.

推论 设 $E\subset\mathbf{R}$ 且 $m^*E<\infty$，$\mathscr{V}$ 是 E 的 V-覆盖，则对任何 $\varepsilon>0$，可从 $\mathscr{V}$ 中选出互不相交的有限个区间 $I_1,I_2,\cdots,I_n$，使

$$m^*(E\setminus\bigcup_{i=1}^{n}I_i)<\varepsilon.$$

证明 取 $n=n(\varepsilon)$，使 $\sum_{i=n+1}^{\infty}mI_i<\varepsilon$，则

$$m^*(E\setminus\bigcup_{i=1}^{n}I_i)\leqslant m^*(E\setminus\bigcup_{i=1}^{\infty}I_i)+m(\bigcup_{i=n+1}^{\infty}I_i)<\varepsilon. \qquad\square$$

§2 单调函数的可微性

设 $f(x)$ 在 $[a,b]$ 上 L 可积.由本章引言，要讨论 $f(x)$ 的变动上限的函数 $F(x)$ 的可微性，我们只需讨论单调函数的可微性.为此，先将数学分析中函数在一点的导数概念作更精细的考察.

定义 设 $f(x)$ 为 $[a,b]$ 上的有限函数，$x_0\in[a,b]$，如果存在数列 $h_n\to 0(h_n\neq 0)$ 使

极限

$$\lim_{n}\frac{f(x_0+h_n)-f(x_0)}{h_n}=\lambda$$

存在(λ 可为 $\pm\infty$），则称 λ 为 $f(x)$ 在点 x_0 处的一个列导数，记为 $Df(x_0)=\lambda$.

注意，列导数 $Df(x_0)$ 与数列 $\{h_n\}$ 的取法有关. 例如 $f(x)$ 取作狄利克雷函数，设 x_0 为有理数，则

$$\frac{f(x_0+h_n)-f(z_0)}{h_n}=\begin{cases} 0, & h_n\ 为有理数，\\ -\dfrac{1}{h_n}, & h_n\ 为无理数. \end{cases}$$

故得

$$Df(x_0)=\begin{cases} 0, & h_n\ 为有理数，\\ \infty, & h_r\ 为无理数且当\ n\ 充分大时，h_n<0，\\ -\infty, & h_r\ 为无理数且当\ n\ 充分大时，h_n>0. \end{cases}$$

易证，$f(x)$ 在点 x_0 存在导数 $f'(x_0)$ 的充要条件是 $f(x)$ 在点 x_0 处的一切列导数都相等. 请读者自证.

引理① 设 $f(x)$ 为 $[a,b]$ 上的严格增函数，

(1) 如果对于 $E\subset[a,b]$ 中每一点 x，至少有一个列导数 $Df(x)\leqslant p(p\geqslant0)$，则 $m^*f(E)\leqslant pm^*E$；

(2) 如果对于 $E\subset[a,b]$ 中每一点 x，至少有一个列导数 $Df(x)\geqslant q(q\geqslant0)$，则 $m^*f(E)\geqslant qm^*E$.

证明 (1) 任取 $\varepsilon>0$，取开集 $G\supset E$ 且

$$mG<m^*E+\varepsilon. \tag{1}$$

取 $p_0>p$，设 $x_0\in E$，存在 $h_n\to0$，使

$$\lim_{n}\frac{f(x_0-h_n)-f(x_0)}{h_n}=Df(x_0)<p_0.$$

不妨设 $h_n(n=1,2,\cdots)$ 同号（否则取其子列使之同号）. 设

$$I_n(x_0)=\begin{cases} [x_0,x_0+h_n], & 当\ h_n>0，\\ [x_0+h_n,x_0], & 当\ h_n<0； \end{cases}$$

$$\Delta_n(x_0)=\begin{cases} [f(x_0),f(x_0+h_n)], & 当\ h_n>0，\\ [f(x_0+h_n),f(x_0)], & 当\ h_n<0. \end{cases}$$

由于 $f(x)$ 严格增加，所以

$$f[I_n(x_0)]\subset\Delta_n(x_0). \tag{2}$$

因为 $mI_n(x_0)\to0$，G 是开集，所以当 n 充分大时，$I_n(x_0)\subset G$，且

$$\frac{f(x_0+h_n)-f(x_0)}{h_n}<p_0. \tag{3}$$

不妨假设对一切 n，(3) 式成立（否则从 $\{h_n\}$ 中去掉有限项，即可满足这一要求），于是

$$m\Delta_n(x_0)<p_0mI_n(x_0), \tag{4}$$

可见 $m\Delta_n(x_0)\to0$，再由 (2) 式，故

---

① 若课时不够，此引理可不证.

$$\{\Delta_n(x) : x \in E, n=1,2,\cdots\}$$

为 $f(E)$ 的一个 V-覆盖.由 §1 定理,可取出互不相交的区间列 $\{\Delta_{n_j}(x_j)\}$ 使

$$m\left[f(E) \setminus \bigcup_j \Delta_{n_j}(x_j)\right] = 0.$$

易证各 $I_{n_j}(x_j)$ 也互不相交,从而有

$$m^* f(E) \leqslant \sum_j m\Delta_{n_j}(x_j) < p_0 \sum_j mI_{n_j}(x_j) = p_0 m(\bigcup_j I_{n_j}(x_j)).$$

由(3)式知 $\bigcup_j I_{n_j}(x_j) \subset G$,再由(1)式得

$$m^* f(E) < p_0 mG < p_0(m^* E + \varepsilon).$$

令 $\varepsilon \to 0, p_0 \to p$,即得引理的(1).

注意,这里强调严格增加是为了保证 $\Delta_n(x)$ 不是退化为一点的区间.其次 $f(x)$ 不限于在整个 $[a,b]$ 上有定义,也可只在其子集上有意义.

(2)因为 $y=f(x)$ 在 $[a,b]$ 上严格增加,所以在 $f([a,b])$ 上有严格增的反函数 $x=f^{-1}(y)$.

设 $q>0$(因 $q=0$,显然成立),且 E 中 $f(x)$ 的不连续点集为 M(至多可数).任取 $x_0 \in E \setminus M, y_0 = f(x_0)$,则由假设存在 $Df(x_0) \geqslant q$,即存在数列 $h_n \to 0(h_n \neq 0)$ 使

$$\lim_n \frac{f^{-1}(y_0+k_n)-f^{-1}(y_0)}{k_n} = \lim_n \frac{(x_0+h_n)-x_0}{f(x_0+h_n)-f(x_0)} = \frac{1}{Df(x_0)} \leqslant \frac{1}{q},$$

其中 $k_n = f(x_0+h_n)-f(x_0) \to 0(n \to \infty)$,即对任意 $y_0 \in f(E \setminus M)$,有

$$Df^{-1}(y_0) \leqslant \frac{1}{q},$$

由(1)得

$$m^* f^{-1}[f(E \setminus M)] \leqslant \frac{1}{q} m^* f(E \setminus M),$$

即

$$qm^*(E \setminus M) \leqslant m^* f(E \setminus M).$$

但是

$$qm^* M = m^* f(M) = 0,$$

故得

$$qm^* E \leqslant m^* f(E). \qquad \square$$

魏尔斯特拉斯曾经给出过处处连续而无处可导的函数的例子,但是单调函数却有下面十分深刻的性质.

定理(勒贝格)　设 $f(x)$ 为 $[a,b]$ 上的单调函数,则

(1) $f(x)$ 在 $[a,b]$ 上几乎处处存在导数 $f'(x)$;

(2) $f'(x)$ 在 $[a,b]$ 上可积;

(3)如果 $f(x)$ 为增函数,有 $\int_a^b f'(x)\mathrm{d}x \leqslant f(b)-f(a)$.

证明　不妨设 $f(x)$ 为增函数.

设 $g(x)=f(x)+x$,显然 $g(x)$ 在 $[a,b]$ 上为严格增函数,且 $g(x)$ 与 $f(x)$ 有相同的可导性.设

$$E = \{x \mid g'(x) \text{ 不存在}\},$$

于是对任何点 $x_0 \in E$,总有两个列导数 $D_1 g(x_0)$ 与 $D_2 g(x_0)$ 使 $D_1 g(x_0) \neq D_2 g(x_0)$,不妨设 $D_1 g(x_0) < D_2 g(x_0)$,这时必有两个非负有理数 p,q 使

$$D_1 g(x_0) < p < q < D_2 g(x_0),$$

令集合 $E_{pq} = \{x_0 \mid D_1 g(x_0) < p < q < D_2 g(x_0)\}$，易知

$$E = \bigcup_{p,q} E_{pq}.$$

由引理知

$$qm^* E_{pq} \leqslant m^* g(E_{pq}) \leqslant pm^* E_{pq}.$$

因为 $q > p$，所以 $m^* E_{pq} = 0$，故 $mE = 0$．所以 $f(x)$ 在 $[a, b]$ 上 a.e. 有导数（包括无限导数在内）．设

$$g_n(x) = n\left[f\left(x + \frac{1}{n}\right) - f(x)\right],$$

此外当 $x \geqslant b$ 时令 $f(x) = f(b)$，由上面知，$g_n(x) \to f'(x)$ a.e. 于 $[a, b]$，由于 $f(x)$ 可测，所以 $g_n(x)$，$f'(x)$ 及 $|f'(x)|$ 都可测．由法图引理和 $f(x)$ 的单调性，便得

$$\int_a^b |f'(x)| \, \mathrm{d}x \leqslant \varliminf_{n \to \infty} \int_a^b |g_n(x)| \, \mathrm{d}x = \varliminf_{n \to \infty} \int_a^b g_n(x) \, \mathrm{d}x$$

$$= \varliminf_{n \to \infty} \left[n \int_{a+\frac{1}{n}}^{b+\frac{1}{n}} f(x) \, \mathrm{d}x - n \int_a^b f(x) \, \mathrm{d}x \right]$$

$$= \varliminf_{n \to \infty} \left[n \int_b^{b+\frac{1}{n}} f(x) \, \mathrm{d}x - n \int_a^{a+\frac{1}{n}} f(x) \, \mathrm{d}x \right]$$

$$\leqslant \varliminf_{n \to \infty} [f(b) - f(a)] = f(b) - f(a)$$

（这里在导数不存在的点上令 $f'(x) = 0$），所以 $f'(x)$ 可积且 $f'(x) < \infty$ a.e. 于 $[a, b]$，而且

$$\int_a^b f'(x) \, \mathrm{d}x \leqslant f(b) - f(a). \qquad \Box$$

值得注意的是，对某些函数，不等式确实成立．

例如，设 P_0 是康托尔集，将它的余区间作如下的分类：第一类是 1 个区间 $\left(\dfrac{1}{3}, \dfrac{2}{3}\right)$，第二类是 2 个区间 $\left(\dfrac{1}{9}, \dfrac{2}{9}\right)$，$\left(\dfrac{7}{9}, \dfrac{8}{9}\right)$，第三类是 4 个区间 $\left(\dfrac{1}{27}, \dfrac{2}{27}\right)$，$\left(\dfrac{7}{27}, \dfrac{8}{27}\right)$，$\left(\dfrac{19}{27}, \dfrac{20}{27}\right)$，$\left(\dfrac{25}{27}, \dfrac{26}{27}\right)$，依此类推，在第 n 类中有 2^{n-1} 个区间．

今作函数 $\theta(x)$ 如下：

当 $x \in \left(\dfrac{1}{3}, \dfrac{2}{3}\right)$ 时，$\theta(x) = \dfrac{1}{2}$；当 $x \in \left(\dfrac{1}{9}, \dfrac{2}{9}\right)$ 时，$\theta(x) = \dfrac{1}{4}$；当 $x \in \left(\dfrac{7}{9}, \dfrac{8}{9}\right)$ 时，$\theta(x)$ $= \dfrac{3}{4}$．在第三类的 4 个区间中，$\theta(x)$ 依次取 $\dfrac{1}{8}, \dfrac{3}{8}, \dfrac{5}{8}, \dfrac{7}{8}$，一般地说，在第 n 类的 2^{n-1} 个区间中 $\theta(x)$ 依次取值

$$\frac{1}{2^n}, \frac{3}{2^n}, \frac{5}{2^n}, \cdots, \frac{2^n - 1}{2^n}.$$

于是 $\theta(x)$ 在 P_0 的余集 G_0 上有定义，它在 G_0 的每个构成区间上是常数，但总的来说在 G_0 上是一增函数，在 P_0 上 $\theta(x)$ 定义如下：

$$\theta(0) = 0, \quad \theta(1) = 1,$$

对于介于 0 与 1 之间的 P_0 中的点 x_0,则令

$$\theta(x_0) = \sup_{\substack{x \in G_0 \\ x < x_0}} \{\theta(x)\}.$$

这样,$\theta(x)$ 是在 $[0,1]$ 上定义的一个增函数.

我们还可以证明,$\theta(x)$ 是一个连续函数.事实上,因为 $\theta(x)$ 在 G_0 上所取函数值已在 $[0,1]$ 中处处稠密.如果增函数 $\theta(x)$ 在点 x_0 不连续,则 $(\theta(x_0-0), \theta(x_0))$ 或 $(\theta(x_0), \theta(x_0+0))$ 内的一切数就不是 $\theta(x_0)$ 的函数值,这与稠密性是相矛盾的,所以 $\theta(x)$ 是一连续增函数,并且 $\theta'(x)$ a.e. 为 0(在 G_0 中每点当然 $\theta'(x)=0$).因此

$$0 = \int_0^1 \theta'(x)\,dx < 1 = \theta(1) - \theta(0).$$

下节我们还要建立等号成立的条件.

例 1 设 $E \subset [a,b]$ 为零测度集,则存在 $[a,b]$ 上的单调增的连续函数 f,使得 $x \in E$ 时 $f'(x) = \infty$.

证明 对于任意的正整数 n,取开集 H_n,使得 $H_n \supset E$ 且 $mH_n < \frac{1}{2^n}$,令 $G_n = \bigcap_{k=1}^n H_k$,则 $\{G_n\}_{n=1}^\infty$ 是一列单调减的开集,$G_n \supset E$ 且 $mG_n < \frac{1}{2^n}$.

对于任意的正整数 n,令 $f_n(x) = m([a,x] \cap G_n)$,$x \in [a,b]$.则 $f_n(x)$ 在 $[a,b]$ 上连续、单调增且 $x \in [a,b]$ 时,$0 \leq f_n(x) \leq mG_n \leq \frac{1}{2^n}$.

令 $f(x) = \sum_{n=1}^\infty f_n(x)$.则 $f(x)$ 在 $[a,b]$ 上连续且单调增.任取 $x \in E$ 但 $x \neq b$,对于任意的正整数 n,取 $h>0$ 充分小,使得 $[x,x+h] \subset G_n$,故 $k=1,2,\cdots,n$ 时,$[x,x+h] \subset G_k$.于是

$$\frac{1}{h}(f(x+h)-f(x)) = \frac{1}{h}\left(\sum_{k=1}^\infty f_k(x+h) - \sum_{k=1}^\infty f_k(x)\right)$$

$$= \frac{1}{h}\sum_{k=1}^\infty (f_k(x+h)-f_k(x))$$

$$\geq \frac{1}{h}\sum_{k=1}^n (m([a,x+h]\cap G_k) - m([a,x]\cap G_k))$$

$$= \frac{1}{h}\sum_{k=1}^n m([x,x+h]\cap G_k)$$

$$= \frac{1}{h}\sum_{k=1}^n m[x,x+h] = n,$$

故 $f'_+(x) = \infty$.

同理,若 $x \in E$ 但 $x \neq a$,则 $f'_-(x) = \infty$.

这样,$f(x)$ 在 $[a,b]$ 上连续、单调增且 $x \in E$ 时,$f'(x) = \infty$.(若 $x \in E$ 又是 $[a,b]$ 的左端点 a 或右端点 b,则 f 的导数分别指在点 a 的右导数和在点 b 的左导数.)

例 2 设 $f_n(x)$($n=1,2,3,\cdots$)都是 $[a,b]$ 上单调增的有限实函数,对于任意的 $x \in [a,b]$,$\sum_{n=1}^\infty f_n(x)$ 收敛于 $S(x)$.求证 $S(x)$ 在 $[a,b]$ 上 a.e. 可导且 $S'(x) = \sum_{n=1}^\infty f'_n(x)$ a.e.

于$[a,b]$.

证明 显然$S(x)$是$[a,b]$上单调增的有限实函数.由本节的勒贝格定理,$S(x)$和每个$f_n(x)$都在$[a,b]$上 a.e.可导且导数 a.e.非负.再由逐项积分定理(第五章§3定理5)得,

$$\int_{[a,b]}\left(\sum_{n=1}^{\infty}f_n'(x)\right)\mathrm{d}x = \sum_{n=1}^{\infty}\int_{[a,b]}f_n'(x)\mathrm{d}x$$
$$\leqslant \sum_{n=1}^{\infty}(f_n(b)-f_n(a))$$
$$= S(b)-S(a) < \infty.$$

所以$\sum_{n=1}^{\infty}f_n'(x)$在$E$上 a.e.收敛.

令$S_n(x)=\sum_{k=1}^{n}f_k(x)$,则对于任意的正整数$n$,$S_n(x)$作为$x$的函数在$[a,b]$上单调增,对于任意的$x\in[a,b]$,当$n\to\infty$时$S_n(x)\to S(x)$且对于 a.e.的$x\in[a,b]$,$S_n'(x)$关于$n$单调增且$n\to\infty$时$S_n'(x)\to\sum_{n=1}^{\infty}f_n'(x)$.

令$g_n(x)=\sum_{k=n+1}^{\infty}(f_k(x)-f_k(a))$,则对于任意的正整数$n$,$g_n(x)$作为$x$的函数在$[a,b]$上非负单调增,且对于任意的$x\in[a,b]$,当$n\to\infty$时,$g_n(x)\to0$.这样,存在严格单调增的正整数列$\{n_j\}_{j=1}^{\infty}$,使得$x\in[a,b]$时$0\leqslant g_{n_j}(x)\leqslant g_{n_j}(b)\leqslant\dfrac{1}{2^j}$.于是$\sum_{j=1}^{\infty}g_{n_j}(x)$在$[a,b]$上一致收敛,因而处处收敛.由上面所证,$\sum_{j=1}^{\infty}g_{n_j}'(x)$在$[a,b]$上 a.e.收敛.所以$j\to\infty$时,$g_{n_j}'(x)\to0$ a.e.于$[a,b]$.而

$$S(x)=S_{n_j}(x)+g_{n_j}(x)+\sum_{k=1+n_j}^{\infty}f_k(a).$$

故

$$S'(x)=S_{n_j}'(x)+g_{n_j}'(x)\text{ a.e.于}[a,b].$$

所以

$$S'(x)=\lim_{j\to\infty}S_{n_j}'(x)=\sum_{n=1}^{\infty}f_n'(x)\text{ a.e.于}[a,b].$$

§3　有界变差函数

本节主要介绍一类重要函数——有界变差函数.它与单调增函数及不定积分有着紧密的联系,实际上,它是两个单调增函数的差,因此可知不定积分是有界变差函数全体的一个子类.在历史上有界变差函数是在考察弧长的存在问题时首先被引入的.让我们就从这方面谈起.注意本节讲的实函数都是在 **R** 中的情形.

在数学分析中已知,弧长是作为内接折线长的极限而定义的,正如 R 积分一样,它还有一个等价的"确界式"的定义,对平面曲线来说,那就是如下所说.

定义 1(弧长)　设 C 是平面上一条连续弧,$x=\varphi(t)$,$y=\psi(t)$,$\alpha\leqslant t\leqslant\beta$ 是它的参数表示,这里 $\varphi(t)$,$\psi(t)$ 为 $[\alpha,\beta]$ 上的连续函数,相应于区间 $[\alpha,\beta]$ 的任一分划

$$T:\alpha=t_0<t_1<\cdots<t_n=\beta,$$

得到 C 上一组分点 $P_i=(\varphi(t_i),\psi(t_i))$,$i=0,1,2,\cdots,n$,设依次联结各分点 P_i 所得内接折线的长为 $L(T)$,如果对于 $[\alpha,\beta]$ 的一切分划 T,$\{L(T)\}$ 成一有界数集,则称 C 为可求长的,并称其上确界

$$L=\sup_T L(T)$$

为 C 之长.

现在来研究连续弧可求长的充要条件.首先,

$$L(T)=\sum_{i=1}^n\{[\varphi(t_i)-\varphi(t_{i-1})]^2+[\psi(t_i)-\psi(t_{i-1})]^2\}^{1/2}.$$

由于

$$\sum_{i=1}^n|\varphi(t_i)-\varphi(t_{i-1})|\,和\,\sum_{i=1}^n|\psi(t_i)-\psi(t_{i-1})|\,都$$

$$\leqslant\sum_{i=1}^n\{[\varphi(t_i)-\varphi(t_{i-1})]^2+[\psi(t_i)-\psi(t_{i-1})]^2\}^{1/2}$$

$$\leqslant\sum_{i=1}^n[\,|\varphi(t_i)-\varphi(t_{i-1})|+|\psi(t_i)-\psi(t_{i-1})|\,],$$

立刻看出 $\{L(T)\}$ 有界的充要条件是 $[\alpha,\beta]$ 的一切分划 T 都使

$$\Big\{\sum_{i=1}^n|\varphi(t_i)-\varphi(t_{i-1})|\Big\}\,及\,\Big\{\sum_{i=1}^n|\psi(t_i)-\psi(t_{i-1})|\Big\}$$

成为有界数集.

定义 2　设 $f(x)$ 为 $[a,b]$ 上的有限函数,如果对于 $[a,b]$ 的一切分划 T,使 $\Big\{\sum_{i=1}^n|f(x_i)-f(x_{i-1})|\Big\}$ 成一有界数集,则称 $f(x)$ 为 $[a,b]$ 上的有界变差函数(或囿变函数),并称该有界数集的上确界为 $f(x)$ 在 $[a,b]$ 上的全变差,记为 $\overset{b}{\underset{a}{V}}(f)$.用一个分划作成的和数

$$V=\sum_{i=1}^n|f(x_i)-f(x_{i-1})|$$

称为 $f(x)$ 在此分划下对应的变差.

因此得到如下定理.

定理 1　**连续弧 $x=\varphi(t)$,$y=\psi(t)$,$\alpha\leqslant t\leqslant\beta$ 可求长的充要条件是 $\varphi(t)$ 与 $\psi(t)$ 都是 $[\alpha,\beta]$ 上的有界变差函数.**

现在我们集中研究有界变差函数.

首先,不难看出在有限闭区间上满足利普希茨(Lipschitz)条件的函数是有界变差函数;另外在有限闭区间上的单调有限函数也是有界变差函数,因此有界变差函数不一定是连续函数;反过来,连续函数也不一定是有界变差函数,例如

$$f(x) = \begin{cases} x\cos\dfrac{\pi}{2x}, & 0 < x \le 1, \\ 0, & x = 0. \end{cases}$$

显然它在$[0,1]$上是连续函数.如果对$[0,1]$取分划

$$T: 0 < \frac{1}{2n} < \frac{1}{2n-1} < \cdots < \frac{1}{3} < \frac{1}{2} < 1,$$

则容易证明

$$\sum_{i=1}^{2n} |f(z_i) - f(x_{i-1})| = \sum_{i=1}^{n} \frac{1}{i},$$

从而得到

$$\overset{1}{\underset{0}{V}}(f) = \infty.$$

定理 2 （1）设$f(x)$在$[a,b]$上有界变差,则也在其任一子区间$[a_1,b_1]$上有界变差.又如$a < c < b$,$f(x)$分别在$[a,c]$及$[c,b]$上有界变差,则$f(x)$在$[a,b]$上也有界变差且

$$\overset{b}{\underset{a}{V}}(f) = \overset{c}{\underset{a}{V}}(f) + \overset{b}{\underset{c}{V}}(f) \,(\underline{可加性});$$

（2）设$f(x)$在$[a,b]$上有界变差,则$f(x)$在$[a,b]$上有界;

（3）设$f(x),g(x)$在$[a,b]$上都有界变差,则$f(x) \pm g(x)$,$f(x)g(x)$在$[a,b]$上有界变差.

证明 （1）对$[a_1,b_1]$任取一分划

$$T: a_1 = x_0 < x_1 < \cdots < x_n = b_1,$$

对应的变差为V,而取$a < a_1 < x_1 < \cdots < x_{n-1} < b_1 < b$ 为$[a,b]$的一分划T_1,其对应变差为V_1,显然有

$$V \le V_1 \le \overset{b}{\underset{a}{V}}(f).$$

所以$\overset{b_1}{\underset{a_1}{V}}(f) \le \overset{b}{\underset{a}{V}}(f)$,即$f(x)$在$[a_1,b_1]$上有界变差.

对$[a,b]$作一分划T,其对应变差为V.再插入一分点c,得又一分划

$$T_0: x_0 = a < x_1 < x_2 < \cdots < x_n = b,$$

其中$x_m = c, 1 \le m \le n$,其对应变差为V_0,计算得

$$V \le V_0 = \sum_{k=1}^{m} |f(x_k) - f(x_{k-1})| + \sum_{k=m+1}^{n} |f(x_k) - f(x_{k-1})| = V_1 + V_2,$$

其中V_1, V_2分别为$[a,c]$,$[c,b]$上的变差.由此得到

$$V \le \overset{c}{\underset{a}{V}}(f) + \overset{b}{\underset{c}{V}}(f),$$

所以$\overset{b}{\underset{a}{V}}(f) \le \overset{c}{\underset{a}{V}}(f) + \overset{b}{\underset{c}{V}}(f)$.这说明$f(x)$在$[a,b]$上为有界变差函数.

其次证明相反的不等式.

对$[a,c]$与$[c,b]$分别任取两个分划

$$T_1: y_0 = a < y_1 < y_2 < \cdots < y_m = c, \quad T_2: z_0 = c < z_1 < z_2 < \cdots < z_n = b,$$

得相应的变差分别为

$$V_1 = \sum_{k=1}^{m} |f(y_k)-f(y_{k-1})|, \quad V_2 = \sum_{k=1}^{n} |f(z_k)-f(z_{k-1})|,$$

将上述两组分点并起来,则得到 $[a,b]$ 的一分划,其对应变差为 V,且有

$$V = V_1 + V_2,$$

由此得 $V_1+V_2 \le \overset{b}{\underset{a}{V}}(f)$,所以 $\overset{b}{\underset{a}{V}}(f)+\overset{b}{\underset{c}{V}}(f) \le \overset{b}{\underset{a}{V}}(f)$.

综合之即得

$$\overset{c}{\underset{a}{V}}(f) + \overset{b}{\underset{c}{V}}(f) = \overset{b}{\underset{a}{V}}(f).$$

(2) 对于 $a \le x \le b$ 有

$$V = |f(x)-f(a)| + |f(b)-f(x)| \le \overset{b}{\underset{a}{V}}(f),$$

从而

$$|f(x)| \le |f(a)| + \overset{b}{\underset{a}{V}}(f).$$

(3) 设 $s(x)=f(x)+g(x)$,则

$$|s(x_k)-s(x_{k-1})| \le |f(x_k)-f(x_{k-1})| + |g(x_k)-g(x_{k-1})|,$$

从而

$$\overset{b}{\underset{a}{V}}(s) \le \overset{b}{\underset{a}{V}}(f) + \overset{b}{\underset{a}{V}}(g),$$

所以 $s(x)$ 为有界变差函数.

同理可证 $f(x)-g(x)$ 是有界变差函数.

其次,设 $p(x)=f(x) \cdot g(x)$,令 $A=\sup|f(x)|<\infty$,$B=\sup|g(x)|<\infty$,则

$$|p(x_k)-p(x_{k-1})| \le |f(x_k)g(x_k)-f(x_{k-1})g(x_k)| + $$
$$|f(x_{k-1})g(x_k)-f(x_{k-1})g(x_{k-1})|$$
$$\le B|f(x_k)-f(x_{k-1})| + A|g(x_k)-g(x_{k-1})|,$$

从而

$$\overset{b}{\underset{a}{V}}(p) \le B\overset{b}{\underset{a}{V}}(f) + A\overset{b}{\underset{a}{V}}(g)$$

故 $f(x)g(x)$ 为有界变差函数. □

前面提到 $[a,b]$ 上的有限增函数是有界变差函数,由定理 2 知,两个有限增函数的差还是有界变差函数.反之,我们有下面重要结论.

定理 3(若尔当(Jordan)分解) **在 $[a,b]$ 上的任一有界变差函数 $f(x)$ 都可表示为两个增函数之差.**

证明 由定理 2 知 $g(x)=\overset{x}{\underset{a}{V}}(f)$ 是 $[a,b]$ 上的增函数.令

$$h(x) = g(x)-f(x),$$

则 $h(x)$ 是 $[a,b]$ 上的增函数.

事实上,对于 $a \le x_1 < x_2 \le b$ 有

$$h(x_2)-h(x_1) = g(x_2)-g(x_1)-[f(x_2)-f(x_1)]$$

$$= \overset{x_2}{\underset{x_1}{V}}(f) - [f(x_2)-f(x_1)]$$

$$\geq |f(x_2)-f(x_1)| - [f(x_2)-f(x_1)] \geq 0.$$

所以 $f(x) = g(x) - h(x)$，其中 $g(x)$ 与 $h(x)$ 均为 $[a,b]$ 上的有限增函数. $\qquad\square$

因为单调函数至多有可数个不连续点，由定理 3 便知有界变差函数至多有可数个不连续点.

由 §2 的勒贝格定理立即可得如下推论.

推论 设 $f(x)$ 为 $[a,b]$ 上的有界变差函数，则

（1）$f(x)$ 在 $[a,b]$ 上几乎处处存在导数 $f'(x)$；

（2）$f'(x)$ 在 $[a,b]$ 上可积.

例 设 $f(x)$ 是 $[a,b]$ 上的有界变差函数，则

$$\frac{\mathrm{d}}{\mathrm{d}x}\overset{x}{\underset{a}{V}}(f) = |f'(x)| \quad \text{a.e.} \,\text{于}\, [a,b].$$

证明 由于 $f(x)$ 在 $[a,b]$ 上有界变差，故 $\overset{x}{\underset{a}{V}}(f)$ 在 $[a,b]$ 上单调增，因而 $f(x)$ 和 $\overset{x}{\underset{a}{V}}(f)$ 都在 $[a,b]$ 上 a.e. 可导.

对于任意的正整数 n，作 $[a,b]$ 的分划 $a = x_0^{(n)} < x_1^{(n)} < \cdots < x_{P_n}^{(n)} = b$，使得

$$0 \leq \overset{b}{\underset{a}{V}}(f) - \sum_{k=1}^{P_n} |f(x_k^{(n)}) - f(x_{k-1}^{(n)})| < \frac{1}{2^n}.$$

定义 $[a,b]$ 上的函数 f_n 如下：

当 $x_0^{(n)} \leq x \leq x_1^{(n)}$ 时，若 $f(x_0^{(n)}) \leq f(x_1^{(n)})$，令 $f_n(x) = f(x) - f(x_0^{(n)})$；若 $f(x_0^{(n)}) > f(x_1^{(n)})$，令

$$f_n(x) = f(x_0^{(n)}) - f(x).$$

假定在 $[a, x_{k-1}^{(n)}]$ 上已定义了 $f_n(x)$，这里 $2 \leq k \leq P_n$.

当 $x_{k-1}^{(n)} < x \leq x_k^{(n)}$ 时，若 $f(x_{k-1}^{(n)}) \leq f(x_k^{(n)})$，令 $f_n(x) = f_n(x_{k-1}^{(n)}) + f(x) - f(x_{k-1}^{(n)})$；若 $f(x_{k-1}^{(n)}) > f(x_k^{(n)})$，令 $f_n(x) = f_n(x_{k-1}^{(n)}) + f(x_{k-1}^{(n)}) - f(x)$.

这样，对于每个正整数 n，我们在 $[a,b]$ 上定义了函数 f_n，它满足

（1）$f_n(a) = f_n(x_0^{(n)}) = 0$；

（2）在每个区间 $[x_{k-1}^{(n)}, x_k^{(n)}]$ 上 $f_n(x)$ 与 $f(x)$ 或 $-f(x)$ 只差一个常数，因而 $x_{k-1}^{(n)} \leq x < y \leq x_k^{(n)}$ 时，

$$|f_n(x) - f_n(y)| = |f(x) - f(y)|;$$

（3）$f_n(x_k^{(n)}) - f_n(x_{k-1}^{(n)}) = |f(x_k^{(n)}) - f(x_{k-1}^{(n)})|$，

由此可知

$$f_n(b) = \sum_{k=1}^{P_n} (f_n(x_k^{(n)}) - f_n(x_{k-1}^{(n)})) = \sum_{k=1}^{P_n} |f(x_k^{(n)}) - f(x_{k-1}^{(n)})|;$$

（4）$f_n(x)$ 在 $[a,b]$ 上 a.e. 可导，且 $f_n'(x) = \pm f'(x)$ a.e. 于 $[a,b]$，因而 $|f_n'(x)| = |f'(x)|$ a.e. 于 $[a,b]$.

令 $h_n(x) = \overset{x}{\underset{a}{V}}(f) - f_n(x)$，$a \leqslant x \leqslant b$，则

（5）当 $x_{k-1}^{(n)} \leqslant x < y \leqslant x_k^{(n)}$ 时，

$$h_n(y) - h_n(x)$$

$$= \left(\overset{y}{\underset{a}{V}}(f) - f_n(y) \right) - \left(\overset{x}{\underset{a}{V}}(f) - f_n(x) \right)$$

$$= \left(\overset{y}{\underset{a}{V}}(f) - \overset{x}{\underset{a}{V}}(f) \right) - (f_n(y) - f_n(x))$$

$$\geqslant \overset{y}{\underset{x}{V}}(f) - |f(y) - f(x)| \geqslant 0, \text{a.e.} \text{于} [a,b].$$

故 $h_n(x)$ 在每个闭区间 $[x_{k-1}^{(n)}, x_k^{(n)}]$ 上单调增，因而 $h_n(x)$ 在 $[a,b]$ 上单调增，由此也可知 $h_n(x)$ 在 $[a,b]$ 上 a.e. 可导；

（6）$x \in [a,b]$ 时，

$$0 \leqslant h_n(x) \leqslant h_n(b) = \overset{b}{\underset{a}{V}}(f) - f_n(b) = \overset{b}{\underset{a}{V}}(f) - \sum_{k=1}^{P_n} |f(x_k^{(n)}) - f(x_{k-1}^{(n)})| < \frac{1}{2^n}$$

（这由（3）和（5）可知），

故 $\sum_{n=1}^{\infty} h_n(x)$ 在 $[a,b]$ 上一致收敛，因而处处收敛；

（7）由（5），（6）和 §2 的例 2，$\sum_{n=1}^{\infty} h'_n(x)$ 在 $[a,b]$ 上 a.e. 收敛，因而 $n \to \infty$ 时 $h'_n(x) \to 0$ a.e. 于 $[a,b]$；

（8）由 $h_n(x)$ 的定义可知 $h'_n(x) = \dfrac{\mathrm{d}}{\mathrm{d}x} \overset{x}{\underset{a}{V}}(f) - f'_n(x)$ a.e. 于 $[a,b]$，故由（7），当 $n \to \infty$ 时 $f'_n(x) \to \dfrac{\mathrm{d}}{\mathrm{d}x} \overset{x}{\underset{a}{V}}(f)$ a.e. 于 $[a,b]$，因而 $n \to \infty$ 时 $|f'_n(x)| \to \dfrac{\mathrm{d}}{\mathrm{d}x} \overset{x}{\underset{a}{V}}(f)$ a.e. 于 $[a,b]$，由（4），对于任意的正整数 n，$|f'_n(x)| = |f'(x)|$ a.e. 于 $[a,b]$，所以 $\dfrac{\mathrm{d}}{\mathrm{d}x} \overset{x}{\underset{a}{V}}(f) = |f'(x)|$ a.e. 于 $[a,b]$. □

§4　不 定 积 分

本节的最终目标在于揭示积分与导数之间的关系. 正如在 R 积分中我们不能只考虑具有固定上限的定积分而必须进而考虑有变动上限的积分，我们很自然地要引入下面的概念.

定义 1（不定积分）　设 $f(x)$ 在 $[a,b]$ 上 L 可积，则 $[a,b]$ 上的函数 $F(x) = \displaystyle\int_a^x f(t)\mathrm{d}t$ $+C$（C 为任一常数）称为 $f(x)$ 的一个 不定积分.

我们的任务是找出一切有资格作某一可积函数的不定积分的函数的特征.

任取 $f(x)$ 在 $[a,b]$ 上的一个不定积分

$$F(x) = \int_a^x f(t)\,\mathrm{d}t + C.$$

由于 $|f(x)|$ 的积分的绝对连续性,对任意 $\varepsilon > 0$,存在 $\delta > 0$,使 $A \subset [a,b]$,$mA < \delta$ 时,$\int_A |f(x)|\,\mathrm{d}x < \varepsilon$.

特别地,取 A 等于互不相交的有限多个开区间的和集,$A = \bigcup_{i=1}^n (a_i, b_i)$,显然当 $\sum_{i=1}^n (b_i - a_i) < \delta$ 时,有

$$\sum_{i=1}^n |F(b_i) - F(a_i)| = \sum_{i=1}^n \left| \int_{a_i}^{b_i} f(x)\,\mathrm{d}x \right| \leqslant \sum_{i=1}^n \int_{a_i}^{b_i} |f(x)|\,\mathrm{d}x = \int_A |f(x)|\,\mathrm{d}x < \varepsilon.$$

定义 2(绝对连续函数) 设 $F(x)$ 为 $[a,b]$ 上的有限函数,如果对任意 $\varepsilon > 0$,存在 $\delta > 0$,使对 $[a,b]$ 中互不相交的任意有限个开区间 (a_i, b_i),$i = 1, 2, \cdots, n$,只要 $\sum_{i=1}^n (b_i - a_i) < \delta$,就有 $\sum_{i=1}^n |F(b_i) - F(a_i)| < \varepsilon$,则称 $F(x)$ 为 $[a,b]$ 上的<u>绝对连续函数</u>.

由此便得如下定理.

定理 1 设 $f(x)$ 在 $[a,b]$ 上可积,则其不定积分为绝对连续函数.

不难证明绝对连续函数是一致连续函数,并且也是有界变差函数.满足利普希茨条件的函数是绝对连续函数.

定理 2 设 $F(x)$ 为 $[a,b]$ 上的绝对连续函数,且 $F'(x) = 0$ a.e. 于 $[a,b]$,则 $F(x) =$ 常数.

证明 设 $c \in [a,b]$,我们将证明 $F(c) = F(a)$.

由假设,存在 $A \subset (a,c)$,使 $mA = c - a$,且当 $x \in A$ 时,$F'(x) = 0$.令 $B = (a,c) \backslash A$,$mB = 0$.任取 $\varepsilon > 0$,存在 $\delta > 0$,当 $\sum_{i=0}^n (b_i - a_i) < \delta$ 时,有

$$\sum_{i=1}^n |F(b_i) - F(a_i)| < \frac{\varepsilon}{2}.$$

任取 $x \in A$,由于 $F'(x) = 0$,由导数定义知存在 $[x,y] \subset (a,c)$,使

$$|F(y) - F(x)| < \frac{\varepsilon(y-x)}{2(c-a)}. \tag{1}$$

取 $\mathscr{V} = \{[x,y] : x \in A, [x,y] \subset (a,c)$ 且 (1) 式成立$\}$,显然它是 A 的 V-覆盖.由维塔利覆盖定理,总有

$$\{[x_j, y_j] : j = 1, 2, \cdots, n, \text{且 } x_j \in A\}$$

使

$$|F(y_j) - F(x_j)| \leqslant \frac{\varepsilon(y_j - x_j)}{2(c-a)}, \tag{2}$$

且

$$m\left(A \backslash \bigcup_{j=1}^n [x_j, y_j]\right) < \delta.$$

不失一般性,不妨设 $x_{j-1} < x_j$,我们总有

$$\bigcup_{j=0}^{n}\big((y_j,x_{j+1})\setminus B\big)\subset A\setminus\bigcup_{j=1}^{n}[x_j,y_j],$$

由此得

$$\sum_{j=0}^{n}|x_{j+1}-y_j|<\delta,这里\ x_{n+1}=c,y_0=a.$$

由 $F(x)$ 的绝对连续性,又得

$$\sum_{j=0}^{n}|F(x_{j+1})-F(y_j)|<\frac{\varepsilon}{2}. \tag{3}$$

由(2)式得

$$\sum_{j=1}^{n}|F(y_j)-F(x_j)|<\frac{\varepsilon}{2(c-a)}\sum_{j=1}^{n}|y_j-x_j|. \tag{4}$$

再由(3)式和(4)式得

$$|F(c)-F(a)|\leqslant\sum_{j=0}^{n}|F(x_{j+1})-F(y_j)|+\sum_{j=1}^{n}|F(y_j)-F(x_j)|<\frac{\varepsilon}{2}+\frac{\varepsilon}{2}=\varepsilon,$$

故

$$F(c)=F(a). \qquad\qquad \square$$

定理 3 设 $f(x)$ 在 $[a,b]$ 上可积,则存在绝对连续函数 $F(x)$ 使 $F'(x)=f(x)$ a.e.于 $[a,b]$(只需取 $F(x)=\int_a^x f(t)\mathrm{d}t$).

证明 因为 $f(x)$ 在 $[a,b]$ 上可积,所以有连续函数 $\varphi(x)$ 使 $\int_a^b|f(t)-\varphi(t)|\mathrm{d}t<\frac{\varepsilon}{2}$,

而由数学分析可知,对连续函数 $\varphi(x)$ 有 $\dfrac{\mathrm{d}}{\mathrm{d}x}\displaystyle\int_a^x\varphi(t)\mathrm{d}t=\varphi(x)$,因此

$$\int_a^b\left|\frac{\mathrm{d}}{\mathrm{d}x}\int_a^x f(t)\mathrm{d}t-f(x)\right|\mathrm{d}x$$

$$=\int_a^b\left|\frac{\mathrm{d}}{\mathrm{d}x}\int_a^x(f(t)-\varphi(t))\mathrm{d}t+\varphi(x)-f(x)\right|\mathrm{d}x$$

$$\leqslant\int_a^b\left|\frac{\mathrm{d}}{\mathrm{d}x}\int_a^x(f(t)-\varphi(t))\mathrm{d}t\right|\mathrm{d}x+\int_a^b|f(x)-\varphi(x)|\mathrm{d}x.$$

令 $g(t)=f(t)-\varphi(t)$,显然 $g(t)$ 在 $[a,b]$ 上可积分,因为 $g(x)=g^+(x)-g^-(x)$,$\displaystyle\int_a^x g^+(t)\mathrm{d}t$,

$\displaystyle\int_a^x g^-(t)\mathrm{d}t$ 为两个增函数,所以

$$\frac{\mathrm{d}}{\mathrm{d}x}\int_a^x g(t)\mathrm{d}t=\frac{\mathrm{d}}{\mathrm{d}x}\int_a^x g^+(t)\mathrm{d}t-\frac{\mathrm{d}}{\mathrm{d}x}\int_a^x g^-(t)\mathrm{d}t\quad\text{a.e.于}[a,b].$$

由本章 §2 定理的(3)得

$$\int_a^b\left|\frac{\mathrm{d}}{\mathrm{d}x}\int_a^x g(t)\mathrm{d}t\right|\mathrm{d}x$$

$$\leqslant\int_a^b\left(\frac{\mathrm{d}}{\mathrm{d}x}\int_a^x g^+(t)\mathrm{d}t\right)\mathrm{d}x+\int_a^b\left(\frac{\mathrm{d}}{\mathrm{d}x}\int_a^x g^-(t)\mathrm{d}t\right)\mathrm{d}x$$

$$\leqslant\int_a^b g^+(x)\mathrm{d}x+\int_a^b g^-(x)\mathrm{d}x=\int_a^b|g(x)|\mathrm{d}x.$$

其中最后不等式是由于变上限积分函数 $\int_a^x g^+(t)\mathrm{d}t$ 和 $\int_a^x g^-(x)\mathrm{d}x$ 都为 x 的增函数,故由本章 §2 定理的(3),分别成立

$$\int_a^b\left(\frac{\mathrm{d}}{\mathrm{d}x}\int_a^x g^+(t)\mathrm{d}t\right)\mathrm{d}x \leqslant \int_a^b g^+(x)\mathrm{d}x - \int_a^a g^+(x)\mathrm{d}x = \int_a^b g^+(x)\mathrm{d}x;$$

$$\int_a^b\left(\frac{\mathrm{d}}{\mathrm{d}x}\int_a^x g^-(t)\mathrm{d}t\right)\mathrm{d}x \leqslant \int_a^b g^-(x)\mathrm{d}x - \int_a^a g^-(x)\mathrm{d}x = \int_a^b g^-(x)\mathrm{d}x.$$

所以

$$\int_a^b\left|\frac{\mathrm{d}}{\mathrm{d}x}\int_a^x f(t)\mathrm{d}t - f(x)\right|\mathrm{d}x \leqslant 2\int_a^b|f(x)-\varphi(x)|\mathrm{d}x < \varepsilon.$$

由 $\varepsilon>0$ 的任意性得,左边积分为 0,从而被积函数 a.e.为 0,故得证. □

该定理说明一重要事实,即在 L 积分范围内积分再微分则还原.

绝对连续函数之所以重要在于它完全可以标志不定积分,换言之,除定理 1 外,还有如下结论.

定理 4　设 $F(x)$ 是 $[a,b]$ 上的绝对连续函数,则 a.e.有定义的 $F'(x)$ 在 $[a,b]$ 上可积且

$$F(x)=F(a)+\int_a^x F'(t)\mathrm{d}t, \tag{5}$$

即 $F(x)$ 总是 $[a,b]$ 上可积函数的不定积分.

证明　因为 $F(x)$ 绝对连续,所以 $F(x)$ 是有界变差的.由上节定理 3 的推论知, $F'(x)$ a.e.存在,且在 $[a,b]$ 上可积.下面证明(5)式成立.

设

$$G(x)=\int_a^x F'(t)\mathrm{d}t,$$

令

$$H(x)=F(x)-G(x),^{①}$$

则由定理 3 得

$$H'(x)=F'(x)-G'(x)=0, \text{a.e.于} [a,b],$$

所以再由定理 2 便得, $H(x)=C$,即

$$F(x)=\int_a^x F'(t)\mathrm{d}t+C,$$

这里 $C=F(a)$. □

由此我们得到: $F(x)$ 是 $[a,b]$ 上的绝对连续函数的充要条件,它是一个可积函数的不定积分.

定理 4 是 R 积分理论中牛顿-莱布尼茨公式的推广,对绝对连续函数而言,微分再积分也还原(至多差一常数).但是如前节末所看到的那样,对有界变差函数一般却不能保证定理 4 成立.因此, L 积分在积分与微分的关系问题上虽比 R 积分优越得多,但还不够理想.至于进一步的扩充需要引进当茹瓦(Denjoy)积分,这已超出了本书的

① 两个绝对连续函数经四则运算后仍为绝对连续函数.

范围.

§5 斯蒂尔切斯积分

现在我们着手推广 L 积分,得到所谓 $L\text{-}S$(勒贝格－斯蒂尔切斯)积分,并为此在本节先介绍一下作为 $L\text{-}S$ 积分前身的黎曼－斯蒂尔切斯积分(简称 $R\text{-}S$ 积分或 S 积分),当然 $R\text{-}S$ 积分是 R 积分的另一种推广.

考虑有质量分布的线段 $[a,b]$,设分布在线段 $[a,x]$ 上的总质量 $m(x)$ 是已知的递增函数,从而分布在线段 $[x,x']$ 上的质量为 $m(x')-m(x)$,则该线段 $[a,b]$ 关于原点 O 的力矩和转动惯量分别定义为

$$M = \lim_{\delta(T)\to 0}\sum_{i=1}^{n} x_i(m(x_i)-m(x_{i-1})), \quad \text{记为} \int_a^b x\mathrm{d}m(x),$$

$$J = \lim_{\delta(T)\to 0}\sum_{i=1}^{n} x_i^2(m(x_i)-m(x_{i-1})), \quad \text{记为} \int_a^b x^2\mathrm{d}m(x).$$

这里分划 $T:a=x_0<x_1<\cdots<x_n=b,\delta(T)=\max_i\{x_i-x_{i-1}\}$.

由于物理上诸如此类问题的需要,值得将此概念一般化,便得到如下定义.

定义(S 积分) 设 $f(x),\alpha(x)$ 为 $[a,b]$ 上的有限函数,对 $[a,b]$ 作一分划
$$T:a=x_0<x_1<\cdots<x_n=b$$
及属于此分划的任一组“介点” $x_{i-1}\le\xi_i\le x_i(i=1,2,\cdots,n)$ 作和数(叫做斯蒂尔切斯和数,简称 S 和数)

$$\sum_{i=1}^{n} f(\xi_i)[\alpha(x_i)-\alpha(x_{i-1})].$$

如果当 $\delta(T)\to 0$ 时,此和数总趋于一确定的有限极限(不论 T 分法如何,也不论介点取法如何),则称 $f(x)$ 在 $[a,b]$ 上关于 $\alpha(x)$ 为 S 可积的,此极限叫做 $f(x)$ 在 $[a,b]$ 上关于 $\alpha(x)$ 的 S 积分,记为

$$\int_a^b f(x)\mathrm{d}\alpha(x).$$

易知当 $\alpha(x)=x$ 时,S 积分便成为 R 积分,可见 S 积分是 R 积分的一种推广.

又如当我们考虑曲线积分 $\int_C f(x,y)\mathrm{d}x,C:x=\varphi(t),y=\psi(t)(\alpha\le t\le\beta)$,则

$$\int_C f(x,y)\mathrm{d}x = \int_\alpha^\beta f(\varphi(t),\psi(t))\mathrm{d}\varphi(t)$$

就是一种特殊的 S 积分.

定理 1

(1) $\int_a^b [f_1(x)+f_2(x)]\mathrm{d}\alpha(x) = \int_a^b f_1(x)\mathrm{d}\alpha(x)+\int_a^b f_2(x)\mathrm{d}\alpha(x)$;

(2) $\int_a^b f(x)\mathrm{d}(\alpha_1(x)+\alpha_2(x)) = \int_a^b f(x)\mathrm{d}\alpha_1(x)+\int_a^b f(x)\mathrm{d}\alpha_2(x)$;

(3) 设 k,l 为常数,则

$$\int_a^b kf(x)\,\mathrm{d}(l\alpha(x)) = k \cdot l \int_a^b f(x)\,\mathrm{d}\alpha(x).$$

以上三式之意义,是当右边积分有意义时左边积分也有意义,而且等式成立.

(4) 设 $a<c<b$,则

$$\int_a^b f(x)\,\mathrm{d}\alpha(x) = \int_a^c f(x)\,\mathrm{d}\alpha(x) + \int_c^b f(x)\,\mathrm{d}\alpha(x),$$

设左、右边各积分都存在.

以上各条之证明直接从定义即得.

但是第(4)条若只假定等式右边两个积分存在,一般推不出左边积分也存在(见如下例题).

下面介绍一个在应用上重要的 S 积分存在的充分条件.

定理 2　设 $f(x)$ 在 $[a,b]$ 上连续,$\alpha(x)$ 在 $[a,b]$ 上是有界变差的,则 $\displaystyle\int_a^b f(x)\,\mathrm{d}\alpha(x)$ 存在.

证明　由若尔当分解定理,$\alpha(x)$ 可以分解为两个增函数之差,因此不妨设 $\alpha(x)$ 为增函数.

任取 $[a,b]$ 一分划 $T:a=x_0<x_1<\cdots<x_n=b$,作和数

$$S(T,f,\alpha) = \sum_{i=1}^n M_i(\alpha(x_i)-\alpha(x_{i-1})),$$

$$s(T,f,\alpha) = \sum_{i=1}^n m_i(\alpha(x_i)-\alpha(x_{i-1})),$$

这里 M_i,m_i 分别为 $f(x)$ 在 $[x_{i-1},x_i]$ 上的上、下确界,则

$$s(T,f,\alpha) \leqslant \sigma \leqslant S(T,f,\alpha).$$

其中 σ 为 S 和数.

类似于 R 积分中的大和与小和,可以证得对任意两分划 T_1,T_2,总有

$$s(T_1,f,\alpha) \leqslant S(T_2,f,\alpha).$$

设 $I=\sup\limits_T\{s(T,f,\alpha)\}$,则 $s\leqslant I\leqslant S$.因此

$$\sigma-I \mid \leqslant S-s.$$

因为 $f(x)$ 在 $[a,b]$ 上连续,对任意 $\varepsilon>0$,存在 $\delta>0$,当 $|x''-x'|<\delta$ 时,有

$$|f(x'')-f(x')| <\varepsilon,$$

所以当 $\delta(T)<\delta$ 时,$|M_i-m_i|<\varepsilon$,于是

$$S-s<\varepsilon[\alpha(b)-\alpha(a)],$$

故当 $\delta(T)<\delta$ 时,

$$|\sigma-I| <\varepsilon[\alpha(b)-\alpha(a)],$$

即

$$\lim_{\delta(T)\to 0}\sigma = I. \qquad\square$$

例　设 $f(x)$ 和 $\alpha(x)$ 为在 $[-1,1]$ 上定义的两个函数,即

$$f(x) = \begin{cases} 0, & -1\leqslant x\leqslant 0, \\ 1, & 0<x\leqslant 1; \end{cases}$$

$$\alpha(x)=\begin{cases}0, & -1\leqslant x<0,\\1, & 0\leqslant x\leqslant 1,\end{cases}$$

易知,$f(x)$在$[-1,1]$上关于$\alpha(x)$的 S 积分是不存在的.

事实上,对$[-1,1]$作一分划

$$T:-1=x_0<\cdots<x_{i-1}<0<x_i<\cdots<x_n=1,$$

则

$$\sigma=\sum_{i=1}^{n}f(\xi_i)[\alpha(x_i)-\alpha(x_{i-1})]=f(\xi_i)=\begin{cases}0, & \xi_i\leqslant 0,\\1, & \xi_i>0.\end{cases}$$

可见 σ 的极限是不存在的,即$f(x)$在$[-1,1]$上关于$\alpha(x)$的 S 积分不存在.但是,易见 $f(x)$分别在$[-1,0]$与$[0,1]$上的 S 积分都存在.

有时也可将 S 积分化为 R 积分.

定理 3　设$f(x)$在$[a,b]$**上连续**,$\alpha(x)$**处处可导且**$\alpha'(x)$**又 R 可积,则**

$$(S)\int_a^b f(x)\,\mathrm{d}\alpha(x)=(R)\int_a^b f(x)\alpha'(x)\,\mathrm{d}x. \qquad (*)$$

证明　因为$\alpha'(x)$有界,由中值定理,$\alpha(x_2)-\alpha(x_1)=\alpha'(x)(x_2-x_1)$,所以$|\alpha(x_2)-\alpha(x_1)|\leqslant M|x_2-x_1|$,这里 M 为常数,$\alpha(x)$满足利普希茨条件,故 $\alpha(x)$为有界变差函数.另一方面,由假设$f(x),\alpha'(x)$在$[a,b]$上均 R 可积,故知($*$)式右端积分存在,剩下只证明($*$)式成立.

任取$[a,b]$的一分划 $T:a=x_0<x_1<\cdots<x_n=b$,由中值定理得

$$\sigma=\sum_{i=1}^{n}f(\xi_i)[\alpha(x_i)-\alpha(x_{i-1})]=\sum_{i=1}^{n}f(\xi_i)\alpha'(\xi_i')(x_i-x_{i-1}),$$

这里 $x_{i-1}\leqslant\xi_i'\leqslant x_i$.利用$f(x)$的一致连续性,两边取极限($\delta(T)\to0$)即得证.　　□

定理 4　设$f(x)$在$[a,b]$**上连续**,$g(x)$**为绝对连续,则**

$$(S)\int_a^b f(x)\,\mathrm{d}g(x)=(L)\int_a^b f(x)g'(x)\,\mathrm{d}x.$$

证明　上面两积分存在是明显的,今证明两积分相等.

对$[a,b]$取一分划 $T:a=x_0<x_1<\cdots<x_n=b$,作和

$$\sigma=\sum_{i=1}^{n}f(\xi_i)[g(x_i)-g(x_{i-1})].$$

考察 σ 与积分

$$(L)\int_a^b f(x)g'(x)\,\mathrm{d}x$$

之差.因为

$$g(x_i)-g(x_{i-1})=\int_{x_{i-1}}^{x_i}g'(x)\,\mathrm{d}x,$$

所以

$$\sigma-\int_a^b f(x)g'(x)\,\mathrm{d}x=\sum_{i=1}^{n}\int_{x_{i-1}}^{x_i}[f(\xi_i)-f(x)]g'(x)\,\mathrm{d}x.$$

设$f(x)$在$[x_{i-1},x_i]$上的振幅为 ω_i,则由上式得

$$\left|\sigma-\int_a^b f(x)g'(x)\,\mathrm{d}x\right|\leqslant\sum_{i=1}^{n}\omega_i\int_{x_{i-1}}^{x_i}|g'(x)|\,\mathrm{d}x\leqslant\alpha\int_a^b|g'(x)|\,\mathrm{d}x,$$

这里 $\alpha = \max\{\omega_i\}$. 当 $\delta(T) \to 0$ 时,$\sigma \to \int_a^b f(x)g'(x)\mathrm{d}x$.

下面简单介绍一下 S 积分的分部积分法.

定理5 设 $\int_a^b f(x)\mathrm{d}\alpha(x)$ 与 $\int_a^b \alpha(x)\mathrm{d}f(x)$ 中有一个存在,则另一个也存在且

$$\int_a^b f(x)\mathrm{d}\alpha(x) + \int_a^b \alpha(x)\mathrm{d}f(x) = f(x)\alpha(x)\Big|_a^b.$$

证明 设 $\int_a^b f(x)\mathrm{d}\alpha(x)$ 存在.对 $[a,b]$ 取一分划 $T: a = x_0 < x_1 < \cdots < x_n = b$,不难看出

$$\sum_{i=1}^n \alpha(\xi_i)[f(x_i) - f(x_{i-1})] = \Big\{ -\sum_{i=1}^{n-1} f(x_i)[\alpha(\xi_{i+1}) - \alpha(\xi_i)] -$$
$$f(x_0)[\alpha(\xi_1) - \alpha(x_0)] - f(x_n)[\alpha(x_n) - \alpha(\xi_n)] \Big\} +$$
$$f(x_n)\alpha(x_n) - f(x_0)\alpha(x_0),$$

而右边 $\{\cdots\}$ 内正好是以 $\{\xi_i\}$ 为分点,$\{x_i\}$ 为介点的 $f(x)$ 关于 $\alpha(x)$ 的 S 和数的相反数,当 $\delta(T) \to 0$ 时,上式两边取极限即得.

推论 设 $f(x)$ 在 $[a,b]$ 上是有界变差函数,$\alpha(x)$ 连续,则积分

$$\int_a^b f(x)\mathrm{d}\alpha(x)$$

存在.

上面介绍的 S 积分是只就 **R** 讲的,但在 $\mathbf{R}^n (n>1)$ 中也可定义 S 积分,此处不再叙述了.

§6 L-S 测度与积分

本节主要介绍 L 测度、L 积分的推广,所谓 L-S 测度,以及建立在它上面的 L-S 积分.这部分只作简单介绍不加详细论述.

设 $\alpha(x)$ 为定义在 **R** 上的有限增函数,对任意开区间 $I = (x, x')$,称 $\alpha(x') - \alpha(x)$ 为区间 I 的"权",记为 $|I| = \alpha(x') - \alpha(x)$.

定义(L-S 外测度) 对任一点集 $E \subset \mathbf{R}$,非负实数

$$\inf_{E \subset \overset{\infty}{\underset{i=1}{\cup}} I_i} \sum_{i=1}^\infty |I_i|$$

称为 E 关于分布函数 $\alpha(x)$ 的 L-S 外测度,记为 $m_\alpha^* E$.

显然,当 $\alpha(x) = x$ 时,L-S 外测度便成为 L 外测度.

L-S 外测度与 L 外测度有同样的基本性质:

(1) $m_\alpha^* E \geqslant 0$,且 $m_\alpha^* \varnothing = 0$;

(2) 设 $A \subset B$,则 $m_\alpha^* A \leqslant m_\alpha^* B$(单调性);

(3) $m_\alpha^* (\overset{\infty}{\underset{i=1}{\cup}} E_i) \leqslant \sum_{i=1}^\infty m_\alpha^* E_i$(次可数可加性).

但在 L 测度中,区间 $\langle a,b\rangle$ 不论开、闭或半开半闭都是 $m_\alpha^*\langle a,b\rangle = b-a$,而在一般 L-S 外测度中则不然.

定理

(1) $m_\alpha^*(a,b) = \alpha(b-0) - \alpha(a+0)$;

(2) $m_\alpha^*(a,b] = \alpha(b+0) - \alpha(a+0)$;

(3) $m_\alpha^*[a,b] = \alpha(b+0) - \alpha(a-0)$;

(4) $m_\alpha^*[a,b) = \alpha(b-0) - \alpha(a-0)$.

证明 只证开区间情形.

先证

$$m_\alpha^*(a,b) \geqslant \alpha(b-0) - \alpha(a+0).$$

为此任取 $a<x_1<x_2<b$,并设 $\bigcup_{i=1}^{\infty} I_i \supset (a,b)$,当然 $\bigcup_{i=1}^{\infty} I_i \supset [x_1,x_2]$,由海涅-博雷尔有限覆盖定理,存在有限个 I_i,不妨设为 $I_1,I_2,\cdots,I_n$,使得 $\bigcup_{i=1}^{n} I_i \supset [x_1,x_2]$.由 $\alpha(x)$ 的单调性易知

$$\sum_{i=1}^{n} |I_i| \geqslant \alpha(x_2) - \alpha(x_1),$$

从而 $\sum_{i=1}^{\infty} |I_i| \geqslant \alpha(x_2) - \alpha(x_1)$.令 $x_1 \downarrow a, x_2 \uparrow b$ 即得.

次证

$$m_\alpha^*(a,b) \leqslant \alpha(b-0) - \alpha(a+0).$$

为此在 (a,b) 内取 $\alpha(x)$ 的一列连续点(因 $\alpha(x)$ 单调)$x_n, n=0,\pm 1,\cdots$,使 $x_n \to a(n \to -\infty)$,$x_n \to b(n \to +\infty)$.然后对每个 n 取 a_n, b_n,使 $a<a_n<x_n<b_n<b$ 及

$$\alpha(b_n) - \alpha(a_n) < \frac{\varepsilon}{2^{|n|+1}},$$

并作开区间 $I_n = (a_n, b_{n+1}), n=0,\pm 1,\cdots$,显然 $\bigcup_n I_n \supset (a,b)$ 且

$$\sum_n |I_n| = \sum_{-\infty}^{+\infty} [\alpha(b_{n+1}) - \alpha(b_n)] + \sum_{-\infty}^{+\infty} [\alpha(b_n) - \alpha(a_n)]$$
$$\leqslant \alpha(b-0) - \alpha(a+0) + 2\varepsilon.$$

故

$$m_\alpha^*(a,b) \leqslant \alpha(b-0) - \alpha(a+0) + 2\varepsilon. \qquad \square$$

由定理看出,对 $\alpha(x)$ 取常值的任一开区间 I 总有 $m_\alpha^* I = 0$,而对于 $\alpha(x)$ 的任一不连续点 x_0,则有

$$m_\alpha^*\{x_0\} = \alpha(x_0+0) - \alpha(x_0-0) > 0.$$

这恰好与 L 外测度情形相反.

有了 L-S 外测度 m_α^*,我们便可仿第三章由 L 外测度定义 L 可测集和测度的方法(卡拉泰奥多里条件),进而定义 $\mathbf{R}$ 中关于 $\alpha(x)$ 的 L-S 可测集组成的集族 L_α 和测度 m_α.

我们注意到,第三章§2 中所论述的 L 可测集及其测度的一切性质,不外乎是从 L 外测度的三个基本性质与卡拉泰奥多里的可测条件得出的. 现在 L-S 外测度 m_α^* 具有完全同于 L 外测度的三个基本条件,而可测性仍然是满足卡拉泰奥多里条件的,所以全体 L-S 可测集族 L_α 是一个 $\sigma-$ 代数,而且 m_α 是 L_α 上的测度. 因此 $(\mathbf{R},L_\alpha,m_\alpha)$ 具有一般测度空间所有的性质. 特别地,关于 $\alpha(x)$ 的 L-S 可测集的交、并、余、差运算是封闭的,测度是可数可加的,满足第三章§2 定理 8 和定理 9 的测度与极限交换的公式.

有了 $(\mathbf{R},L_\alpha,m_\alpha)$ 后,我们可以在此基础上完全平行地建立 L_α 可测函数和 L_α 可积函数的概念和理论. 换言之,所有第四章和第五章前五节的定义和定理几乎都可以逐字逐句地搬过来,只要把那里的 L 可测换成 L_α 可测,把 L 零测度换成 L_α 零测度,把 L 可积换成 L_α 可积就可以了. 在 L_α 可测集 E 上的 L_α 可积函数 $f(x)$ 的积分可以表示为 $(L_\alpha)\int_E f(x)\,\mathrm{d}\alpha(x)$.

还可以证明 $f(x)$ R-S 可积的充要条件是 $f(x)$ 的不连续点是 L_α 零测度集.

类似于勒贝格测度空间,不难证明:对任意单调增函数,任何区间关于 $\alpha(x)$ 都是 L_α 可测的. 由于开集都是至多可数多个区间之并,因此开集都是 L_α 可测的. 又博雷尔代数是包含开集的最小 σ 代数,因此博雷尔代数 $\mathscr{B}\subset L_\alpha$. 或者说 $(\mathbf{R},\mathscr{B},m_\alpha)$ 是测度空间.

值得注意的是:如果改变 $\alpha(x)$ 在不连续点上的值（保持单调性）,并不影响 L-S 外测度 m_α^* 的值,因此若用 $\alpha(x+0)$ 代替 $\alpha(x)$,既可保持单调增性又有右连续性,且有一个比较简单的公式:
$$m_\alpha((a,b])=\alpha(b)-\alpha(a).$$

反之,对任意博雷尔测度空间 $(\mathbf{R},\mathscr{B},\mu)$,若任意区间 $(a,b]$,$\mu((a,b])<+\infty$,定义 $\alpha(x)=\mu((0,x]),x\geq0$;$\alpha(x)=-\mu((x,0]),x<0$. 可以证明:

(1) 若 $x_1<x_2$,则 $\alpha(x_1)\leq\alpha(x_2)$;

(2) 任意 $x\in\mathbf{R},\alpha(x+0)=\alpha(x)$.

因此 $\alpha(x)$ 是单调增右连续函数.

对任意 $(a,b]$,取 $c<a$,则由于 $\mu((a,b])=\mu((c,b])-\mu((c,a])=\alpha(b)-\alpha(a)=m_\alpha((a,b])$.因此这个 $\alpha(x)$ 导出的测度 m_α 和 μ 在博雷尔集上是相等的,即 $(\mathbf{R},\mathscr{B},\mu)=(\mathbf{R},\mathscr{B},m_\alpha)$. 这样我们建立了 $\mathbf{R}$ 上的有限博雷尔测度空间和右连续的单调增函数的对应关系.

博雷尔测度空间 $(\mathbf{R},\mathscr{B},\mu)$,若满足 $\mu(\mathbf{R})=1$,则称其为概率测度空间.

由于对任意单调增函数 $\alpha(x)$ 和任意 $c\in\mathbf{R}$,$\alpha_1=\alpha(x)+c$ 仍然是单调增的,且 $m_\alpha=m_{\alpha_1}$（因为 $\alpha(b)-\alpha(a)=\alpha_1(b)-\alpha_1(a)$）. 在概率测度空间中,若我们定义单调右连续增函数 $\alpha(x)$ 是规范的,且 $\alpha(-\infty)=0,\alpha(+\infty)=1$,则由上述,我们就可以建立规范单调增函数与概率测度空间之间的一一对应关系了.

例1 设 $x_0\in\mathbf{R}$,$(\mathbf{R},\mathscr{B},\delta_{x_0})$ 是博雷尔测度空间. 其中 δ_{x_0} 是这样定义的测度,对任意博雷尔集 $G,\delta_{x_0}(G)=\chi_G(x_0)$.对应的规范单调增函数 $\alpha(x)$ 是:若 $x<x_0$,则 $\alpha(x)=0$;若 $x\geq x_0$,则 $\alpha(x)=1$.则任意在 $\mathbf{R}$ 上的连续函数 $f(x)$ 是 L_α 可积的,且 $(L_\alpha)\int_{\mathbf{R}}f(x)\,\mathrm{d}m_\alpha=$

$f(x_0)$.

例2 测度空间 $(\mathbf{R}, \mathscr{B}, \mu)$ 定义如下:因为 $\dfrac{1}{\sqrt{2\pi}}\mathrm{e}^{-\frac{x^2}{2}}$ 是 $\mathbf{R}$ 上非负绝对可积函数,

$$\alpha(x) = \frac{1}{\sqrt{2\pi}}\int_{-\infty}^{x}\mathrm{e}^{-\frac{t^2}{2}}\mathrm{d}t$$

是 $\mathbf{R}$ 上非负单调增绝对连续函数,且 $\alpha(-\infty) = 0$,$\alpha(+\infty) = 1$,从而是规范的增函数. μ 是由 $\alpha(x)$ 引出的测度,因此对任意博雷尔集 G,

$$\mu(G) = m_\alpha(G) = (L_\alpha)\int_G \mathrm{d}\alpha(x) = (L)\frac{1}{\sqrt{2\pi}}\int_G \mathrm{e}^{-\frac{x^2}{2}}\mathrm{d}x.$$

对任意连续函数 $f(x)$,

$$(L_\alpha)\int_{\mathbf{R}} f(x)\mathrm{d}\alpha(x) = (L)\frac{1}{\sqrt{2\pi}}\int_{\mathbf{R}} f(x)\mathrm{e}^{-\frac{x^2}{2}}\mathrm{d}x.$$

在概率测度空间 $(\mathbf{R}, \mathscr{B}, \mu)$ 中,称对应测度 μ 的规范增函数 $\alpha(x)$ 为概率分布函数. 若分布函数绝对连续,则称 $\alpha'(x)$ 为概率密度函数. 例2是概率论中常见的具有正态分布的概率空间. 概率测度空间在概率论中有很大用处. 鉴于篇幅所限,我们就介绍到这里.

第六章习题

1. 区间 (a,b) 上任何两个单调增函数,若在一稠密集上相等,则它们有相同的连续点.

2. 设 $\{f_n(x)\}$ 为 $[a,b]$ 上有界变差函数列,$\lim\limits_{n\to\infty}f_n(x) = f(x)$,若对任意 n,$\overset{b}{\underset{a}{V}}(f_n) < K < \infty$,则 $f(x)$ 是有界变差函数.

3. 讨论 $[0,1]$ 上函数 $x^\alpha \sin\dfrac{1}{x^\beta}$ $(\alpha, \beta > 0)$ 是否有界变差函数.

4. 设 $f(x)$ 在 $[a,b]$ 上绝对连续,且 $f'(x) \geqslant 0$ a.e. 于 $[a,b]$,则 $f(x)$ 为增函数.

5. 设 $f(x)$ 是 $[a,b]$ 上有限函数.若存在 $M > 0$,使对任意 $\varepsilon > 0$ 都有

$$\overset{b}{\underset{a+\varepsilon}{V}}(f) < M,$$

则 $f(x)$ 是 $[a,b]$ 上的有界变差函数.

6. 设 $\{f_n(x)\}$ 是 $[a,b]$ 上绝对连续增函数列. 若级数 $f(x) = \sum\limits_{n=1}^{\infty}f_n(x)$ 在 $[a,b]$ 上处处收敛,证明 $f(x)$ 在 $[a,b]$ 上绝对连续.

7. 设 $f(x)$ 是 $[a,b]$ 上一有限实函数,那么下列两条件等价:

(1) $f(x)$ 在 $[a,b]$ 上满足利普希茨条件;

(2) $f(x)$ 是 $[a,b]$ 上某个有界可积函数的不定积分.

8. 证明:如果改变增函数 $\alpha(x)$ 在 $(-\infty, \infty)$ 上不连续点的函数值(仍为增函数),不影响由它确定的 L-S 测度.

9. 设 $f(x)$ 是 $[0,1]$ 上有界变差函数.

$$F(x) = \begin{cases} \dfrac{1}{x}\displaystyle\int_0^x f(t)\,\mathrm{d}t, & x \in (0,1], \\ 0, & x = 0. \end{cases}$$

证明 $F(x)$ 也是 $[0,1]$ 上有界变差函数.

10. 设 $g(x)$ 是 $[a,b]$ 上有界变差函数. 若 $x_0 \in [a,b]$ 是 $g(x)$ 的连续点, 则 x_0 也是 $\overset{x}{\underset{a}{V}}(g)$ 的连续点.

11. 设 $\alpha(x)$ 是 $[a,b]$ 上单调增函数, 则存在 $[a,b]$ 上单调增函数 $\alpha_1(x)$ 和 $\alpha_2(x)$, 使得 $\alpha(x) = \alpha_1(x)+\alpha_2(x)$ 在 $[a,b]$ 处处成立. 其中 $\alpha_1(x)$ 是 $[a,b]$ 上绝对连续函数, $\alpha_2'(x)=0$ a.e. 于 $[a,b]$.

12. 设 $f(x)$ 是 $[a,b]$ 上的连续函数, $g(x)$ 是 $[a,b]$ 上的有界变差函数, 证明:

(1) $F(x) = \displaystyle\int_a^x f(t)\,\mathrm{d}g(t)$ 是 $[a,b]$ 上的有界变差函数;

(2) 若 $g(x)$ 在 $x_0 \in [a,b]$ 处连续, 则 $F(x)$ 也在 x_0 处连续.

13. 设 $f(x)$ 在 $[a,b]$ 上单调且 $\displaystyle\int_a^b f'(x)\,\mathrm{d}x = f(b)-f(a)$. 求证: $f(x)$ 在 $[a,b]$ 上绝对连续.

拓展阅读

第二篇
泛函分析

从本篇开始,我们将进入"泛函分析"的领域.泛函分析是 20 世纪发展起来的一门新的学科.德国数学家希尔伯特(Hilbert),波兰数学家巴拿赫(Banach),美国数学家冯·诺伊曼(Von Neumann),为此作出了主要贡献.

泛函是函数概念的推广.我们知道,函数是数和数之间的对应关系:$x \to f(x)$.泛函则是函数和数之间的对应关系.比如在 $[a,b]$ 上的连续函数全体记为 $C[a,b]$.$C[a,b]$ 中的每个函数都有一个积分值,即对任意的 $f \in C[a,b]$,总有唯一的实数 $\int_a^b f(x)\mathrm{d}x$ 与之对应.于是 $C[a,b]$ 上的黎曼积分是一个泛函.

同样地可以考虑算子:函数空间和函数空间之间的对应关系.设 $C^1[a,b]$ 表示一阶连续可微函数所成的空间,那么微分就是一个从空间 $C^1[a,b]$ 到空间 $C[a,b]$ 的算子:对 $f \in C^1[a,b]$,有唯一的导函数 $f' \in C[a,b]$ 与之对应.

这样一来,我们就把注意力集中到一般空间(如函数空间 $C^1[a,b]$ 和 $C[a,b]$ 等)的研究上来了.这是一个自然的、也是重大的拓广.思路一旦打开,一系列令人眼花缭乱的新结果喷涌而出,使人心旷神怡.

首先,我们注意到,这样的函数空间是无限维的,比 n 维欧氏空间要复杂得多.不过,希尔伯特创立的一种空间(希尔伯特空间)可以看作是可数维的欧氏空间,与欧氏空间很相像,甚至还满足无限维的"勾股定理",十分巧妙.巴拿赫研究的无限维空间称为赋范线性空间,也是 n 维向量空间的推广,那里也有某种意义的长度可言(但是没有角度).这两种空间都是线性空间,和线性代数里所说的线性空间相同.于是,我们又可以从线性的角度推进我们的研究工作.

其次,我们要概括多种多样的函数收敛概念:一致收敛、点点收敛、几乎处处收敛、依测度收敛、平方平均收敛,等等.我们将在更广泛的赋范线性空间和希尔伯特空间中研究"极限""收敛""发散"之类的概念,从而探讨各种泛函和算子的连续性问题.

最后,我们会从整体的角度研究一些泛函和算子.上述的定积分和微分只是泛函和算子的一种.如果我们把一般的泛函和算子的特性了解清楚了,当然就会对"微分方程""积分方程""积分变换"等具体的泛函和算子有进一步的了解.这些成果,会大大开拓我们的数学视野,提升我们的数学能力.

第七章
度量空间和赋范线性空间

§1 度量空间的进一步例子

第二章已给出度量空间(即距离空间)的定义.当时为了集中研究 n 维欧氏空间 $\mathbf{R}^n$ 中的测度理论,所以只在 $\mathbf{R}^n$ 中讨论邻域、极限、开集、闭集等概念.但我们曾指出,这些概念可以一字不改地移到一般度量空间中去.在这一章里,我们将沿用这些概念而不再重新定义,并且运用这些概念讨论度量空间的进一步性质.

第二章中已经引入了 n 维度量空间的例子,现在我们继续引入其他的度量空间.

例 1 离散的度量空间.

设 X 是任意的非空集合,对 X 中任意两点 $x,y \in X$,令
$$d(x,y) = \begin{cases} 1, & \text{当 } x \neq y, \\ 0, & \text{当 } x = y. \end{cases}$$

容易验证 $d(x,y)$ 满足第二章中关于距离的定义中的条件 1° 及 2°.我们称 (X,d) 为离散的度量空间.由此可见,在任何非空集合上总可以定义距离,使它成为度量空间.

例 2 序列空间 S.

令 S 表示实数列(或复数列)的全体,对 S 中任意两点 $x = (\xi_1, \xi_2, \cdots, \xi_n, \cdots)$ 及 $y = (\eta_1, \eta_2, \cdots, \eta_n, \cdots)$,令
$$d(x,y) = \sum_{i=1}^{\infty} \frac{1}{2^i} \frac{|\xi_i - \eta_i|}{1 + |\xi_i - \eta_i|},$$

易知 $d(x,y)$ 满足距离条件 1°,下面验证 $d(x,y)$ 满足距离条件 2°.为此我们首先证明对任意两个复数 a 和 b,成立不等式
$$\frac{|a+b|}{1+|a+b|} \leqslant \frac{|a|}{1+|a|} + \frac{|b|}{1+|b|}. \tag{1}$$

事实上,考察 $[0,\infty)$ 上的函数 $f(t) = \dfrac{t}{1+t}$,由于在 $[0,\infty)$ 上,$f'(t) = 1/(1+t)^2 > 0$.故 $f(t)$ 在 $[0,\infty)$ 上单调增加,由不等式 $|a+b| \leqslant |a| + |b|$,我们得到
$$\frac{|a+b|}{1+|a+b|} \leqslant \frac{|a|+|b|}{1+|a|+|b|} = \frac{|a|}{1+|a|+|b|} + \frac{|b|}{1+|a|+|b|} \leqslant \frac{|a|}{1+|a|} + \frac{|b|}{1+|b|}.$$

令 $z=(\zeta_1,\zeta_2,\cdots,\zeta_n,\cdots)$，$a=\xi_i-\zeta_i$，$b=\zeta_i-\eta_i$，则 $a+b=\xi_i-\eta_i$，代入上面不等式，得

$$\frac{|\xi_i-\eta_i|}{1+|\xi_i-\eta_i|}\leq\frac{|\xi_i-\zeta_i|}{1+|\xi_i-\zeta_i|}+\frac{|\zeta_i-\eta_i|}{1+|\zeta_i-\eta_i|}.$$

由此立即可知 $d(x,y)$ 满足距离条件 2°，即 S 按此距离 d 成一度量空间.

例 3　有界函数空间 $B(A)$.

设 A 是一给定的集合，令 $B(A)$ 表示 A 上有界实值（或复值）函数全体，对 $B(A)$ 中任意两点 x,y，定义

$$d(x,y)=\sup_{t\in A}|x(t)-y(t)|.$$

下面验证 $d(x,y)$ 满足距离条件 1° 和 2°．$d(x,y)$ 显然是非负的．又 $d(x,y)=0$ 等价于对一切 $t\in A$，$x(t)=y(t)$ 成立，所以 $x=y$，即 $d(x,y)$ 满足条件 1°，此外，对所有的 $t\in A$ 有

$$|x(t)-y(t)|\leq|x(t)-z(t)|+|z(t)-y(t)|\leq\sup_{t\in A}|x(t)-z(t)|+\sup_{t\in A}|z(t)-y(t)|.$$

所以

$$\sup_{t\in A}|x(t)-y(t)|\leq\sup_{t\in A}|x(t)-z(t)|+\sup_{t\in A}|z(t)-y(t)|,$$

即 $d(x,y)$ 满足条件 2°．特别地，当 $A=[a,b]$ 时，记 $B(A)$ 为 $B[a,b]$.

例 4　可测函数空间 $\mathscr{M}(X)$.

设 X 为 $\mathbf{R}^n$ 中 L-可测子集．$\mathscr{M}(X)$ 为 X 上实值（或复值）的 L 可测函数全体，m 为 L 测度，若 $m(X)<\infty$，对任意两个可测函数 $f(t)$ 及 $g(t)$，由于

$$\frac{|f(t)-g(t)|}{1+|f(t)-g(t)|}<1,$$

所以这是 X 上的可积函数，令

$$d(f,g)=\int_X\frac{|f(t)-g(t)|}{1+|f(t)-g(t)|}\mathrm{d}t.$$

如果把 $\mathscr{M}(X)$ 中两个几乎处处相等的函数视为 $\mathscr{M}(X)$ 中同一个元，那么利用不等式（1）及积分性质很容易验证 $d(f,g)$ 是距离．因此 $\mathscr{M}(X)$ 按上述距离 d 成为度量空间.

例 5　$C[a,b]$ 空间.

令 $C[a,b]$ 表示闭区间 $[a,b]$ 上实值（或复值）连续函数全体，对 $C[a,b]$ 中任意两点 x,y，定义

$$d(x,y)=\max_{a\leq t\leq b}|x(t)-y(t)|,$$

容易验证它满足距离条件 1° 和 2°.

例 6　l^2.

记 $l^2=\{x=\{x_k\}:\sum_{k=1}^\infty x_k^2<\infty\}$．设 $x=\{x_k\}\in l^2$，$y=\{y_k\}\in l^2$，定义

$$d(x,y)=\left[\sum_{k=1}^\infty(y_k-x_k)^2\right]^{\frac{1}{2}},$$

则 d 是 l^2 上的距离（可以证明 $d<\infty$）．距离条件 1° 是容易得出的．现检验条件 2°.

对任意正整数 n，$x^{(n)}=(x_1,x_2,\cdots,x_n)$ 和 $y^{(n)}=(y_1,y_2,\cdots,y_n)$ 都是 $\mathbf{R}^n$ 中元素，由柯西不等式

$$\Big(\sum_{k=1}^{n} x_k y_k\Big)^2 \leqslant \sum_{k=1}^{n} x_k^2 \cdot \sum_{k=1}^{n} y_k^2,$$

不等式右端令 $n\to\infty$,得

$$\Big(\sum_{k=1}^{n} x_k y_k\Big)^2 \leqslant \sum_{k=1}^{\infty} x_k^2 \cdot \sum_{k=1}^{\infty} y_k^2.$$

再令左端的 n 趋于 ∞,即得

$$\Big(\sum_{k=1}^{\infty} x_k y_k\Big)^2 \leqslant \sum_{k=1}^{\infty} x_k^2 \cdot \sum_{k=1}^{\infty} y_k^2 < \infty.$$

由此可得

$$\sum_{k=1}^{\infty}(x_k+y_k)^2 = \sum_{k=1}^{\infty} x_k^2 + 2\sum_{k=1}^{\infty} x_k y_k + \sum_{k=1}^{\infty} y_k^2$$

$$\leqslant \sum_{k=1}^{\infty} x_k^2 + 2\Big(\sum_{k=1}^{\infty} x_k^2 \cdot \sum_{k=1}^{\infty} y_k^2\Big)^{\frac{1}{2}} + \sum_{k=1}^{\infty} y_k^2$$

$$= \Big[\Big(\sum_{k=1}^{\infty} x_k^2\Big)^{\frac{1}{2}} + \Big(\sum_{k=1}^{\infty} y_k^2\Big)^{\frac{1}{2}}\Big]^2.$$

今取 $\xi=\{\xi_k\}$, $\eta=\{\eta_k\}$, $\zeta=\{\zeta_k\}$. 以 $x_k=\zeta_k-\xi_k$, $y_k=\eta_k-\zeta_k$ 代入上式,即可得 ξ,η,ζ 的三点不等式

$$d(\xi,\eta) \leqslant d(\xi,\zeta) + d(\zeta,\eta). \tag{2}$$

由上述例子可见,度量空间除了有限维的欧氏空间 $\mathbf{R}^n$ 之外,还包括其他的空间.

§2 度量空间中的极限,稠密集,可分空间

设 (X,d) 为度量空间,d 是距离,定义
$$U(x_0,\varepsilon) = \{x\in X: d(x,x_0)<\varepsilon\}$$
为 x_0 的以 ε 为半径的开球,亦称为 x_0 的 ε-邻域.

由此,仿第二章 §2,可以定义距离空间中一个点集的内点,外点,边界点及聚点,导集,闭包,开集等概念.

设 $\{x_n\}$ 是 (X,d) 中点列,如果存在 $x\in X$,使
$$\lim_{n\to\infty} d(x_n,x) = 0,$$
则称点列 $\{x_n\}$ 是 (X,d) 中的收敛点列,x 是点列 $\{x_n\}$ 的极限.类似于 $\mathbf{R}^n$,可以证明度量空间中收敛点列的极限是唯一的.

设 M 是度量空间 (X,d) 中点集,定义
$$\delta(M) = \sup_{x,y\in M} d(x,y)$$
为点集 M 的直径.若 $\delta(M)<\infty$,则称 M 为 (X,d) 中的有界集.类似于 $\mathbf{R}^n$,可以证明度量空间中收敛点列是有界点集.度量空间中闭集也可以用点列的极限来定义:M 是闭集的充要条件是 M 中任何收敛点列其极限都在 M 中,即若 $x_n\in M$,$n=1,2,\cdots$,$x_n\to x$,则 $x\in M$.下面讨论某些具体空间中点列收敛的具体意义.

（1）$\mathbf{R}^n$ 为 n 维欧氏空间，$x_m=(\xi_1^{(m)},\xi_2^{(m)},\cdots,\xi_n^{(m)})$，$m=1,2,\cdots$，为 $\mathbf{R}^n$ 中的点列，$x=(\xi_1,\xi_2,\cdots,\xi_n)\in\mathbf{R}^n$，不难证明 $\{x_m\}$ 按欧氏距离收敛于 x 的充要条件为对于每个 $1\leqslant i\leqslant n$，有 $\xi_i^{(m)}\to\xi_i(m\to\infty)$.

（2）$C[a,b]$ 空间中，设 $\{x_n\}$ 及 x 分别为 $C[a,b]$ 中点列及点，则

$$d(x_n,x)=\max_{a\leqslant t\leqslant b}|x_n(t)-x(t)|\to0$$

的充要条件为函数列 $\{x_n\}$ 在 $[a,b]$ 上一致收敛于 x.

（3）序列空间 S 中，设 $x_m=(\xi_1^{(m)},\xi_2^{(m)},\cdots,\xi_n^{(m)},\cdots)$，$m=1,2,\cdots$ 及 $x=(\xi_1,\xi_2,\cdots,\xi_n,\cdots)$ 分别为 S 中点列及点，下面证明点列 $\{x_m\}$ 收敛于 x 的充要条件为 x_m 依坐标收敛于 x，即对每个正整数 i，$\xi_i^{(m)}\to\xi_i(m\to\infty)$ 成立.

事实上，如果 $x_m\to x(m\to\infty)$，即

$$d(x_m,x)=\sum_{i=1}^\infty\frac{1}{2^i}\frac{|\xi_i^{(m)}-\xi_i|}{1+|\xi_i^{(m)}-\xi_i|}\to0\quad(m\to\infty),$$

那么对任何正整数 i，因为 $\dfrac{|\xi_i^{(m)}-\xi_i|}{1+|\xi_i^{(m)}-\xi_i|}\leqslant2^id(x_m,x)$，所以

$$\frac{|\xi_i^{(m)}-\xi_i|}{1+|\xi_i^{(m)}-\xi_i|}$$

当 $m\to\infty$ 时收敛于 0.因此，对任何给定的正数 ε，存在正整数 N，使当 $m>N$ 时有

$$\frac{|\xi_i^{(m)}-\xi_i|}{1+|\xi_i^{(m)}-\xi_i|}<\frac{\varepsilon}{1+\varepsilon}.$$

由此可得 $|\xi_i^{(m)}-\xi_i|<\varepsilon$.这说明对每个 $i=1,2,\cdots$，当 $m\to\infty$ 时，$\xi_i^{(m)}\to\xi_i$.反之，若对每个 $i=1,2,\cdots$，$\xi_i^{(m)}\to\xi_i(m\to\infty)$ 成立，对任何给定正数 ε，因为级数 $\sum_{i=1}^\infty\dfrac{1}{2^i}$ 收敛，所以存在正整数 n，使

$$\sum_{i=n}^\infty\frac{1}{2^i}<\frac{\varepsilon}{2},$$

又对每个 $i=1,2,\cdots,n-1$，存在 N_i，使当 $m>N_i$ 时，

$$|\xi_i^{(m)}-\xi_i|<\frac{\varepsilon}{2}.$$

令 $N=\max\{N_1,N_2,\cdots,N_{n-1}\}$，那么当 $m>N$ 时

$$\sum_{i=1}^{n-1}\frac{1}{2^i}\frac{|\xi_i^{(m)}-\xi_i|}{1+|\xi_i^{(m)}-\xi_i|}<\sum_{i=1}^{n-1}\frac{1}{2^i}\frac{\frac{\varepsilon}{2}}{1+\frac{\varepsilon}{2}}<\frac{\varepsilon}{2},$$

所以，当 $m>N$ 时，有

$$d(x_m,x)=\sum_{i=1}^{n-1}\frac{1}{2^i}\frac{|\xi_i^{(m)}-\xi_i|}{1+|\xi_i^{(m)}-\xi_i|}+\sum_{i=n}^\infty\frac{1}{2^i}\frac{|\xi_i^{(m)}-\xi_i|}{1+|\xi_i^{(m)}-\xi_i|}<\varepsilon,$$

即 $x_m\to x$. $\qquad\square$

（4）可测函数空间 $\mathscr{M}(X)$. 设 $\{f_n\}$ 及 f 分别为 $\mathscr{M}(X)$ 中的点列及点,则点列 $\{f_n\}$ 收敛于 f 的充要条件为函数列 $\{f_n\}$ 依测度收敛于 f.

事实上,若 $\{f_n\}$ 依测度收敛于 f,则对任何 $\sigma>0$,有

$$m(X[\ |f_n-f| \geqslant \sigma]) \to 0 \quad (n\to\infty).$$

对任意给定的正数 ε,取

$$0<\sigma<\frac{\varepsilon}{2m(X)-\varepsilon},$$

则 $\frac{\sigma}{1+\sigma}m(X)<\frac{\varepsilon}{2}$,对这个 σ,由 $f_n(t)\Rightarrow f(t)$,存在正整数 N,使 $n>N$ 时,

$$m(X[\ |f_n-f| \geqslant \sigma])<\frac{\varepsilon}{2},$$

所以

$$
\begin{aligned}
d(f_n,f) &= \int_X \frac{|f_n(t)-f(t)|}{1+|f_n(t)-f(t)|}\mathrm{d}t \\
&= \int_{X[\ |f_n-f| \geqslant \sigma]} \frac{|f_n(t)-f(t)|}{1+|f_n(t)-f(t)|}\mathrm{d}t + \int_{X[\ |f_n-f| < \sigma]} \frac{|f_n(t)-f(t)|}{1+|f_n(t)-f(t)|}\mathrm{d}t \\
&\leqslant m(X[\ |f_n-f| \geqslant \sigma]) + \frac{\sigma}{1+\sigma}m(X) < \varepsilon,
\end{aligned}
$$

即 $d(f_n,f)\to 0(n\to\infty)$. 反之如果 $d(f_n,f)\to 0(n\to\infty)$,对任意给定正数 $\sigma>0$,由于

$$\frac{\sigma}{1+\sigma}m(X[\ |f_n-f| \geqslant \sigma]) \leqslant \int_{X[\ |f_n-f| \geqslant \sigma]} \frac{|f_n(t)-f(t)|}{1+|f_n(t)-f(t)|}\mathrm{d}t \leqslant d(f_n,f),$$

由此可知

$$\lim_{n\to\infty} m(X[\ |f_n-f| \geqslant \sigma]) = 0,$$

即 $\{f_n\}$ 依测度收敛于 f. □

由上面一系列例子可以看到,尽管在各个具体空间中各种极限概念不完全一致（依坐标收敛、一致收敛、依测度收敛等）,但当我们引入适当的距离以后,都可以统一在度量空间的极限概念之中,这就为统一处理提供了方便.

下面我们引入度量空间中稠密子集和可分度量空间的概念.

定义 设 X 是度量空间,E 和 M 是 X 中两个子集,令 $\overline{M}$ 表示 M 的闭包,如果 $E\subset \overline{M}$,那么称集 M 在集 E 中稠密,当 $E=X$ 时称 M 为 X 的一个稠密子集.如果 X 有一个可数的稠密子集,则称 X 是可分空间.

例1 n 维欧氏空间 $\mathbf{R}^n$ 是可分空间.事实上,坐标为有理数的点的全体是 $\mathbf{R}^n$ 的可数稠密子集.

例2 离散度量空间 X 可分的充要条件为 X 是可数集.事实上,在 X 中没有稠密真子集,所以 X 中唯一的稠密子集只有 X 本身,因此,X 可分的充要条件为 X 是可数集.

下面举一个不可分度量空间的例子.令 l^∞ 表示有界实（或复）数列全体,对 l^∞ 中任

意两点 $x=(\xi_1,\xi_2,\cdots),y=(\eta_1,\eta_2,\cdots)$,定义

$$d(x,y)=\sup_i|\xi_i-\eta_i|.$$

易证 l^∞ 按 $d(x,y)$ 成为度量空间.

例3 l^∞ 是不可分空间.

证明 令 M 表示 l^∞ 中坐标 ξ_i 取值为 0 或 1 的点 $x=(\xi_1,\xi_2,\cdots)$ 全体,则 M 与二进位小数一一对应,所以 M 的基数为 c.对 M 中任意两个不同的点 x,y,有 $d(x,y)=1$,如果 l^∞ 可分,则 l^∞ 中存在可数稠密子集,设为 $\{y_k\}$.对 M 中每一点 x,作球 $U\left(x,\dfrac{1}{3}\right)$,则

$$\left\{U\left(x,\frac{1}{3}\right):x\in M\right\}$$

是一族两两不相交的球,总数有不可数个.但由于 $\{y_k\}$ 在 l^∞ 中稠密,所以每个 $U\left(x,\dfrac{1}{3}\right)$ 中至少含有 $\{y_k\}$ 中一点,这与 $\{y_k\}$ 是可数集矛盾. □

§3 连 续 映 射

仿照直线上函数连续性的定义,我们引入度量空间中映射连续性的概念.

定义 设 $X=(X,d)$,$Y=(Y,\tilde{d})$ 是两个度量空间,T 是 X 到 Y 中映射,$x_0\in X$,如果对于任意给定的正数 ε,存在正数 $\delta>0$,使对 X 中一切满足 $d(x,x_0)<\delta$ 的 x,有

$$\tilde{d}(Tx,Tx_0)<\varepsilon,$$

则称 T 在 x_0 连续.

如果用邻域来描述,那么 T 在 x_0 连续的定义可以改述为:对 Tx_0 的每个 ε-邻域 U,必有 x_0 的某个 δ-邻域 V 使 $TV\subset U$,其中 TV 表示 V 在映射 T 作用下的像.

我们也可以用极限来定义映射的连续性.

定理1 设 T 是度量空间 (X,d) 到度量空间 $(Y,\tilde{d})$ 中的映射,那么 T 在 $x_0\in X$ 连续的充要条件为当 $x_n\to x_0(n\to\infty)$ 时,必有 $Tx_n\to Tx_0(n\to\infty)$.

证明 必要性 如果 T 在 $x_0\in X$ 连续,那么对任意给定的正数 ε,存在正数 δ,使当 $d(x,x_0)<\delta$ 时,有 $\tilde{d}(Tx_0,Tx)<\varepsilon$,因为 $x_n\to x(n\to\infty)$,所以存在正整数 N,当 $n>N$ 时,有 $d(x_n,x_0)<\delta$,因此

$$\tilde{d}(Tx_n,Tx_0)<\varepsilon.$$

这就证明了 $Tx_n\to Tx_0(n\to\infty)$.

充分性 用反证法.如果 T 在 x_0 不连续,那么存在正数 $\varepsilon_0>0$,使对任何正数 $\delta>0$,总有 $x\neq x_0$,满足 $d(x,x_0)<\delta$,但 $\tilde{d}(Tx,Tx_0)\geqslant\varepsilon_0$,特取 $\delta=\dfrac{1}{n}$,则有 x_n,使 $d(x_n,x_0)<\dfrac{1}{n}$,但 $\tilde{d}(Tx_n,Tx_0)\geqslant\varepsilon_0$,这就是说,$x_n\to x_0(n\to\infty)$,但 Tx_n 不收敛于 Tx_0,这与已知矛盾. □

如果映射 T 在 X 的每一点都连续,则称 T 是 X 上的连续映射.我们可以用开集来

刻画连续映射.为此,称集合

$$\{x \in X : Tx \in M \subset Y\}$$

为集合 M 在映射 T 下的原像,简记为 $T^{-1}M$.

关于连续映射有下面的定理.

定理 2　度量空间 X 到 Y 中的映射 T 是 X 上连续映射的充要条件为 Y 中任意开集 M 的原像 $T^{-1}M$ 是 X 中的开集.

证明　**必要性**　设 T 是连续映射,$M \subset Y$ 是 Y 中开集.如果 $T^{-1}M = \varnothing$,那么 $T^{-1}M$ 是 X 中开集.如果 $T^{-1}M \neq \varnothing$,则对任意 $x_0 \in T^{-1}M$,令 $y_0 = Tx_0$,则 $y_0 \in M$.由于 M 是开集,所以存在 y_0 的 ε-邻域 U,$U \subset M$,由 T 的连续性,存在 x_0 的 δ-邻域 V,使 $TV \subset U$,这就是说

$$V \subset T^{-1}U \subset T^{-1}M,$$

所以 x_0 是 $T^{-1}M$ 的内点,由 x_0 的任意性知 $T^{-1}M$ 是 X 中开集.

充分性　如果 Y 中每一个开集的原像是开集,对任意 $x_0 \in X$ 及 Tx_0 的任意 ε-邻域 U,那么 $T^{-1}U$ 是 X 中开集,又 $x_0 \in T^{-1}U$,所以 x_0 是 $T^{-1}U$ 的内点,因而存在 x_0 的某个 δ-邻域 V,使 $V \subset T^{-1}U$,于是 $TV \subset U$,这说明 T 在 x_0 连续,由 x_0 的任意性可知 T 是 X 上的连续映射.□

利用 $T^{-1}(M^c) = (T^{-1}M)^c$,不难证明在上面定理中把开集改为闭集后,定理仍然成立.

§4　柯西点列和完备度量空间

首先回忆一下 $\mathbf{R}$ 中柯西点列的定义.设 $\{x_n\}$ 是 $\mathbf{R}$ 中的点列,如果对任意给定的正数 $\varepsilon > 0$,存在正整数 $N = N(\varepsilon)$,当 $n, m > N$ 时有

$$d(x_n, x_m) = |x_n - x_m| < \varepsilon,$$

则称 $\{x_n\}$ 是 $\mathbf{R}$ 中的柯西点列.类似地可以定义度量空间中的柯西点列.

定义　设 $X = (X, d)$ 是度量空间,$\{x_n\}$ 是 X 中点列,如果对任意给定的正数 $\varepsilon > 0$,存在正整数 $N = N(\varepsilon)$,使当 $n, m > N$ 时,必有

$$d(x_n, x_m) < \varepsilon,$$

则称 $\{x_n\}$ 是 X 中的柯西点列或基本点列.如果度量空间 (X, d) 中每个柯西点列都在 (X, d) 中收敛,那么称 (X, d) 是完备的度量空间.

注意:这里要求在 X 中存在一点,使该柯西点列收敛到这一点.

由完备度量空间的定义,立即可知有理数全体按绝对值距离构成的空间不完备,但 n 维欧氏空间 $\mathbf{R}^n$ 则是完备的度量空间.在一般度量空间中,柯西点列不一定收敛,但是度量空间中的每一个收敛点列都是柯西点列.实际上,如果 $x_n \to x (n \to \infty)$,那么对任意正数 $\varepsilon > 0$,存在 $N = N(\varepsilon)$,使当 $n > N$ 时,有

$$d(x_n, x) < \frac{\varepsilon}{2}.$$

因此,当 $n, m > N$ 时,由三点不等式,得到

$$d(x_n,x_m) \le d(x_n,x) + d(x_m,x) < \frac{\varepsilon}{2} + \frac{\varepsilon}{2} = \varepsilon,$$

即 $\{x_n\}$ 是柯西点列.

例1 l^∞ 是完备度量空间.

证明 设 $\{x_m\}$ 是 l^∞ 中的柯西点列,其中 $x_m = (\xi_1^{(m)}, \xi_2^{(m)}, \cdots)$,于是对于任意 $\varepsilon > 0$,存在正整数 N,当 $n, m > N$ 时,

$$d(x_m, x_n) = \sup_j |\xi_j^{(m)} - \xi_j^{(n)}| < \varepsilon. \tag{1}$$

因此,对每一个固定的 j,当 $n, m > N$ 时,有

$$|\xi_j^{(m)} - \xi_j^{(n)}| < \varepsilon. \tag{2}$$

这就是说,数列 $\xi_j^{(k)}, k = 1, 2, \cdots$ 是柯西数列,因此,存在数 ξ_j,使得 $\xi_j^{(n)} \to \xi_j (n \to \infty)$,令 $x = (\xi_1, \xi_2, \cdots)$.下面证明 $x \in l^\infty$,且 $x_m \to x (m \to \infty)$.在(2)式中,令 $n \to \infty$,我们得到,对一切 $m > N$,有

$$|\xi_j^{(m)} - \xi_j| \le \varepsilon, \tag{3}$$

又因 $x_m = (\xi_1^{(m)}, \xi_2^{(m)}, \cdots, \xi_j^{(m)}, \cdots) \in l^\infty$,因此存在实数 K_m,使得对所有 j,$|\xi_j^{(m)}| \le K_m$ 成立.因此,

$$|\xi_j| \le |\xi_j - \xi_j^{(m)}| + |\xi_j^{(m)}| \le \varepsilon + K_m.$$

这就证明了 $x \in l^\infty$.由(3)式,可知对一切 $m > N$,

$$d(x_m, x) = \sup_j |\xi_j^{(m)} - \xi_j| \le \varepsilon.$$

所以 $x_m \to x (m \to \infty)$.因此 l^∞ 是完备度量空间. $\qquad\square$

令 C 表示所有收敛的实(或复)数列全体,对 C 中任意两点 $x = (\xi_1, \xi_2, \cdots), y = (\eta_1, \eta_2, \cdots)$,令

$$d(x, y) = \sup_j |\xi_j - \eta_j|.$$

易证 C 是一度量空间,实际上它是 l^∞ 的一个子空间.

例2 C 是完备的度量空间.

为此我们首先证明关于子空间完备性的一个定理.

定理 完备度量空间 X 的子空间 M 是完备空间的充要条件为 M 是 X 中的闭子空间.

证明 设 M 是完备子空间,对每个 $x \in \overline{M}$,存在 M 中点列 $\{x_n\}$,使 $x_n \to x (n \to \infty)$,由前述,$\{x_n\}$ 是 M 中柯西点列,所以在 M 中收敛,由极限的唯一性可知 $x \in M$,即 $\overline{M} \subset M$,所以 $\overline{M} = M$,因此 M 是闭子空间.

反之,如果 $\{x_n\}$ 是 M 中柯西点列,因 X 是完备度量空间,所以存在 $x \in X$,使 $x_n \to x$ $(n \to \infty)$,由于 M 是 X 中闭子空间,所以 $x \in M$,即 $\{x_n\}$ 在 M 中收敛.这就证明了 M 是完备度量空间. $\qquad\square$

例2的证明 由上述定理,只要证 C 是 l^∞ 中的闭子空间即可.对任何 $x = (\xi_1, \xi_2, \cdots) \in \overline{C}$,存在 $x_n = (\xi_1^{(n)}, \xi_2^{(n)}, \cdots) \in C, n = 1, 2, \cdots, x_n \to x (n \to \infty)$,因此对任何正数 $\varepsilon > 0$,存在正整数 N,当 $n \ge N$ 时,对所有正整数 j,有

$$|\xi_j^{(n)} - \xi_j| \le d(x_n, x) < \frac{\varepsilon}{3},$$

特别取 $n=N$,那么对所有 j,有

$$|\xi_j^{(N)}-\xi_j|<\frac{\varepsilon}{3}.$$

但因 $x_N\in C$,即 $\{\xi_j^{(N)}\}$ 当 $j\to\infty$ 时收敛,因而存在 N_1,使当 $j,k\geqslant N_1$ 时,有

$$|\xi_j^{(N)}-\xi_k^{(N)}|<\frac{\varepsilon}{3}.$$

于是当 $j,k\geqslant N_1$ 时,有

$$|\xi_j-\xi_k|\leqslant|\xi_j-\xi_j^{(N)}|+|\xi_j^{(N)}-\xi_k^{(N)}|+|\xi_k^{(N)}-\xi_k|<\varepsilon.$$

这说明 $\xi_j,j=1,2,\cdots$ 是柯西数列,因而收敛,即 $x=(\xi_1,\xi_2,\cdots)\in C$,所以 C 是 l^∞ 中的闭子空间. □

例3　$C[a,b]$ 是完备的度量空间.

证明　设 $x_m,m=1,2,\cdots$ 是 $C[a,b]$ 中的柯西点列.于是对任何正数 $\varepsilon>0$,存在正整数 N,使对一切 $n,m>N$,有

$$\max_{a\leqslant t\leqslant b}|x_m(t)-x_n(t)|=d(x_m,x_n)<\varepsilon. \tag{4}$$

因此对任何 $t\in[a,b]$,有

$$|x_m(t)-x_n(t)|<\varepsilon.$$

这说明当 t 固定时,$x_n(t),n=1,2,\cdots$ 是柯西数列,所以存在 $x(t)$,使 $x_m(t)\to x(t)$.下面证明 $x(t)$ 是 $[a,b]$ 上的连续函数,且 $x_m\to x(m\to\infty)$.事实上,在(4)式中令 $n\to\infty$,那么可以得到当 $m>N$ 时,有

$$\max_{a\leqslant t\leqslant b}|x_m(t)-x(t)|\leqslant\varepsilon. \tag{5}$$

这说明 $x_m(t)$ 在 $[a,b]$ 上一致收敛于 $x(t)$,由数学分析知,$x(t)$ 是 $[a,b]$ 上连续函数,因此 $x\in C[a,b]$,且由(5)式知,当 $m>N$ 时,

$$d(x_m,x)=\max_{a\leqslant t\leqslant b}|x_m(t)-x(t)|\leqslant\varepsilon,$$

即 $x_m\to x(m\to\infty)$.这就说明了 $C[a,b]$ 是完备度量空间. □

下面举几个不完备空间的例子.

例4　令 $P[a,b]$ 表示闭区间 $[a,b]$ 上实系数多项式全体,则 $P[a,b]$ 作为 $C[a,b]$ 的子空间是不完备的度量空间.事实上存在多项式列 $P_k,k=1,2,\cdots$ 在 $[a,b]$ 上一致地收敛于某个非多项式的连续函数,也就是说 $P[a,b]$ 不是 $C[a,b]$ 的闭子空间,由上述定理知 $P[a,b]$ 不是完备度量空间.

设 X 表示闭区间 $[0,1]$ 上连续函数全体,对任意 $x,y\in X$,令

$$d(x,y)=\int_0^1|x(t)-y(t)|\,\mathrm{d}t,$$

那么 (X,d) 成为度量空间.事实上,容易验证 d 满足第二章 §1 中关于距离的条件 2°.现验证 d 满足条件 1°.事实上 d 非负显然,如果 $x(t)\equiv y(t),t\in[0,1]$,则显然 $d(x,y)=0$,反之如果 $d(x,y)=0$,因为 $|x(t)-y(t)|\geqslant0$,所以 $x(t)=y(t)$ a.e.于 $[0,1]$,但几乎处处相等的连续函数必然恒等(请读者自证),所以 $x=y$.

例5　上面定义的度量空间 (X,d) 不完备.

证明　令(图 7.1)

$$x_m(t) = \begin{cases} 1, & \dfrac{1}{2}+\dfrac{1}{m} \leqslant t \leqslant 1, \\ m\left(x-\dfrac{1}{2}\right), & \dfrac{1}{2} < t < \dfrac{1}{2}+\dfrac{1}{m}, \\ 0, & 0 \leqslant t \leqslant \dfrac{1}{2}. \end{cases}$$

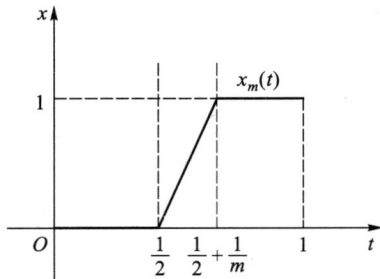

图 7.1

那么，$\{x_i\}$ 是 (X,d) 中的柯西点列.事实上,对任何

正数 $\varepsilon > 0$,当 $n > m > \dfrac{1}{\varepsilon}$ 时,

$$d(x_n,x_m) = \int_0^1 |x_n(t)-x_m(t)|\,\mathrm{d}t = \int_{\frac{1}{2}}^{\frac{1}{2}+\frac{1}{m}} |x_n(t)-x_m(t)|\,\mathrm{d}t \leqslant \frac{1}{m} < \varepsilon,$$

但对每个 $x \in X$,

$$\begin{aligned} d(x_m,x) &= \int_0^1 |x_m(t)-x(t)|\,\mathrm{d}t \\ &= \int_0^{\frac{1}{2}} |x(t)|\,\mathrm{d}t + \int_{\frac{1}{2}}^{\frac{1}{2}+\frac{1}{m}} |x_m(t)-x(t)|\,\mathrm{d}t + \int_{\frac{1}{2}+\frac{1}{m}}^1 |1-x(t)|\,\mathrm{d}t. \end{aligned}$$

如果 $d(x_m,x) \to 0\,(m \to \infty)$,必有

$$\int_0^{\frac{1}{2}} |x(t)|\,\mathrm{d}t = 0, \quad \int_{\frac{1}{2}}^1 |1-x(t)|\,\mathrm{d}t = 0,$$

但由于 $x(t)$ 在 $[0,1]$ 上连续,所以 $x(t)$ 在 $\left[0,\dfrac{1}{2}\right]$ 上恒为 0,在 $\left(\dfrac{1}{2},1\right]$ 上恒为 1,所以

$\lim\limits_{t \to \frac{1}{2}-0} x(t) = 0,\ \lim\limits_{t \to \frac{1}{2}+0} x(t) = 1$,这与 $x(t)$ 在 $[0,1]$ 上连续矛盾,因此 (X,d) 不完备.　□

§5　度量空间的完备化

我们曾指出直线上有理数全体 **Q** 作为 **R** 的子空间不是完备的度量空间,但是我们可以将 **Q**"扩大"成完备的度量空间 **R**,即在 **Q** 中加入"无理数",使之成为新的度量空间 **R**,并且 **Q** 在 **R** 中稠密.下面我们要说明每一个不完备的度量空间都可以加以"扩大",即成为某个完备度量空间的稠密子空间,为此,首先介绍几个概念.

定义　设 (X,d),$(\tilde{X},\tilde{d})$ 是两个度量空间,如果存在 X 到 $\tilde{X}$ 上的保距映射 T,即 $\tilde{d}(Tx,Ty) = d(x,y)$,则称 (X,d) 和 $(\tilde{X},\tilde{d})$ 等距同构,此时 T 称为 X 到 $\tilde{X}$ 上的等距同构映射.

在泛函分析中往往把两个等距同构的度量空间不加区别而视为同一的.

定理 1(度量空间的完备化定理)　设 $X = (X,d)$ 是度量空间,那么一定存在一完备度量空间 $\tilde{X} = (\tilde{X},\tilde{d})$,使 X 与 $\tilde{X}$ 的某个稠密子空间 W 等距同构,并且 $\tilde{X}$ 在等距同构意义下是唯一的,即若 $(\hat{X},\hat{d})$ 也是一完备度量空间,且 X 与 $\hat{X}$ 的某个稠密子空间等距

同构,**则**$(\tilde{X},\tilde{d})$**与**$(\hat{X},\hat{d})$**等距同构.**

证明　我们分成四步来证明.

（1）构造 $\tilde{X}=(\tilde{X},\tilde{d})$.

令 $\tilde{X}$ 为 X 中柯西点列 $\tilde{x}=\{x_n\}$ 全体,对 $\tilde{X}$ 中任意两个元素 $\tilde{x}=\{x_n\}$,$\tilde{y}=\{y_n\}$,如果

$$\lim_{n\to\infty}d(x_n,y_n)=0,\tag{1}$$

则称 $\tilde{x}$ 与 $\tilde{y}$ 相等,记为 $\tilde{x}=\tilde{y}$,或 $\{x_n\}=\{y_n\}$.对 $\tilde{X}$ 中任意两点 $\tilde{x}=\{x_n\}$ 及 $\tilde{y}=\{y_n\}$,定义

$$\tilde{d}(\tilde{x},\tilde{y})=\lim_{n\to\infty}d(x_n,y_n).\tag{2}$$

我们首先指出上式右端极限存在.事实上,由三点不等式

$$d(x_n,y_n)\leqslant d(x_n,x_m)+d(x_m,y_m)+d(y_m,y_n),$$

所以

$$d(x_n,y_n)-d(x_m,y_m)\leqslant d(x_n,x_m)+d(y_n,y_m).$$

类似也有

$$d(x_m,y_m)-d(x_n,y_n)\leqslant d(x_n,x_m)+d(y_n,y_m).$$

由此得到

$$\big|d(x_m,y_m)-d(x_n,y_n)\big|\leqslant d(x_n,x_m)+d(y_n,y_m).\tag{3}$$

由于 $\{x_n\}$ 和 $\{y_n\}$ 是 X 中柯西点列,所以 $\{d(x_n,y_n)\}$ 是 $\mathbf{R}$ 中柯西数列,因此（2）式中右端极限存在.

其次,我们指出,如果 $\{x_n\}=\{x_n'\}$,$\{y_n\}=\{y_n'\}$,则

$$\lim_{n\to\infty}d(x_n,y_n)=\lim_{n\to\infty}d(x_n',y_n'),$$

即要指出 $\tilde{d}(\tilde{x},\tilde{y})$ 与用来表示 $\tilde{x}$ 与 $\tilde{y}$ 的具体柯西点列 $\{x_n\}$ 和 $\{y_n\}$ 无关.事实上,类似于不等式（3）的证明,可以得到

$$\big|d(x_n,y_n)-d(x_n',y_n')\big|\leqslant d(x_n,x_n')+d(y_n,y_n').$$

由 $\lim_{n\to\infty}d(x_n,x_n')=0$,$\lim_{n\to\infty}d(y_n,y_n')=0$,可知

$$\lim_{n\to\infty}d(x_n,y_n)=\lim_{n\to\infty}d(x_n',y_n').$$

最后证明 $\tilde{d}$ 满足关于距离的条件 1° 及 2°.$\tilde{d}(\tilde{x},\tilde{y})$ 显然非负,又 $\tilde{d}(\tilde{x},\tilde{y})=0$ 等价于 $\lim_{n\to\infty}d(x_n,y_n)=0$,即 $\tilde{x}=\tilde{y}$.此外,若 $\tilde{x}=\{x_n\}$,$\tilde{y}=\{y_n\}$,$\tilde{z}=\{z_n\}$ 为 $\tilde{X}$ 中任意三个元素,则

$$\tilde{d}(\tilde{x},\tilde{y})=\lim_{n\to\infty}d(x_n,y_n)\leqslant\lim_{n\to\infty}d(x_n,z_n)+\lim_{n\to\infty}d(y_n,z_n)=\tilde{d}(\tilde{x},\tilde{z})+\tilde{d}(\tilde{y},\tilde{z}).$$

由此 $\tilde{X}$ 按 $\tilde{d}$ 成为度量空间.

（2）作 $\tilde{X}$ 的稠密子空间 W,及 X 到 W 的等距映射 T.

对每个 $b\in X$,令 $\tilde{b}=\{b_n\}$,其中 $b_n=b,n=1,2,\cdots$,显然 $\tilde{b}\in\tilde{X}$.令

$$Tb=\tilde{b},$$

则 $W=TX$,因

$$\tilde{d}(Tb,Ta)=\tilde{d}(\tilde{b},\tilde{a})=\lim_{n\to\infty}d(b,a)=d(b,a),$$

所以 T 是 X 到 W 上的等距映射,即 X 与 W 等距同构.下证 W 是 $\tilde{X}$ 中的稠密子集,对任何 $\tilde{x}=\{x_n\}\in\tilde{X}$,令 $\tilde{x}_n=\{x_j\}$,其中 $x_j=x_n,j=1,2,\cdots$,则 $\tilde{x}_n\in W$,因 $\tilde{x}=\{x_n\}$ 是 X 中的柯西点列,所以对任何正数 $\varepsilon>0$,存在正整数 N,使得当 $n>N$ 时,

$$d(x_n,x_N)<\frac{\varepsilon}{2},$$

于是

$$\tilde{d}(\tilde{x}, \tilde{x}_n) = \lim_{n \to \infty} d(x_n, x_N) \leqslant \frac{\varepsilon}{2} < \varepsilon,$$

这说明在 $\tilde{x}$ 的任何 ε-邻域中必有 W 中的点,所以 W 在 $\tilde{X}$ 中稠密.

(3) 证明 $\tilde{X}$ 是完备的度量空间.

设 $\{\tilde{x}_n\}$ 是 $\tilde{X}$ 中柯西点列.因 W 在 $\tilde{X}$ 中稠密,所以对每个 $\tilde{x}_n$,存在 $\tilde{z}_n \in W$,使

$$\tilde{d}(\tilde{x}_n, \tilde{z}_n) < \frac{1}{n}, \tag{4}$$

由三点不等式

$$\tilde{d}(\tilde{z}_m, \tilde{z}_n) \leqslant \tilde{d}(\tilde{z}_m, \tilde{x}_m) + \tilde{d}(\tilde{x}_m, \tilde{x}_n) + \tilde{d}(\tilde{x}_n, \tilde{z}_n) \leqslant \frac{1}{m} + \frac{1}{n} + \tilde{d}(\tilde{x}_m, \tilde{x}_n).$$

由此可知 $\{\tilde{z}_m\}$ 是 W 中柯西点列.因为 T 是 X 到 W 上等距映射,令 $z_m = T^{-1}\tilde{z}_m$,则 $\{z_m\}$ 是 X 中柯西点列,令 $\tilde{x} = \{z_m\}$,则 $\tilde{x} \in \tilde{X}$,又由(4)式

$$\tilde{d}(\tilde{x}_n, \tilde{x}) \leqslant \tilde{d}(\tilde{x}_n, \tilde{z}_n) + \tilde{d}(\tilde{z}_n, \tilde{x}) < \frac{1}{n} + \tilde{d}(\tilde{z}_n, \tilde{x}) = \frac{1}{n} + \lim_{m \to \infty} d(z_n, z_m),$$

但上式右边当 n 足够大时,可以小于事先给定的任意正数 ε,所以 $\lim_{n \to \infty} \tilde{d}(\tilde{x}_n, \tilde{x}) = 0$,因而 $\tilde{X}$ 是完备度量空间.

(4) 证明 $\tilde{X}$ 的唯一性.

如果 $(\hat{X}, \hat{d})$ 是另一个完备度量空间,而且 X 与 $(\hat{X}, \hat{d})$ 中稠密子集 $\hat{W}$ 等距同构.

作 $\hat{X}$ 到 $\tilde{X}$ 上映射 T 如下:对任意 $\hat{x} \in \hat{X}$,由 $\hat{W}$ 在 $\hat{X}$ 中稠密,存在 $\hat{W}$ 中点列 $\{\hat{x}_n\}$,使 $\lim_{n \to \infty} \hat{x}_n = \hat{x}$,但由于 $\hat{W}$ 与 X 等距同构,W 也与 X 等距同构,因此 $\hat{W}$ 与 W 等距同构,设 φ 为 $\hat{W}$ 到 W 上的等距同构映射,由 $\lim_{n \to \infty} \hat{x}_n = \hat{x}$,易知 $\{\varphi(\hat{x}_n)\}$ 是 $\tilde{X}$ 中柯西点列,由 $\tilde{X}$ 的完备性,存在 $\tilde{x} \in \tilde{X}$,使 $\lim_{n \to \infty} \varphi(\hat{x}_n) = \tilde{x}$.

令 $T\hat{x} = \tilde{x}$.首先,这样定义的 T 与 $\{\hat{x}_n\}$ 无关,即若另有 $\{\hat{y}_n\}$,$\hat{y}_n \in \hat{W}$,$n = 1, 2, 3, \cdots$,并且 $\lim_{n \to \infty} \hat{y}_n = \hat{x}$,则

$$\lim_{n \to \infty} \varphi(\hat{x}_n) = \lim_{n \to \infty} \varphi(\hat{y}_n).$$

事实上,

$$\tilde{d}(\lim_{n \to \infty} \varphi(\hat{x}_n), \lim_{n \to \infty} \varphi(\hat{y}_n)) = \lim_{n \to \infty} \tilde{d}(\varphi(\hat{x}_n), \varphi(\hat{y}_n)) = \lim_{n \to \infty} \hat{d}(\hat{x}_n, \hat{y}_n) = \hat{d}(\hat{x}, \hat{x}) = 0,$$

所以 $\lim_{n \to \infty} \varphi(\hat{x}_n) = \lim_{n \to \infty} \varphi(\hat{y}_n)$.下证 T 是 $\hat{X}$ 到 $\tilde{X}$ 上等距同构映射.对任何 $\tilde{x} \in \tilde{X}$,由于 W 在 $\tilde{X}$ 中稠密,所以在 W 中存在点列 $\{\tilde{x}_n\}$,使得 $\lim_{n \to \infty} \tilde{x}_n = \tilde{x}$,同前证明,可知 $\{\varphi^{-1}(\tilde{x}_n)\}$ 为 $\hat{X}$ 中柯西点列,故有 $\hat{x} \in \hat{X}$,使得 $\lim_{n \to \infty} \varphi^{-1}(\tilde{x}_n) = \hat{x}$,易知 $T\hat{x} = \tilde{x}$,即 T 是 $\hat{X}$ 到 $\tilde{X}$ 上的映射.又对任何 $\hat{x}, \hat{y} \in \hat{X}$,有 $\hat{W}$ 中点列 $\{\hat{x}_n\}$ 和 $\{\hat{y}_n\}$,使得 $\lim_{n \to \infty} \hat{x}_n = \hat{x}$,$\lim_{n \to \infty} \hat{y}_n = \hat{y}$,所以

$$\hat{d}(\hat{x}, \hat{y}) = \lim_{n \to \infty} \hat{d}(\hat{x}_n, \hat{y}_n) = \lim_{n \to \infty} \tilde{d}(\varphi(\hat{x}_n), \varphi(\hat{y}_n)) = \tilde{d}(T\hat{x}, T\hat{y}).$$

这就证明了 T 是一个等距同构映射,所以 $\hat{X}$ 与 $\tilde{X}$ 等距同构. □

如果我们把两个等距同构的度量空间不加以区别,视为同一,那么定理 1 可以改述如下.

定理 1′ 设 $X=(X,d)$ 是度量空间,那么存在唯一的完备度量空间 $\tilde{X}=(\tilde{X},\tilde{d})$,使 X 为 $\tilde{X}$ 的稠密子空间.

§6 压缩映射原理及其应用

作为完备度量空间概念的应用,我们介绍巴拿赫(Banach)的压缩映射原理,它在许多关于存在唯一性的定理(例如微分方程、代数方程、积分方程等)的证明中是一个有力的工具.

定义 设 X 是度量空间,T 是 X 到 X 中的映射,如果存在一个数 α,$0<\alpha<1$,使得对所有的 $x,y\in X$,

$$d(Tx,Ty)\leqslant\alpha d(x,y),\tag{1}$$

则称 T 是压缩映射.

压缩映射在几何上的意思是说点 x 和 y 经 T 映射后,它们像的距离缩短了,不超过 $d(x,y)$ 的 α 倍($\alpha<1$).

定理 1(压缩映射原理) 设 X 是完备的度量空间,T 是 X 上的压缩映射,那么 T 有且只有一个不动点(就是说,方程 $Tx=x$ 有且只有一个解).

证明 设 x_0 是 X 中任意一点.令 $x_1=Tx_0,x_2=Tx_1=T^2x_0,\cdots,x_n=Tx_{n-1}=T^nx_0,\cdots$. 我们证明点列 $\{x_n\}$ 是 X 中柯西点列.事实上,

$$\begin{aligned}d(x_{m+1},x_m)&=d(Tx_m,Tx_{m-1})\leqslant\alpha d(x_m,x_{m-1})\\&=\alpha d(Tx_{m-1},Tx_{m-2})\leqslant\alpha^2 d(x_{m-1},x_{m-2})\\&\leqslant\cdots\leqslant\alpha^m d(x_1,x_0).\end{aligned}\tag{2}$$

由三点不等式,当 $n>m$ 时,

$$\begin{aligned}d(x_m,x_n)&\leqslant d(x_m,x_{m+1})+d(x_{m+1},x_{m+2})+\cdots+d(x_{n-1},x_n)\\&\leqslant(\alpha^m+\alpha^{m+1}+\cdots+\alpha^{n-1})d(x_0,x_1)\\&=\alpha^m\cdot\frac{1-\alpha^{n-m}}{1-\alpha}d(x_0,x_1).\end{aligned}$$

因 $0<\alpha<1$,所以 $1-\alpha^{n-m}<1$,于是得到

$$d(x_m,x_n)\leqslant\frac{\alpha^m}{1-\alpha}d(x_0,x_1)\quad(n>m).\tag{3}$$

所以当 $m\to\infty$,$n\to\infty$ 时,$d(x_m,x_n)\to0$,即 $\{x_n\}$ 是 X 中柯西点列,由 X 完备,存在 $x\in X$,使 $x_m\to x(m\to\infty)$,又由三点不等式和条件(1),我们有

$$d(x,Tx)\leqslant d(x,x_m)+d(x_m,Tx)\leqslant d(x,x_m)+\alpha d(x_{m-1},x).$$

上面不等式右端当 $m\to\infty$ 时趋于 0,所以 $d(x,Tx)=0$,即 $x=Tx$.

下证唯一性.如果又有 $\tilde{x}\in X$,使 $T\tilde{x}=\tilde{x}$,则由条件(1),

$$d(x,\tilde{x})=d(Tx,T\tilde{x})\leqslant\alpha d(x,\tilde{x}).$$

因 $\alpha<1$,所以必有 $d(x,\tilde{x})=0$,即 $x=\tilde{x}$. $\qquad\square$

压缩映射原理在分析、微分方程、积分方程、代数方程解的存在和唯一性定理证明中起了重要作用,由于篇幅所限,这里只能介绍隐函数存在定理以及常微分方程解的存在性和唯一性定理(皮卡,Picard).

定理 2 设函数 $f(x,y)$ 在带状域

$$a \leqslant x \leqslant b, \quad -\infty < y < \infty$$

中处处连续,且处处有关于 y 的偏导数 $f'_y(x,y)$.如果还存在常数 m 和 M,满足

$$0 < m \leqslant f'_y(x,y) \leqslant M, m < M,$$

则方程 $f(x,y) = 0$ 在区间 $[a,b]$ 上必有唯一的连续函数 $y = \varphi(x)$ 作为解:

$$f(x,\varphi(x)) \equiv 0, x \in [a,b].$$

证明 在完备度量空间 $C[a,b]$ 中作映射 A,使得对任意的函数 $\varphi \in C[a,b]$,有 $(A\varphi)(x) = \varphi(x) - \dfrac{1}{M}f(x,\varphi(x))$.按照定理条件,$f(x,y)$ 是连续的,故 $(A\varphi)(x)$ 也连续,即 $A\varphi \in C[a,b]$.所以 A 是 $C[a,b]$ 到自身的映射.

现证 A 是压缩映射.任取 $\varphi_1, \varphi_2 \in C[a,b]$,根据微分中值定理,存在 $0 < \theta < 1$,满足

$$
\begin{aligned}
&\left| (A\varphi_2)(x) - (A\varphi_1)(x) \right| \\
&= \left| \varphi_2(x) - \frac{1}{M}f(x,\varphi_2(x)) - \varphi_1(x) + \frac{1}{M}f(x,\varphi_1(x)) \right| \\
&= \left| \varphi_2(x) - \varphi_1(x) - \frac{1}{M}f'_y[x,\varphi_1(x) + \theta(\varphi_2(x) - \varphi_1(x))] \cdot (\varphi_2(x) - \varphi_1(x)) \right| \\
&\leqslant \left| \varphi_2(x) - \varphi_1(x) \right| \left(1 - \frac{m}{M} \right).
\end{aligned}
$$

由于 $0 < \dfrac{m}{M} < 1$,所以令 $\alpha = 1 - \dfrac{m}{M}$,则有 $0 < \alpha < 1$,且

$$\left| (A\varphi_2)(x) - (A\varphi_1)(x) \right| \leqslant \alpha \left| \varphi_2(x) - \varphi_1(x) \right|.$$

按 $C[a,b]$ 中距离的定义,即知

$$d(A\varphi_2, A\varphi_1) \leqslant \alpha d(\varphi_2, \varphi_1).$$

因此,A 是压缩映射.由定理 1,存在唯一的 $\varphi \in C[a,b]$ 满足 $A\varphi = \varphi$,即 $\varphi(x) \equiv \varphi(x) - \dfrac{1}{M}f(x,\varphi(x))$,这就是说

$$f(x,\varphi(x)) \equiv 0, \quad a \leqslant x \leqslant b. \qquad \square$$

定理 3(皮卡) 设 $f(t,x)$ 是矩形

$$D = \{(t,x) \mid |t - t_0| \leqslant a, |x - x_0| \leqslant b\}$$

上的二元连续函数,设 $|f(t,x)| \leqslant M, (t,x) \in D$,又 $f(t,x)$ 在 D 上关于 x 满足利普希茨条件,即存在常数 K,使对任意的 $(t,x),(t,v) \in D$,有

$$|f(t,x) - f(t,v)| \leqslant K|x - v|, \tag{4}$$

那么方程 $\dfrac{\mathrm{d}x}{\mathrm{d}t} = f(t,x)$ 在区间 $J = [t_0 - \beta, t_0 + \beta]$ 上有唯一的满足初值条件 $x(t_0) = x_0$ 的连续函数解,其中

$$\beta < \min\left\{ a, \frac{b}{M}, \frac{1}{K} \right\}. \tag{5}$$

证明　设 $C[t_0-\beta,t_0+\beta]$ 表示区间 $J=[t_0-\beta,t_0+\beta]$ 上连续函数全体按距离 $d(x,y)=\max\limits_{t\in J}|x(t)-y(t)|$ 所成的度量空间,由本章 §4 例 3 知 $C[t_0-\beta,t_0+\beta]$ 是完备度量空间,又令 $\tilde{C}$ 表示 $C[t_0-\beta,t_0+\beta]$ 中满足条件

$$|x(t)-x_0|\leqslant M\beta \qquad (t\in J) \tag{6}$$

的连续函数全体所成的子空间,不难看出 $\tilde{C}$ 是闭子空间,由 §4 中定理,$\tilde{C}$ 是完备度量空间.令

$$(Tx)(t)=x_0+\int_{t_0}^t f(t,x(t))\,\mathrm{d}t, \tag{7}$$

则 T 是 $\tilde{C}$ 到 $\tilde{C}$ 中的映射.事实上,因 $M\beta<b$,所以如果 $x\in\tilde{C}$,那么当 $t\in[t_0-\beta,t_0+\beta]$ 时,$(t,x(t))\in D$,又因 $f(t,x)$ 是 D 上二元连续函数,所以 (7) 式右端积分有意义.又对一切 $t\in J$,

$$|(Tx)(t)-x_0|=\left|\int_{t_0}^t f(t,x(t))\,\mathrm{d}t\right|\leqslant M|t-t_0|\leqslant M\cdot\beta,$$

所以,当 $x\in\tilde{C}$ 时,$Tx\in\tilde{C}$.下面我们指出 T 是压缩映射,事实上,由条件 (4),对 $\tilde{C}$ 中任意两点 x 和 v,有

$$\begin{aligned}|(Tx)(t)-(Tv)(t)|&=\left|\int_{t_0}^t[f(t,x)-f(t,v)]\,\mathrm{d}t\right|\\&\leqslant|t-t_0|\cdot K\max_{a\leqslant t\leqslant b}|x(t)-v(t)|\\&\leqslant K\beta d(x,v).\end{aligned}$$

令 $\alpha=K\beta$,则 $0<\alpha<1$,且

$$d(Tx,Tv)=\max_{t\in J}|(Tx)(t)-(Tv)(t)|\leqslant\alpha d(x,v),$$

所以 T 是 $\tilde{C}$ 上压缩映射.由定理 1,存在唯一 $x\in\tilde{C}$,使 $Tx=x$,即

$$x(t)=x_0+\int_{t_0}^t f(t,x(t))\,\mathrm{d}t, \tag{8}$$

且 $x(t_0)=x_0$.两边对 t 求导,即得

$$\frac{\mathrm{d}x(t)}{\mathrm{d}t}=f(t,x(t)).$$

这说明 $x(t)$ 是方程 $\dfrac{\mathrm{d}x}{\mathrm{d}t}=f(t,x)$ 满足初值条件 $x(t_0)=x_0$ 的解.另外,如果 $\tilde{x}(t)$ 也是此方程满足初值条件 $x(t_0)=x_0$ 的解,那么,

$$\tilde{x}(t)=x_0+\int_{t_0}^t f(t,\tilde{x}(t))\,\mathrm{d}t,$$

因而 $\tilde{x}\in\tilde{C}$,且 $\tilde{x}$ 是 T 的不动点,由定理 1 中不动点的唯一性必有 $\tilde{x}=x$,即方程 $\dfrac{\mathrm{d}x}{\mathrm{d}t}=f(t,x)$ 在区间 $[t_0-\beta,t_0+\beta]$ 上有唯一的满足初值条件 $x(t_0)=x_0$ 的连续函数解.　　□

　　压缩映射原理不仅证明了方程 $Tx=x$ 解的存在性和唯一性,而且也提供了求解的方法——逐次逼近法,即只要任取 $x_0\in X$,令 $x_n=T^n x_0$,则解 $x=\lim\limits_{n\to\infty}x_n$.如果在 (3) 式中,令 $n\to\infty$,则有

$$d(x_m,x)\leqslant\frac{\alpha^m}{1-\alpha}d(x_0,x_1). \tag{9}$$

(9) 式给出了用 $\{x_m\}$ 逼近解 x 的误差估计式.

§7 线性空间

在许多数学问题和实际问题中,我们遇到的空间不仅要求有极限运算,而且还要求有所谓的加法和数乘的代数运算.

定义 1 设 X 是一非空集合,在 X 中定义了元素的加法运算和实数(或复数)与 X 中元素的乘法运算,满足下列条件:

(1) 关于加法成为<u>交换群</u>,即对任意 $x,y \in X$,存在 $u \in X$ 与之对应,记为 $u=x+y$,称为 x 与 y 的<u>和</u>,满足

1) $x+y=y+x$;

2) $(x+y)+z=x+(y+z)$(任何 $x,y,z \in X$);

3) 在 X 中存在唯一元素 θ,使对任何 $x \in X$,成立 $x+\theta=x$,称 θ 为 X 中<u>零元素</u>;

4) 对 X 中每个元素 x,存在唯一元素 $x' \in X$,使 $x+x'=\theta$,称 x' 为 x 的<u>负元素</u>,记为 $-x$;

(2) 对于 X 中每个元素 $x \in X$,及任意实数(或复数)a,存在元素 $u \in X$ 与之对应,记为 $u=ax$,称为 a 与 x 的<u>数积</u>,满足

1) $1x=x$;

2) $a(bx)=(ab)x$ 对任意实数(或复数)a 和 b 成立;

3) $(a+b)x=ax+bx, a(x+y)=ax+ay$,

则称 X 按上述加法和数乘运算成为<u>线性空间</u>或<u>向量空间</u>,其中的元素称为<u>向量</u>.如果数积运算只对实数(复数)有意义,则称 X 是<u>实(复)线性空间</u>.读者不难证明,对所有向量 x 和数 a,成立

$$0x=\theta,$$
$$a\theta=\theta,$$
$$(-1)x=-x.$$

以后仍把零元素 θ 记为 0.

下面举一些线性空间的例子.

例 1 $\mathbf{R}^n$,对 $\mathbf{R}^n$ 中任意两点 $x=(\xi_1,\xi_2,\cdots,\xi_n), y=(\eta_1,\eta_2,\cdots,\eta_n)$ 和任何实数 a,定义

$$x+y=(\xi_1+\eta_1,\xi_2+\eta_2,\cdots,\xi_n+\eta_n),$$
$$ax=(a\xi_1,a\xi_2,\cdots,a\xi_n).$$

容易验证 $\mathbf{R}^n$ 按上述加法和数乘运算成实线性空间.

例 2 $C[a,b]$,对 $C[a,b]$ 中任意两个元素 x,y 和数 a,定义

$$(x+y)(t)=x(t)+y(t), \quad t \in [a,b],$$
$$(ax)(t)=ax(t), \quad t \in [a,b],$$

则 $C[a,b]$ 按上述加法运算和数乘运算成为线性空间.

一般地,设 Q 为一集合,F 表示 Q 上某些函数所成的函数族,在 F 中按通常方法规

定加法和数乘如下：对任意 $t \in Q$，令
$$(f+g)(t) = f(t) + g(t), \quad f, g \in F;$$
$$(af)(t) = af(t), \quad f \in F, \quad a \text{ 是数},$$

如果对任意 $f, g \in F$ 和任意数 a，按这样定义的 $f+g$ 和 af 仍属于 F，那么 F 按上述加法和数乘运算成为线性空间。此后若不另作说明，对函数空间总是采取上述的加法和数乘运算。

例 3 空间 $l^p (p > 0)$。

设 $x = (\xi_1, \xi_2, \cdots)$ 是实（或复）数列，如果 $\sum\limits_{i=1}^{\infty} |\xi_i|^p < \infty$，则称数列 $(\xi_1, \xi_2, \cdots)$ 是 p 次收敛数列，p 次收敛数列全体记为 l^p。对 l^p 中任意两个元素 $x = (\xi_1, \xi_2, \cdots)$，$y = (\eta_1, \eta_2, \cdots)$ 和任意实数（或复数）a，定义
$$x + y = (\xi_1 + \eta_1, \xi_2 + \eta_2, \xi_3 + \eta_3, \cdots),$$
$$ax = (a\xi_1, a\xi_2, a\xi_3, \cdots).$$

下面证明这样定义的 $x+y$ 和 ax 仍属于 l^p。事实上，因
$$|\xi_i + \eta_i|^p \leqslant (|\xi_i| - |\eta_i|)^p \leqslant (2 \max\{|\xi_i|, |\eta_i|\})^p$$
$$= 2^p (\max\{|\xi_i|, |\eta_i|\})^p \leqslant 2^p (|\xi_i|^p + |\eta_i|^p),$$

所以
$$\sum_{i=1}^{\infty} |\xi_i + \eta_i|^p \leqslant 2^p \left(\sum_{i=1}^{\infty} |\xi_i|^p + \sum_{i=1}^{\infty} |\eta_i|^p \right) < \infty,$$

即 $x + y \in l^p$。容易证明 $ax \in l^p$。所以 $l^p (p > 0)$ 按上述加法与数乘运算成为线性空间。

一般地，如果 S 是由某些实数列（或复数列）所组成的集合，对任何 $x = (\xi_1, \xi_2, \xi_3, \cdots)$，$y = (\eta_1, \eta_2, \eta_3, \cdots) \in S$，以及任何数 a，定义
$$x + y = (\xi_1 + \eta_1, \xi_2 + \eta_2, \xi_3 + \eta_3, \cdots),$$
$$ax = (a\xi_1, a\xi_2, a\xi_3, \cdots).$$

若 $x+y$, ax 仍属于 S，则 S 按上述加法及数乘运算成为线性空间。若不另作说明，在数列空间中，我们总采用上面定义的加法和数乘运算。

设 X 是线性空间，Y 是 X 的非空子集，如果对任意 $x, y \in Y$，及任意数 a，都有 $x+y \in Y$ 及 $ax \in Y$，那么 Y 按 X 中加法及数乘运算也成为线性空间，称为 X 的**子空间**。X 和 $\{0\}$ 是 X 的两个子空间，称为**平凡的子空间**，若 $X \neq Y$，则称 Y 是 X 的**真子空间**。

设 $x_1, x_2, \cdots, x_m$ 是线性空间 X 中的向量，$\alpha_1, \alpha_2, \cdots, \alpha_m$ 是 m 个数（若 X 为实线性空间，则 $\alpha_i, i = 1, 2, \cdots, m$ 为实数，若 X 为复线性空间，则 α_i 为复数，以下类同，不另作说明），称 $\alpha_1 x_1 + \alpha_2 x_2 + \cdots + \alpha_m x_m$ 为向量 $x_1, x_2, \cdots, x_m$ 的一个**线性组合**。设 M 为 X 的一个非空子集，M 中任意有限个向量线性组合全体记为 span M，称为由 M 张成的**线性包**。容易证明 span M 是 X 的线性子空间，并且是 X 中包含 M 的最小线性子空间，即若 F 是 X 中包含 M 的线性子空间，那么必有 $F \supset \text{span } M$。

定义 2 设 $x_1, x_2, \cdots, x_n$ 是线性空间 X 中的向量，如果存在 n 个不全为零的数 $\alpha_1, \alpha_2, \cdots, \alpha_n$，使
$$\alpha_1 x_1 + \alpha_2 x_2 + \cdots + \alpha_n x_n = 0, \tag{1}$$
则称 $x_1, x_2, \cdots, x_n$ **线性相关**，否则称为**线性无关**。

不难看出，$x_1, x_2, \cdots, x_n$ 线性无关的充要条件为，若 $\sum\limits_{i=1}^{n} \alpha_i x_i = 0$，必有 $\alpha_1 = \alpha_2 = \cdots = \alpha_n = 0$.

定义 3　设 M 是线性空间 X 的一个子集，如果 M 中任意有限个向量都线性无关，则称 M 是 X 中线性无关子集. 设 M 和 L 为 X 中两个子集，若 M 中任何向量与 L 中任何向量都线性无关，则称 M 和 L 线性无关.

线性无关与线性相关与所取数域有关，在实数域上线性无关的向量组在复数域中可能线性相关.

定义 4　设 X 是线性空间，M 是 X 中线性无关子集，如果 span $M = X$，则称 M 的基数为 X 的维数，记为 dim X，M 称为 X 的一组基. 如果 M 的基数为有限数，则称 X 是有限维线性空间，否则称 X 是无限维线性空间. 如果 X 只含零元素，称 X 为零维线性空间.

在线性代数中已经证明，任何有限维空间的维数不随基的不同而改变.

欧氏空间 $\mathbf{R}^n$ 是一 n 维线性空间. 向量组

$$e_1 = (1, 0, 0, \cdots, 0),$$
$$e_2 = (0, 1, 0, \cdots, 0),$$
$$\cdots\cdots\cdots\cdots$$
$$e_n = (0, 0, 0, \cdots, 1),$$

构成 $\mathbf{R}^n$ 的一组基，称它为 $\mathbf{R}^n$ 的标准基.

$C[a, b]$ 是无限维线性空间. 事实上，如果 $C[a, b]$ 的所有元素都能表示为 n_0 个元素 $f_1, f_2, \cdots, f_{n_0}$ 的线性组合，那么 $1, t, t^2, \cdots, t^{n_0}$ 都属于 $C[a, b]$，这 $n_0 + 1$ 个元素都能用 $f_1, f_2, \cdots, f_{n_0}$ 表示出来，即它们是线性相关的. 然而，众所周知，$1, t^1, t^2, \cdots, t^n$，对任何 n 都是线性无关的. 因此，$C[a, b]$ 只能是无限维的线性空间.

§8　赋范线性空间和巴拿赫空间

在泛函分析中，特别重要和有用的一类度量空间是赋范线性空间. 在赋范线性空间中的元素可以相加或者数乘，元素之间不仅有距离，而且每个元素有类似于普通向量长度的称为范数的量.

定义 1　设 X 是实（或复）的线性空间，如果对每个向量 $x \in X$，有一个确定的实数，记为 $\|x\|$ 与之对应，并且满足

1°　$\|x\| \geqslant 0$，且 $\|x\| = 0$ 等价于 $x = 0$；

2°　$\|\alpha x\| = |\alpha| \|x\|$ 其中 α 为任意实（复）数；

3°　$\|x + y\| \leqslant \|x\| + \|y\|$，$x, y \in X$，

则称 $\|x\|$ 为向量 x 的范数，称 X 按范数 $\| \cdot \|$ 为赋范线性空间.

设 $\{x_n\}$ 是 X 中点列，如果存在 $x \in X$，使 $\|x_n - x\| \to 0 (n \to \infty)$，则称 $\{x_n\}$ 依范数收敛于 x，记为 $x_n \to x (n \to \infty)$ 或 $\lim\limits_{n \to \infty} x_n = x$.

如果令
$$d(x,y)=\|x-y\| \quad (x,y\in X),$$
容易验证 d 是 X 上的距离,且 $\{x_n\}$ 依范数收敛于 x 等价于 $\{x_n\}$ 按距离 d 收敛于 x.称 d 为由范数 $\|\cdot\|$ 导出的距离.所以赋范线性空间实际上是一种特殊的度量空间.如果 d 是由 $\|\cdot\|$ 导出的距离,那么这种距离和线性运算之间有某种关系,即对任意数 α 和向量 $x,y\in X$,有

(a) $d(x-y,0)=d(x,y)$,

(b) $d(\alpha x,0)=|\alpha|d(x,0)$. 　　　　　　　　　　　(1)

反之,如果 X 是线性空间,d 是 X 上的距离,并且满足条件(a)和(b),那么一定可以在 X 上定义范数 $\|\cdot\|$,使 d 是由 $\|\cdot\|$ 所导出的距离.事实上,令 $\|x\|=d(x,0)$,由条件(a),(b),不难证明这样定义的 $\|\cdot\|$ 是范数,且 $d(x,y)=\|x-y\|$.条件(a),(b)反映了空间的度量结构和线性结构之间具有某种协调性.

我们可以证明 $\|x\|$ 是 x 的连续函数.事实上,对于任意 $x,y\in X$,由范数条件 2° 和 3°,不难证明成立不等式
$$\big|\|y\|-\|x\|\big|\le\|y-x\|,$$ 　　　　　　　　　(2)
所以当 $\|x_n-x\|\to0(n\to\infty)$ 时,$\|x_n\|\to\|x\|(n\to\infty)$.

完备的赋范线性空间称为**巴拿赫空间**.下面举一些今后常用的赋范线性空间的例子.

例1 欧氏空间 $\mathbf{R}^n$,对每个 $x=(\xi_1,\xi_2,\cdots,\xi_n)\in\mathbf{R}^n$,定义
$$\|x\|=\sqrt{|\xi_1|^2+|\xi_2|^2+\cdots+|\xi_n|^2}.$$ 　　　　(3)
如果令 $d(x,y)=\|x-y\|=\sqrt{|\xi_1-\eta_1|^2+|\xi_2-\eta_2|^2+\cdots+|\xi_n-\eta_n|^2}$,$y=(\eta_1,\eta_2,\cdots,\eta_n)\in\mathbf{R}^n$,则 d 即为 $\mathbf{R}^n$ 中欧几里得距离,且满足(1)中条件(a)及(b),由此可知 $\|\cdot\|$ 是 $\mathbf{R}^n$ 中范数.又因 $\mathbf{R}^n$ 完备,故 $\mathbf{R}^n$ 按(3)式中范数成巴拿赫空间.

例2 空间 $C[a,b]$,对每个 $x\in C[a,b]$,定义
$$\|x\|=\max_{a\le t\le b}|x(t)|.$$ 　　　　　　　(4)
容易证明 $C[a,b]$ 按(4)式中范数成为巴拿赫空间.

例3 空间 l^∞,对每个 $x=(\xi_1,\xi_2,\cdots)\in l^\infty$,定义
$$\|x\|=\sup_j|\xi_j|.$$ 　　　　　　　(5)
不难验证 l^∞ 按(5)式中范数成为巴拿赫空间.

下面介绍两个重要的巴拿赫空间.

例4 空间 $L^p[a,b]$.

设 $f(t)$ 是 $[a,b]$ 上复值可测函数,$p>0$,如果 $|f(x)|^p$ 是 $[a,b]$ 上 L 可积函数,则称 $f(t)$ 是 $[a,b]$ 上 p 方可积函数,$[a,b]$ 上 p 方可积函数全体记为 $L^p[a,b]$.当 $p=1$ 时,$L^1[a,b]$ 即为 $[a,b]$ 上 L 可积函数全体.在空间 $L^p[a,b]$ 中,我们把两个 a.e.相等的函数视为 $L^p[a,b]$ 中同一个元素而不加以区别.设 $f,g\in L^p[a,b]$,因为
$$|f(t)+g(t)|^p\le(2\max\{|f(t)|,|g(t)|\})^p\le2^p(|f(t)|^p+|g(t)|^p).$$
所以,$|f(t)+g(t)|^p$ 是 $[a,b]$ 上 L 可积函数,即 $f+g\in L^p[a,b]$.至于 $L^p[a,b]$ 关于数乘运算封闭是显见的.故 $L^p[a,b]$ 按函数通常的加法及数乘运算成为线性空间.对每个

$f \in L^p[a,b]$,定义

$$\|f\|_p = \left(\int_a^b |f(t)|^p \mathrm{d}t \right)^{\frac{1}{p}}. \tag{6}$$

我们要证明当 $p \geqslant 1$ 时,$L^p[a,b]$ 按 $\|\cdot\|_p$ 成为巴拿赫空间.为此,首先证明几个重要的不等式.

引理 1(赫尔德(Hölder)不等式) **设** $p > 1$,$\dfrac{1}{p} + \dfrac{1}{q} = 1$,$f \in L^p[a,b]$,$g \in L^q[a,b]$,**那么** $f(t)g(t)$ **在** $[a,b]$ **上** L **可积,并且**

$$\int_a^b |f(t)g(t)|\,\mathrm{d}t \leqslant \|f\|_p \|g\|_q. \tag{7}$$

证明 首先证明当 $p > 1$,$\dfrac{1}{p} + \dfrac{1}{q} = 1$ 时,对任意正数 A 及 B,有

$$A^{\frac{1}{p}} B^{\frac{1}{q}} \leqslant \frac{A}{p} + \frac{B}{q}. \tag{8}$$

事实上,作辅助函数 $\varphi(t) = t^\alpha - \alpha t\,(0 < t < \infty)$,$0 < \alpha < 1$,则 $\varphi'(t) = \alpha[t^{\alpha-1} - 1]$,所以在 $(0,1)$ 上,$\varphi'(t) > 0$,在 $(1,\infty)$ 上 $\varphi'(t) < 0$,因而 $\varphi(1)$ 是函数 $\varphi(t)$ 在 $(0,\infty)$ 上的最大值,即

$$\varphi(t) \leqslant \varphi(1) = 1 - \alpha, \quad t \in (0,\infty).$$

由此可得

$$t^\alpha \leqslant \alpha t + (1 - \alpha), \quad t \in (0,\infty).$$

令 $t = \dfrac{A}{B}$,代入上面不等式,那么

$$\frac{A^\alpha}{B^\alpha} \leqslant \alpha \frac{A}{B} + (1 - \alpha).$$

两边乘 B,得到

$$\frac{A^\alpha}{B^{\alpha-1}} \leqslant \alpha A + (1 - \alpha) B.$$

令 $\alpha = \dfrac{1}{p}$,则 $1 - \alpha = \dfrac{1}{q}$,于是上式成为

$$A^{\frac{1}{p}} \cdot B^{\frac{1}{q}} \leqslant \frac{A}{p} + \frac{B}{q}.$$

如果 $\|f\|_p = 0$(或 $\|g\|_q = 0$),则 $f(t) = 0$ a.e.于 $[a,b]$(或 $g(t) = 0$ a.e.于 $[a,b]$),这时,不等式(7)自然成立,所以不妨设 $\|f\|_p > 0$,$\|g\|_q > 0$.作函数

$$\varphi(t) = \frac{|f(t)|}{\|f\|_p}, \quad \psi(t) = \frac{|g(t)|}{\|g\|_q}.$$

令 $A = |\varphi(t)|^p$,$B = |\psi(t)|^q$,代入不等式(8),得到

$$|\varphi(t)\psi(t)| \leqslant \frac{|\varphi(t)|^p}{p} + \frac{|\psi(t)|^q}{q}. \tag{9}$$

由(9)式立即可知 $\varphi(t)\psi(t)$ 在 $[a,b]$ 上 L 可积,由此可知 $f(t)g(t)$ 也 L 可积,对(9)式的两边积分,得到

$$\int_a^b |\varphi(t)\psi(t)|\,\mathrm{d}t \le \int_a^b \frac{|\varphi(t)|^p}{p}\mathrm{d}t + \int_a^b \frac{|\psi(t)|^q}{q}\mathrm{d}t.$$

因此

$$\int_a^b |f(t)g(t)|\,\mathrm{d}t \le \|f\|_p \|g\|_q. \qquad \square$$

引理 2(闵科夫斯基(Minkowski)不等式)　设 $p \ge 1, f, g \in L^p[a,b]$,那么 $f+g \in L^p[a,b]$,并且成立不等式

$$\|f+g\|_p \le \|f\|_p + \|g\|_p. \tag{10}$$

证明　当 $p=1$ 时,因 $|f(t)+g(t)| \le |f(t)| + |g(t)|$,由积分性质可知不等式(10)自然成立.如果 $p>1$,设 $\frac{1}{p}+\frac{1}{q}=1$,因为 $f+g \in L^p[a,b]$,所以

$$|f(t)+g(t)|^{\frac{p}{q}} \in L^q[a,b],$$

由赫尔德不等式,有

$$\int_a^b |f(t)|\,|f(t)+g(t)|^{\frac{p}{q}}\mathrm{d}t \le \|f\|_p \left(\int_a^b |f(t)+g(t)|^p\mathrm{d}t\right)^{\frac{1}{q}}.$$

类似对 g 也有

$$\int_a^b |g(t)|\,|f(t)+g(t)|^{\frac{p}{q}}\mathrm{d}t \le \|g\|_p \left(\int_a^b |f(t)+g(t)|^p\mathrm{d}t\right)^{\frac{1}{q}}.$$

因而

$$\int_a^b |f(t)+g(t)|^p\mathrm{d}t = \int_a^b |f(t)+g(t)|\,|f(t)+g(t)|^{p-1}\mathrm{d}t$$

$$\le \int_a^b |f(t)|\,|f(t)+g(t)|^{\frac{p}{q}}\mathrm{d}t + \int_a^b |g(t)|\,|f(t)+g(t)|^{\frac{p}{q}}\mathrm{d}t$$

$$\le (\|f\|_p + \|g\|_p)\left(\int_a^b |f(t)+g(t)|^p\mathrm{d}t\right)^{\frac{1}{q}}. \tag{11}$$

若 $\int_a^b |f(t)+g(t)|^p\mathrm{d}t = 0$,则 $\|f+g\|_p = 0$,(10)式显然成立,若 $\int_a^b |f(t)+g(t)|^p\mathrm{d}t \ne 0$,则在(11)式两边除以

$$\left(\int_a^b |f(t)+g(t)|^p\mathrm{d}t\right)^{\frac{1}{q}},$$

得到

$$\left(\int_a^b |f(t)+g(t)|^p\mathrm{d}t\right)^{1-\frac{1}{q}} \le \|f\|_p + \|g\|_p.$$

由 $\frac{1}{p}+\frac{1}{q}=1$,得到

$$\|f+g\|_p = \left(\int_a^b |f(t)+g(t)|^p\mathrm{d}t\right)^{\frac{1}{p}} \le \|f\|_p + \|g\|_p. \qquad \square$$

定理 1　当 $p \ge 1$ 时,$L^p[a,b]$ 按(6)式中范数 $\|\cdot\|_p$ 成为赋范线性空间.

证明　$\|\cdot\|_p$ 满足范数条件 1° 及 2° 是显然的.又由闵科夫斯基不等式,当 $p \ge 1$ 时,对任意 $f, g \in L^p[a,b]$ 有 $\|f+g\|_p \le \|f\|_p + \|g\|_p$,所以 $L^p[a,b]$ 按 $\|\cdot\|_p$ 成赋范

线性空间.

定理 2 $L^p[a,b](p\geq 1)$**是巴拿赫空间.**

证明 设 $\{f_n\}$ 是 $L^p[a,b]$ 中柯西点列,由柯西点列的定义,存在正整数 m_k,使当 n,$m\geq m_k$ 时,

$$\|f_n-f_m\|_p<\frac{1}{2^k},k=1,2,\cdots$$

取 $n_k\geq m_k$,且使 $n_1<n_2<\cdots<n_k<\cdots$,则

$$\|f_{n_{k+1}}-f_{n_k}\|_p<\frac{1}{2^k},k=1,2,\cdots.$$

因此

$$\sum_{k=1}^{\infty}\|f_{n_{k+1}}-f_{n_k}\|_p\leq\sum_{k=1}^{\infty}\frac{1}{2^k}<\infty.\tag{12}$$

但是因为常数 $1\in L^q[a,b]$,由赫尔德不等式,有

$$\int_a^b|f_{n_{k+1}}(t)-f_{n_k}(t)|\mathrm{d}t\leq\|f_{n_{k+1}}-f_{n_k}\|_p(b-a)^{\frac{1}{q}}.$$

所以级数

$$\sum_{k=1}^{\infty}\int_a^b|f_{n_{k+1}}(t)-f_{n_k}(t)|\mathrm{d}t\tag{13}$$

收敛,由级数形式的莱维定理,级数 $\sum_{k=1}^{\infty}|f_{n_{k+1}}(t)-f_{n_k}(t)|$ 在 $[a,b]$ 上几乎处处收敛.因此,函数列

$$f_{n_k}(t)=f_{n_1}(t)+\sum_{j=1}^{k-1}(f_{n_{j+1}}(t)-f_{n_j}(t))\ (k=1,2,3,\cdots)$$

在 $[a,b]$ 上几乎处处收敛于一可测函数 $f(t)$.下证 $f\in L^p[a,b]$.因为 $\{f_n\}$ 是 $L^p[a,b]$ 中柯西点列,对于任意正数 $\varepsilon>0$,存在 N,使当 $n,m\geq N$ 时,$\|f_n-f_m\|_p<\varepsilon$,取足够大的 k_0,使 $n_{k_0}>N$,于是当 $k\geq k_0,n\geq N$ 时,就有

$$\int_a^b|f_n(t)-f_{n_k}(t)|^p\mathrm{d}t=\|f_n-f_{n_k}\|_p^p<\varepsilon^p.$$

又因当 $k\to\infty$ 时函数列 $|f_n(t)-f_{n_k}(t)|^p\to|f_n(t)-f(t)|^p$ a.e.于 $[a,b]$,由法图定理得到 $|f_n(t)-f(t)|^p$ 是 L 可积函数,并且有

$$\int_a^b|f_n(t)-f(t)|^p\mathrm{d}t\leq\lim_{k\to\infty}\int_a^b|f_n(t)-f_{n_k}(t)|^p\mathrm{d}t\leq\varepsilon^p,$$

这说明 $f-f_n\in L^p[a,b]$,且当 $n\geq N$ 时

$$\|f_n-f\|_p\leq\varepsilon.\tag{14}$$

又因 $f_n\in L^p[a,b]$,而 $f=[f-f_n]+f_n$,由于 $L^p[a,b]$ 是线性空间,所以 $f\in L^p[a,b]$,由 (14),$f_n\to f$,这就证明了 $L^p[a,b]$ 是巴拿赫空间.

对 $C[a,b]$ 中每个函数 $f(t)$,定义

$$\|f\|_p=\left(\int_a^b|f(t)|^p\mathrm{d}t\right)^{\frac{1}{p}}\ (p\geq 1),$$

那么 $C[a,b]$ 按 $\|\cdot\|_p$ 成为 $L^p[a,b]$ 的赋范线性子空间,类似于 §4 例 5 的证明,可以

证明 $C[a,b]$ 按范数 $\|\cdot\|_p$ 不完备,但是可以证明它的完备化空间是 $L^p[a,b]$. 从这个观点看,L 可积函数类只不过是 R 可积函数类的完备化拓广.

例 5　空间 l^p.

和 $L^p[a,b]$ 空间一样,在 l^p 空间中也有类似的赫尔德不等式和闵科夫斯基不等式:

$$\sum_{i=1}^{\infty} |\xi_i \eta_i| \leqslant \Big(\sum_{i=1}^{\infty} |\xi_i|^p \Big)^{\frac{1}{p}} \Big(\sum_{i=1}^{\infty} |\eta_i|^q \Big)^{\frac{1}{q}} \text{(赫尔德不等式)},$$

其中 $p>1, \dfrac{1}{p}+\dfrac{1}{q}=1, (\xi_1,\xi_2,\xi_3,\cdots) \in l^p, (\eta_1,\eta_2,\eta_3,\cdots) \in l^q$;

$$\|x+y\|_p \leqslant \|x\|_p + \|y\|_p \text{(闵科夫斯基不等式)},$$

其中 $p \geqslant 1, x=(\xi_1,\xi_2,\cdots), y=(\eta_1,\eta_2,\cdots) \in l^p, \|x\|_p = \Big(\sum_{i=1}^{\infty} |\xi_i|^p \Big)^{\frac{1}{p}}, \|y\|_p = \Big(\sum_{i=1}^{\infty} |\eta_i|^p \Big)^{\frac{1}{p}}.$ 由此可知 l^p 按范数 $\|\cdot\|_p$ 成赋范线性空间,并且不难证明 l^p 完备. 这些留给读者自己证明.

最后,让我们考察有限维赋范线性空间的性质.

定理 3　设 X 是 n 维赋范线性空间,$\{e_1,e_2,\cdots,e_n\}$ 是 X 的一组基,则存在常数 M 和 M',使得对一切

$$x = \sum_{k=1}^{n} \xi_k e_k$$

成立

$$M\|x\| \leqslant \Big(\sum_{k=1}^{n} |\xi_k|^2 \Big)^{\frac{1}{2}} \leqslant M'\|x\|.$$

证明　对任意 $x \in X$,有

$$\|x\| = \Big\| \sum_{k=1}^{n} \xi_k e_k \Big\| \leqslant \sum_{k=1}^{n} \|e_k\| |\xi_k|$$

$$\leqslant \Big(\sum_{k=1}^{n} \|e_k\|^2 \Big)^{\frac{1}{2}} \Big(\sum_{k=1}^{n} |\xi_k|^2 \Big)^{\frac{1}{2}}.$$

记 $m = \Big(\sum_{k=1}^{n} \|e_k\|^2 \Big)^{\frac{1}{2}}$,则有 $\|x\| \leqslant m \Big(\sum_{k=1}^{n} |\xi_k|^2 \Big)^{\frac{1}{2}}.$

任取 $y = \sum_{k=1}^{n} \eta_k e_k \in X$,由上述不等式知

$$\big| \|x\| - \|y\| \big| \leqslant \|x-y\| \leqslant m \Big(\sum_{k=1}^{n} |\xi_k - \eta_k|^2 \Big)^{\frac{1}{2}}.$$

这说明,范数 $\|\cdot\|$ 是欧氏空间 $\mathbf{R}^n$(或 $\mathbf{C}^n$)上关于 $\xi_1,\xi_2,\cdots,\xi_n$ 的连续函数.

$$f(\xi_1,\xi_2,\cdots,\xi_n) = \|x\|.$$

当 $(\xi_1,\xi_2,\cdots,\xi_k)$ 位于 $\mathbf{R}^n$(或 $\mathbf{C}^n$)的单位球面 S 上,即

$$\sum_{k=1}^{n} |\xi_k|^2 = 1 \text{ 时}, \Big\| \sum_{k=1}^{n} \xi_k e_k \Big\| = \|x\| \neq 0.$$

实际上,若 $\Big\| \sum_{k=1}^{n} \xi_k e_k \Big\| = 0$, 必有 $\sum_{k=1}^{n} \xi_k e_k = 0$,但 $\sum_{k=1}^{n} |\xi_k|^2 = 1$,从而 $\xi_1,\xi_2,\cdots,\xi_n$ 不全为

0,再由$\{e_k\}$是线性无关的,得到矛盾.这就是说$f(\xi_1,\xi_2,\cdots,\xi_n)=\|x\|$在$S$上处处不为0,因$S$是$\mathbf{R}^n$(或$\mathbf{C}^n$)中有界闭集,$f$在$S$上取得非零的最小值$m'$,$m'>0$,于是,对任意的$x\in X$,作$x'=\left(\sum\limits_{k=1}^{n}|\xi_k|^2\right)^{-\frac{1}{2}}x$,因此,$\left(\sum\limits_{k=1}^{n}|\xi_k|^2\right)^{-\frac{1}{2}}(\xi_1,\xi_2,\cdots,\xi_n)\in S$,且$\|x'\|\geqslant m'$.这样一来,我们有

$$m'\left(\sum_{k=1}^{n}|\xi_k|^2\right)^{\frac{1}{2}}\leqslant\left(\sum_{k=1}^{n}|\xi_k|^2\right)^{\frac{1}{2}}\|x'\|=\|x\|\leqslant m\left(\sum_{k=1}^{n}|\xi_k|^2\right)^{\frac{1}{2}}.$$

令$M=\dfrac{1}{m}$,$M'=\dfrac{1}{m'}$,即可得结论. $\square$

推论1 设在有限维线性空间上定义了两个范数$\|\cdot\|$和$\|\cdot\|_1$,那么必存在常数M和M',使得对任意$x\in X$,有

$$M\|x\|\leqslant\|x\|_1\leqslant M'\|x\|.$$

证明 我们记$\|x\|_0=\left(\sum\limits_{k=1}^{n}|\xi_k|^2\right)^{\frac{1}{2}}$,其中$x=\sum\limits_{k=1}^{n}\xi_k e_k$.由定理3可知,存在正数$k$和$k'$,$L$和$L'$有

$$k\|x\|\leqslant\|x\|_0\leqslant k'\|x\|,$$
$$L\|x\|_1\leqslant\|x\|_0\leqslant L'\|x\|_1.$$

将两式综合起来,令$M=\dfrac{k}{L'}$,$M'=\dfrac{k'}{L}$,即得结论. $\square$

定义2 设$(R_1,\|\cdot\|_1)$和$(R_2,\|\cdot\|_2)$是两个赋范线性空间.如果存在从R_1到R_2上的映射φ满足条件:对任意$x,y\in R_1$及数α,β有$\varphi(\alpha x+\beta y)=\alpha\varphi(x)+\beta\varphi(y)$以及正数$c_1,c_2$,使得对一切$x\in R_1$,有

$$c_1\|\varphi(x)\|_2\leqslant\|x\|_1\leqslant c_2\|\varphi(x)\|_2$$

则称$(R_1,\|\cdot\|_1)$和$(R_2,\|\cdot\|_2)$这两个赋范空间是拓扑同构的.

推论2 任何有限维赋范空间都和同维数欧氏空间(或某个$\mathbf{C}^n$)拓扑同构.同数域上的相同维数的有限维赋范空间彼此拓扑同构.

第七章习题

1. 设(X,d)是度量空间.令

$$\rho(x,y)=\frac{d(x,y)}{1+d(x,y)},\quad \text{任意 } x,y\in X.$$

证明:(X,ρ)是度量空间.

2. 设$C^\infty[a,b]$是闭区间$[a,b]$上无限次可微函数的全体.令

$$d(f,g)=\sum_{n=0}^{\infty}\frac{1}{2^n}\max_{a\leqslant t\leqslant b}\frac{|f^{(n)}(t)-g^{(n)}(t)|}{1+|f^{(n)}(t)-g^{(n)}(t)|},$$

证明:d是$C^\infty[a,b]$上的一个度量.

3. 设M为$(-\infty,\infty)$中的有界勒贝格可测集.令

$$X=\{A\subset M:A\text{ 为勒贝格可测集}\}.$$

对 $A,B\in X$，规定 A 与 B 相等，记为 $A=B$，如果存在 $E,F\in X$ 使得 $m(E)=m(F)=0$ 且 $A\cup E=B\cup F$，这里 $m(\cdot)$ 为直线上的 L 测度.定义：$d(A,B)=m(A\backslash B)+m(B\backslash A)$，对任意 $A,B\in X$.证明：d 为 X 上的一个度量.

4. 设 (X,d) 为度量空间，A 为 X 中的闭子集.令

$$f(x)=d(x,A)\overset{\text{def}}{=\!=\!=}\inf\{d(x,y):y\in A\}.$$

证明：对任意 $x_1,x_2\in X$，$|f(x_1)-f(x_2)|\leqslant d(x_1,x_2)$.

5. 设 X 为度量空间，$f:X\to\mathbf{R}$.证明：$f(x)$ 在 X 上连续的充要条件是：对任何实数 α,

$$\{x\in X:f(x)>\alpha\}\text{ 和 }\{x\in X:f(x)<\alpha\}$$

为 X 中的开子集.

6. 设 A 为度量空间 X 中的闭子集.证明：必有一列开集 $\{O_n\}$ 使得 $A\subset O_n,n=1,2,\cdots$ 且 $\bigcap_{n=1}^{\infty}O_n=A$.

7. 设 X 为度量空间，F_1,F_2 为 X 中不相交的闭集.证明：
(1) 存在 X 中的两个不相交的开集 G_1,G_2 使得 $G_1\supset F_1,G_2\supset F_2$；
(2) 存在 X 上的连续函数 $f:X\to[0,1]$ 使得 $f(x)=0,x\in F_1;f(x)=1,x\in F_2$.

8. 设 (X,d) 为度量空间，Y 是 X 中的紧子集.证明：
(1) Y 是 X 中的闭子集；
(2) 设 A 是闭子集且 $A\subset Y$，则 A 是紧子集；
(3) 设 $\{x_n\}$ 是 Y 中的无限点列，则 $\{x_n\}$ 含有一个收敛于 Y 中某一点的子列.

9. 设 (X,d) 为紧度量空间，(Y,ρ) 是度量空间.$T:X\to Y$ 是连续映射.证明：$T(X)$ 是 Y 中的紧子集.

10. 证明：题 2 中的度量空间 $(C^{\infty}[a,b],d)$ 是完备的.

11. 设 $\{x_n\}$ 为度量空间 X 中的柯西点列.证明：
(1) $\{x_1,x_2,\cdots,x_n,\cdots\}$ 是 X 中的有界集；
(2) 若 $\{x_n\}$ 中含有一个收敛于 X 中某一点的子列，则 $\{x_n\}$ 在 X 中收敛.

12. 设 (X,d) 为紧度量空间，T 是 X 到自身的映射并且满足
$$d(Tx,Ty)<d(x,y),\quad\text{对任意 }x,y\in X.$$
证明：T 有一个不动点.

13. 设 (X,d) 是完备度量空间，A 是 X 到自身的映射，记
$$a_n=\sup_{x\neq x'}\frac{d(A^nx,A^nx')}{d(x,x')}.$$
若 $\lim_{n\to\infty}a_n=0$，则映射 A 有唯一不动点.

14. 设 $a_{ij}(i,j=1,2,\cdots,n)$ 为一组实数，使得 $\sum_{i,j=1}^{n}(a_{ij}-\delta_{ij})^2<1$，其中 $\delta_{ij}=1,i=j;\delta_{ij}=0,i\neq j$.证明：代数方程组
$$\begin{cases}a_{11}x_1+a_{12}x_2+\cdots+a_{1n}x_n=b_1,\\ a_{21}x_1+a_{22}x_2+\cdots+a_{2n}x_n=b_2,\\ \cdots\cdots\cdots\cdots\\ a_{n1}x_1+a_{n2}x_2+\cdots+a_{nn}x_n=b_n\end{cases}$$
对任何一组固定的数 $b_1,b_2,\cdots,b_n$ 必有唯一的解 $x_1,x_2,\cdots,x_n$.

15. 设 A 是从完备度量空间 X 到 X 中的映射，$\theta\in(0,1)$ 是一个常数.若在开球 $U(x_0,r)(r>0)$ 内，A 满足条件：$d(x_0,Ax_0)\leqslant\theta(1-\theta)r$ 且
$$d(Ax,Ax')\leqslant\theta d(x,x'),\quad\text{任意 }x,x'\in U(x_0,r),$$

又在闭球 $S(x_0,r)=\{x\in X:d(x,x_0)\leqslant r\}$ 上,A 连续.证明:A 在 $S(x_0,r)$ 中有不动点.

16. 设 $V[a,b]$ 表示 $[a,b]$ 上右连续的有界变差函数全体,其线性运算为通常函数空间中的运算.在 $V[a,b]$ 上定义范数为

$$\|f\| = |f(a)| + \bigvee_a^b (f), \quad 任意 f\in V[a,b].$$

证明:$V[a,b]$ 是巴拿赫空间.

17. 设 $(X_1,\|\cdot\|_1),(X_2,\|\cdot\|_2),\cdots$ 是一列巴拿赫空间,记

$$X = \{x=(x_1,x_2,\cdots,x_n,\cdots):x_i\in X_i,i=1,2,\cdots,\sum_{i=1}^\infty \|x_i\|_i^p < \infty\}.$$

类似通常数列的加法和数乘,在 X 中引入线性运算.若令

$$\|x\| = \Big(\sum_{i=1}^\infty \|x_i\|_i^p\Big)^{\frac{1}{p}}, \quad 任意 x=(x_1,x_2,\cdots,x_n,\cdots)\in X.$$

证明:当 $p\geqslant 1$ 时,X 是巴拿赫空间.

18. 设 $B\subset[a,b]$.

(1) 证明:$X=\{f\in C[a,b]:f(t)=0,\forall t\in B\}$ 是 $C[a,b]$ 中的闭子集;

(2) 设 $\alpha>0$,证明:$Y=\{f\in C[a,b]:|f(t)|<\alpha,\forall t\in B\}$ 为 $C[a,b]$ 中开集的充要条件是 B 为闭集.

19. 设 X 是可分的赋范线性空间.证明:X 中的每个闭子空间都可分.

20. 证明:$l^p(1\leqslant p<\infty)$ 是可分的巴拿赫空间.

21. 设 V 是赋范线性空间 X 中的真闭子空间.证明:对任意 $\varepsilon\in(0,1)$,存在 $x_\varepsilon\in X\setminus V$,使得 $\|x_\varepsilon\|=1,d(x_\varepsilon,V)>1-\varepsilon$.

22. 设 X 是巴拿赫空间,则 X 中的任何有限维子空间都是闭的.

23. X 是有限维线性赋范空间.$\{x_n\}$ 为 X 中的有界无限点列.证明:$\{x_n\}$ 中存在一个收敛子列 $\{x_{n_k}\}$.

24. 设 X 是巴拿赫空间,M 为 X 中的闭子空间而 N 为 X 中的有限维子空间.如果 $M\cap N=\{0\}$,证明:$M+N$ 是 X 的闭子空间.

拓展阅读

第八章
有界线性算子和连续线性泛函

在这一章中,我们将研究从赋范线性空间 X 到另一个赋范线性空间 Y 中的映射,亦称算子.如果 Y 是数域,则称这种算子为泛函.算子和泛函我们并不陌生.前已提到微分算子 $D = \dfrac{\mathrm{d}}{\mathrm{d}x}$ 就是从连续可微函数空间 $C^1[a,b]$ 到 $C[a,b]$ 上的算子,而黎曼积分 $\int_a^b f(t)\,\mathrm{d}t$ 就是连续函数空间 $C[a,b]$ 上的泛函.如果说函数是数和数之间的对应,那么算子可以说是函数和函数之间的对应,不过这是更高一级的对应.我们这里主要讨论线性算子和线性泛函,关于非线性算子和非线性泛函的问题已超出本书的范围了.

本章将证明,线性算子的有界性与连续性是等同的.这看上去有些奇怪,实际上由于泛函和算子是"线性"的,才有此结果.读者应细细体会.其他的内容包括引入刻画线性算子的重要参数——算子范数,介绍算子空间的完备性、连续线性泛函空间,即共轭空间的一些例子.

§3 引入有限秩算子的概念,为以后研究全连续算子的谱奠定基础.

§1 有界线性算子和连续线性泛函

Ⅰ. 线性算子和线性泛函的定义

定义 1 设 X 和 Y 是两个同为实(或复)的线性空间,$\mathscr{D}$ 是 X 的线性子空间,T 为 $\mathscr{D}$ 到 Y 中的映射,如果对任何 $x,y \in \mathscr{D}$ 及数 α,有

$$T(x+y) = Tx + Ty, \tag{1}$$
$$T(\alpha x) = \alpha Tx, \tag{2}$$

则称 T 为 $\mathscr{D}$ 到 Y 中的线性算子,其中 $\mathscr{D}$ 称为 T 的定义域,记为 $\mathscr{D}(T)$,$T\mathscr{D}$ 称为 T 的值域,记为 $\mathscr{R}(T)$,当 T 取值于实(或复)数域时,就称 T 为实(或复)线性泛函.

如果 T 为线性算子,在(2)中取 $\alpha = 0$,立即可得 $T0 = 0$,即 $0 \in \mathscr{N}(T)$,其中 $\mathscr{N}(T)$ 表示算子 T 的零空间

$$\mathscr{N}(T) = \{x : Tx = 0, x \in \mathscr{D}(T)\}.$$

下面举一些线性算子和线性泛函的例子.

例 1 设 X 是线性空间,α 是一给定的数,对任意 $x \in X$,令

$$Tx = \alpha x.$$

显然 T 是 X 到 X 中的线性算子,称为 <u>相似算子</u>,特别当 $\alpha = 1$ 时,称为 <u>恒等算子</u>,记为 I_X 或 I,当 $\alpha = 0$ 时,称为 <u>零算子</u>,记为 O.

例 2 设 $\mathscr{P}[0,1]$ 为 $[0,1]$ 区间上多项式的全体,对每个 $x \in \mathscr{P}[0,1]$,定义

$$(Tx)(t) = \frac{\mathrm{d}}{\mathrm{d}t} x(t).$$

由求导运算的线性性质,立即可知 T 是 $\mathscr{P}[0,1]$ 到 $\mathscr{P}[0,1]$ 中的线性算子,称为 <u>微分算子</u>.如果任取 $t_0 \in [0,1]$,对任意 $x \in \mathscr{P}[0,1]$,定义

$$f(x) = x'(t_0),$$

则 f 是 $\mathscr{P}[0,1]$ 上的线性泛函.

例 3 对每个 $x \in C[a,b]$,定义

$$(Tx)(t) = \int_a^t x(\tau) \mathrm{d}\tau.$$

由积分的线性性质,可知 T 是 $C[a,b]$ 到 $C[a,b]$ 中的线性算子,若令

$$f(x) = \int_a^b x(\tau) \mathrm{d}\tau,$$

则 f 是 $C[a,b]$ 上的线性泛函.

例 4 对任意 $x \in C[a,b]$,令

$$(Tx)(t) = tx(t).$$

易知 T 是线性算子,称为 <u>乘法算子</u>,它在物理及算子谱论中是非常有用的一种算子.

例 5 设 $\mathbf{R}^n$ 是 n 维线性空间,在 $\mathbf{R}^n$ 中取一组基 $\{e_1, e_2, \cdots, e_n\}$,则对任何 $x \in \mathbf{R}^n$,x 可以唯一地表示成 $x = \sum_{\nu=1}^n \xi_\nu e_\nu$,对每一个 $n \times n$ 方阵 $(t_{\mu\nu})$,作 $\mathbf{R}^n$ 到 $\mathbf{R}^n$ 中算子 T 如下:当 $x = \sum_{\nu=1}^n \xi_\nu e_\nu$ 时,令 $y = Tx = \sum_{\mu=1}^n y_\mu e_\mu$,其中 $y_\mu = \sum_{\nu=1}^n t_{\mu\nu} \xi_\nu, \mu = 1, 2, \cdots, n$.显然这样定义的 T 是线性算子,这个算子在线性代数中称为 <u>线性变换</u>.算子 T 显然由方阵 $(t_{\mu\nu})$ 唯一确定,有时就记为 $T = (t_{\mu\nu})$.

反过来,设 T 是 $\mathbf{R}^n$ 到 $\mathbf{R}^n$ 中的线性算子,令

$$Te_\nu = t_{1\nu} e_1 + t_{2\nu} e_2 + \cdots + t_{n\nu} e_n, \nu = 1, 2, \cdots, n.$$

则当 $x = \sum_{\nu=1}^n \xi_\nu e_\nu$ 时,由 T 的线性可得 $Tx = \sum_{\mu=1}^n y_\mu e_\mu$,这里 $y_\mu = \sum_{\nu=1}^n t_{\mu\nu} \xi_\nu$,即 T 是对应于方阵 $(t_{\mu\nu})$ 的算子.

由此可知,在有限维空间上,当基选定以后,线性算子与矩阵是相对应的.

设 $(\alpha_1, \alpha_2, \cdots, \alpha_n)$ 是一组实数,当 $x = \sum_{\nu=1}^n \xi_\nu e_\nu$ 时,定义

$$f(x) = \sum_{\nu=1}^n \alpha_\nu \xi_\nu.$$

易知 f 为 $\mathbf{R}^n$ 上线性泛函.反之,如果 f 是 $\mathbf{R}^n$ 上线性泛函,记 $\alpha_\nu = f(e_\nu), \nu = 1, 2, \cdots, n$,则当 $x = \sum_{\nu=1}^n \xi_\nu e_\nu$ 时,由 f 的线性,

$$f(x) = \sum_{\nu=1}^n \xi_\nu f(e_\nu) = \sum_{\nu=1}^n \xi_\nu \alpha_\nu.$$

由此可见 n 维线性空间上线性泛函与数组 $(\alpha_1,\alpha_2,\cdots,\alpha_n)$ 相对应.

Ⅱ. 有界线性算子和连续线性泛函

定义 2 设 X 和 Y 是两个赋范线性空间,T 是 X 的线性子空间 $\mathscr{D}(T)$ 到 Y 中的线性算子,如果存在常数 c,使对所有 $x\in\mathscr{D}(T)$,有
$$\|Tx\|\leqslant c\|x\|,\tag{3}$$
则称 T 是 $\mathscr{D}(T)$ 到 Y 中的有界线性算子,当 $\mathscr{D}(T)=X$ 时,称 T 为 X 到 Y 中的有界线性算子,简称为有界算子.对于不满足条件(3)的算子,称为无界算子.本书主要讨论有界算子.

线性算子由于具有可加性,所以它的连续性可用有界性来描述.

定理 1 设 T 是赋范线性空间 X 到赋范线性空间 Y 中的线性算子,则 T 为有界算子的充要条件为 T 是 X 上的连续算子.

证明 若 T 有界,由(3)式,当 $x_n\to x(n\to\infty)$ 时,因为
$$\|Tx_n-Tx\|\leqslant c\|x_n-x\|,$$
所以 $\|Tx_n-Tx\|\to0$,即 $Tx_n\to Tx(n\to\infty)$,因此 T 连续.

反之,若 T 在 X 上连续,但 T 无界,这时在 X 中必有一列向量 $x_1,x_2,\cdots$,使 $\|x_n\|\neq0$,但
$$\|Tx_n\|\geqslant n\|x_n\|.$$
令 $y_n=\dfrac{x_n}{n\|x_n\|},n=1,2,\cdots$,则 $\|y_n\|=\dfrac{1}{n}\to0(n\to\infty)$,所以 $y_n\to0(n\to\infty)$,由 T 的连续性,得到 $Ty_n\to T0=0(n\to\infty)$,但由于 T 是线性算子,又可以得到对一切正整数 n,有
$$\|Ty_n\|=\left\|T\left(\frac{x_n}{n\|x_n\|}\right)\right\|=\frac{\|Tx_n\|}{n\|x_n\|}\geqslant\frac{n\|x_n\|}{n\|x_n\|}=1,$$
这与 $Ty_n\to0(n\to\infty)$ 矛盾.所以 T 是有界算子. $\square$

对于线性泛函,我们还有下面的定理.

定理 2 设 X 是赋范线性空间,f 是 X 上线性泛函,那么 f 是 X 上连续泛函的充要条件为 f 的零空间 $\mathscr{N}(f)$ 是 X 中的闭子空间.

证明 设 f 是连续线性泛函,当 $x_n\in\mathscr{N}(f),n=1,2,\cdots$,并且 $x_n\to x(n\to\infty)$ 时,由 f 的连续性,有 $f(x)=\lim\limits_{n\to\infty}f(x_n)=0$,因此 $x\in\mathscr{N}(f)$,所以 $\mathscr{N}(f)$ 是闭集.

反之,若 $\mathscr{N}(f)$ 是闭集,而 f 无界,则在 X 中存在一列向量 x_n,$\|x_n\|\neq0,n=1,2,\cdots$,使得对每个 n,有
$$|f(x_n)|\geqslant n\|x_n\|,$$
令 $y_n=\dfrac{x_n}{\|x_n\|}$,则 $\|y_n\|=1$,且 $|f(y_n)|\geqslant n$,作
$$z_n=\frac{y_n}{f(y_n)}-\frac{y_1}{f(y_1)},$$
那么 $f(z_n)=0$,因此,$z_n\in\mathscr{N}(f)$,然而由于
$$\left\|\frac{y_n}{f(y_n)}\right\|=\frac{1}{|f(y_n)|}\leqslant\frac{1}{n}\to0(n\to\infty),$$

所以 $z_n \to -\dfrac{y_1}{f(y_1)}$,但 $f\left(-\dfrac{y_1}{f(y_1)}\right) = -1$,即 $-\dfrac{y_1}{f(y_1)} \notin \mathscr{N}(f)$,这与 $\mathscr{N}(f)$ 是闭集的条件矛盾. 因此 f 是线性有界泛函. □

我们最感兴趣的是使(3)式对一切 $x \in \mathscr{D}(T)$ 成立的"最小"的数 c,为此引入下面的基本概念.

定义 3 T 为赋范线性空间 X 的子空间 $\mathscr{D}(T)$ 到赋范线性空间 Y 中的线性算子,称

$$\|T\| = \sup_{\substack{x \neq 0 \\ x \in \mathscr{D}(T)}} \frac{\|Tx\|}{\|x\|} \tag{4}$$

为算子 T 在 $\mathscr{D}(T)$ 上的范数.

显然若 T 是 $\mathscr{D}(T)$ 上有界线性算子,则 $\|T\|$ 是一有限数,反之,当 $\|T\| < \infty$ 时,由 T 的线性性,则有

$$\|Tx\| \leqslant \|T\| \|x\|, \quad x \in \mathscr{D}(T). \tag{5}$$

引理 设 T 是 $\mathscr{D}(T)$ 上有界线性算子,那么

$$\|T\| = \sup_{\substack{x \in \mathscr{D}(T) \\ \|x\| = 1}} \|Tx\| = \sup_{\substack{x \in \mathscr{D}(T) \\ \|x\| \leqslant 1}} \|Tx\|. \tag{6}$$

证明 因为

$$\|T\| = \sup_{\substack{x \in \mathscr{D}(T) \\ x \neq 0}} \frac{\|Tx\|}{\|x\|} = \sup_{\substack{x \in \mathscr{D}(T) \\ x \neq 0}} \left\|\frac{Tx}{\|x\|}\right\| = \sup_{\substack{x \in \mathscr{D}(T) \\ x \neq 0}} \left\|T\left(\frac{x}{\|x\|}\right)\right\|,$$

令 $y = \dfrac{x}{\|x\|}$,则 $\|y\| = 1$,且 $y \in \mathscr{D}(T)$,所以

$$\|T\| \leqslant \sup_{\substack{x \in \mathscr{D}(T) \\ \|x\| = 1}} \|Tx\| \leqslant \sup_{\substack{x \in \mathscr{D}(T) \\ \|x\| \leqslant 1}} \|Tx\|. \tag{7}$$

反之,若 $x \in \mathscr{D}(T)$,$\|x\| \leqslant 1$,则由(5)

$$\|Tx\| \leqslant \|T\| \|x\| \leqslant \|T\|,$$

所以

$$\sup_{\substack{x \in \mathscr{D}(T) \\ \|x\| \leqslant 1}} \|Tx\| \leqslant \|T\|. \tag{8}$$

由(7)式和(8)式,得知(6)式成立. □

Ⅲ. 有界线性算子和连续线性泛函的例子

例 6 赋范线性空间 X 上的相似算子 $Tx = \alpha x$ 是有界线性算子,且 $\|T\| = |\alpha|$,特别地,$\|I_X\| = 1$,$\|O\| = 0$.

例 7 设 $X = C[0,1]$,$K(t,\tau)$ 是矩形域 $[0,1] \times [0,1]$ 上的二元连续函数,对每个 $x \in C[0,1]$,定义

$$(Tx)(t) = \int_0^1 K(t,\tau) x(\tau) \mathrm{d}\tau.$$

易知 T 是 $C[0,1]$ 到 $C[0,1]$ 中的线性算子,这个算子称为积分算子,其中函数 $K(t,\tau)$ 称为 T 的核,又因为

$$|x(t)| \leqslant \max_{0 \leqslant t \leqslant 1} |x(t)| = \|x\|,$$

所以

$$\|Tx\| = \max_{0 \leqslant t \leqslant 1}\left|\int_0^1 K(t,\tau)x(\tau)\mathrm{d}\tau\right| \leqslant \max_{0 \leqslant t \leqslant 1}\int_0^1|K(t,\tau)||x(\tau)|\mathrm{d}\tau$$

$$\leqslant \max_{0 \leqslant t \leqslant 1}\int_0^1|K(t,\tau)|\mathrm{d}\tau \cdot \|x\|,$$

因此 T 是有界算子,如果记

$$M = \max_{0 \leqslant t \leqslant 1}\int_0^1|K(t,\tau)|\mathrm{d}\tau,$$

则由上述不等式可知 $\|T\| \leqslant M$. 下证 $\|T\| = M$. 证明的关键是设法找一列 $x_n \in$ $C[0,1]$,使 $\|x_n\| \leqslant 1$ 并且 $\|Tx_n\| \to M$ $(n \to \infty)$. 因为含参量积分 $\int_0^1|K(t,\tau)|\mathrm{d}\tau$ 作为 t 的函数在 $[0,1]$ 上连续,所以存在 $t_0 \in [0,1]$,使得

$$\int_0^1|K(t_0,\tau)|\mathrm{d}\tau = M.$$

设 $x(\tau) = \operatorname{sign} K(t_0,\tau)$,即 $K(t_0,\tau)$ 的符号函数,则 $x(\tau)$ 是 $[0,1]$ 上的可测函数并且 $\sup\limits_{0 \leqslant \tau \leqslant 1}|x(\tau)| \leqslant 1$. 由卢津定理,对任意正整数 n,存在 $x_n \in C[0,1]$,$\|x_n\| \leqslant 1$,使除去 $[0,1]$ 中一测度小于 $\dfrac{1}{2nL}$ 的集合 E_n 外都有 $x_n(\tau) = x(\tau)$,其中 $L = \max\limits_{0 \leqslant t,\tau \leqslant 1}|K(t,\tau)|$.

因为对一切 $t \in [0,1]$ 都有

$$\left|\int_0^1 K(t,\tau)x(\tau)\mathrm{d}\tau\right|$$

$$\leqslant \int_0^1|K(t,\tau)||x(\tau)-x_n(\tau)|\mathrm{d}\tau + \left|\int_0^1 K(t,\tau)x_n(\tau)\mathrm{d}\tau\right|$$

$$= \int_{E_n}|K(t,\tau)||x(\tau)-x_n(\tau)|\mathrm{d}\tau + |Tx_n(t)|$$

$$< L \cdot 2 \cdot \frac{1}{2nL} + \|Tx_n\|$$

$$\leqslant \frac{1}{n} + \|T\|,$$

特别地,当取 t 为 t_0 时有

$$M = \int_0^1|K(t_0,\tau)|\mathrm{d}\tau = \int_0^1 K(t_0,\tau)x(\tau)\mathrm{d}\tau < \frac{1}{n} + \|T\|.$$

令 $n \to \infty$,得 $M \leqslant \|T\|$,因此 $\|T\| = M$. □

例 8 对任何 $f \in L^1[c,b]$,作 $(Tf)(t) = \int_a^t f(\tau)\mathrm{d}\tau$,则 T 为 $L^1[a,b]$ 到 $L^1[a,b]$ 中的线性算子,又因为

$$\|Tf\|_1 = \int_a^b\left|\int_a^t f(\tau)\mathrm{d}\tau\right|\mathrm{d}t \leqslant \int_a^b\int_a^t|f(\tau)|\mathrm{d}\tau\mathrm{d}t$$

$$\leqslant \int_a^b|f(\tau)|\mathrm{d}\tau \cdot \int_a^b 1\mathrm{d}t = (b-a)\|f\|_1,$$

所以 $\|T\| \leqslant b-a$. 另一方面,对任何使 $a + \dfrac{1}{n} < b$ 的正整数 n,作函数

$$f_n(t) = \begin{cases} n, & t \in \left[a, a+\dfrac{1}{n}\right], \\ 0, & t \in \left(a+\dfrac{1}{n}, b\right]. \end{cases}$$

容易知道此时 $\|f_n\|_1 = 1$，因为

$$\int_a^t f_n(\tau)\,\mathrm{d}\tau = \begin{cases} \displaystyle\int_a^t n\,\mathrm{d}\tau, & t \in \left[a, a+\dfrac{1}{n}\right], \\ \displaystyle\int_a^{a+\frac{1}{n}} n\,\mathrm{d}\tau, & t \in \left(a+\dfrac{1}{n}, b\right] \end{cases} = \begin{cases} n(t-a), & t \in \left[a, a+\dfrac{1}{n}\right], \\ 1, & t \in \left(a+\dfrac{1}{n}, b\right], \end{cases}$$

因此

$$\begin{aligned} \|Tf_n\|_1 &= \int_a^b \left| \int_a^t f_n(\tau)\,\mathrm{d}\tau \right| \mathrm{d}t \\ &= \int_a^{a+\frac{1}{n}} \left| \int_a^t f_n(\tau)\,\mathrm{d}\tau \right| \mathrm{d}t + \int_{a+\frac{1}{n}}^b \left| \int_a^t f_n(\tau)\,\mathrm{d}\tau \right| \mathrm{d}t \\ &= \int_a^{a+\frac{1}{n}} \left| \int_a^t n\,\mathrm{d}\tau \right| \mathrm{d}t + \int_{a+\frac{1}{n}}^b \left| \int_a^{a+\frac{1}{n}} n\,\mathrm{d}\tau \right| \mathrm{d}t \\ &= \int_a^{a+\frac{1}{n}} n(t-a)\,\mathrm{d}t + \int_{a+\frac{1}{n}}^b 1\,\mathrm{d}t \\ &= (b-a) - \frac{1}{2n}, \end{aligned}$$

所以 $\|T\| \geqslant \sup\limits_n \|Tf_n\|_1 = b-a$，从而 $\|T\| = b-a$.

最后举一个无界算子的例子.

例 9　考察例 2 中的微分算子 $(Tx)(t) = \dfrac{\mathrm{d}}{\mathrm{d}t}x(t)$. 若视 $\mathscr{P}[0,1]$ 为 $C[0,1]$ 的子空间，令 $x_n(t) = t^n$，则 $\|x_n\| = 1$，但 $\|Tx_n\| = \max\limits_{0 \leqslant t \leqslant 1} |nt^{n-1}| = n$，所以 $\|T\| \geqslant \|Tx_n\| = n$，即 T 是无界算子.

§2　有界线性算子空间和共轭空间

在这一节中，我们讨论赋范线性空间上有界线性算子全体和连续线性泛函全体所成的空间.

Ⅰ. 有界线性算子全体所成空间

设 X 和 Y 是两个赋范线性空间，我们以 $\mathscr{B}(X,Y)$ 表示由 X 到 Y 中有界线性算子全体，并以 $\mathscr{B}(X)$ 表示 $\mathscr{B}(X,X)$. 当 A 和 B 属于 $\mathscr{B}(X,Y)$，α 是所讨论数域中的数时，定义 $\mathscr{B}(X,Y)$ 中加法运算及数乘运算如下：对任意 $x \in X$，令

$$(A+B)x = Ax + Bx,$$
$$(\alpha A)x = \alpha Ax.$$

下面证明 $\mathscr{B}(X,Y)$ 按上述线性运算及算子范数成为赋范线性空间.事实上,如果 $A,B\in\mathscr{B}(X,Y)$,则对任意 $x\in X$,由算子加法定义,

$$\|(A+B)x\|=\|Ax+Bx\|\le\|Ax\|+\|Bx\|\le\|A\|\|x\|+\|B\|\|x\|$$
$$=(\|A\|+\|B\|)\|x\|.$$

由于 A 及 B 是有界算子,所以 $\|A\|+\|B\|<\infty$,由此可知 $A+B\in\mathscr{B}(X,Y)$,并且成立不等式

$$\|A+B\|\le\|A\|+\|B\|. \tag{1}$$

又对任何数 α,显然有

$$\|\alpha A\|=\sup_{\|x\|=1}\|(\alpha A)x\|=\sup_{\|x\|=1}\|\alpha Ax\|$$
$$=|\alpha|\sup_{\|x\|=1}\|Ax\|=|\alpha|\|A\|,$$

由此得到 $\alpha A\in\mathscr{B}(X,Y)$,且 $\|\alpha A\|=|\alpha|\|A\|$.最后 $\|A\|=0$ 的充要条件为对于任意 $x\in X,Ax=0$,即 $A=O$,因此 $\mathscr{B}(X,Y)$ 按上述加法及数乘运算和算子范数成为赋范线性空间.

定理 1　当 Y 是巴拿赫空间时,$\mathscr{B}(X,Y)$ 也是巴拿赫空间.

证明　设 $\{T_n\}$ 为 $\mathscr{B}(X,Y)$ 中的柯西点列,则由柯西点列定义,对任何正数 $\varepsilon>0$,存在正整数 N,当 $n,m>N$ 时,

$$\|T_n-T_m\|<\varepsilon,$$

于是对每个 $x\in X$,当 $n,m>N$ 时,有

$$\|T_nx-T_mx\|=\|(T_n-T_m)x\|\le\|T_n-T_m\|\|x\|<\varepsilon\|x\|, \tag{2}$$

所以当 x 固定时,点列 $\{T_nx\}$ 是 Y 中的柯西点列,由 Y 的完备性,存在 $y\in Y$,使 $T_nx\to y$ $(n\to\infty)$.作 X 到 Y 中算子 T 如下:对每个 $x\in X$,令

$$Tx=y=\lim_{n\to\infty}T_nx,$$

容易知道 T 是 X 到 Y 中的线性算子.在(2)中令 $m\to\infty$,由范数连续性得,当 $n>N$ 时,对 X 中所有 x 有

$$\|T_nx-Tx\|\le\varepsilon\|x\|,$$

由于 ε 不依赖于 x,所以

$$\|T_n-T\|=\sup_{\|x\|=1}\|(T_n-T)x\|\le\varepsilon, \tag{3}$$

即 $T_n-T\in\mathscr{B}(X,Y)$,又因 $\mathscr{B}(X,Y)$ 是线性空间,所以

$$T=T_n+(T-T_n)\in\mathscr{B}(X,Y),$$

并由(3),知 $\lim_{n\to\infty}\|T_n-T\|=0$.这就证明了 $\mathscr{B}(X,Y)$ 是巴拿赫空间.　□

设 $A\in\mathscr{B}(Z,Y),B\in\mathscr{B}(X,Z)$,令

$$(AB)x=A(Bx),x\in X,$$

显然 AB 是线性算子,称为 B 与 A 的乘积.又对每个 $x\in X$,因为

$$\|(AB)x\|=\|A(Bx)\|\le\|A\|\|Bx\|\le\|A\|\|B\|\|x\|,$$

所以 $\|AB\|\le\|A\|\|B\|<\infty$,即 $AB\in\mathscr{B}(X,Y)$.

一般地,设 X 是赋范线性空间,如果在 X 中定义了两个向量的乘积,并且满足

$$\|xy\|\le\|x\|\|y\|,x,y\in X,$$

则称 X 是赋范代数,当 X 完备时,称 X 为巴拿赫代数.由定理 1 知 $\mathscr{B}(X)$ 当 X 完备时是

巴拿赫代数.

Ⅱ.共轭空间

定义1　设 X 是赋范线性空间,令 X' 表示 X 上连续线性泛函全体所成的空间,称为 X 的**共轭空间**.

由于实数域和复数域是完备空间,所以由定理1立即可得如下定理.

定理2　**任何赋范线性空间的共轭空间是巴拿赫空间.**

在泛函分析一般理论的应用中,知道一些具体空间的共轭空间的一般形式往往是十分有用的.下面作为例子给出空间 l^1 和 l^p 共轭空间的一般形式.

首先引入两个赋范线性空间同构的概念.

定义2　设 X 和 Y 是两个赋范线性空间,T 是 X 到 Y 中的线性算子,并且对所有 $x \in X$,有

$$\| Tx \| = \| x \| ,$$

则称 T 是 X 到 Y 中的**保距算子**,如果 T 又是映射到 Y 上的,则称 T 是**同构映射**,此时称 X 与 Y **同构**.

显然保距算子是一对一的,而同构映射是等距映射,由于同构映射保持线性运算及范数不变,所以撇开 X 和 Y 中点的具体内容,可以将 X 及 Y 看成同一抽象空间而不加以区别,在这个意义下,可以认为 $X = Y$.

例1　l^1 的共轭空间为 l^∞,即 $(l^1)' = l^\infty$.

证明　令 $e_n = (\delta_{n1}, \delta_{n2}, \delta_{n3}, \cdots)$,$n = 1, 2, \cdots$,其中 δ_{nj} 当 $j = n$ 时等于1,当 $j \neq n$ 时等于0,显然 $e_n \in l^1$ 并且对每个 $x = (\xi_1, \xi_2, \xi_3, \cdots) \in l^1$,有

$$x = \lim_{n \to \infty} \sum_{k=1}^{n} \xi_k e_k .$$

设 $f \in (l^1)'$,令 $f(e_n) = \eta_n$,$n = 1, 2, \cdots$,那么由于 $f \in (l^1)'$,因而有

$$f(x) = \lim_{n \to \infty} \sum_{k=1}^{n} \xi_k f(e_k) = \sum_{k=1}^{\infty} \xi_k \eta_k , \tag{4}$$

又因为 $\| e_k \|_1 = 1$,所以对一切正整数 k,有

$$| \eta_k | = | f(e_k) | \leqslant \| f \| \| e_k \|_1 = \| f \| .$$

由此可得

$$\sup_k | \eta_k | \leqslant \| f \| , \tag{5}$$

即 $(\eta_1, \eta_2, \eta_3, \cdots) \in l^\infty$.反之,对每个 $b = (\beta_1, \beta_2, \beta_3, \cdots) \in l^\infty$,作 l^1 上泛函

$$g(x) = \sum_{k=1}^{\infty} \xi_k \beta_k , \quad x = (\xi_1, \xi_2, \xi_3, \cdots) \in l^1 ,$$

显然 g 是 l^1 上线性泛函,而且 $g(e_k) = \beta_k$,$k = 1, 2, \cdots$,又因

$$| g(x) | = \left| \sum_{k=1}^{\infty} \xi_k \beta_k \right| \leqslant \sum_{k=1}^{\infty} | \xi_k | | \beta_k | \leqslant \sup_k | \beta_k | \sum_{k=1}^{\infty} | \xi_k | = \sup_k | \beta_k | \| x \|_1 ,$$

因此 $g \in (l^1)'$,并且有

$$\| g \| \leqslant \sup_j | \beta_j | = \| b \|_\infty . \tag{6}$$

因此(4)式是 l^1 上连续线性泛函的一般形式.作 $(l^1)'$ 到 l^∞ 中映射 T 如下:

$$Tf = (f(e_1), f(e_2), f(e_3), \cdots), f \in (l^1)',$$

显然 T 是线性映射,且由前证明知 T 是到上的.由(5)式,

$$\| Tf \|_\infty = \sup_k |f(e_k)| \leq \| f \|,$$

又由(4)式,对每个 $x = (\xi_1, \xi_2, \xi_3, \cdots) \in l^1$,有

$$f(x) = \sum_{k=1}^\infty \xi_k f(e_k),$$

所以由(6)式,有

$$\| f \| \leq \sup_k |f(e_k)| = \| Tf \|_\infty,$$

于是 $\| f \| = \| Tf \|_\infty$,即 T 是 $(l^1)'$ 到 l^∞ 上的同构映射,所以 $(l^1)' = l^\infty$. □

例 2　$l^p (1 < p < \infty)$ 的共轭空间为 l^q,其中 $\dfrac{1}{p} + \dfrac{1}{q} = 1$.

证明　仍令 $e_n = (\delta_{n1}, \delta_{n2}, \delta_{n3}, \cdots), n = 1, 2, \cdots$,显然 $e_n \in l^p$,且 $\| e_n \|_p = 1$,易知对每个 $x = (\xi_1, \xi_2, \xi_3, \cdots) \in l^p$,

$$x = \lim_{n \to \infty} \sum_{k=1}^n \xi_k e_k.$$

设 $f \in (l^p)'$,令 $f(e_k) = \eta_k$,那么由于 f 是连续线性泛函,所以

$$f(x) = \sum_{k=1}^\infty \xi_k \eta_k. \tag{7}$$

若 $f = 0$,则 $\eta_k = 0, k = 1, 2, \cdots$,所以不等式

$$\left(\sum_{k=1}^\infty |\eta_k|^q \right)^{\frac{1}{q}} \leq \| f \| \tag{8}$$

自然成立.若 $f \neq 0$,则 η_k 不全为 0.于是对任何正整数 n,令 $x_n = (\xi_1^{(n)}, \xi_2^{(n)}, \xi_3^{(n)}, \cdots)$,其中

$$\xi_k^{(n)} = \begin{cases} |\eta_k|^q / \eta_k, & \text{当 } k \leq n, \eta_k \neq 0 \text{ 时,} \\ 0, & \text{当 } k > n \text{ 或 } \eta_k = 0 \text{ 时,} \end{cases}$$

显然 $x_n \in l^p$,因为 $f(x_n) = \sum_{k=1}^\infty \xi_k^{(n)} \eta_k = \sum_{k=1}^n |\eta_k|^q$,另一方面又有

$$f(x_n) \leq \| f \| \| x_n \| = \| f \| \left(\sum_{k=1}^n |\xi_k^{(n)}|^p \right)^{\frac{1}{p}}$$

$$= \| f \| \left(\sum_{k=1}^n |\eta_k|^{(q-1)p} \right)^{\frac{1}{p}}$$

$$= \| f \| \left(\sum_{k=1}^n |\eta_k|^q \right)^{\frac{1}{p}},$$

因为 η_k 不全为 0,所以当 n 足够大时,$\left(\sum_{k=1}^n |\eta_k|^q \right)^{\frac{1}{p}} \neq 0$,在上面不等式两边同除以 $\left(\sum_{k=1}^n |\eta_k|^q \right)^{\frac{1}{p}}$,得到

$$\left(\sum_{k=1}^n |\eta_k|^q \right)^{1 - \frac{1}{p}} = f(x_n) \Big/ \left(\sum_{k=1}^n |\eta_k|^q \right)^{\frac{1}{p}} \leq \| f \|,$$

令 $n \to \infty$，由 $1 - \dfrac{1}{p} = \dfrac{1}{q}$，我们得到

$$\left(\sum_{k=1}^{\infty} |\eta_k|^q \right)^{\frac{1}{q}} \leqslant \|f\|. \tag{9}$$

因此 $(\eta_1, \eta_2, \eta_3, \cdots) \in l^q$. 反之，对任何 $b = (\beta_1, \beta_2, \beta_3, \cdots) \in l^q$，若 $x = (\xi_1, \xi_2, \xi_3, \cdots) \in l^p$，则令

$$g(x) = \sum_{k=1}^{\infty} \xi_k \beta_k.$$

易知 g 是 l^p 上线性泛函且 $g(e_k) = \beta_k, k = 1, 2, \cdots$，并且由赫尔德不等式，可以得到

$$|g(x)| \leqslant \sum_{k=1}^{\infty} |\xi_k \beta_k| \leqslant \left(\sum_{k=1}^{\infty} |\xi_k|^p \right)^{\frac{1}{p}} \left(\sum_{k=1}^{\infty} |\beta_k|^q \right)^{\frac{1}{q}} = \|x\|_p \|b\|_q,$$

所以

$$\|g\| \leqslant \|b\|_q, \tag{10}$$

类似于 l^1，作 $(l^p)'$ 到 l^q 中的映射 T 如下：

$$Tf = (f(e_1), f(e_2), f(e_3), \cdots) \in l^q, \quad f \in (l^p)',$$

显然 T 是线性映射，由 T 的定义及前面证明知，T 是一对一到上的. 由 (9) 式

$$\|Tf\|_q = \left[\sum_{k=1}^{\infty} |f(e_k)|^q \right]^{\frac{1}{q}} = \left(\sum_{k=1}^{\infty} |\eta_k|^q \right)^{\frac{1}{q}} \leqslant \|f\|,$$

另一方面，对任意的 $x = (\xi_1, \xi_2, \xi_3, \cdots) \in l^p$，有

$$f(x) = \sum_{k=1}^{\infty} \xi_k f(e_k),$$

由 (10) 式知

$$\|f\| \leqslant \| \{f(e_k)\} \|_q = \|Tf\|_q,$$

因此，T 是 $(l^p)'$ 到 l^q 上的同构映射，所以 $(l^p)' = l^q$. □

§3 有限秩算子

在本节中，引进与矩阵最接近的算子，称为有限秩算子.

定义 设 X, Y 是巴拿赫空间，$T \in \mathcal{B}(X, Y)$. 如果 $\mathcal{R}(T)$ 是有限维的子空间，则称 T 是有限秩算子.

记 $\mathscr{F}(X, Y)$ 为 $\mathcal{B}(X, Y)$ 中有限秩算子全体并记 $\mathscr{F}(X) = \mathscr{F}(X, X)$.

例 1 设 X, Y 是巴拿赫空间. 设 $\{y_1, y_2, \cdots, y_n\}$ 是 Y 中的一组线性无关向量，$f_1, f_2, \cdots, f_n \in X'$. 定义

$$Tx = \sum_{k=1}^{n} y_k f_k(x), \quad 任意 x \in X.$$

则 T 是线性算子，$\mathcal{R}(T) \subset \mathrm{span}\{y_1, y_2, \cdots, y_n\}$ 且

$$\|Tx\| \leqslant \sum_{k=1}^{n} \|y_k f_k(x)\| \leqslant \sum_{k=1}^{n} \|y_k\| \|f_k\| \|x\|,$$

故 $\|T\| \leqslant \sum_{k=1}^{n} \|y_k\| \|f_k\|$，从而 $T \in \mathcal{F}(X,Y)$.

下面的定理表明: $\mathcal{F}(X)$ 是 $\mathcal{B}(X)$ 的一个理想.

定理 1 设 X 是巴拿赫空间, $S,T \in \mathcal{F}(X)$, $A \in \mathcal{B}(X)$. 则 $\mathcal{F}(X)$ 是 $\mathcal{B}(X)$ 的一个理想, 即

$$S+T \in \mathcal{F}(X), AS, SA \in \mathcal{F}(X).$$

证明 由 $\mathcal{R}(S+T) \subset \mathcal{R}(S)+\mathcal{R}(T)$ 知, $S+T \in \mathcal{F}(X)$.

由 $\mathcal{R}(SA) \subset \mathcal{R}(S)$ 知, $SA \in \mathcal{F}(X)$.

设 $\{f_1,f_2,\cdots,f_k\}$ 为 $\mathcal{R}(S)$ 的一组基. 于是

$$\mathcal{R}(AS) = \mathrm{span}\{Af_1,Af_2,\cdots,Af_k\},$$

故 $AS \in \mathcal{F}(X)$. □

设 I 是 X 上的恒等算子, $T \in \mathcal{F}(X)$. 我们要研究 $\mathcal{R}(I+T)$ 是否在 X 中闭. 为此, 我们首先引入商空间的概念如下:

设 X 是赋范线性空间, V 是 X 中的闭子空间. 定义 X 上的一个等价关系 "$\sim$" 为: 设 $x_1,x_2 \in X$, $x_1 \sim x_2$ 表示 $x_1-x_2 \in V$. 对 $x \in X$, 以 $[x]=\{y \in X: x \sim y, y \in X\}$ 表示 x 的等价类并记 $X/V = \{[x]: x \in X\}$. X/V 称为 X 以 V 为模的商空间. 在 X/V 中定义加法和数乘为

$$[x]+[y]=[x+y], \alpha[x]=[\alpha x], \text{任意 } x,y \in X, \alpha \text{ 为数}.$$

易知, 当且仅当 $x \in V$ 时, 对任意 $y \in X$, $[x]+[y]=[y]$. 故对任意 $x \in V$, $[x]$ 是 X/V 中的零元, 这个零元仍记为 0. 定义 X/V 上的非负函数

$$\|[x]\| = \inf\{\|x+v\|: v \in V\}, \quad \text{任意 } x \in X.$$

定理 2 设 X 是赋范线性空间, V 是 X 中的闭子空间. 则 $(X/V, \|\cdot\|)$ 是赋范线性空间; 进一步, 如果 X 是巴拿赫空间, 则 X/V 也是巴拿赫空间.

证明 显然, $\|[x]\| \geqslant 0$. 若 $\|[x]\|=0$, 则存在 $v_n \in V, n \geqslant 1$, 使得 $\|x-v_n\| \to 0 (n \to \infty)$. 于是, $x \in \bar{V}=V$, 即得 $[x]=0$.

对任意 $x \in X$ 和数 α, 当 $\alpha=0$ 时, $\|\alpha[x]\| = |\alpha| \|[x]\| = 0$; 当 $\alpha \neq 0$ 时,

$$\|\alpha[x]\| = \|[\alpha x]\| = \inf\{\|\alpha x-v\|: v \in V\}$$
$$= |\alpha| \inf\{\|x-\alpha^{-1}v\|: v \in V\} = |\alpha| \|[x]\|.$$

现设 $x,y \in X$, 则对任意 $v_1,v_2 \in V$,

$$\|[x]+[y]\| = \inf\{\|x+y-v\|: v \in V\} \leqslant \|x+y-v_1-v_2\| \leqslant \|x-v_1\| + \|y-v_2\|,$$

于是, $\|[x]+[y]\| \leqslant \|[x]\| + \|[y]\|$, 即 $(X/V, \|\cdot\|)$ 是赋范线性空间.

现在假设 X 是巴拿赫空间而且有 $\{x_n\} \subset X$ 使得 $\{[x_n]\}$ 是 X/V 中的柯西点列. 取 $\{x_n\}$ 的一个子列 $\{x_{n_k}\}$ 使得

$$\|[x_{n_{k+1}}-x_{n_k}]\| < \frac{1}{2^k}, \quad k \geqslant 1,$$

进而存在 $\{v_k\} \subset V$ 使得

$$\|x_{n_{k+1}}-x_{n_k}-v_k\| < \|[x_{n_{k+1}}-x_{n_k}]\| + \frac{1}{2^k} < \frac{1}{2^{k-1}}, \quad k \geqslant 1.$$

令 $\xi_k = x_{n_{k+1}}-x_{n_k}-v_k, k \geqslant 1$. 由于 $\sum_{k=1}^{\infty} \|\xi_k\| \leqslant 2$, X 是巴拿赫空间, 故 $\xi = \sum_{k=1}^{\infty} \xi_k \in X$. 注

意到 $[\xi_k]=[x_{n_{k+1}}]-[x_{n_k}],k\geqslant 1,[\xi]=\sum\limits_{k=1}^{\infty}[\xi_k]$,故 $\|[x_{n_k}]-[\xi+x_{n_1}]\|\to 0(n\to\infty)$,所以由第七章习题 11(2) 可得:$\{[x_n]\}$ 在 X/V 中收敛于 $[\xi+x_{n_1}]$. $\qquad\qquad\square$

例 2 设 $X=C[0,1]$,范数为 $\|f\|=\max\limits_{0\leqslant t\leqslant 1}|f(t)|,f\in X$.令 $V=\{f\in X:f(1)=0\}$.则 V 是 X 的闭子空间,故由定理 2,X/V 是巴拿赫空间.

注意到:对 $f,g\in X$,当 $[f]=[g]$ 时,$f(1)=g(1)$.于是对任意 $f\in X$,$\varphi([f])=f(1)$ 定义了一个从 X/V 到 $\mathbf{C}$ 的线性映射,而这个映射既是单的又是满的(因为 $\varphi([I])=1$).

对任意 $f\in X,g\in V$.令 $f_0(t)=f(1)\cdot 1$,任意 $t\in[0,1]$.则 $f-f_0\in V$,从而
$$\|[f]\|\leqslant\|f-(f-f_0)\|=\|f_0\|=|f(1)|,$$
$$\|f-g\|\geqslant|f(1)-g(1)|=|f(1)|,$$
故 $\|[f]\|\leqslant|\varphi([f])|\leqslant\|[f]\|$.所以 X/V 与 $\mathbf{C}$ 等距同构.

定理 3 设 X 为巴拿赫空间,$T\in\mathscr{F}(X)$,则 $\mathscr{R}(I+T)$ 是 X 中的闭子空间.

证明 设 $A=I+T$.定义 $X/\mathscr{N}(A)$ 到 X 的线性算子 $\hat{A}$ 为 $\hat{A}[x]=Ax$,任意 $x\in X$.则 $\mathscr{N}(\hat{A})=\{0\},\mathscr{R}(\hat{A})=\mathscr{R}(A)$.对任意 $z\in\mathscr{N}(A),x\in X$,有
$$\|\hat{A}[x]\|=\|A(x-z)\|\leqslant\|A\|\,\|x-z\|.$$
在上式中,对 $z\in\mathscr{N}(A)$ 取 $\inf$,得到 $\|\hat{A}[x]\|\leqslant\|A\|\,\|[x]\|$,所以,$\hat{A}\in\mathscr{B}(X/\mathscr{N}(A),X)$.

设 $\{y_n\}\subset\mathscr{R}(A),y\in X$ 且 $\|y_n-y\|\to 0(n\to\infty)$.取 $\{x_n\}\subset X$ 使得 $y_n=\hat{A}[x_n],n\geqslant 1$.选取 $\{z_n\}\subset\mathscr{N}(A)$ 使得
$$\|x_n-z_n\|\geqslant\|[x_n]\|\geqslant\|x_n-z_n\|-\frac{1}{n},\quad n\geqslant 1. \tag{1}$$
设 $s_n=x_n-z_n,n\geqslant 1$.则 $y_n=s_n+Ts_n,n\geqslant 1$.

我们先假定 $\{\|s_n\|\}$ 是无界点列,不妨设 $\lim\limits_{n\to\infty}\|s_n\|=\infty$.由于 $\left\{T\left(\dfrac{s_n}{\|s_n\|}\right)\right\}$ 是有限维空间 $\mathscr{R}(T)$ 中的有界点列,于是由第七章习题 23 得:$\left\{T\left(\dfrac{s_n}{\|s_n\|}\right)\right\}$ 有一个收敛于 $\xi\in X$ 的子列 $\left\{T\left(\dfrac{s_{n_k}}{\|s_{n_k}\|}\right)\right\}$.由于 $\lim\limits_{n\to\infty}\dfrac{y_n}{\|s_n\|}=0$,以及
$$\frac{y_n}{\|s_n\|}=\frac{s_n}{\|s_n\|}+T\left(\frac{s_n}{\|s_n\|}\right),\quad n\geqslant 1, \tag{2}$$
从而由(2)式,$\dfrac{s_{n_k}}{\|s_{n_k}\|}\to-\xi(k\to\infty)$.进而得到 $\dfrac{[s_{n_k}]}{\|s_{n_k}\|}\to-[\xi](k\to\infty)$,同时 $T\xi+\xi=0$,即 $[\xi]=0$.由(1)式可得
$$1\geqslant\frac{\|[s_{n_k}]\|}{\|s_{n_k}\|}>1-\frac{1}{n_k\|s_{n_k}\|},\quad k\geqslant 1, \tag{3}$$
在(3)式中,令 $k\to\infty$,则得 $\|[\xi]\|=1$,而这就与 $[\xi]=0$ 矛盾.所以 $\{\|s_n\|\}$ 是有界点列.

由于 $\{\parallel s_n \parallel\}$ 是有界点列, 故 $\{Ts_n\}$ 是 $\mathscr{R}(T)$ 中的有界点列. 取 $\{Ts_n\}$ 中的收敛子列 $\{Ts_{n_k}\}$ 并设 $Ts_{n_k} \to y_0 (k \to \infty)$. 由 $y_{n_k} = s_{n_k} + Ts_{n_k}, y_{n_k} \to y$, 得 $s_{n_k} \to y - y_0$ 及 $y = (I+T)(y-y_0)$, 即 $\mathscr{R}(I+T)$ 闭. $\qquad\qquad\qquad\qquad\qquad\qquad\qquad\qquad\qquad\qquad$ □

第八章习题

1. 设 $X = C[-1,1]$, 在 X 上分别定义范数

$$\parallel f \parallel = \max_{-1 \leqslant t \leqslant 1} |f(t)| \ \text{及} \ \parallel f \parallel_0 = \int_{-1}^{1} |f(t)| \, \mathrm{d}t, \quad \text{任意} f \in X.$$

在 X 上定义线性泛函 φ 为

$$\varphi(f) = \int_{-1}^{0} f(t) \, \mathrm{d}t - \int_{0}^{1} f(t) \, \mathrm{d}t, \quad \text{任意} f \in X.$$

求 φ 关于 $\parallel \cdot \parallel$ 及 $\parallel \cdot \parallel_0$ 的范数.

2. 设无穷矩阵 (阶数为 ∞) (a_{ij}), $i,j=1,2,\cdots$ 满足 $\sup\limits_{i \geqslant 1} \sum\limits_{j=1}^{\infty} |a_{ij}| < \infty$. 作 l^∞ 到 l^∞ 中算子如下: 若 $x = (\xi_1, \xi_2, \cdots), y = (\eta_1, \eta_2, \cdots), Tx = y$, 则

$$\eta_i = \sum_{j=1}^{\infty} a_{ij} \xi_j, \quad i = 1, 2, \cdots.$$

证明: $\parallel T \parallel = \sup\limits_{i \geqslant 1} \sum\limits_{j=1}^{\infty} |a_{ij}|$.

3. 设 X 为赋范线性空间, f_1, f_2 为 X 上的两个非零线性泛函. 若 $\mathscr{N}(f_1) = \mathscr{N}(f_2)$, 则存在一个常数 $c \neq 0$ 使得 $f_1 = c f_2$.

4. 设 $X = C[a,b]$, X 上的范数定义为 $\parallel f \parallel = \max\limits_{a \leqslant t \leqslant b} |f(t)|, f \in X$. 定义 X 到 X 的线性算子 T 为

$$(Tf)(t) = \int_{a}^{t} f(x) \, \mathrm{d}x, \quad \text{任意} f \in X, t \in [a,b].$$

证明: T 是有界的并求 $\parallel T \parallel$ 及 $\lim\limits_{n \to \infty} \sqrt[n]{\parallel T^n \parallel}$.

5. 举例说明有界线性算子的值域不一定是闭线性子空间.

6. 设 $p \in (2, \infty)$, $\{a_n\}$ 是复数列且满足条件: $\sum\limits_{n=1}^{\infty} |a_n|^{\frac{p}{p-2}} < \infty$. 定义 l^p 上线性算子 T 为

$$T(x_1, x_2, \cdots, x_n, \cdots) = (a_1 x_1, a_2 x_2, \cdots, a_n x_n, \cdots), \text{对任意} (x_1, x_2, \cdots, x_n, \cdots) \in l^p,$$

证明: $T \in \mathscr{B}(l^p, l^q)$, 这里 $\dfrac{1}{p} + \dfrac{1}{q} = 1$.

7. 设 X 是 n 维向量空间. 在 X 中取一组基 $\{e_1, e_2, \cdots, e_n\}$. 设 $(t_{\mu\nu})$ 是 n 阶方阵. 对任意 $x = \sum\limits_{\nu=1}^{n} x_\nu e_\nu$, 令 $y_\mu = \sum\limits_{\nu=1}^{n} t_{\mu\nu} x_\nu, y = Tx = \sum\limits_{\mu=1}^{n} y_\mu e_\mu$. 若 X 上范数取为 $\parallel x \parallel = \left(\sum\limits_{\nu=1}^{n} |x_\nu|^2 \right)^{\frac{1}{2}}$, 证明线性算子 T 的范数 $\parallel T \parallel$ 满足

$$\max_{1 \leqslant \nu \leqslant n} \left(\sum_{\mu=1}^{n} |t_{\mu\nu}|^2 \right)^{\frac{1}{2}} \leqslant \parallel T \parallel \leqslant \left(\sum_{\mu=1}^{n} \sum_{\nu=1}^{n} |t_{\mu\nu}|^2 \right)^{\frac{1}{2}}.$$

8. 设 T 是赋范线性空间 X 到赋范线性空间 Y 的线性算子. 若 $\mathscr{N}(T)$ 是闭集, T 是否一定有界?

9. 设 X 是巴拿赫空间, Y 是赋范线性空间, $T \in \mathscr{B}(X,Y)$. 若有正常数 m 使得 $\parallel Tx \parallel \geqslant m \parallel x \parallel$, 任意 $x \in X$, 证明: $\mathscr{R}(T)$ 是 Y 中的闭集.

10. 设 c_0 表示极限为 0 的实数列全体,按通常的加法和数乘,以及范数 $\| x \| = \sup\limits_{i \geqslant 1} | \xi_i |$,任意 $x = (\xi_1, \xi_2, \cdots, \xi_n, \cdots) \in c_0$,构成巴拿赫空间.证明:$(c_0)' = l^1$.

11. 设 X 是赋范线性空间,V 是 X 中的完备子空间.若商空间 X/V 是完备的,证明:X 也是完备的.

12. 设 X, Y 为巴拿赫空间,$T \in \mathscr{B}(X, Y)$ 是有限秩算子.证明:存在一个常数 $c > 0$ 使得对任意 $x \in X$,有 $\| Tx \| \geqslant cd(x, \mathscr{N}(T))$.

拓展阅读

第九章
内积空间和希尔伯特空间

在第七章中,我们介绍了赋范线性空间的概念.那里的元素只有长度(范数),但没有角度.回想在二维及三维空间中,除有向量的长度概念外,还有两个向量夹角的概念,并由后者导出向量的内积、正交性,一个向量在另一个向量上的投影,向量的正交分解等一系列概念,从而建立起二维及三维空间的几何学.能否把向量正交的概念加以推广,从而建立起无限维空间中的几何理论呢? 答案是肯定的.20世纪初,希尔伯特从研究积分方程出发,建立了一类无限维空间,现称为希尔伯特空间,其中具有内积,因而可以引入向量正交的概念以及投影的概念,从而可以在内积空间中建立起相应的几何学.

希尔伯特空间是赋范线性空间的特例,一种最接近于 $\mathbf{R}^n$ 的无限维空间.类似 $\mathbf{R}^n$ 中有 n 个坐标,向量有 n 个基向量一样,希尔伯特空间有可数个基向量.因而可以考察希尔伯特空间上的傅里叶(Fourier)分析以及其上连续线性泛函的一般形式和它的共轭空间.这一章中还要讨论希尔伯特空间上的共轭算子、酉算子、自伴算子和正常算子的一些初步性质,这些算子是有限维空间中相应矩阵在希尔伯特空间中的推广.

§1　内积空间的基本概念

在复欧氏空间中,向量除了有长度的概念外,还定义了两个向量的内积的运算,即若
$$a = (\xi_1, \xi_2, \cdots, \xi_n), b = (\eta_1, \eta_2, \cdots, \eta_n),$$
则 a 与 b 的内积定义为
$$\langle a, b \rangle = \xi_1 \overline{\eta_1} + \xi_2 \overline{\eta_2} + \cdots + \xi_n \overline{\eta_n}, \tag{1}$$
其中 $\overline{\eta_i}$ 表示 η_i 的复共轭,并且内积与向量 a 的长度有以下关系
$$\| a \| = \sqrt{\langle a, a \rangle}.$$
由内积定义,可知两个向量 a 与 b 正交等价于 $\langle a, b \rangle = 0$.显然,在有限维复欧氏空间 E^n 中,由(1)定义的内积具有下述性质:

1° $\langle a, a \rangle \geq 0$,且 $\langle a, a \rangle = 0$ 等价于 $a = 0$;

2° $\langle \alpha a + \beta b, c \rangle = \alpha \langle a, c \rangle + \beta \langle b, c \rangle$,其中 $a, b, c \in E^n$,α, β 为复数;

3° $\langle a, b \rangle = \overline{\langle b, a \rangle}$,$a, b \in E^n$.

在复欧氏空间 E^n 的欧几里得（Euclid）几何学中所用到内积的性质主要是上面三条，因此利用这三条性质，我们也在一般的线性空间中引入内积的概念．

定义　设 X 是复线性空间，如果对 X 中任何两个向量 x,y，有一复数 $\langle x,y \rangle$ 与之对应，并且满足下列条件：

1° $\langle x,x \rangle \geqslant 0$，且 $\langle x,x \rangle = 0$ 等价于 $x=0$，$x \in X$；

2° $\langle \alpha x+\beta y,z \rangle = \alpha \langle x,z \rangle + \beta \langle y,z \rangle$，$x,y,z \in X$，$\alpha,\beta$ 为复数；

3° $\langle x,y \rangle = \overline{\langle y,x \rangle}$，$x,y \in X$，

则称 $\langle x,y \rangle$ 为 x 与 y 的内积，X 称为内积空间．

如果 X 是实的线性空间，则条件 3° 就改为

$$\langle x,y \rangle = \langle y,x \rangle .$$

从内积的定义，立即可以得到下面的等式

$$\langle x,\alpha y+\beta z \rangle = \bar{\alpha}\langle x,y \rangle + \bar{\beta}\langle x,z \rangle . \tag{2}$$

设 X 是内积空间，令

$$\| x \| = \sqrt{\langle x,x \rangle} , \tag{3}$$

那么 $\| \cdot \|$ 是 X 上的范数．事实上，由内积定义及（2）式，不难证明

（a）$\| x \| \geqslant 0$，且 $\| x \| = 0$ 等价于 $x=0$；

（b）$\| \alpha x \| = | \alpha | \| x \|$．

为了证明范数不等式 $\| x+y \| \leqslant \| x \| + \| y \|$，我们首先证明施瓦茨（Schwarz）不等式．

引理（施瓦茨不等式）　**设 X 按内积 $\langle x,y \rangle$ 成为内积空间，则对于 X 中任意向量 x，y，成立不等式**

$$| \langle x,y \rangle | \leqslant \| x \| \| y \| . \tag{4}$$

当且仅当 x 与 y 线性相关时，不等式（4）中等号才成立．

证明　如果 $y=0$，易知对一切 $x \in X$，$\langle x,0 \rangle = 0$，因而（4）式成立．若 $y \neq 0$，则对每个复数 α，由内积条件 1°，有

$$0 \leqslant \langle x-\alpha y,x-\alpha y \rangle = \langle x,x \rangle - \bar{\alpha}\langle x,y \rangle - \alpha [\langle y,x \rangle - \bar{\alpha}\langle y,y \rangle] .$$

令 $\bar{\alpha} = \dfrac{\langle y,x \rangle}{\langle y,y \rangle}$，那么上式方括号中式子为 0，所以

$$0 \leqslant \langle x,x \rangle - \frac{\langle y,x \rangle}{\langle y,y \rangle}\langle x,y \rangle = \| x \|^2 - \frac{| \langle x,y \rangle |^2}{\| y \|^2} ,$$

两边乘以 $\| y \|^2$，并且开方，即可得到要证的施瓦茨不等式

$$| \langle x,y \rangle | \leqslant \| x \| \| y \| .$$

若 x 与 y 线性相关，通过直接计算，易知（4）式中等号成立，反之，若（4）式中等号成立，假定 $y=0$，则 x 与 y 自然线性相关，若 $y \neq 0$，令

$$\alpha = \frac{\langle x,y \rangle}{\langle y,y \rangle} ,$$

由施瓦茨不等式推导过程，易知 $\| x-\alpha y \|^2 = 0$，即 $x=\alpha y$．所以 x 与 y 线性相关．　□

由施瓦茨不等式，立即可知 $\| \cdot \|$ 满足范数不等式．事实上，

$$\| x+y \|^2 = \langle x+y,x+y \rangle = \langle x,x \rangle + \langle y,x \rangle + \langle x,y \rangle + \langle y,y \rangle$$
$$= \| x \|^2 + \langle x,y \rangle + \langle y,x \rangle + \| y \|^2$$

$$\leqslant \parallel x \parallel^2 + 2\parallel x \parallel \parallel y \parallel + \parallel y \parallel^2 = (\parallel x \parallel + \parallel y \parallel)^2,$$

所以 $\parallel x+y \parallel \leqslant \parallel x \parallel + \parallel y \parallel$. 称由(3)式定义的范数 $\parallel \cdot \parallel$ 为由内积导出的范数,所以内积空间是一种特殊的赋范空间. 若 X 按(3)式中范数完备,则称为希尔伯特空间.

设 $\parallel \cdot \parallel$ 是由内积导出的范数. 通过计算,读者不难证明对 X 中任意两个向量 $x,y \in X$,成立平行四边形公式

$$\parallel x+y \parallel^2 + \parallel x-y \parallel^2 = 2(\parallel x \parallel^2 + \parallel y \parallel^2). \tag{5}$$

它是平面上平行四边形公式在内积空间中的推广. 反之可以证明,若 X 是赋范线性空间,其中范数 $\parallel \cdot \parallel$ 对 X 中任意向量 $x,y \in X$,满足平行四边形公式(5),那么一定可在 X 中定义内积 $\langle x,y \rangle$,使 $\parallel \cdot \parallel$ 就是由内积 $\langle \cdot,\cdot \rangle$ 导出的范数,见习题5. 因此,(5)式是内积空间中范数的特征性质.

下面举一些内积空间的例子.

例1 $L^2[a,b]$. 对 $L^2[a,b]$ 中任意向量 x,y,定义

$$\langle x,y \rangle = \int_a^b x(t)\overline{y(t)}\,\mathrm{d}t. \tag{6}$$

易知 $L^2[a,b]$ 按(6)中内积成为内积空间,又由内积(6)导出的范数

$$\parallel x \parallel = \left(\int_a^b |x(t)|^2\mathrm{d}t \right)^{\frac{1}{2}},$$

即为第七章§8例4中当 $p=2$ 时所定义的范数,因此由第七章§8定理2知,$L^2[a,b]$ 成为希尔伯特空间.

例2 l^2. 设 $x=(\xi_1,\xi_2,\xi_3,\cdots),y=(\eta_1,\eta_2,\eta_3,\cdots)$,定义

$$\langle x,y \rangle = \sum_{i=1}^{\infty} \xi_i \overline{\eta_i}, \tag{7}$$

则 l^2 按(7)中内积也成为希尔伯特空间.

例3 当 $p \neq 2$ 时,l^p 不成为内积空间.

事实上,令 $x=(1,1,0,\cdots),y=(1,-1,0,\cdots)$,则 $x \in l^p,y \in l^p$,且 $\parallel x \parallel = \parallel y \parallel = 2^{\frac{1}{p}}$,但 $\parallel x+y \parallel = \parallel x-y \parallel = 2$,所以不满足平行四边形公式(5),这说明 $l^p(p \neq 2)$ 中范数不能由内积导出,因而不是内积空间.

例4 $C[a,b]$ 按 $\parallel x \parallel = \max\limits_{a \leqslant t \leqslant b} |x(t)|$ 不成为内积空间.

事实上,令 $x(t) \equiv 1,y(t)=\dfrac{t-a}{b-c}$,则 $x,y \in C[a,b]$,且 $\parallel x \parallel = \parallel y \parallel = 1$,但因为

$$x(t)+y(t) = 1+\frac{t-a}{b-a},$$

$$x(t)-y(t) = 1-\frac{t-a}{b-a},$$

所以 $\parallel x+y \parallel = 2, \parallel x-y \parallel = 1$,因此不满足平行四边形公式,这就证明了 $C[a,b]$ 不是内积空间.

设 X 为复内积空间,由(3)给出了 X 上的范数,反之,通过直接计算,读者不难证明,内积与范数之间成立如下等式

$$\langle x,y\rangle=\frac{1}{4}(\parallel x+y\parallel^2-\parallel x-y\parallel^2+\mathrm{i}\parallel x+\mathrm{i}y\parallel^2-\mathrm{i}\parallel x-\mathrm{i}y\parallel^2). \tag{8}$$

(8)式称为**极化恒等式**,它表示内积可以用它所导出的范数来表示.当 X 为实内积空间时,极化恒等式变为

$$\langle x,y\rangle=\frac{1}{4}(\parallel x+y\parallel^2-\parallel x-y\parallel^2). \tag{9}$$

由施瓦茨不等式,立即可知内积是两个变元的连续函数,即当 $x_n\to x,y_n\to y$ 时,有 $\langle x_n,y_n\rangle\to\langle x,y\rangle(n\to\infty)$.事实上,因为

$$|\langle x,y\rangle-\langle x_n,y_n\rangle|\leqslant|\langle x,y-y_n\rangle|+|\langle x-x_n,y_n\rangle|$$
$$\leqslant\parallel x\parallel\cdot\parallel y-y_n\parallel+\parallel x-x_n\parallel\parallel y_n\parallel,$$

因 y_n 收敛,故 $\parallel y_n\parallel$ 有界,所以当 $n\to\infty$ 时,上面不等式右端趋于 0,因而 $\langle x_n,y_n\rangle\to\langle x,y\rangle(n\to\infty)$.

§2 投 影 定 理

设 X 是度量空间,M 是 X 的非空子集,x 是 X 中一点,称
$$\inf_{y\in M}d(x,y)$$
为点 x 到 M 的距离,记为 $d(x,M)$.在赋范线性空间中,
$$d(x,M)=\inf_{y\in M}\parallel x-y\parallel. \tag{1}$$

在许多数学问题中(例如函数逼近论)常常会提出这样的问题:是否存在 $y\in M$,使
$$d(x,M)=\parallel x-y\parallel, \tag{2}$$
如果存在这样的 y,是否唯一?容易明白,如果不对 M 加上一些限制,即使在有限维欧氏空间中,对这个问题的回答也是不肯定的.但当 M 是内积空间中的完备凸子集时,对这个问题可以得到肯定的回答,为此,先介绍凸集的概念.

设 X 是线性空间,x,y 是 X 中两点,称集合
$$\{z=\alpha x+(1-\alpha)y:0\leqslant\alpha\leqslant1\}$$
为 X 中联结点 x 和 y 的线段,记为 $[x,y]$.如果 M 是 X 的子集,对 M 中的任意两点 x,y,必有 $[x,y]\subset M$,则称 M 为 X 中的**凸集**.

定理 1(极小化向量定理) 设 X 是内积空间,M 是 X 中非空凸集,并且按 X 中由内积导出的距离完备,那么对每个 $x\in X$,存在唯一的 $y\in M$,使得
$$\parallel x-y\parallel=d(x,M). \tag{3}$$

证明 令 $\delta=d(x,M)$,由下确界定义,存在 $y_n\in M,n=1,2,3,\cdots$,使
$$\delta_n=\parallel x-y_n\parallel\to\delta(n\to\infty). \tag{4}$$
令 $v_n=y_n-x$,则 $\parallel v_n\parallel=\delta_n$,且
$$\parallel v_n+v_m\parallel=\parallel y_n+y_m-2x\parallel=2\left\parallel\frac{1}{2}(y_n+y_m)-x\right\parallel,$$

因为 M 是凸集,所以 $\frac{1}{2}(y_n+y_m)\in M$,由此可得 $\|v_n+v_m\|\geqslant 2\delta$. 又因为 $y_n-y_m=v_n-v_m$,由平行四边形公式,有

$$\|y_n-y_m\|^2=\|v_n-v_m\|^2=-\|v_n+v_m\|^2+2(\|v_n\|^2+\|v_m\|^2)$$
$$\leqslant -(2\delta)^2+2(\delta_n^2+\delta_m^2),$$

由(4)式知,$\{y_n\}$ 是 M 中柯西点列,但 M 按内积导出的距离完备,因而存在 $y\in M$,使 $y_n\to y(n\to\infty)$. 因为 $y\in M$,所以,$\|x-y\|\geqslant\delta$;但是

$$\|x-y\|\leqslant\|x-y_n\|+\|y-y_n\|=\delta_n+\|y_n-y\|,$$

上面不等式右端当 $n\to\infty$ 时,极限为 δ,所以得到 $\|x-y\|=\delta$.

若又有 $y_0\in M$,使得 $\|x-y_0\|=\delta$,由平行四边形公式,

$$\|y-y_0\|^2=\|(y-x)-(y_0-x)\|^2$$
$$=2\|y-x\|^2+2\|y_0-x\|^2-\|(y-x)+(y_0-x)\|^2$$
$$=2\delta^2+2\delta^2-4\left\|\frac{1}{2}(y+y_0)-x\right\|^2.$$

由 M 的凸性,$\frac{1}{2}(y+y_0)\in M$,所以 $\left\|\frac{1}{2}(y+y_0)-x\right\|^2\geqslant\delta^2$,因此

$$0\leqslant\|y-y_0\|^2\leqslant 4\delta^2-4\delta^2=0.$$

因而 $\|y-y_0\|=0$,即 $y=y_0$. 这就证明了唯一性. □

当 M 是 X 的完备子空间时,M 当然是 X 中的凸集,所以由定理1,立即可以得到下面的推论.

推论 设 X 是内积空间,M 是 X 的完备子空间,则对每个 $x\in X$,存在唯一的 $y\in M$,使得

$$\|x-y\|=d(x,M).$$

极小化向量定理是内积空间的一个基本定理,它在微分方程、现代控制论和逼近论中有重要应用.

下面引入内积空间中向量正交的概念.

定义 1 设 X 是内积空间,x,y 是 X 中两个向量,如果

$$\langle x,y\rangle=0,$$

则称 x 与 y 互相垂直或正交,记为 $x\perp y$. 如果 X 的子集 A 中每个向量都与子集 B 中每个向量正交,则称 A 与 B 正交,记为 $A\perp B$,特别当 A 只含有一点 x 时,则称 x 与 B 正交,记为 $x\perp B$.

容易知道,对 X 中两个互相正交的向量 x 和 y 成立勾股公式

$$\|x+y\|^2=\|x\|^2+\|y\|^2.$$

有了向量正交的概念,类似于有限维欧氏空间,就可以在一般的内积空间中建立起相应的几何学.

引理 1 设 X 是内积空间,M 是 X 的线性子空间,$x\in X$,若存在 $y\in M$,使得 $\|x-y\|=d(x,M)$,那么,$x-y\perp M$.

证明 令 $z=x-y$,若 z 不垂直于 M,那么必有 $y_1\in M$,使得

$$\langle z,y_1\rangle\neq 0. \tag{5}$$

显然 $y_1 \neq 0$，另一方面，对任意复数 α，有

$$\| z-\alpha y_1 \|^2 = \langle z-\alpha y_1, z-\alpha y_1 \rangle = \langle z,z \rangle - \bar{\alpha} \langle z,y_1 \rangle - \alpha [\langle y_1,z \rangle - \bar{\alpha} \langle y_1,y_1 \rangle],$$

令 $\bar{\alpha} = \dfrac{\langle y_1,z \rangle}{\langle y_1,y_1 \rangle}$，则上式右端方括号中式子为 0，又因 $\| z \| = d(x,M)$，因此

$$\| z-\alpha y_1 \|^2 = \| z \|^2 - \frac{|\langle z,y_1 \rangle|^2}{\langle y_1,y_1 \rangle} < d^2(x,M),$$

但是由于 $y+\alpha y_1 \in M$，所以

$$\| z-\alpha y_1 \| = \| x-y-\alpha y_1 \| \geqslant d(x,M),$$

这与 $\| z-\alpha y_1 \| < d(x,M)$ 矛盾. 因此，$x-y \perp M$. □

设 X 是线性空间，Y 和 Z 是 X 的两个子空间，如果对每个 $x \in X$，存在唯一的 $y \in Y$ 和 $z \in Z$，使得 $x=y+z$，则称 X 是 Y 和 Z 的<u>直和</u>，记为 $X=Y\dot{+}Z$，其中 Y 和 Z 称为 X 的一对<u>互补子空间</u>. Z（或 Y）称为 Y（或 Z）的代数补子空间. 易知互补子空间必线性无关，即对任何 $y \in Y$ 及 $z \in Z$，则 y,z 线性无关. 例如，$X=\mathbf{R}^2$，$Y=\mathbf{R}$，则经过原点的每一条异于 Y 的直线都是 Y 的代数补子空间. 我们最感兴趣的是与 Y 垂直的代数补子空间，即与 R 垂直，且通过原点的那条直线，称之为 R 的正交补子空间. 类似地，也可以在内积空间中引入正交补子空间的概念.

定义 2　设 X 是内积空间，M 是 X 的子集，称集合

$$M^{\perp} = \{ x \in X : x \perp M \}$$

为 M 在 X 中的<u>正交补</u>.

读者不难证明 $M^{\perp}$ 是 X 中的闭线性子空间. 又由正交补的定义可知，若 M 是 X 的线性子空间，则 $M \cap M^{\perp} = \{0\}$. 当 X 是希尔伯特空间时，我们有下面的投影定理.

定理 2　**设 Y 是希尔伯特空间 X 的闭子空间，那么有**

$$X = Y \dot{+} Y^{\perp}. \tag{6}$$

证明　因为 Y 是 X 的闭子空间，所以 Y 是 X 的完备子空间，由定理 1 的推论及引理 1，对于任意 $x \in X$，存在唯一 $y \in Y$ 及 $z \in Y^{\perp}$，使

$$x = y+z, \tag{7}$$

又若另有 $y_1 \in Y$ 及 $z_1 \in Y^{\perp}$，使 $x=y_1+z_1$，则 $y-y_1 = z_1-z$，因 $y-y_1 \in Y, z_1-z \in Y^{\perp}$，于是 $y_1-y = z_1-z \in Y \cap Y^{\perp} = \{0\}$，因此，$y=y_1, z=z_1$，这就证明了 $X = Y \dot{+} Y^{\perp}$. □

当 $X=Y\dot{+}Z$，且 $Y \perp Z$ 时，称 X 是 Y 和 Z 的<u>正交和</u>，记为 $X=Y\oplus Z$，因此（6）式可以写成

$$X = Y \oplus Y^{\perp}. \tag{8}$$

若 $y \perp z, x=y+z$，则写 $x=y\oplus z$. 定理 2 告诉我们，当 Y 是希尔伯特空间 X 的闭子空间时，对每个 $x \in X$，存在唯一 $y \in Y$ 及 $z \in Y^{\perp}$，使得 $x=y\oplus z$，称 y 为 x 在空间 Y 上的<u>正交投影</u>，简称为<u>投影</u>. 利用投影，可以定义 X 到 Y 上的映射 P 如下：对任意 $x \in X$，令

$$Px = y,$$

其中 y 是 x 在 Y 上的投影，称 P 为 X 到 Y 上的<u>投影算子</u>. 读者不难证明，投影算子具有下列一系列性质.

$1°$ P 是 X 到 Y 上的有界线性算子，且当 $Y \neq \{0\}$ 时，$\| P \| = 1$.

$2°$ $PX=Y, PY=Y, PY^{\perp} = \{0\}$.

3° $P^2 = P$,其中 $P^2 = PP$.

设 X 是内积空间,M 是 X 的子集,记 $(M^\perp)^\perp = M^{\perp\perp}$,显然

$$M \subset M^{\perp\perp}. \tag{9}$$

反之,有下面的引理.

引理 2 设 Y 是希尔伯特空间 X 的闭子空间,则有

$$Y = Y^{\perp\perp}. \tag{10}$$

证明 由 (9) 式,只要证明 $Y^{\perp\perp} \subset Y$ 即可.设 $x \in Y^{\perp\perp}$,由投影定理,存在 $y \in Y \subset Y^{\perp\perp}$ 及 $z \in Y^\perp$,使得 $x = y \oplus z$.因为 $x \in Y^{\perp\perp}$,并且 $Y^{\perp\perp}$ 是线性空间,所以 $x - y \in Y^{\perp\perp}$,因此 $z = x - y \in Y^\perp \cap Y^{\perp\perp} = \{0\}$,即 $z = 0$,所以 $x = y \in Y$.这就证明了 $Y^{\perp\perp} \subset Y$. $\square$

利用正交补,可以得到内积空间 X 中子集 M 的线性包在 X 中稠密的判断方法.

引理 3 设 M 是希尔伯特空间 X 中非空子集,则 M 的线性包 span M 在 X 中稠密的充要条件为 $M^\perp = \{0\}$.

证明 设 $x \in M^\perp$,若 span M 在 X 中稠密,则 $x \in \overline{\text{span } M}$,因此,存在 $x_n \in \text{span } M$,$n = 1, 2, \cdots$,使 $x_n \to x (n \to \infty)$,又因 $x \in M^\perp$,所以 $\langle x_n, x \rangle = 0$,$n = 1, 2, \cdots$,由内积连续性,得到 $\langle x, x \rangle = 0$,因而 $x = 0$,即 $M^\perp = \{0\}$.反之,设 $M^\perp = \{0\}$,如果 $x \perp \text{span } M$,则 $x \perp M$,即 $x \in M^\perp$,所以 $x = 0$,因此 $(\text{span } M)^\perp = \{0\}$.但 $(\overline{\text{span } M})^\perp = (\text{span } M)^\perp$,由投影定理,$X = \overline{\text{span } M}$,即 span M 在 X 中稠密. $\square$

§3 希尔伯特空间中的规范正交系

仿照欧氏空间中正交坐标系的概念,我们在内积空间中引入正交系的概念.

定义 1 设 M 是内积空间 X 的一个不含零的子集,若 M 中向量两两正交,则称 M 为 X 中的正交系,又若 M 中向量的范数都为 1,则称 M 为 X 中规范正交系.

例 1 $\mathbf{R}^n$ 为 n 维欧氏空间,则向量集

$$e_k = (\delta_{k1}, \delta_{k2}, \cdots, \delta_{kn}), k = 1, 2, \cdots, n$$

为 $\mathbf{R}^n$ 中规范正交系,其中 δ_{kj} 当 $k = j$ 时,$\delta_{kj} = 1$;$k \neq j$ 时,$\delta_{kj} = 0$.

例 2 在空间 $L^2[0, 2\pi]$ 中,定义内积为

$$\langle f, g \rangle = \frac{1}{\pi} \int_0^{2\pi} f(x) g(x) \, dx, \qquad f, g \in L^2[0, 2\pi],$$

则三角函数系 $\dfrac{1}{\sqrt{2}}, \cos x, \sin x, \cdots, \cos nx, \sin nx, \cdots$ 为 $L^2[0, 2\pi]$ 中规范正交系.所以内积空间中规范正交系是正交函数系概念的推广.

正交系有以下基本性质.

1° 对正交系 M 中任意有限个向量 $x_1, x_2, \cdots, x_n$,有

$$\| x_1 + x_2 + \cdots + x_n \|^2 = \| x_1 \|^2 + \| x_2 \|^2 + \cdots + \| x_n \|^2. \tag{1}$$

事实上,由于 M 中向量两两正交,所以

$$\left\| \sum_{i=1}^{n} x_i \right\|^2 = \left\langle \sum_{i=1}^{n} x_i, \sum_{i=1}^{n} x_j \right\rangle = \sum_{i,j=1}^{n} \langle x_i, x_j \rangle = \sum_{i=1}^{n} \langle x_i, x_i \rangle = \sum_{i=1}^{n} \| x_i \|^2.$$

2° 正交系 M 是 X 中线性无关子集. 事实上, 设 $x_1, x_2, \cdots, x_n \in M$, 而且 $\sum_{i=1}^{n} \alpha_i x_i = 0$, 其中 $\alpha_1, \alpha_2, \cdots, \alpha_n$ 为 n 个数, 则对任何 $1 \leqslant j \leqslant n$, 有

$$0 = \left\langle \sum_{i=1}^{n} \alpha_i x_i, x_j \right\rangle = \alpha_j \langle x_j, x_j \rangle = \alpha_j \| x_j \|^2. \tag{2}$$

由于 $x_j \neq 0$, 因此 $\alpha_j = 0$, 所以 $x_1, x_2, \cdots, x_n$ 线性无关. 这就证明了 M 是 X 中线性无关子集.

我们在内积空间中引入规范正交系的目的是要把空间中的向量关于规范正交系展开成级数, 为此, 首先介绍一般赋范线性空间中级数收敛的概念.

定义 2 设 X 是赋范线性空间, $x_i, i = 1, 2, \cdots$ 是 X 中一列向量, $\alpha_1, \alpha_2, \cdots$ 是一列数, 作形式级数

$$\sum_{i=1}^{\infty} \alpha_i x_i, \tag{3}$$

称 $S_n = \sum_{i=1}^{n} \alpha_i x_i$ 为级数 (3) 的 n 项部分和, 若存在 $x \in X$, 使 $S_n \to x \, (n \to \infty)$, 则称级数 (3) 收敛, 并称 x 为这个级数的和, 记为 $x = \sum_{i=1}^{\infty} \alpha_i x_i$.

若 M 为 X 中规范正交系, $e_1, e_2, \cdots$ 是 M 中有限或可列个向量, 且 $x = \sum_{i=1}^{\infty} \alpha_i e_i$, 则对每个正整数 j, 由内积连续性, 可以得到

$$\langle x, e_j \rangle = \left\langle \sum_{i=1}^{\infty} \alpha_i e_i, e_j \right\rangle = \sum_{i=1}^{\infty} \alpha_i \langle e_i, e_j \rangle = \alpha_j,$$

所以 $x = \sum_{j=1}^{\infty} \langle x, e_j \rangle e_j$.

定义 3 设 M 为内积空间 X 中的规范正交系, $x \in X$, 称数集

$$\{ \langle x, e \rangle : e \in M \}$$

为向量 x 关于规范正交系 M 的傅里叶系数集, 而称 $\langle x, e \rangle$ 为 x 关于 e 的傅里叶系数.

例 3 设 $X = L^2[0, 2\pi]$, M 为例 2 中三角函数系, 记 $e_0(x) = \dfrac{1}{\sqrt{2}}$, $e_1(x) = \cos x$, $e_2(x) = \sin x, \cdots, e_{2n-1}(x) = \cos nx, e_{2n}(x) = \sin nx, \cdots$, 对于任何 $f \in L^2[0, 2\pi]$, f 关于 M 的傅里叶系数集即为

$$a_0 = \frac{1}{\sqrt{2}\,\pi} \int_0^{2\pi} f(t) \, \mathrm{d}t = \langle f, e_0 \rangle,$$

$$a_n = \frac{1}{\pi} \int_0^{2\pi} f(t) \cos nt \, \mathrm{d}t = \langle f, e_{2n-1} \rangle, \quad n = 1, 2, \cdots,$$

$$b_n = \frac{1}{\pi} \int_0^{2\pi} f(t) \sin nt \, \mathrm{d}t = \langle f, e_{2n} \rangle, \quad n = 1, 2, \cdots.$$

所以内积空间 X 中向量 x 关于规范正交系 M 的傅里叶系数实际上是数学分析中傅里

叶系数概念的推广.

下面讨论傅里叶系数的性质.

引理 1　设 X 是内积空间，M 是 X 中规范正交系，任取 M 中有限个向量 $e_1,e_2,\cdots,e_n$，那么有

（1）$\left\| x-\sum\limits_{i=1}^{n}\langle x,e_i\rangle e_i \right\|^2 = \|x\|^2 - \sum\limits_{i=1}^{n}|\langle x,e_i\rangle|^2 \geq 0$；

（2）$\left\| x-\sum\limits_{i=1}^{n}\alpha_i e_i \right\| \geq \left\| x-\sum\limits_{i=1}^{n}\langle x,e_i\rangle e_i \right\|$，其中 $\alpha_1,\alpha_2,\cdots,\alpha_n$ 为任意 n 个数.

证明　因对任意 n 个数 $\alpha_1,\alpha_2,\cdots,\alpha_n$，有

$$\left\| x-\sum_{i=1}^{n}\alpha_i e_i \right\|^2 = \left\langle x-\sum_{i=1}^{n}\alpha_i e_i, x-\sum_{i=1}^{n}\alpha_i e_i \right\rangle$$

$$= \langle x,x\rangle - \left\langle \sum_{i=1}^{n}\alpha_i e_i, x \right\rangle - \left\langle x, \sum_{i=1}^{n}\alpha_i e_i \right\rangle + \left\langle \sum_{i=1}^{n}\alpha_i e_i, \sum_{i=1}^{n}\alpha_i e_i \right\rangle$$

$$= \|x\|^2 - 2\operatorname{Re}\sum_{i=1}^{n}\overline{\alpha_i}\langle x,e_i\rangle + \sum_{i=1}^{n}|\alpha_i|^2.$$

令 $\alpha_i=\langle x,e_i\rangle$，$i=1,2,\cdots,n$，代入上式即得（1）.另一方面，由上式及结论（1），我们又有

$$\left\| x-\sum_{i=1}^{n}\alpha_i e_i \right\|^2 - \left\| x-\sum_{i=1}^{n}\langle x,e_i\rangle e_i \right\|^2 = \sum_{i=1}^{n}|\alpha_i-\langle x,e_i\rangle|^2 \geq 0.$$

由此知（2）成立.　□

从引理 1 中（2）的证明中可以看出，在（2）中仅当 $\alpha_i=\langle x,e_i\rangle$，$i=1,2,\cdots,n$ 时，等号才成立.其次还可以看出，若用 $e_1,e_2,\cdots,e_n$ 的线性组合逼近 x，则取 $\alpha_i=\langle x,e_i\rangle$，$i=1,2,\cdots,n$ 时的逼近为最佳.

定理 1（贝塞尔（Bessel）不等式）　设 $\{e_k\}$ 是内积空间 X 中的有限或可数规范正交系，那么对每个 $x\in X$，成立不等式

$$\sum_{i=1}^{\infty}|\langle x,e_i\rangle|^2 \leq \|x\|^2. \tag{4}$$

证明　如果 $\{e_k\}$ 中只有有限个向量，则结论由引理 1 的（1）立即可得.当 $\{e_k\}$ 可数时，只要在引理 1 的（1）中令 $n\to\infty$，即得（4）式.　□

如果贝塞尔不等式中等号成立，则称此等式为帕塞瓦尔（Parseval）等式.

引理 2　设 $\{e_k\}$ 为希尔伯特空间 X 中可数规范正交系，那么

（1）级数 $\sum\limits_{i=1}^{\infty}\alpha_i e_i$ 收敛的充要条件为级数 $\sum\limits_{i=1}^{\infty}|\alpha_i|^2$ 收敛；

（2）若 $x=\sum\limits_{i=1}^{\infty}\alpha_i e_i$，则 $\alpha_i=\langle x,e_i\rangle$，$i=1,2,\cdots$，故

$$x=\sum_{i=1}^{\infty}\langle x,e_i\rangle e_i；$$

（3）对任何 $x\in X$，级数 $\sum\limits_{i=1}^{\infty}\langle x,e_i\rangle e_i$ 收敛.

证明　（1）设 $S_n=\sum\limits_{i=1}^{n}\alpha_i e_i$，$\sigma_n=\sum\limits_{i=1}^{n}|\alpha_i|^2$，由于 $\{e_i\}$ 为规范正交系，所以对任何正整数 m 和 n，$n>m$，有

$$\| S_n - S_m \|^2 = \| \alpha_{m+1} e_{m+1} + \alpha_{m+2} e_{m+2} + \cdots + \alpha_n e_n \|^2 = \sum_{i=m+1}^{n} | \alpha_i |^2 = \sigma_n - \sigma_m,$$

所以 $\{S_n\}$ 是 X 中柯西点列的充要条件为 $\{\sigma_n\}$ 是柯西数列,由 X 和数域的完备性知,(1)成立.

(2)前已证过.

(3)由贝塞尔不等式知,$\sum\limits_{i=1}^{\infty} | \langle x, e_i \rangle |^2$ 收敛,由(1)及(2),知 $\sum\limits_{i=1}^{\infty} \langle x, e_i \rangle e_i$ 收敛. □

推论 1 设 $\{e_i\}$ 是 X 中可数规范正交系,则对任何 $x \in X$,

$$\lim_{n \to \infty} \langle x, e_n \rangle = 0. \tag{5}$$

证明 由定理 1,对任何 $x \in X$,$\sum\limits_{i=1}^{\infty} | \langle x, e_i \rangle |^2 \leqslant \| x \|^2$ 收敛,所以一般项 $\langle x, e_n \rangle \to 0 (n \to \infty)$. □

当 X 为 $L^2[0, 2\pi]$,M 为三角函数系时,推论 1 即为黎曼-勒贝格引理.下面讨论一般规范正交系的贝塞尔不等式.设 $\{e_k, k \in \Lambda\}$ 是 X 中规范正交系,其中 Λ 为一指标集,那么对任一 $x \in X$,Λ 中使 $\langle x, e_k \rangle \neq 0$ 的指标 k 至多只有可数个.事实上,由贝塞尔不等式,易知对任何正整数 m,使 $| \langle x, e_k \rangle | > \dfrac{1}{m}$ 的指标 k 至多只有有限个,所以集

$$\{ e_k : \langle x, e_k \rangle \neq 0 \} = \bigcup_{m=1}^{\infty} \left\{ e_k : | \langle x, e_k \rangle | > \frac{1}{m} \right\}$$

至多为可数集.由此可以形式地作级数

$$\sum_{k \in \Lambda} \langle x, e_k \rangle e_k, \tag{6}$$

其中和式理解成对所有使 $\langle x, e_k \rangle \neq 0$ 的指标 k 相加.因此贝塞尔不等式可以写成

$$\sum_{k \in \Lambda} | \langle x, e_k \rangle |^2 \leqslant \| x \|^2. \tag{7}$$

我们的兴趣在于什么时候向量 x 可以写成由傅里叶系数所作级数(6)的和,为此,首先引入完全规范正交系的概念.

定义 4 设 M 是内积空间 X 中的规范正交系,如果

$$\overline{\operatorname{span} M} = X, \tag{8}$$

则称 M 是 X 中的**完全规范正交系**.

利用本章 §2 引理 3,立即可以得到下列定理.

定理 2 设 M 是希尔伯特空间 X 中规范正交系,那么 M 完全的充要条件为 $M^\perp = \{0\}$.

这个定理告诉我们,在完全规范正交系中不能再加进新的向量,使之成为更大的规范正交系.我们也可以用帕塞瓦尔等式来检验规范正交系的完全性.

定理 3 M 是希尔伯特空间中完全规范正交系的充要条件为对所有 $x \in X$,成立帕塞瓦尔等式.

证明 充分性 设帕塞瓦尔等式对所有 $x \in X$ 成立,若 M 不完全,由定理 2,存在 $x_0 \neq 0, x_0 \perp M$.所以对任何 $e \in M$,有 $\langle x_0, e \rangle = 0$,由于对该 x_0 成立帕塞瓦尔等式

$$\| x_0 \|^2 = \sum_{e \in M} |\langle x_0, e \rangle|^2,$$

所以 $\| x_0 \| = 0$，即 $x_0 = 0$，这与 $x_0 \neq 0$ 矛盾.

必要性　设 M 是 X 中完全规范正交系，对任何 $x \in X$，设其非零傅里叶系数为 $\langle x, e_1 \rangle, \langle x, e_2 \rangle, \cdots$，由引理 2，级数 $\sum_{i=1}^{\infty} \langle x, e_i \rangle e_i$ 收敛，设其和为 y，则对任何正整数 i，有

$$\langle x - y, e_i \rangle = \langle x, e_i \rangle - \sum_{j=1}^{\infty} \langle x, e_j \rangle \langle e_j, e_i \rangle = \langle x, e_i \rangle - \langle x, e_i \rangle = 0.$$

又对 M 中一切使 $\langle x, e \rangle = 0$ 的向量 e，有

$$\langle x - y, e \rangle = \langle x, e \rangle - \sum_{j=1}^{\infty} \langle x, e_j \rangle \langle e_j, e \rangle = 0.$$

因此，$x - y \perp M$. 由 M 的完全性，得到 $x - y = 0$，即 $x = y$. 所以 $x = \sum_{j=1}^{\infty} \langle x, e_j \rangle e_j$. 由此得到

$$\| x \|^2 = \sum_{j=1}^{\infty} |\langle x, e_j \rangle|^2 = \sum_{e \in M} |\langle x, e \rangle|^2,$$

即帕塞瓦尔等式成立. □

由定理 3 的证明可以看出，当 M 是希尔伯特空间 X 中完全规范正交系时，X 中每个向量 x 都可以展开成级数

$$x = \sum_{e \in M} \langle x, e \rangle e, \tag{9}$$

(9) 式称为向量 x 关于规范正交系 M 的傅里叶展开式.

推论 2（斯捷克洛夫（Стеклов）定理）　设 M 是希尔伯特空间 X 中规范正交系，若帕塞瓦尔等式在 X 的某个稠密子集 A 上成立，则 M 完全.

证明　设 $E = \mathrm{span}\, M$，则 E 是 X 中闭线性子空间，因在 A 上帕塞瓦尔等式成立，由定理 3，易知对 A 中每个向量 x，都成立

$$x = \sum_{e \in M} \langle x, e \rangle e,$$

所以 $x \in E$，因而 $A \subset E$，由于 E 是闭线性子空间，故有 $\bar{A} \subset E$，但因 $\bar{A} = X$，所以 $E = X$，即 M 是 X 中完全规范正交系. □

利用推论 2 不难证明例 2 中三角函数系是 $L^2[0, 2\pi]$ 中完全规范正交系，所以对任何 $f \in L^2[0, 2\pi]$，$f(x)$ 都可展开成傅里叶级数

$$f(x) = a_0 + \sum_{k=1}^{\infty} (a_k \cos kx + b_k \sin kx),$$

其中等号右端级数是指在 $L^2[0, 2\pi]$ 中平方平均收敛，a_0, a_k, b_k 分别为例 3 中 f 关于三角函数系的傅里叶系数.

由上所述，可见完全规范正交系是研究希尔伯特空间的重要工具，那么是否每个非零希尔伯特空间都有完全规范正交系，以及如何去得到完全规范正交系？为此首先介绍一般的格拉姆-施密特（Gram-Schmidt）正交化过程.

引理 3　设 $\{x_1, x_2, \cdots\}$ 是内积空间 X 中有限或可数个线性无关向量，那么必有 X 中规范正交系 $\{e_1, e_2 \cdots\}$，使对任何正整数 n，有

$$\mathrm{span}\{e_1, e_2, \cdots, e_n\} = \mathrm{span}\{x_1, x_2, \cdots, x_n\}.$$

证明 令 $e_1 = \dfrac{x_1}{\|x_1\|}$，则 $\|e_1\| = 1$，且 $\mathrm{span}\{e_1\} = \mathrm{span}\{x_1\}$，令 $v_2 = x_2 - \langle x_2, e_1 \rangle e_1$，因为 x_1, x_2 线性无关，所以 $v_2 \neq 0$，且 $v_2 \perp e_1$．令 $e_2 = \dfrac{v_2}{\|v_2\|}$，则 $\|e_2\| = 1$，且 $e_2 \perp e_1$．显然 $\mathrm{span}\{e_1, e_2\} = \mathrm{span}\{x_1, x_2\}$．如果已作了 $e_1, e_2, \cdots, e_{n-1}$，其中 $\|e_i\| = 1, i = 1, 2, \cdots, n-1$，并且两两正交，满足 $\mathrm{span}\{e_1, e_2, \cdots, e_{n-1}\} = \mathrm{span}\{x_1, x_2, \cdots, x_{n-1}\}$，则令 $v_n = x_n - \sum\limits_{k=1}^{n-1} \langle x_n, e_k \rangle e_k$．由 $x_1, x_2, \cdots, x_n$ 线性无关知，$v_n \neq 0$，令 $e_n = \dfrac{v_n}{\|v_n\|}$，则 $\|e_n\| = 1$，且 $e_n \perp e_i, i = 1, 2, \cdots, n-1$．又显然满足 $\mathrm{span}\{e_1, e_2, \cdots, e_n\} = \mathrm{span}\{x_1, x_2, \cdots, x_n\}$．这样一直作下去，即可得到所要求的规范正交系． $\square$

引理 3 的过程称为 <u>格拉姆－施密特正交化过程</u>，容易明白，$\sum\limits_{i=1}^{n-1} \langle x_n, e_i \rangle e_i$ 是向量 x_n 在空间 $\mathrm{span}\{x_1, x_2, \cdots, x_{n-1}\}$ 上的投影．

定理 4 每个非零希尔伯特空间必有完全规范正交系．

证明 只对可分的情况证明．设 X 为可分希尔伯特空间，则存在有限或可数个向量 $\{x_i\}$，使 $\overline{\mathrm{span}\{x_i\}} = X$，不妨设 $\{x_i\}$ 为 X 中的线性无关子集，否则可取 $\{x_i\}$ 中的线性无关子集．由引理 3，存在有限或可数的规范正交系 $\{e_i\}$，使对任何正整数 n，有

$$\mathrm{span}\{e_1, e_2, \cdots, e_n\} = \mathrm{span}\{x_1, x_2, \cdots, x_n\},$$

所以，由 $\{e_i\}$ 张成的线性空间包含 $\{x_i\}$，因此 $\overline{\mathrm{span}\{e_i\}} \supset \overline{\mathrm{span}\{x_i\}} = X$，即 $\{e_i\}$ 是 X 中完全规范正交系． $\square$

可以证明，如果 M 及 M_1 同为希尔伯特空间 X 的完全规范正交系，那么 M 和 M_1 具有相同的基数，称这个基数为 X 的 <u>希尔伯特维数</u>，若 $X = \{0\}$，则定义 X 的希尔伯特维数为 0．由格拉姆－施密特正交化过程易知，当 X 是有限维空间时，希尔伯特维数与线性维数一致．

为了研究希尔伯特空间及其上的线性算子，把一个抽象的希尔伯特空间表示成一个具体的希尔伯特空间是有好处的．

定义 5 设 X 和 $\tilde{X}$ 是两个内积空间，若存在 X 到 $\tilde{X}$ 上的映射 T，使对任何 $x, y \in X$ 及数 α, β，满足

$$T(\alpha x + \beta y) = \alpha Tx + \beta Ty, \tag{10}$$
$$\langle Tx, Ty \rangle = \langle x, y \rangle,$$

则称 X 和 $\tilde{X}$ 同构，并称 T 为 X 到 $\tilde{X}$ 上的同构映射．

定理 5 两个希尔伯特空间 X 与 $\tilde{X}$ 同构的充要条件是 X 与 $\tilde{X}$ 具有相同的希尔伯特维数．

证明 若 X 与 $\tilde{X}$ 同构，T 为 X 到 $\tilde{X}$ 上的同构映射，由（10）易知 T 将 X 中完全规范

正交系映射成 $\tilde{X}$ 中完全规范正交系,并且 T 是一对一的,所以 X 与 $\tilde{X}$ 具有相同的希尔伯特维数.反之,若 X 与 $\tilde{X}$ 的希尔伯特维数相同,不妨设 $X \neq \{0\}$,否则结论是平凡的.设 M 和 $\tilde{M}$ 分别为 X 和 $\tilde{X}$ 中完全规范正交系,由假设,M 和 $\tilde{M}$ 具有相同的基数,所以可将 M 与 $\tilde{M}$ 分别写成 $M = \{e_k, k \in \Lambda\}$,$\tilde{M} = \{\tilde{e}_k, k \in \Lambda\}$,其中 Λ 为与 M 和 $\tilde{M}$ 等基数的指标集,由定理 3 及(9)式,对任何 $x \in X$ 及 $\tilde{x} \in \tilde{M}$,有

$$x = \sum_{k \in \Lambda} \langle x, e_k \rangle e_k, \qquad \tilde{x} = \sum_{k \in \Lambda} \langle \tilde{x}, \tilde{e}_k \rangle \tilde{e}_k,$$

并且 $\sum\limits_{k \in \Lambda} |\langle x, e_k \rangle|^2 = \|x\|^2 < \infty$,$\sum\limits_{x \in \Lambda} |\langle \tilde{x}, \tilde{e}_k \rangle|^2 = \|\tilde{x}\|^2 < \infty$,设 $x = \sum\limits_{k \in \Lambda} \langle x, e_k \rangle e_k$,令 $Tx = \sum\limits_{k \in \Lambda} \langle x, e_k \rangle \tilde{e}_k$,由引理 2,$Tx \in \tilde{X}$,且对 X 中任意两个向量,$x = \sum\limits_{k \in \Lambda} \langle x, e_k \rangle e_k$,$y = \sum\limits_{k \in \Lambda} \langle y, e_k \rangle e_k$,有

$$\langle Tx, Ty \rangle = \left\langle \sum_{k \in \Lambda} \langle x, e_k \rangle \tilde{e}_k, \sum_{k \in \Lambda} \langle y, e_k \rangle \tilde{e}_k \right\rangle$$

$$= \sum_{k \in \Lambda} \langle x, e_k \rangle \overline{\langle y, e_k \rangle} = \langle x, y \rangle.$$

又若 $\tilde{x} = \sum\limits_{k \in \Lambda} \langle \tilde{x}, \tilde{e}_k \rangle \tilde{e}_k$ 为 $\tilde{X}$ 中任何向量,令 $x = \sum\limits_{k \in \Lambda} \langle \tilde{x}, \tilde{e}_k \rangle e_k$,由引理 2 知 $x \in X$,显然 $Tx = \tilde{x}$,即 T 是到 $\tilde{X}$ 上的映射.易知 T 也保持线性运算不变,所以 T 为 X 到 $\tilde{X}$ 上同构映射,即 X 与 $\tilde{X}$ 同构.　□

对于可分希尔伯特空间,由定理 5,并利用格拉姆-施密特方法,立即可以得到下面的推论.

推论 3　任何可分希尔伯特空间必和某个 $\mathbf{R}^n(\mathbf{C}^n)$ 或 l^2 同构.

§4　希尔伯特空间上的连续线性泛函

现在我们利用 §2 的投影定理来研究希尔伯特空间上连续线性泛函的一般形式.

定理 1(里斯定理)　设 X 是希尔伯特空间,f 是 X 上连续线性泛函,那么存在唯一的 $z \in X$,使对每个 $x \in X$,有

$$f(x) = \langle x, z \rangle, \tag{1}$$

并且 $\|f\| = \|z\|$.

证明　若 $f = 0$,则令 $z = 0$,结论自然成立.若 $f \neq 0$,令 $\mathcal{N}(f)$ 为 f 的零空间,由(1)可知,如果这样的 z 存在,那么必有 $z \in \mathcal{N}(f)^\perp$.因 $f \neq 0$,所以 $\mathcal{N}(f) \neq X$,又因 f 是 X 上连续线性泛函,由第八章 §1 定理 2,$\mathcal{N}(f)$ 为 X 的闭子空间,所以完备.由投影定理,$\mathcal{N}(f)^\perp \neq \{0\}$.设 $z_0 \neq 0$,$z_0 \in \mathcal{N}(f)^\perp$,对任何 $x \in X$,令 $v = f(x)z_0 - f(z_0)x$,则

$$f(v) = f(x)f(z_0) - f(z_0)f(x) = 0,$$

即 $v \in \mathcal{N}(f)$.所以

$$0 = \langle v, z_0 \rangle = \langle f(x)z_0 - f(z_0)x, z_0 \rangle = f(x)\langle z_0, z_0 \rangle - f(z_0)\langle x, z_0 \rangle,$$

由于 $\langle z_0, z_0 \rangle = \| z_0 \|^2 \neq 0$，所以

$$f(x) = \frac{f(z_0)}{\| z_0 \|^2} \langle x, z_0 \rangle = \left\langle x, \frac{\overline{f(z_0)}}{\| z_0 \|^2} z_0 \right\rangle.$$

令 $z = \frac{\overline{f(z_0)}}{\| z_0 \|^2} z_0$，则 $f(x) = \langle x, z \rangle$. 又若另有 $z_1 \in X$，使对任何 $x \in X$，成立 $f(x) = \langle x, z_1 \rangle$，那么 $\langle x, z - z_1 \rangle = 0$. 特取 $x = z - z_1$，则 $\| z - z_1 \|^2 = \langle z - z_1, z - z_1 \rangle = 0$. 所以 $z = z_1$. 这就证明了唯一性. 下证 $\| f \| = \| z \|$，只要对 $f \neq 0$ 证明即可. 因 $f \neq 0$，所以 $z \neq 0$，由(1)式，令 $x = z$，则

$$\| z \|^2 = \langle z, z \rangle = f(z) \leqslant \| f \| \| z \|,$$

所以 $\| z \| \leqslant \| f \|$. 反之，由施瓦茨不等式，

$$| f(x) | = | \langle x, z \rangle | \leqslant \| x \| \| z \|,$$

因此，$\| f \| \leqslant \| z \|$，因而得到 $\| f \| = \| z \|$. □

对每个 $y \in X$，令 $Ty = f_y$，其中 f_y 为 X 上如下定义的泛函：

$$f_y(x) = \langle x, y \rangle, x \in X,$$

显然，f_y 是 X 上连续线性泛函，并且由里斯定理，T 是 X 到 X' 上的映射，其中 X' 表示 X 上连续线性泛函全体所成的巴拿赫空间，又 $\| Ty \| = \| y \|$. 容易看出，对任何 $x, y \in X$ 及任何数 α, β，成立

$$T(\alpha x + \beta y) = \bar{\alpha} Tx + \bar{\beta} Ty. \tag{2}$$

事实上，对任何 $z \in X$，有

$$T(\alpha x + \beta y)(z) = \langle z, \alpha x + \beta y \rangle = \bar{\alpha} \langle z, x \rangle + \bar{\beta} \langle z, y \rangle$$
$$= \bar{\alpha} Tx(z) + \bar{\beta} Ty(z) = (\bar{\alpha} Tx + \bar{\beta} Ty)(z),$$

所以(2)式成立. 称满足(2)式的映射 T 是复共轭线性映射. 所以映射 $Ty = f_y$ 是 X 到 X' 上保持范数不变的复共轭线性映射，称为复共轭同构映射. 若存在希尔伯特空间 X 到 $\tilde{X}$ 上的复共轭同构映射，则称 X 与 $\tilde{X}$ 是复共轭同构，并不加以区别视为同一，写成 $X = \tilde{X}$. 因此，当 X 是希尔伯特空间时，$X = X'$，即 X 是自共轭的.

设 X 是 n 维内积空间，$e_1, e_2, \cdots, e_n$ 为 X 中规范正交系，A 为 X 到 X 中线性算子，由第八章 §1 例 5 知，A 与 n 阶矩阵 (a_{ij}) 相对应，其中 $a_{ij} = \langle Ae_j, e_i \rangle, i, j = 1, 2, \cdots, n$. 令 (b_{ij}) 表示矩阵 (a_{ij}) 的共轭转置矩阵，即 $b_{ij} = \overline{a_{ji}}, i, j = 1, 2, \cdots, n$，记 (b_{ij}) 所对应算子为 A^*，则

$$\langle A^* e_j, e_i \rangle = b_{ij} = \overline{a_{ji}} = \overline{\langle Ae_i, e_j \rangle} = \langle e_j, Ae_i \rangle,$$

或

$$\langle Ae_i, e_j \rangle = \langle e_i, A^* e_j \rangle.$$

因此，对 X 中任何向量 $x = \sum_{i=1}^n x_i e_i$ 及 $y = \sum_{i=1}^n y_i e_i$，有

$$\langle Ax, y \rangle = \sum_{i,j=1}^n x_i \bar{y}_j \langle Ae_i, e_j \rangle = \sum_{i,j=1}^n x_i \bar{y}_j \langle e_i, A^* e_j \rangle = \langle x, A^* y \rangle.$$

下面我们把有限维空间中共轭转置矩阵的概念推广到一般内积空间中去.

定理 2 设 X 和 Y 是两个希尔伯特空间，$A \in \mathscr{B}(X, Y)$，那么存在唯一的 $A^* \in \mathscr{B}(Y, X)$，使得对任何 $x \in X$ 及 $y \in Y$，有

$$\langle Ax, y \rangle = \langle x, A^* y \rangle, \tag{3}$$

并且 $\|A^*\| = \|A\|$.

证明　对任意 $y \in Y$,令
$$f_y(x) = \langle Ax, y \rangle, x \in X,$$

由于 $A \in \mathcal{B}(X, Y)$,易知 f_y 是 X 上线性泛函,并且由施瓦茨不等式,有
$$|f_y(x)| = |\langle Ax, y \rangle| \leqslant \|Ax\| \cdot \|y\| \leqslant \|A\| \cdot \|x\| \cdot \|y\|, x \in X,$$

即 $f_y \in X'$,并且 $\|f_y\| \leqslant \|A\| \cdot \|y\|$.由里斯定理,存在唯一 $z \in X$,使对任意 $x \in X$,有
$$\langle Ax, y \rangle = f_y(x) = \langle x, z \rangle,$$

并且 $\|f_y\| = \|z\|$.令 $A^* y = z$,则 $\langle Ax, y \rangle = \langle x, A^* y \rangle$.下证 $A^* \in \mathcal{B}(Y, X)$.事实上,对任何 $y, z \in Y$ 及数 α, β,因为当 $x \in X$ 时,
$$\langle Ax, \alpha y + \beta z \rangle = \bar{\alpha}\langle Ax, y \rangle + \bar{\beta}\langle Ax, z \rangle = \bar{\alpha}\langle x, A^* y \rangle + \bar{\beta}\langle x, A^* z \rangle = \langle x, \alpha A^* y + \beta A^* z \rangle,$$

所以 $A^*(\alpha y + \beta z) = \alpha A^* y + \beta A^* z$,即 A^* 是线性算子.又由 A^* 定义,对任何 $y \in Y$,有 $\|A^* y\| = \|f_y\| \leqslant \|A\| \|y\|$,因此,$A^* \in \mathcal{B}(Y, X)$,且 $\|A^*\| \leqslant \|A\|$.另一方面,在(3)中,令 $y = Ax$,则有
$$\|Ax\|^2 = \langle x, A^* Ax \rangle \leqslant \|x\| \|A^* Ax\| \leqslant \|x\| \|A^*\| \|Ax\|,$$

因此当 $Ax \neq 0$ 时,
$$\|Ax\| \leqslant \|A^*\| \|x\|. \tag{4}$$

当 $Ax = 0$ 时,(4)式自然成立,因而 $\|A\| \leqslant \|A^*\|$.这就证明了 $\|A\| = \|A^*\|$.又若另有算子 $B \in \mathcal{B}(Y, X)$,使对任意 $x \in X$, $y \in Y$,有
$$\langle Ax, y \rangle = \langle x, By \rangle,$$

则 $\langle x, (B - A^*)y \rangle = 0$.令 $x = (B - A^*)y$,则 $\|(B - A^*)y\| = 0$,即 $By = A^* y$.因此,$B = A^*$. □

定义　设 A 是希尔伯特空间 X 到希尔伯特空间 Y 中的有界线性算子,则称定理 2 中的算子 A^* 为 A 的<u>希尔伯特共轭算子</u>,或简称为<u>共轭算子</u>.

关于共轭算子有以下基本性质:

$1°$ $(A + B)^* = A^* + B^*$;

$2°$ $(\alpha A)^* = \bar{\alpha} A^*$;

$3°$ $(A^*)^* = A$;

$4°$ $\|A^* A\| = \|AA^*\| = \|A\|^2$,由此可知 $A^* A = 0$ 等价于 $A = 0$;

$5°$ 当 $X = Y$ 时,$(AB)^* = B^* A^*$.

我们只证 $4°$,其余留给读者自行证明.事实上,由施瓦茨不等式,
$$\|Ax\|^2 = \langle Ax, Ax \rangle = \langle x, A^* Ax \rangle \leqslant \|A^* Ax\| \|x\| \leqslant \|A^* A\| \|x\|^2.$$

所以 $\|Ax\| \leqslant \|A^* A\|^{\frac{1}{2}} \|x\|$.因此 $\|A\| \leqslant \|A^* A\|^{\frac{1}{2}}$.又因 $\|A^* A\| \leqslant \|A^*\| \|A\| = \|A\|^2$,所以 $\|A^* A\| = \|A\|^2$.在上面证明过程中,用 A^* 代 A,并由 $3°$, $(A^*)^* = A$,得到 $\|AA^*\| = \|(A^*)^* A^*\| = \|A^*\|^2 = \|A\|^2$.这就证明了 $4°$ 成立.

§5　自伴算子、酉算子和正规算子

在矩阵理论中,我们已经研究过埃尔米特(Hermite)阵、酉阵和正规阵,下面我们

要在希尔伯特空间中建立起相应的自伴算子、酉算子和正规算子的概念,并讨论这些算子的一些基本性质.

定义 设 T 为希尔伯特空间 X 到 X 中的有界线性算子,若 $T = T^*$,则称 T 为 X 上的自伴算子;若 $TT^* = T^*T$,则称 T 为 X 上的正规算子;若 T 是 X 到 X 上的一对一映射,且 $T^* = T^{-1}$,则称 T 为 X 上的酉算子.

当 T 是自伴算子时,由 T^* 的定义,对一切 $x, y \in X$,

$$\langle Tx, y \rangle = \langle x, Ty \rangle. \tag{1}$$

显然自伴算子必为正规算子.又由酉算子定义,有

$$T^*T = TT^* = I, \tag{2}$$

其中 I 为 X 上恒等算子;反之,若(2)式成立,则 T 为 X 上酉算子.由(2)式知,酉算子必为正规算子.正规算子不一定是酉算子或自伴算子,例如 $T = 2iI$,则 $T^* = -2iI$,所以 $TT^* = T^*T = 4I$,即 T 是正规算子,但显然 T 不是自伴算子和酉算子.

为了讨论这些算子的一些基本性质,首先证明下面的引理.

引理 设 T 为复内积空间 X 上有界线性算子,那么 $T = 0$ 的充要条件为对一切 $x \in X$,有

$$\langle Tx, x \rangle = 0. \tag{3}$$

证明 若 $T = 0$,显然有 $\langle Tx, x \rangle = 0$;反之,如果(3)式对一切 $x \in X$ 成立,对任何 $x, y \in X$ 及数 α,令 $v = \alpha x + y$,由条件得

$$0 = \langle Tv, v \rangle = |\alpha|^2 \langle Tx, x \rangle + \langle Ty, y \rangle + \alpha \langle Tx, y \rangle + \bar{\alpha} \langle Ty, x \rangle = \alpha \langle Tx, y \rangle + \bar{\alpha} \langle Ty, x \rangle. \tag{4}$$

令 $\alpha = i$,则 $\bar{\alpha} = -i$,此时由(4)式可得

$$\langle Tx, y \rangle - \langle Ty, x \rangle = 0. \tag{5}$$

又若令 $\alpha = 1$,则由(4)式可得

$$\langle Tx, y \rangle + \langle Ty, x \rangle = 0. \tag{6}$$

将(5)式与(6)式相加,得到 $\langle Tx, y \rangle = 0$,由于 x, y 是 X 中的任意向量,所以 $T = 0$. □

定理 1 设 T 为复希尔伯特空间 X 上有界线性算子,则 T 为自伴算子的充要条件为对一切 $x \in X$,$\langle Tx, x \rangle$ 是实数.

证明 若 T 为自伴算子,则对所有 $x \in X$,有

$$\overline{\langle Tx, x \rangle} = \langle x, Tx \rangle = \langle Tx, x \rangle,$$

因此 $\langle Tx, x \rangle$ 是实数;反之,如果对所有 $x \in X$,$\langle Tx, x \rangle$ 皆为实数,则

$$\langle Tx, x \rangle = \overline{\langle Tx, x \rangle} = \overline{\langle x, T^*x \rangle} = \langle T^*x, x \rangle,$$

所以 $\langle (T - T^*)x, x \rangle = 0$.由引理 1,$T = T^*$,即 T 自伴. □

下面讨论自伴算子的运算.由定义立即可知,若 T_1 和 T_2 是 X 上两个自伴算子,则 $T_1 + T_2$,$T_1 - T_2$ 仍为 X 上自伴算子,关于乘法我们有下面的定理.

定理 2 设 T_1 和 T_2 是希尔伯特空间 X 上两个自伴算子,则 T_1T_2 自伴的充要条件为 $T_1T_2 = T_2T_1$.

证明 由共轭算子性质,$(T_1T_2)^* = T_2^*T_1^* = T_2T_1$,所以 T_1T_2 自伴的充要条件为 $T_2T_1 = T_1T_2$. □

定理 3 设 $\{T_n\}$ 是希尔伯特空间 X 上一列自伴算子,并且 $\lim\limits_{n\to\infty} T_n = T$,那么 T 仍为 X 上自伴算子.

证明 因 $\|T_n - T\| \to 0 (n\to\infty)$,由于 $\|(T_n - T)^*\| = \|T_n - T\|$,所以 $\lim\limits_{n\to\infty} T_n^* = T^*$,但 T_n 自伴,故 $\lim\limits_{n\to\infty} T_n^* = T$,因此由极限的唯一性,有 $T^* = T$. □

上面这些定理对进一步研究自伴算子,特别是研究自伴算子谱理论是很有用的. 下面讨论酉算子的一些基本性质.

定理 4 设 U 及 V 是希尔伯特空间 X 上两个酉算子,那么

(1) U 是保范算子,即对任何 $x \in X$,成立 $\|Ux\| = \|x\|$;

(2) 当 $X \neq \{0\}$ 时,$\|U\| = 1$;

(3) U^{-1} 是酉算子;

(4) UV 是酉算子;

(5) 若 $U_n, n = 1, 2, \cdots$ 是 X 上一列酉算子,且 $\{U_n\}$ 收敛于有界算子 A,则 A 也为酉算子.

证明 (1) 由酉算子定义,
$$\|Ux\|^2 = \langle Ux, Ux \rangle = \langle x, U^*Ux \rangle = \langle x, x \rangle = \|x\|^2.$$

(2) 由(1)立即可得.

(3) 因 U 为一一到上,故 U^{-1} 也一一到上,并且由于 $(U^{-1})^* = U^{**} = U = (U^{-1})^{-1}$,所以 U^{-1} 仍为酉算子.

(4) 因 U 及 V 为酉算子,故为一一到上映射,所以 UV 仍为一一到上映射,且 $(UV)^* = V^*U^* = V^{-1}U^{-1} = (UV)^{-1}$,所以 UV 仍为酉算子.

(5) 当 $n\to\infty$ 时,因 $U_n \to A$,所以 $\|U_n^* - A^*\| = \|U_n - A\| \to 0$,即 $U_n^* \to A^*$,因此 $A^*A = \lim\limits_{n\to\infty} U_n^* U_n = I$.同理可证 $AA^* = I$.故 A 为酉算子. □

定理 4 中(1)的逆命题不一定成立,即保范算子不一定为酉算子.

例 设 $X = l^2$,T 为 l^2 中如下定义的算子,对任何 $(\xi_1, \xi_2, \xi_3, \cdots) \in l^2$,令
$$T(\xi_1, \xi_2, \xi_3, \cdots) = (0, \xi_1, \xi_2, \cdots).$$
显然 T 是 l^2 到 l^2 中的线性算子,并且
$$\|T(\xi_1, \xi_2, \xi_3, \cdots)\|^2 = \sum_{i=1}^{\infty} |\xi_i|^2 = \|(\xi_1, \xi_2, \xi_3, \cdots)\|^2,$$
所以 T 是保范算子.但 T 的像为 l^2 中第一个坐标为 0 的向量全体.故 T 不映射到上,因此不为酉算子.称 T 为 l^2 上单向移位算子.

定理 5 设 T 为复希尔伯特空间 X 上有界线性算子,那么 T 是酉算子的充要条件为 T 是映射到上的保范算子.

证明 由定理 4 的(1),只要证充分性即可.设 T 为 X 到 X 上的保范算子,所以 T 是一对一的,并且对任何 $x \in X$,有
$$\langle T^*Tx, x \rangle = \langle Tx, Tx \rangle = \langle x, x \rangle,$$
所以 $\langle (T^*T - I)x, x \rangle = 0$.由引理,$T^*T = I$.又因 T 是映射到 X 上的,故 T^{-1} 在全空间 X 上有定义.由于 $T^*T = I$,所以 $T^*TT^{-1} = T^{-1}$,即 $T^* = T^{-1}$.这就证明了 T 是酉算子. □

下面介绍正规算子的一些基本性质.设 T 是复希尔伯特空间 X 上的有界算子,令

$$A = \frac{T+T^*}{2}, \qquad B = \frac{T-T^*}{2\mathrm{i}},$$

容易证明 A 和 B 是自伴算子,并且有 $T=A+\mathrm{i}B$. 称 A 和 B 分别为算子 T 的实部和虚部,并称 $T=A+\mathrm{i}B$ 为算子 T 的笛卡儿(Cartesian)分解.

定理 6　设 T 是复希尔伯特空间 X 上有界线性算子,$A+\mathrm{i}B$ 为 T 的笛卡儿分解,则 T 为正规算子的充要条件为 $AB=BA$.

证明　因 $T^*=(A+\mathrm{i}B)^*=A^*-\mathrm{i}B^*=A-\mathrm{i}B$,所以
$$TT^*=(A+\mathrm{i}B)(A-\mathrm{i}B)=A^2+B^2-\mathrm{i}AB+\mathrm{i}BA,$$
$$T^*T=(A-\mathrm{i}B)(A+\mathrm{i}B)=A^2+B^2-\mathrm{i}BA+\mathrm{i}AB,$$
因此,$T^*T=TT^*$ 的充要条件为 $BA-AB=-BA+AB$,即 $BA=AB$. □

定理 7　设 T 为复希尔伯特空间 X 上有界线性算子,则 T 为正规算子的充要条件为对任何 $x\in X$,有 $\|T^*x\|=\|Tx\|$.

证明　**必要性**　若 $T^*T=TT^*$,则对任何 $x\in X$,有
$$\|T^*x\|^2=\langle T^*x,T^*x\rangle=\langle TT^*x,x\rangle=\langle T^*Tx,x\rangle$$
$$=\langle Tx,Tx\rangle=\|Tx\|^2,$$
所以 $\|T^*x\|=\|Tx\|$.

充分性　若对任何 $x\in X$,有 $\|T^*x\|=\|Tx\|$,则
$$\langle(T^*T-TT^*)x,x\rangle=\langle T^*Tx,x\rangle-\langle TT^*x,x\rangle=\|Tx\|^2-\|T^*x\|^2=0.$$
由引理知,$T^*T=TT^*$,即 T 是 X 上正规算子. □

第九章习题

1. 设 $\{x_n\}$ 是内积空间 X 中点列,若 $\|x_n\|\to\|x\|$ $(n\to\infty)$,且对一切 $y\in X$ 有 $\langle x_n,y\rangle\to\langle x,y\rangle$ $(n\to\infty)$,证明 $x_n\to x$ $(n\to\infty)$.

2. 设 $X_1,X_2,\cdots,X_n,\cdots$ 是一列内积空间,令
$$X=\left\{\{x_n\}:x_n\in X_n,\sum_{n=1}^{\infty}\|x_n\|^2<\infty\right\},$$
当 $\{x_n\},\{y_n\}\in X$ 时,规定 $\alpha\{x_n\}+\beta\{y_n\}=\{\alpha x_n+\beta y_n\}$,其中 α,β 是数,
$$\langle\{x_n\},\{y_n\}\rangle=\sum_{n=1}^{\infty}\langle x_n,y_n\rangle,$$
证明:X 是内积空间,又当 X_n 都是希尔伯特空间时,证明 X 也是希尔伯特空间.

3. 设 X 是 n 维线性空间,$\{e_1,e_2,\cdots,e_n\}$ 是 X 的一组基,证明 $\langle x,y\rangle$ 成为 X 上内积的充要条件是存在 n 阶正定矩阵 $A=(a_{ij})$,使得
$$\left\langle\sum_{j=1}^{n}x_je_j,\sum_{j=1}^{n}y_je_j\right\rangle=\sum_{i,j=1}^{n}a_{ij}x_i\bar{y}_j.$$

4. 设 X 是实内积空间,若 $\|x+y\|^2=\|x\|^2+\|y\|^2$,则 $x\perp y$,当 X 是复内积空间时,这个结论是否仍然成立?

5. 设 X 是实巴拿赫空间.若 X 上的范数 $\|\cdot\|$ 满足条件:

$$\parallel x+y \parallel^2 + \parallel x-y \parallel^2 = 2(\parallel x \parallel^2 + \parallel y \parallel^2),\text{任意 } x,y \in X,$$

证明:对任意 $x,y \in X$,

$$\langle x,y \rangle = \frac{1}{4}(\parallel x+y \parallel^2 - \parallel x-y \parallel^2)$$

定义了 X 上的一个内积.

6. 证明:内积空间 X 中两个向量 x,y 垂直的充要条件是:对一切数 α,成立 $\parallel x+\alpha y \parallel \geqslant \parallel x \parallel$.

7. 设 H 是希尔伯特空间,$M \subset H$,并且 $M \neq \varnothing$.证明:$(M^{\perp})^{\perp}$ 是 H 中包含 M 的最小闭子空间.

8. 设 $\{e_n\}$ 是 $L^2[a,b]$ 中的规范正交系.证明:两元函数列 $e_n(x)e_m(y)$,$(n,m=1,2,\cdots)$ 是 $L^2([a,b] \times [a,b])$ 中的一组规范正交系;若 $\{e_n\}$ 完全,则 $e_n(x)e_m(y)$,$(n,m=1,2,\cdots)$ 也是完全的.

9. 设 $e_1,e_2,\cdots,e_n$ 为希尔伯特空间 H 中的规范正交系,V 为由 $\{e_1,e_2,\cdots,e_n\}$ 张成的线性子空间.证明:H 到 V 的投影算子 P 为

$$Px = \sum_{j=1}^{n} \langle x,e_j \rangle e_j,\text{任意 } x \in H.$$

10. 设 P 为希尔伯特空间 H 上的有界线性算子且满足条件:$P^2 = P^* = P$.证明:P 是 H 到 $\mathscr{R}(P)$ 的投影算子.

11. 设 $\{P_n\}$ 为希尔伯特空间 H 上一列投影算子并且满足条件:$P_i P_j = 0$,$i \neq j$,$i,j=1,2,\cdots$.设 $\{\lambda_n\}$ 是一列趋于零的复数列.证明:$\sum_{n=1}^{\infty} \lambda_n P_n$ 是 H 上的有界线性算子并且 $\parallel \sum_{n=1}^{\infty} \lambda_n P_n \parallel \leqslant \sup_{n \geqslant 1} |\lambda_n|$.

12. 求实数 a_0,a_1,a_2,使 $\int_0^1 |\sin t - a_0 - a_1 t - a_2 t^2|^2 \mathrm{d}t$ 为最小.

13. 设 M 为希尔伯特空间 H 中的闭子空间,$x_0 \in H$.证明:

$$\min\{\parallel x-x_0 \parallel : x \in M\} = \max\{|\langle x_0,y \rangle| : y \in M^{\perp},\parallel y \parallel = 1\}.$$

14. 设 H 是可分希尔伯特空间.证明:H 中任何规范正交系至多为可数集.

15. 设 X 为复内积空间,$A \in \mathscr{B}(X)$.若对任意 $x \in X$,有 $\langle Ax,x \rangle = 0$,用不同于课本中的方法证明:$A = 0$. 如果将 X 换成实内积空间,上述的结论是否仍然成立?

16. 设 X,Y 为希尔伯特空间,$A \in \mathscr{B}(X,Y)$.$\mathscr{N}(A)$ 和 $\mathscr{R}(A)$ 分别表示算子 A 的零空间和值域,证明:

$$\mathscr{N}(A) = \mathscr{R}(A^*)^{\perp},\quad \mathscr{N}(A^*) = \mathscr{R}(A)^{\perp},$$

$$\overline{\mathscr{R}(A)} = \mathscr{N}(A^*)^{\perp},\quad \overline{\mathscr{R}(A^*)} = \mathscr{N}(A)^{\perp}.$$

17. 设 X,Y 是希尔伯特空间,$T \in \mathscr{F}(X,Y)$ 并且 $n = \dim \mathscr{R}(T)$. 证明:

(1) 对 $\mathscr{R}(T)$ 中的任意一组规范正交基 $\{f_1,f_2,\cdots,f_n\}$ 存在 X 中一组元素 $\{x_1,x_2,\cdots,x_n\}$ 使得 $Tx = \sum_{j=1}^{n} f_j \langle x,x_j \rangle$,任意 $x \in H$;

(2) $T^* \in \mathscr{F}(Y,X)$.

18. 设 H 为希尔伯特空间,$T \in \mathscr{B}(H)$ 且 $\parallel T \parallel \leqslant 1$.证明:

$$\{x \in H : Tx = x\} = \{x \in H : T^* x = x\}.$$

19. 设 H 是希尔伯特空间,M 为 H 的闭子空间.证明:M 是 H 上某个非零连续线性泛函的零空间的充要条件是:$M^{\perp}$ 是一维子空间.

20. 设 A 是希尔伯特空间 X 上的自伴算子.如果对任意 $x \in H$,$\langle Ax,x \rangle = 0$,证明:$A = O$.

21. 设 A 是希尔伯特空间 H 上的自伴算子且满足条件:

对任意 $x \in H$,$\langle Ax,x \rangle \geqslant 0$;$\langle Ax,x \rangle = 0 \Rightarrow x = 0$.

证明：$\|A\| = \sup\{\langle Ax, x \rangle : \|x\| = 1\}$.

22. 设 T 为希尔伯特空间 H 上的正规算子，$T = A + \mathrm{i}B$ 为 T 的笛卡儿分解.证明：$\|T^2\| = \|T\|^2 = \|A^2 + B^2\|$.

23. 设 U 是 $L^2[0, 2\pi]$ 中如下定义的算子：

$$(Uf)(t) = e^{\mathrm{i}t} f(t), \quad 任意 f \in L^2[0, 2\pi], t \in [0, 2\pi].$$

证明：U 是酉算子.

24. 设 Ω 是平面上有界的 L 可测集，以 $L^2(\Omega)$ 表示 Ω 上关于平面 L 测度的平方可积函数全体.对每个 $f \in L^2(\Omega)$，定义

$$(Tf)(z) = z f(z), \quad 任意 z \in \Omega.$$

证明：T 是正规算子.

拓展阅读

第十章
巴拿赫空间中的基本定理

从第七章涉足泛函分析领域之后,我们已经看到了泛函分析方法的威力.例如一些原本相距甚远的种种收敛概念,结果都可以统一地看作是在某种空间依某种意义的度量收敛.抽象概括好比登高望远,把许多数学内涵揭示得十分清楚.平方可积函数空间的出现,把三角级数的理论一下子提升到更加宏观的水平.正如杜甫的登泰山诗所云:"会当凌绝顶,一览众山小".

但是,抽象概括、拓宽数学视野只是泛函分析方法威力的一个方面,更为重要的是它的深刻性:可以看到古典分析方法所看不到的东西.本章所叙述的四个基本定理,揭示了泛函分析方法的深刻一面.

第一个定理,称为哈恩-巴拿赫(Hahn-Banach)泛函延拓定理,正如 xOy 平面上的一条直线 $ax+by=0$,可以延拓为 xyz 空间中的平面 $ax+by+cz=0$ 一样,无限维的赋范线性空间中的泛函也可以由子空间上的泛函延拓而来.这一定理保证了有足够多的泛函存在,以至把 $C[a,b]$ 等空间上的所有泛函都找出来(黎曼积分仅是 $C[a,b]$ 上的一个泛函),形成它们的共轭空间,这种空间之间的对应关系,揭示了深层次的分析学联结.

接下来的两个定理很出乎人们的意料.一致有界性定理说"巴拿赫空间上一个泛函如果点点有界,那么就一致有界".逆算子定理说"如果巴拿赫空间之间的一个连续线性算子是一对一的,那么逆算子不仅存在,而且还是连续的".表面上这似乎和数学分析中的结论相违背,其实这是无限维空间上线性泛函和线性算子的特征.微积分学研究的是有限维空间上"非线性"函数的特性(可导是近似线性),泛函分析处理的却是无限维空间上的"线性"泛函(算子)性质,二者有联系,但有区别.细细体会,可以明白其中的奥妙.

更令人惊奇的是,运用上面两个定理可以看到:一些原本在古典分析望眼欲穿(不能处理,或者很难处理)的问题,在这里却一眼就看穿了.比如"在给定的 $t_0 \in [0,2\pi]$ 处,总有一个连续函数的傅里叶级数在该点发散".用数学分析方法正面处理很难,而它却只是一致有界原理的一个简单推论.求解微分方程、积分方程,往往就是求逆算子的问题,一旦知道逆算子是连续算子,可以得到的信息当然非常宝贵.本章处理的类似结果很多(包括习题),可以说举不胜举.

第四个定理是闭图像定理,它只是逆算子定理的推论,相比之下,较不重要.

§1 泛函延拓定理

本节所讨论的问题是:任何非零赋范空间上是否有非零连续线性泛函? 如果有,是否有足够多? 这些问题与下面的泛函延拓问题有关,即在一个子空间(哪怕是有限维子空间)上连续线性泛函是否可以延拓成为整个空间上的连续线性泛函而保持范数不变? 这些都是泛函分析中的最基本问题.

我们把问题提得更具体一些. 设 X 是赋范线性空间,Z 是 X 的子空间,f 是 Z 上连续线性泛函,令 $\|f\|_Z = \sup\limits_{\substack{x \in Z \\ \|x\|=1}} |f(x)|$,则 $\|f\|_Z < \infty$,于是当 $x \in Z$ 时,有 $|f(x)| \leqslant \|f\|_Z \|x\|$,现在问:是否存在整个空间 X 上的连续线性泛函 $\tilde{f}$,使当 $x \in Z$ 时,有 $\tilde{f}(x) = f(x)$,并且 $\|\tilde{f}\|_X = \|f\|_Z$,即对任何 $x \in X$,成立 $|\tilde{f}(x)| \leqslant \|f\|_Z \|x\|$?

为了解决这个问题,我们令 $p(x) = \|f\|_Z \|x\|$,则 $p(x)$ 是在整个 X 上有定义的泛函,并且满足

1° $p(\alpha x) = |\alpha| p(x)$,$x \in X$,$\alpha$ 为数;

2° $p(x+y) \leqslant p(x) + p(y)$,$x, y \in X$,

称 X 上满足条件 1° 和 2° 的泛函为<u>次线性泛函</u>. 这样,前面所提问题可以化成下面更一般的问题:设 f 是线性空间 X 的子空间 Z 上定义的线性泛函,$p(x)$ 是 X 上的次线性泛函,满足 $|f(x)| \leqslant p(x)$,$x \in Z$,问是否存在 X 上定义的线性泛函 $\tilde{f}$,使在 Z 上有 $\tilde{f}(x) = f(x)$,并且满足 $|\tilde{f}(x)| \leqslant p(x)$,$x \in X$?

定理 1(哈恩-巴拿赫泛函延拓定理) **设 X 是实线性空间,$p(x)$ 是 X 上次线性泛函. 若 f 是 X 的子空间 Z 上的实线性泛函,且被 $p(x)$ 控制,即满足**

$$f(x) \leqslant p(x), x \in Z,$$

则存在 X 上的实线性泛函 $\tilde{f}$,使当 $x \in Z$ 时,有 $\tilde{f}(x) = f(x)$,并且在整个空间 X 上仍被 $p(x)$ 控制,

$$\tilde{f}(x) \leqslant p(x), x \in X.$$

证明 不妨设 Z 为 X 的真子空间,否则结论是平凡的. 我们首先证明 f 可以延拓成比 Z 多一维的 X 的子空间上并且在该子空间上仍被 $p(x)$ 控制. 因 $Z \neq X$,存在 $x_0 \in X$,但 $x_0 \notin Z$. 记 Y 为由 Z 和 x_0 所张成的线性子空间,则 Y 中任何元素 y,可以被唯一地表示为 $y = x + tx_0$,其中 $x \in Z$,t 是实数. 事实上,若又有 $y = x_1 + t_1 x_0$,$x_1 \in Z$,t_1 为实数,则有 $x - x_1 = (t_1 - t)x_0$,但 $x - x_1 \in Z$,$x_0 \neq 0$,且 $x_0 \notin Z$,所以必须 $t_1 - t = 0$,因而 $t_1 = t$,$x_1 = x$. 我们首先把 Z 上的泛函 f 延拓到 Y 上. 如果线性泛函 g 是 f 在 Y 上的延拓,则对 Y 中任意向量 $y = x + tx_0$,$x \in Z$,t 为实数,有

$$g(y) = f(x) + tg(x_0),$$

其中 $f(x)$ 是已知的(因 $x \in Z$),y 给定后,t 也唯一确定了,因此要确定 g 在 y 的值,只要确定与 x 和 t 都无关的实数值 $g(x_0)$,使对任何 $y \in Y$,都有 $g(y) \leqslant p(y)$,即只要寻找实

数 c,使不等式

$$f(x)+tc \leqslant p(x+tx_0)$$

对一切 $x \in Z$ 和一切实数 t 成立,为此,只要寻找实数 c,使对一切 $x \in X$ 和一切 $t>0$,不等式

$$c \leqslant \frac{1}{t}[p(x+tx_0)-f(x)] = p\left(\frac{x}{t}+x_0\right)-f\left(\frac{x}{t}\right)$$

和对一切 $x \in X, t<0$,不等式

$$c \geqslant \frac{1}{t}[p(x+tx_0)-f(x)] = -p\left(\frac{x}{-t}-x_0\right)+f\left(\frac{x}{-t}\right)$$

同时成立即可,也就是说 c 必须同时满足下列两个不等式:

$$c \leqslant p(x'+x_0)-f(x'), \quad x' \in Z,$$
$$c \geqslant -p(x''-x_0)+f(x''), \quad x'' \in Z.$$

显然要使满足上述两个不等式的实数 c 存在,需且只需不等式

$$-p(x''-x_0)+f(x'') \leqslant p(x'+x_0)-f(x'),$$

即不等式

$$f(x')+f(x'') \leqslant p(x''-x_0)+p(x'+x_0)$$

对一切 $x', x'' \in Z$ 成立.由于 p 为次线性泛函,而 f 又在 Z 上被 p 控制,所以对任意 x',$x'' \in Z$,有

$$f(x')+f(x'')=f(x'+x'') \leqslant p(x'+x'') \leqslant p(x''-x_0)+p(x'+x_0),$$

所以要寻找的 c 确实存在.事实上,只要取 c 满足

$$\sup_{x'' \in Z}[-p(x'-x_0)+f(x'')] \leqslant c \leqslant \inf_{x' \in Z}[p(x'+x_0)-f(x')]$$

即可.这样一来,我们证明了的确存在 Y 上的线性泛函 g,使 g 是 f 的延拓,且仍然满足 $g(x) \leqslant p(x), x \in Y$.

下面证明存在全空间上定义的实线性泛函 $\tilde{f}$,使 $\tilde{f}$ 是 f 的延拓,并且对一切 $x \in X$,有 $\tilde{f}(x) \leqslant p(x)$.

由上述,我们可以一维一维地逐步延拓,但是这个过程可能要做"不可数无限"次,因而不能用普通数学归纳法完成证明.为此必须应用佐恩(Zorn)引理(见本书最后的附录二).

设 $\mathscr{F}$ 是满足下面三个条件的实线性泛函 g 全体:

1° g 的定义域 $\mathscr{D}(g)$ 是 X 的线性子空间;

2° g 是 f 的延拓,即 $\mathscr{D}(g) \supset Z$,且当 $x \in Z$ 时,有
$$g(x)=f(x);$$

3° 在 $\mathscr{D}(g)$ 上 g 被 p 控制,即对一切 $x \in \mathscr{D}(g)$,有 $g(x) \leqslant p(x)$.

在 $\mathscr{F}$ 中规定顺序如下:若 $g_1, g_2 \in \mathscr{F}$,而 g_1 是 g_2 的延拓(即 $\mathscr{D}(g_1) \supset \mathscr{D}(g_2)$,并且当 $x \in \mathscr{D}(g_2)$ 时,$g_1(x)=g_2(x)$),就规定 $g_2<g_1$,容易证明,$\mathscr{F}$ 按这样规定的顺序成为半序集.

设 $\mathscr{Q}$ 为 $\mathscr{F}$ 中的一个全序集,令 $\mathscr{D}(h)=\bigcup_{g \in \mathscr{Q}} \mathscr{D}(g)$,定义 $\mathscr{D}(h)$ 上泛函 h 如下:对任何 $x \in \mathscr{D}(h)$,则必有 $g \in \mathscr{Q}$,使 $x \in \mathscr{D}(g)$,规定 $h(x)=g(x)$.

首先这样定义的 h 有意义,即若 $x \in \mathscr{D}(h)$,并且有 $g_1, g_2 \in \mathscr{Q}$,使 $x \in \mathscr{D}(g_1) \cap \mathscr{D}(g_2)$ 时,必有 $g_1(x)=g_2(x)$.事实上,由于 $\mathscr{Q}$ 是全序集,g_1 和 g_2 有顺序关系,不妨设 $g_2<g_1$,则 $\mathscr{D}(g_1) \supset \mathscr{D}(g_2)$,并且

当 $y\in\mathscr{D}(g_2)$ 时，有 $g_1(y)=g_2(y)$，由于 $x\in\mathscr{D}(g_1)\cap\mathscr{D}(g_2)$，所以 $g_1(x)=g_2(x)$.

其次，h 是线性泛函.事实上，若 $x,y\in\mathscr{D}(h)$，必有 $g_1,g_2\in\mathscr{F}$，使得 $x\in\mathscr{D}(g_1)$，$y\in\mathscr{D}(g_2)$.由于 $\mathscr{Q}$ 是全序集，不妨设 $g_2<g_1$，则 $y\in\mathscr{D}(g_2)\subset\mathscr{D}(g_1)$，于是对任何数 α,β，由于 $\alpha x+\beta y\in\mathscr{D}(g_1)$，所以

$$h(\alpha x+\beta y)=g_1(\alpha x+\beta y)=\alpha g_1(x)+\beta g_1(y)=\alpha h(x)+\beta h(y),$$

即 h 是线性泛函.

最后 h 是 f 的延拓.并且在 $\mathscr{D}(h)$ 上被 p 控制.事实上，由 $\mathscr{F}$ 的定义，易知 $\mathscr{D}(h)\supset Z$，并且对任何 $x\in Z$，必有 $h(x)=f(x)$，即 h 是 f 的延拓.又对任何 $x\in\mathscr{D}(h)$，必有 $g\in\mathscr{Q}$，使 $x\in\mathscr{D}(g)$，并且 $h(x)=g(x)$，但由于在 $\mathscr{D}(g)$ 上成立 $g(x)\leqslant p(x)$，所以 $h(x)=g(x)\leqslant p(x)$，即 h 在 $\mathscr{D}(h)$ 上被 $p(x)$ 控制.由 h 的作法，易知 h 是 $\mathscr{Q}$ 的上界.由佐恩引理，$\mathscr{F}$ 有极大元，设为 $\tilde{f}$.

下证 $\mathscr{D}(\tilde{f})=X$，若，$\mathscr{D}(\tilde{f})\neq X$，取 $x_0\in X,x_0\notin\mathscr{D}(\tilde{f})$，令 Y 为由 $\mathscr{D}(\tilde{f})$ 与 x_0 所张成的线性子空间，则由前面证明，必有 Y 上线性泛函 g，使 g 是 $\tilde{f}$ 的延拓，并且在 $\mathscr{D}(g)=Y$ 上被 p 控制，由于 $\tilde{f}\in\mathscr{F}$，所以 $\tilde{f}$ 是 f 的延拓，故 g 也为 f 的延拓，因此 $g\in\mathscr{F}$ 显然 $\tilde{f}<g$，并且 $\tilde{f}\neq g$，这与 $\tilde{f}$ 是 $\mathscr{F}$ 中极大元矛盾，因而 $\mathscr{D}(\tilde{f})=X$，所以 $\tilde{f}$ 即为定理所要求的泛函. $\square$

现在让我们把上述关于实线性空间和实线性泛函的定理推广到复空间的情况.

定理 2 设 X 是实或复的线性空间，$p(x)$ 是 X 上次线性泛函，$f(x)$ 是定义在 X 的子空间 Z 上的实或复的线性泛函，且满足

$$|f(x)|\leqslant p(x),x\in Z,$$

则存在 X 上线性泛函 $\tilde{f}$，它是 f 的延拓，且满足

$$|\tilde{f}(x)|\leqslant p(x),x\in X.$$

证明 （1）若 X 是实线性空间，由定理 1 知，存在实线性泛函 $\tilde{f}(x)$，它是 f 的延拓，且满足 $\tilde{f}(x)\leqslant p(x),x\in X$.又由于对任何 $x\in X$，$\tilde{f}(-x)\leqslant p(-x)=p(x)$，所以 $\tilde{f}(x)\geqslant-p(x)$，因而

$$|\tilde{f}(x)|\leqslant p(x),x\in X.$$

（2）若 X 是复线性空间，则 f 是 Z 上复线性泛函，设 $f(x)=f_1(x)+if_2(x)$，其中 $f_1(x)$ 和 $f_2(x)$ 分别为 $f(x)$ 的实部和虚部.另一方面，由于复线性空间也可以看作实线性空间，设 X_r 和 Z_r 分别表示实线性空间 X 和 Z，于是 f_1 可看成在 Z_r 上的实线性泛函.由于 $|f_1(x)|\leqslant|f(x)|\leqslant p(x),x\in Z=Z_r$，由定理 1，存在 X_r 上实线性泛函 $\tilde{f}_1(x)$，使 $\tilde{f}_1(x)$ 是 $f(x)$ 的延拓，并且 $\tilde{f}_1(x)\leqslant p(x),x\in X_r$.

我们现在回过来看 Z 上复线性泛函 f.对 $x\in Z$，由于 f 是复线性泛函，所以 $if(x)=f(ix),x\in Z$，于是有

$$if(x)=i[f_1(x)+if_2(x)]=f(ix)=f_1(ix)+if_2(ix),$$

比较实部，可知 $-f_2(x)=f_1(ix)$，我们不妨设想，当 $x\in X$ 时，仍有 $-\tilde{f}_2(x)=\tilde{f}_1(ix)$ 成立，其中 $\tilde{f}_1(x)$ 和 $\tilde{f}_2(x)$ 分别为所求泛函 $\tilde{f}$ 的实部和虚部，因而有理由令

$$\tilde{f}(x)=\tilde{f}_1(x)-i\tilde{f}_1(ix),x\in X.$$

（注意：X_r 和 X 的元素相同，$ix\in X=X_r$，故 $\tilde{f}_1(ix)$ 有意义），这样定义的 $\tilde{f}(x)$ 是 $f(x)$ 的

延拓.事实上,当 $x \in Z$ 时,$\mathrm{i}x \in Z$,所以

$$\tilde{f}(x) = \tilde{f}_1(x) - \mathrm{i}\tilde{f}_1(\mathrm{i}x) = f_1(x) - \mathrm{i}f_1(\mathrm{i}x) = f_1(x) + \mathrm{i}f_2(x) = f(x).$$

现在只需证 $\tilde{f}(x)$ 是 X 上线性泛函,且有 $|\tilde{f}(x)| \leqslant p(x), x \in X$.因 $\tilde{f}_1$ 可加,故 $\tilde{f}$ 满足可加性是显然的.现只需证 $\tilde{f}$ 对复数 $\alpha = a + \mathrm{i}b$,满足 $\tilde{f}(\alpha x) = \alpha\tilde{f}(x)$.事实上,

$$\tilde{f}((a+\mathrm{i}b)x) = \tilde{f}_1(ax+\mathrm{i}bx) - \mathrm{i}\tilde{f}(\mathrm{i}ax-bx)$$
$$= a\tilde{f}_1(x) + b\tilde{f}_1(\mathrm{i}x) - \mathrm{i}a\tilde{f}_1(\mathrm{i}x) + \mathrm{i}b\tilde{f}_1(x)$$
$$= (a+\mathrm{i}b)[\tilde{f}_1(x) - \mathrm{i}\tilde{f}_1(\mathrm{i}x)] = (a+\mathrm{i}b)\tilde{f}(x).$$

下面证 $|\tilde{f}(x)| \leqslant p(x), x \in X$.若 $\tilde{f}(x) = 0$,则结论显然成立;若 $x \in X$,使 $\tilde{f}(x) \neq 0$,设 $\tilde{f}(x) = \mathrm{e}^{\mathrm{i}\theta}|\tilde{f}(x)|$,于是

$$|\tilde{f}(x)| = \tilde{f}(x)\mathrm{e}^{-\mathrm{i}\theta} = \tilde{f}(\mathrm{e}^{-\mathrm{i}\theta}x) = \tilde{f}_1(\mathrm{e}^{-\mathrm{i}\theta}x) - \mathrm{i}\tilde{f}_1(\mathrm{i}\mathrm{e}^{-\mathrm{i}\theta}x),$$

但因 $|\tilde{f}(x)|$ 是实数,故 $|\tilde{f}(x)| = \tilde{f}_1(\mathrm{e}^{-\mathrm{i}\theta}x)$,由于 $\tilde{f}_1$ 满足 $|\tilde{f}_1(x)| \leqslant p(x), x \in X$,故

$$|\tilde{f}(x)| = \tilde{f}_1(\mathrm{e}^{-\mathrm{i}\theta}x) \leqslant p(\mathrm{e}^{-\mathrm{i}\theta}x) = |\mathrm{e}^{-\mathrm{i}\theta}|p(x) = p(x). \qquad \square$$

在定理 1 和定理 2 中,事实上并未涉及 X 上范数或度量等概念,而完全是线性问题.下面我们把哈恩-巴拿赫定理用于赋范线性空间的情况,得出两个重要的定理.

定理 3 设 f 是赋范空间 X 的子空间 Z 上的连续线性泛函,则必存在 X 上连续线性泛函 $\tilde{f}$,它是 f 的保范延拓,即当 $x \in Z$ 时,有

$$\tilde{f}(x) = f(x),\text{ 并且 } \|\tilde{f}\|_X = \|f\|_Z.$$

证明 因为在 Z 上有 $|f(x)| \leqslant \|f\|_Z\|x\|$,而 $p(x) = \|f\|_Z\|x\|$ 是 X 上次线性泛函,由定理 2,存在 $\tilde{f}$,它是 f 在全空间 X 上的延拓,并且满足 $|\tilde{f}(x)| \leqslant p(x) = \|f\|_Z\|x\|, x \in X$.这说明 $\tilde{f}$ 是 X 上连续线性泛函,并且 $\|\tilde{f}\|_X \leqslant \|f\|_Z$;另一方面,$X$ 的单位球包含 Z 的单位球,故

$$\|\tilde{f}\|_X = \sup_{\substack{\|x\|\leqslant 1 \\ x\in X}}|\tilde{f}(x)| \geqslant \sup_{\substack{\|x\|\leqslant 1 \\ x\in Z}}|\tilde{f}(x)| = \sup_{\substack{\|x\|\leqslant 1 \\ x\in Z}}|f(x)| = \|f\|_Z.$$

所以 $\|\tilde{f}\|_X = \|f\|_Z$. $\qquad \square$

定理 4 设 X 是赋范线性空间,$x_0 \in X, x_0 \neq 0$,则必存在 X 上的有界线性泛函 $f(x)$,使得 $\|f\| = 1$,并且 $f(x_0) = \|x_0\|$.

证明 我们考虑 X 中一维子空间 $X_1 = \{\alpha x_0 : \alpha \text{ 为复数}\}$,在 X_1 上定义泛函 $f_1(x) = f_1(\alpha x_0) = \alpha\|x_0\|$,其中 $x = \alpha x_0 \in X_1$,它显然是线性泛函,又因为 $|f_1(x)| = |\alpha|\|x_0\| = \|x\|$,故 f_1 是 X_1 上连续线性泛函,并且 $\|f_1\|_{X_1} = 1$.由定理 3,存在整个空间 X 上连续线性泛函 f,它是 f_1 的延拓,并且 $\|f\|_X = \|f_1\|_{X_1} = 1$.特别取 $x = x_0 \in X_1$,所以 $f(x_0) = f_1(x_0) = \|x_0\|$. $\qquad \square$

推论 设 X 是赋范线性空间,$x \in X$,若对 X 上所有连续线性泛函 f,均有 $f(x) = 0$,则必有 $x = 0$.

这由定理 4,运用反证法立即可得.

§2 $C[a,b]$ 的共轭空间

前面我们已经讨论过一些空间的共轭空间,如 $(l^1)'=l^\infty$,$(l^p)'=l^q$,其中 $\frac{1}{p}+\frac{1}{q}=1$,$p>1$.这一节我们要找出 $[a,b]$ 上连续函数所构成的空间 $C[a,b]$ 的共轭空间.这是里斯的著名工作,它也可以看作是哈恩–巴拿赫定理的一个重要应用.

设 $g(t)$ 是区间 $[a,b]$ 上的有界变差函数,$\overset{b}{\underset{a}{V}}(g)$ 为 $g(t)$ 在 $[a,b]$ 上的全变差,由第六章 §5 定理 2,积分 $\int_a^b f(t)\mathrm{d}g(t)$ 存在,其中 $f\in C[a,b]$,读者不难证明

$$\left| \int_a^b f(t)\mathrm{d}g(t) \right| \leqslant \max_{a\leqslant t\leqslant b} |f(t)| \cdot \overset{b}{\underset{a}{V}}(g) = \|f\| \cdot \overset{b}{\underset{a}{V}}(g). \tag{1}$$

作 $C[a,b]$ 上泛函

$$F(f)=\int_a^b f(t)\mathrm{d}g(t), f\in C[a,b], \tag{2}$$

由第六章 §5 定理 1,F 是 $C[a,b]$ 上线性泛函,由(1)式可知,F 是 $C[a,b]$ 上连续线性泛函,并且 $\|F\| \leqslant \overset{b}{\underset{a}{V}}(g)$.我们自然会问:$C[a,b]$ 上任何一个连续线性泛函 F 是否都可以对应一个有界变差函数 g,使得(2)成立? 回答是肯定的,这就是下面的里斯表示定理.

定理(里斯表示定理) $C[a,b]$ **上每一个连续线性泛函 F 都可以表示成为**

$$F(f)=\int_a^b f(t)\mathrm{d}g(t), f\in C[a,b], \tag{3}$$

其中 $g(t)$ 是 $[a,b]$ 上有界变差函数,并且 $\|F\| = \overset{b}{\underset{a}{V}}(g)$.

证明 在寻找空间 X 的共轭空间 X' 的表示时,我们总是先找出 X 的一组基 $\{e_k\}$ 的表示,然后作线性组合取极限以达到完全的表示.在函数空间中,通常用区间 $[a,t]$ 的特征函数作为基,由它生成阶梯函数,再去逼近某些函数类.对连续函数空间,我们也采取同样的路线,但是特征函数一般不连续,因而不属于 $C[a,b]$,故我们先把 $C[a,b]$ 上泛函 F 保范地延拓到有界函数空间 $B[a,b]$ 上,而阶梯函数属于 $B[a,b]$,然后再用阶梯函数去逼近连续函数,最后找到 $C[a,b]$ 共轭空间的一般表示.

我们知道,在 $B[a,b]$ 和 $C[a,b]$ 中都用范数 $\|f(t)\| = \sup\limits_{t\in[a,b]} |f(t)|$,故 $C[a,b]$ 可以看成是 $B[a,b]$ 的子空间.为简单起见,我们只考虑实空间 $C[a,b]$ 和 $B[a,b]$.由哈恩–巴拿赫定理知,F 可以保范地延拓成为 $B[a,b]$ 上连续线性泛函 $\tilde{F}$,使得当 $F\in C$ $[a,b]$ 时,有 $\tilde{F}(f)=F(f)$,且 $\|\tilde{F}\| = \|F\|$.

考虑 $[a,t]$ 上特征函数 χ_t,当 $s\in[a,t]$ 时,$\chi_t(s)=1$,对其余的 s,$\chi_t(s)=0$.显然 $\chi_t\in$

$B[a,b]$. 用 $\tilde{F}$ 在 χ_t 上的值构造函数 $g(t)$ 如下：$g(a)=0, g(t)=\tilde{F}(\chi_t), t\in(a,b]$. 下面证明 $g(t)$ 即为所求的有界变差函数. 事实上,

（1）$g(t)$ 是有界变差函数，这是因为对任意分划

$$T: a=t_0<t_1<\cdots<t_n=b,$$

有

$$\begin{aligned}
\sum_{j=1}^{n}|g(t_j)-g(t_{j-1})| &= |\tilde{F}(\chi_{t_1})| + \sum_{j=2}^{n}|\tilde{F}(\chi_{t_j})-\tilde{F}(\chi_{t_{j-1}})| \\
&= \varepsilon_1\tilde{F}(\chi_{t_1}) + \sum_{j=2}^{n}\varepsilon_j(\tilde{F}(\chi_{t_j})-\tilde{F}(\chi_{t_{j-1}})) \\
&= \tilde{F}(\varepsilon_1\chi_{t_1}+\sum_{j=2}^{n}\varepsilon_j(\chi_{t_j}-\chi_{t_{j-1}})) \\
&\leq \|\tilde{F}\|\,\|\varepsilon_1\chi_{t_1}+\sum_{j=2}^{n}\varepsilon_j(\chi_{t_j}-\chi_{t_{j-1}})\| = \|\tilde{F}\|,
\end{aligned}$$

其中 $\varepsilon_1=\mathrm{sign}\,\tilde{F}(\chi_{t_1})$；$\varepsilon_j=\mathrm{sign}[\tilde{F}(\chi_{t_j})-\tilde{F}(\chi_{t_{j-1}})], j=2,3,\cdots,n$, 故 $g(t)$ 是 $[a,b]$ 上有界变差函数，且

$$\overset{b}{\underset{a}{V}}(g) = \sup_T\sum_{j=1}^{n}|g(t_j)-g(t_{j-1})| \leq \|\tilde{F}\|.$$

（2）设 $f(t)$ 为 $C[a,b]$ 中连续函数，对 $[a,b]$ 中分划

$$T: a=t_0<t_1<\cdots<t_n=b,$$

作阶梯函数

$$h_n(t) = f(t_0)\chi_{t_1}(t) + \sum_{j=2}^{n}f(t_{j-1})[\chi_{t_j}(t)-\chi_{t_{j-1}}(t)].$$

显然 $h_n\in B[a,b]$, 注意到 $g(t_0)=g(a)=0$, 所以

$$\begin{aligned}
\tilde{F}(h_n) &= f(t_0)g(t_1) + \sum_{j=2}^{n}f(t_{j-1})[g(t_j)-g(t_{j-1})] \\
&= \sum_{j=1}^{n}f(t_{j-1})[g(t_j)-g(t_{j-1})].
\end{aligned}$$

当分划越来越细时，上式右端趋于 $\int_a^b f(t)\mathrm{d}g(t)$. 另一方面，因 $f(t)$ 是连续函数，故 $f(t)$ 在 $[a,b]$ 上一致连续，易知，当分划越来越细时，$h_n(t)$ 在 $[a,b]$ 上一致收敛于 $f(t)$, 即按 $B[a,b]$ 中范数有 $\|h_n-f\|\to 0(n\to\infty)$, 由 $\tilde{F}$ 的连续性，$\tilde{F}(h_n)\to\tilde{F}(f)$. 又因为在 $C[a,b]$ 上, $\tilde{F}(f)=F(f)$, 故

$$F(f) = \tilde{F}(f) = \int_a^b f(t)\mathrm{d}g(t).$$

根据（1）式，可知 $\|F\|\leq\overset{b}{\underset{a}{V}}(g)$. 另一方面，由（1）的证明，又有

$$\overset{b}{\underset{a}{V}}(g) \leq \|\tilde{F}\| = \|F\|,$$

所以 $\|F\|=\overset{b}{\underset{a}{V}}(g)$. □

注意,定理中得出的 $g(t)$ 不一定是唯一的.但是如果规定 $g(t)$ 是正规化的有界变差函数,即需要满足 $g(a)=0$ 且 $g(t)$ 右连续,那么 $g(t)$ 可由 F 唯一地决定.

§3 共 轭 算 子

设 X,Y 是两个赋范线性空间,X' 和 Y' 分别是 X 和 Y 的共轭空间,T 是 X 到 Y 中的有界线性算子.今对任意 $g \in Y'$,可以如下定义 X 上的泛函 f:
$$f(x) = g(Tx),$$
这个泛函 f 显然是线性的,由于
$$|f(x)| = |g(Tx)| \le \|g\| \|Tx\| \le \|g\| \|T\| \|x\|,$$
故 f 也是有界线性泛函,即 $f \in X'$.于是我们建立起了 $g \mapsto f$ 的对应,即由 T 派生出一个从 Y' 到 X' 的算子 $T^{\times}$:$T^{\times}g = f$.称 $T^{\times}$ 为 T 的共轭算子.

定理 有界线性算子 T 的共轭算子 $T^{\times}$ 也是有界线性算子,并且 $\|T^{\times}\| = \|T\|$.

证明 对任何 $g_1, g_2 \in Y'$ 及数 α, β,由 $T^{\times}$ 的定义,有
$$T^{\times}(\alpha g_1 + \beta g_2)(x) = (\alpha g_1 + \beta g_2)(Tx) = \alpha g_1(Tx) + \beta g_2(Tx)$$
$$= \alpha T^{\times}g_1(x) + \beta T^{\times}g_2(x) = (\alpha T^{\times}g_1 + \beta T^{\times}g_2)(x), x \in X,$$
所以 $T^{\times}(\alpha g_1 + \beta g_2) = \alpha T^{\times}g_1 + \beta T^{\times}g_2$,即 $T^{\times}$ 是线性算子,又由前述,对所有 $f \in X'$ 及 $x \in X$,有
$$|f(x)| \le \|g\| \|T\| \|x\|,$$
即
$$\|T^{\times}g(x)\| \le \|g\| \|T\| \|x\|.$$
所以
$$\|T^{\times}g\| \le \|g\| \|T\|.$$
故 $T^{\times}$ 是有界算子,且 $\|T^{\times}\| \le \|T\|$.现在用泛函延拓定理来证明 $\|T\| \le \|T^{\times}\|$.事实上,对任何 $x \in X$,若 $Tx \ne 0$,则必有 $x \ne 0$,由 §1 定理 4,对这个 Tx,必有 $g \in Y'$,满足 $\|g\| = 1$,并且 $g(Tx) = \|Tx\|$,于是
$$\|Tx\| = g(Tx) = (T^{\times}g)(x) \le \|T^{\times}g\| \|x\|$$
$$\le \|T^{\times}\| \|g\| \|x\| = \|T^{\times}\| \|x\|.$$
而当 $Tx = 0$ 时,上面不等式自然成立,故对一切 $x \in X$,都有
$$\|Tx\| \le \|T^{\times}\| \|x\|.$$
这就证明了 $\|T\| \le \|T^{\times}\|$.因而 $\|T\| = \|T^{\times}\|$. $\qquad\square$

例 设 T_E 是从 n 维空间 E 到 E 中的线性算子.选取 E 中的基 $e_1, e_2, \cdots, e_n$,则对每个 $x \in E$,x 可表示为 $(\xi_1, \xi_2, \cdots, \xi_n)$.设 $y = T_E x, y = (\eta_1, \eta_2, \cdots, \eta_n)$,则 $\eta_j = \sum_{k=1}^{n} a_{jk}\xi_k$,故 T_E 与矩阵 (a_{ij}) 对应.设 $f_1, f_2, \cdots, f_n$ 为 E' 中满足 $f_k(e_j) = \delta_{jk}$ 的泛函,不难验证 $f_1, f_2, \cdots, f_n$ 也是 E' 中的基(事实上,E' 仍为 n 维欧氏空间).对任意的 $g \in E'$,设
$$g = \alpha_1 f_1 + \alpha_2 f_2 + \cdots + \alpha_n f_n,$$

则

$$f_i(y) = f_i\left(\sum_{k=1}^n \eta_k e_k\right) = \eta_i,$$

$$g(y) = g(T_E x) = \sum_{i=1}^n \alpha_i \eta_i = \sum_{i=1}^n \sum_{k=1}^n \alpha_i a_{ik} \xi_k,$$

交换两个和式的次序,我们有

$$g(T_E x) = \sum_{k=1}^n \beta_k \xi_k,$$

其中 $\beta_k = \sum_{i=1}^n a_{ik} \alpha_i$. 记 $(T_E^\times g)(x) = f(x) = g(T_E x) = \sum_{k=1}^n \beta_k \xi_k$, 可知 $T_E^\times$ 与 (a_{ij}) 的转置矩阵对应.

　　注　在希尔伯特空间中,我们曾经考虑过 T 的希尔伯特共轭算子 T^*, 它的定义是满足 $\langle Tx, y\rangle = \langle x, T^* y\rangle, x, y \in X$ 的算子.如果以 A 表示 X 到 X' 中如下的变换: $Ax_0 = f_{x_0}, x_0 \in X$, 其中 f_{x_0} 为 X' 中由 $f_{x_0}(x) = \langle x, x_0\rangle$ 所定义的泛函,则由里斯表示定理知 A 是等距映射,并且由于

$$A(\alpha x_0 + \beta y_0)(x) = \langle x, \alpha x_0 + \beta y_0\rangle = \bar{\alpha}\langle x, x_0\rangle + \bar{\beta}\langle x, y_0\rangle$$

$$= \bar{\alpha}Ax_0(x) + \bar{\beta}Ay_0(x) = (\bar{\alpha}Ax_0 + \bar{\beta}Ay_0)(x),$$

可知 A 是共轭线性算子.不难看出,此时有

$$T^* = A^{-1} T^\times A,$$

由于 $T^\times$ 是线性变换, A 和 A^{-1} 同为共轭线性变换,所以 T^* 仍是线性变换. $T^\times$ 和 T^* 虽有区别,但由于习惯上的原因,人们往往不写 $T^\times$, 而写 T^*, 读者视情况自动加以区别就是了.

§4　纲定理和一致有界性定理

　　这一节将给出巴拿赫和斯坦因豪斯(Steinhaus)在 1927 年给出的一致有界性原理,它是巴拿赫空间理论的基石之一.许许多多古典的分析问题,经过抽象以后,都可以归结为这一原理,因而充分显示了泛函分析的重要作用.在证明一致有界原理之前,需要准备一个有力的工具——纲定理.

　　定义 1　设 M 是度量空间 X 中的子集,如果 M 不在 X 的任何半径不为零的开球中稠密,则称 M 是 X 中的无处稠密集或疏朗集.

　　读者不难证明,在疏朗集的定义中把"开球"换成"闭球",结果是一样的.又可知 M 为 X 中疏朗集的充要条件为 $\bar{M}$ 不包含内点.事实上,若 M 为疏朗集,而 $\bar{M}$ 含有内点 x_0, 则由内点定义,存在开球 $U(x_0, \varepsilon), \varepsilon > 0$, 使 $U(x_0, \varepsilon) \subset \bar{M}$, 即 M 在 $U(x_0, \varepsilon)$ 中稠密,这与 M 为疏朗集矛盾;反之,若 $\bar{M}$ 不含有内点,而 M 不是 X 中疏朗集,则由疏朗集定义,必有 X 中开球 $U(x_0, \varepsilon), \varepsilon > 0$, 使 $\bar{M} \supset U(x_0, \varepsilon)$, 这说明 x_0 是 $\bar{M}$ 的内点,与 $\bar{M}$ 中不含内点的条件矛盾.

　　定义 2　设 X 是度量空间, M 是 X 中子集,若 M 是 X 中有限或可数个疏朗集的并集,则称 M 是第一纲集,不是第一纲集的集称为第二纲集.

　　我们有下述重要的贝尔(Baire)纲定理.

定理1（贝尔纲定理） **若 X 是非空的完备度量空间,则 X 是第二纲集.**

证明 我们用反证法,若 X 是第一纲集,则存在有限或可数个疏朗集 A_k,使 $X = \cup_k A_k$,我们不妨讨论可数的情形,即 $X = \bigcup_{k=1}^{\infty} A_k$ 的情形.因 A_1 是 X 中疏朗集,则由前述,$\bar{A}_1$ 不含有内点,因而 $\bar{A}_1 \neq X$,故 $\bar{A}_1^c = X \backslash \bar{A}_1$ 是 X 中非空开集,因此在 $\bar{A}_1^c$ 中至少有一点 p_1 及 $\varepsilon > 0$,使 p_1 的 ε 邻域 $U(p_1, \varepsilon) \subset (\bar{A}_1)^c$,取 $\varepsilon_1 = \dfrac{\varepsilon}{2}$,则闭球

$$S_1 = \{x : d(x, p_1) \leq \varepsilon_1\} \subset U(p_1, \varepsilon) \subset (\bar{A}_1)^c,$$

即 S_1 与 A_1 不交.又因 A_2 也是疏朗集,故 $\bar{A}_2$ 也不含有内点,因此 $\bar{A}_2$ 不含有 $U(p_1, \varepsilon_1)$,于是 $(\bar{A}_2)^c \cap U(p_1, \varepsilon_1) = U(p_1, \varepsilon_1) \backslash \bar{A}_2$ 也是 X 中非空开集,因此在 $(\bar{A}_2)^c \cap U(p_1, \varepsilon_1)$ 中至少有一点 p_2 及 $\varepsilon_2' > 0$,使 $U(p_2, \varepsilon_2') \subset (\bar{A}_2)^c \cap U(p_1, \varepsilon_1)$,令 $\varepsilon_2 = \dfrac{\varepsilon_2'}{2}$,则闭球

$$S_2 = \{x : d(x, p_2) \leq \varepsilon_2\} \subset U(p_2, \varepsilon_2') \subset (\bar{A}_2)^c \cap U(p_1, \varepsilon_1),$$

即 S_2 与 A_2 不交,并且 $S_2 \subset U(p_1, \varepsilon_1) \subset S_1$,又 $\varepsilon_2 = \dfrac{\varepsilon_2'}{2} \leq \dfrac{\varepsilon_1}{2} = \dfrac{\varepsilon}{2^2}$.照此继续下去,我们得到一列闭球

$$S_k = \{x : d(x, p_k) \leq \varepsilon_k\}, k = 1, 2, \cdots,$$

使得 S_k 与 A_k 不交,并且 $S_k \subset S_{k-1}, \varepsilon_k \leq \dfrac{\varepsilon}{2^k}$.这样,我们得到了一个闭球套

$$S_1 \supset S_2 \supset \cdots \supset S_k \supset \cdots,$$

S_k 的半径 $\varepsilon_k \leq \dfrac{\varepsilon}{2^k}$.下面我们证明:$S_k$ 的中心 $\{p_k\}$ 是 X 中柯西点列.事实上,当 $j > k$ 时,$S_j \subset S_k$,所以 $d(p_j, p_k) \leq \varepsilon_k \leq \dfrac{\varepsilon}{2^k}$,故当 k 足够大时,对任何 $\eta > 0$,只要 $j > k$,便有 $d(p_j, p_k) < \eta$,所以 $\{p_k\}$ 是 X 中柯西点列.由于 X 完备,故存在 $p \in X$,使 $p_k \to p(k \to \infty)$,显然 p 在每个 S_k 中,但由于 S_k 和 A_k 无公共点,故 $p \notin A_k, k = 1, 2, \cdots$.由假设 $X = \bigcup_{k=1}^{\infty} A_k$,所以 $p \notin X$.这就导致矛盾.因而 X 是第二纲集. $\qquad \square$

这一定理的逆是不正确的,布尔巴基（Bourbaki）在1955年曾举出反例:一个不完备的度量空间仍是第二纲集.

定理2（一致有界性定理或共鸣定理） **设 X 是巴拿赫空间,Y 是赋范空间,$\mathscr{B}(X, Y)$ 表示 X 到 Y 中的有界线性算子全体,$T_n \in \mathscr{B}(X, Y), n = 1, 2, \cdots$,若对每个 $x \in X$,$\{\|T_n x\|\}$ 有界,即 $\|T_n x\| \leq C_x, n = 1, 2, \cdots$,这里 C_x 是一与 x 有关的实数,那么,$\{T_n\}$ 一致有界,即存在与 x 无关的实数 C,使得对一切正整数 n,有**

$$\|T_n\| \leq C.$$

证明 对任意正整数 k,令

$$A_k = \{x : \|T_n x\| \leq k, n = 1, 2, \cdots\},$$

则 A_k 是闭集.事实上,若当 $i \to \infty$ 时,有 $x_i \to x, x_i \in A_k$,则对任何正整数 n,有 $T_n x_i \to T_n x$,但 $\|T_n x_i\| \leq k$,故 $\|T_n x\| \leq k$,所以 $x \in A_k$,即 A_k 是闭集.由假设,对任何 $x \in X$,存在实数 C_x,使得 $\|T_n x\| \leq C_x, n = 1, 2, \cdots$,取足够大的 k,使 $C_x \leq k$,则 $x \in A_k$,所以 $X = \bigcup_{k=1}^{\infty} A_k$.由

于 X 是巴拿赫空间,由贝尔纲定理,可知必有某一 k_0,使得 $\overline{A}_{k_0}=A_{k_0}$ 包含 X 中某个半径不为零的开球,设为 $U(x_0,r),r>0$,于是对任何 $x \in B(x_0,r)$,必有 $\|T_n x\| \leqslant k_0, n=1,2,$ $\cdots$.现在要估计 $\|T_n\| = \sup\limits_{\|x\| \leqslant 1} \|T_n x\|$,只需估计 $\{\|T_n x\|\}$ 当 x 属于单位球时的上界. 我们已知在 $U(x_0,r)$ 中,$\{\|T_n x\|\}$ 的上界是 k_0,而单位球扩大 r 倍即成以原点为中心的球 $U(0,r)$,再平移向量 x_0 就是 $U(x_0,r)$.故对任何 $x \in B(0,1)$,则 $rx+x_0 \in U(x_0,r)$,因而有 $\|T_n(rx+x_0)\| \leqslant k_0$,于是,对任意的 $x \in U(0,1)$,有

$$\|T_n x\| = \frac{1}{r}\|T_n(rx)\| = \frac{1}{r}\|T_n(rx+x_0-x_0)\|$$

$$\leqslant \frac{1}{r}\left[\|T_n(rx+x_0)\| + \|T_n x_0\|\right] \leqslant \frac{2}{r}k_0.$$

上式对一切正整数 n 都成立,取 $C=\dfrac{2}{r}k_0$,则

$$\|T_n\| = \sup_{\|x\| \leqslant 1} \|T_n x\| \leqslant C, n=1,2,\cdots. \qquad \square$$

作为一致有界性原理的特例,有下述的定理.

定理 3　设 $\{f_n\}$ 是巴拿赫空间 X 上的一列泛函,如果 $\{f_n\}$ 在 X 的每点 x 处有界,那么 $\{f_n\}$ 一致有界.

这只需在定理 2 中用实数域 $\mathbf{R}$ 或复数域 $\mathbf{C}$ 代替 Y 即可.

定理 4　存在一个实值的连续函数,它的傅里叶级数在给定的 t_0 处是发散的.(共鸣定理在古典分析上的一个著名应用.)

证明　我们不妨考察 $C[0,2\pi]$,$t_0=0$ 时的情况.

对 $f \in C[0,2\pi]$,总有傅里叶级数 $\dfrac{a_0}{2} - \sum\limits_{n=1}^{\infty}(a_n\cos nt+b_n\sin nt)$,其中

$$a_0 = \frac{1}{\pi}\int_0^{2\pi}\frac{f(t)}{2}\mathrm{d}t, \qquad a_n = \frac{1}{\pi}\int_0^{2\pi}f(t)\cos nt\mathrm{d}t,$$

$$b_n = \frac{1}{\pi}\int_0^{2\pi}f(t)\sin nt\mathrm{d}t.$$

这一级数当 $t=0$ 时,简化为 $\dfrac{a_0}{2}+\sum\limits_{n=1}^{\infty}a_n$,它的部分和

$$s_n(f) = \frac{a_0}{2}+\sum_{k=1}^{n}a_k = \frac{1}{2\pi}\int_0^{2\pi}f(t)\,\mathrm{d}t+\frac{1}{\pi}\int_0^{2\pi}f(t)\left(\sum_{k=1}^{n}\cos kt\right)\,\mathrm{d}t$$

$$= \frac{1}{2\pi}\int_0^{2\pi}f(t)\left[1+2\sum_{k=1}^{n}\cos kt\right]\,\mathrm{d}t.$$

不难计算

$$1+2\sum_{k=1}^{n}\cos kt = \frac{\sin\left(n+\dfrac{1}{2}\right)t}{\sin\dfrac{t}{2}},$$

记之为 $q_n(t)$.因此 $[0,2\pi]$ 上任何连续函数 $f(t)$,其傅里叶级数在 $t=0$ 处的部分和

$s_n(f)$ 等于 $\dfrac{1}{2\pi}\displaystyle\int_0^{2\pi} f(t)q_n(t)\,\mathrm{d}t$. 我们要证明,总可以找到这样的连续函数 $f \in C[0,2\pi]$,使

$$\frac{1}{2\pi}\int_0^{2\pi} f(t)q_n(t)\,\mathrm{d}t \text{ 不收敛}(n\to\infty),$$

即 $f(t)$ 的傅里叶级数在 $t=0$ 处发散.

我们用泛函分析的观点考察部分和 $s_n(f)$,当 n 给定时,$q_n(t)$ 也给定了,显然 $s_n(f)$ 是 $C[0,2\pi]$ 上的线性泛函,而且由于

$$|s_n(f)| \leqslant \frac{1}{2\pi}\int_0^{2\pi} |f(t)||q_n(t)|\,\mathrm{d}t \leqslant \max_{t\in[0,2\pi]}|f(t)| \cdot \frac{1}{2\pi}\int_0^{2\pi}|q_n(t)|\,\mathrm{d}t,$$

因

$$q_n(t) = \frac{\sin\left(n+\dfrac{1}{2}\right)t}{\sin\dfrac{t}{2}} = 1+2\sum_{k=1}^n \cos kt,$$

所以,$q_n \in C[0,2\pi]$,故

$$k_n = \frac{1}{2\pi}\int_0^{2\pi}|q_n(t)|\,\mathrm{d}t<\infty,$$

因此 $|s_n(f)|\leqslant k_n\|f\|$,这说明 $s_n(f)$ 是 $C[0,2\pi]$ 上连续线性泛函,并且 $\|s_n\|\leqslant k_n$. 下面我们证明 $\|s_n\|=k_n$,只需证 $k_n\leqslant\|s_n\|$ 即可.令

$$y_n(t)=\begin{cases}1, & q_n(t)>0,\\ 0, & q_n(t)=0,\\ -1, & q_n(t)<0,\end{cases}$$

即 $y_n(t)=\operatorname{sign} q_n(t)$. 于是

$$|q_n(t)|=y_n(t)q_n(t).$$

$y_n(t)$ 在 $[0,2\pi]$ 上不连续,但对任意 $\varepsilon>0$,总可以作一个连续函数 $f_n(t)$,使满足

$$\frac{1}{2\pi}\left|\int_0^{2\pi}[f_n(t)-y_n(t)]q_n(t)\,\mathrm{d}t\right|<\varepsilon.$$

(由于 $q_n(t)$ 在 $[0,2\pi]$ 上连续,这是不难做到的. 事实上,只要在 $y_n(t)$ 间断处用折线连接,使 $f_n(t)$ 与 $y_n(t)$ 充分接近即可.)这样一来,这个 $f_n(t)$ 满足

$$\|f_n\|=\max_{t\in[0,2\pi]}|f(t)|=1,$$

但

$$\begin{aligned}
|s_n(f_n)| &= \left|\frac{1}{2\pi}\int_0^{2\pi} f_n(t)q_n(t)\,\mathrm{d}t\right|\\
&= \left|\frac{1}{2\pi}\int_0^{2\pi}(f_n(t)-y_n(t))q_n(t)\,\mathrm{d}t+\frac{1}{2\pi}\int_0^{2\pi}y_n(t)q_n(t)\,\mathrm{d}t\right|\\
&\geqslant \frac{1}{2\pi}\left|\int_0^{2\pi}y_n(t)q_n(t)\,\mathrm{d}t\right|-\frac{1}{2\pi}\left|\int_0^{2\pi}(f_n(t)-y_n(t))q_n(t)\,\mathrm{d}t\right|\\
&\geqslant \frac{1}{2\pi}\int_0^{2\pi}|q_n(t)|\,\mathrm{d}t-\varepsilon=k_n-\varepsilon,
\end{aligned}$$

由 ε 的任意性,可知 $\|s_n\| \geqslant k_n$. 总之 $\|s_n\| = k_n$.

因 f 的傅里叶级数在 $t=0$ 的部分和为 $s_n(f)$,所以 f 的傅里叶级数在 $t=0$ 收敛等价于 $\{s_n(f)\}$ 收敛. 我们要证明的定理的结论是,不可能 $C[0,2\pi]$ 中每个函数的傅里叶级数在 $t=0$ 都收敛,这等价于说泛函列 $\{s_n\}$ 在 $C[0,2\pi]$ 上不可能处处收敛. 由于收敛数列必有界,所以只要证明 $\{s_n\}$ 不可能在每点 $f \in C[0,2\pi]$ 上有界. 共鸣定理告诉我们,若泛函列 $\{s_n\}$ 在 $C[0,2\pi]$ 上点点有界,必导致一致有界. 所以只要证明 $\{s_n\}$ 在 $C[0,2\pi]$ 上不一致有界,就能推出 $\{s_n\}$ 不点点有界,因而不点点收敛问题就将证完. 要判断 $\{s_n\}$ 在 $C[0,2\pi]$ 上不一致有界,只要证明 $\|s_n\| = k_n, n=1,2,\cdots$ 无界即可. 因为

$$k_n = \frac{1}{2\pi} \int_0^{2\pi} \frac{\left|\sin\left(n+\frac{1}{2}\right)t\right|}{\left|\sin\frac{t}{2}\right|} \mathrm{d}t > \frac{1}{\pi} \int_0^{2\pi} \frac{\left|\sin\left(n+\frac{1}{2}\right)t\right|}{|t|} \mathrm{d}t$$

$$= \frac{1}{\pi} \int_0^{(2n+1)\pi} \frac{|\sin v|}{v} \mathrm{d}v$$

$$= \frac{1}{\pi} \sum_{k=0}^{2n} \int_{k\pi}^{(k+1)\pi} \frac{|\sin v|}{v} \mathrm{d}v \geqslant \frac{1}{\pi} \sum_{k=0}^{2n} \frac{1}{(k+1)\pi} \int_{k\pi}^{(k+1)\pi} |\sin v| \mathrm{d}v$$

$$= \frac{2}{\pi^2} \sum_{k=0}^{2n} \frac{1}{k+1} \to \infty \quad (n \to \infty),$$

即 $\{k_n\}$ 无界. 这就证明了定理. □

定理 4 说明,要求 $C[0,2\pi]$ 中所有连续函数的三角级数都处处收敛是办不到的. 这一事实最初在 1876 年由雷蒙德(Reymond)给出,1910 年,费耶尔(Féjer)也给出了一个构造性的反例. 这里的证明不是构造性的,是一个纯粹的存在定理,它较构造性的方法简单,表现了泛函分析抽象概括的特点.

§5　强收敛、弱收敛和一致收敛

定义 1　设 X 是赋范线性空间,$x_n \in X$,$n=1,2,\cdots$,如果存在 $x \in X$,使得 $\|x_n - x\| \to 0(n \to \infty)$,则称点列 $\{x_n\}$ 强收敛于 x,如果对任意的 $f \in X'$,都有 $f(x_n) \to f(x)(n \to \infty)$,则称点列 $\{x_n\}$ 弱收敛于 x.

显然强收敛必定弱收敛,但弱收敛不一定强收敛.

例 1　设 $X = l^2$,$e_n = (\underbrace{0,0,\cdots,0}_{n-1\text{个}},1,0,\cdots)$,$n=1,2,\cdots$,则 $\|e_n\| = 1$,故 $\{e_n\}$ 不强收敛于 0,但对任何

$$y \in (l^2)' = l^2, \quad y = (\eta_1, \eta_2, \cdots), \quad \sum_{i=1}^{\infty} |\eta_i|^2 < \infty,$$

我们有 $\langle e_n, y \rangle = \eta_n \to 0(n \to \infty)$,故 $\{e_n\}$ 弱收敛于 0.

定义 2　设 X 是赋范线性空间,X' 是 X 的共轭空间,泛函列 $f_n \in X'(n=1,2,\cdots)$,如果存在 $f \in X'$,使得

（1）$\|f_n-f\|\to 0(n\to\infty)$，则称 $\{f_n\}$ 强收敛于 f；

（2）对任意 $x\in X$，都有 $|f_n(x)-f(x)|\mapsto 0(n\to\infty)$，则称 $\{f_n\}$ 弱*收敛于 f；

（3）若对任意的 $F\in(X')'$，都有 $F(f_n)\to F(f)(n\to\infty)$，则称 $\{f_n\}$ 弱收敛于 f.

一般来说，弱*收敛和弱收敛不一致，但如果 X 和 $X''=(X')'$ 之间能够建立起等距同构 $J:(Jx)(f)=f(x)$，$x\in X$，则称 X 是自反的，在自反空间，这两种收敛就是等价的了.

定义 3 设 X 和 Y 是两个赋范线性空间，$\mathscr{B}(X,Y)$ 表示 X 到 Y 中的有界线性算子全体所成的空间，$T_n\in\mathscr{B}(X,Y)$，$n=1,2,\cdots$，若存在 $T\in\mathscr{B}(X,Y)$，使得

（1）$\|T_n-T\|\to 0(n\to\infty)$，则称算子列 $\{T_n\}$ 一致收敛于 T；

（2）对任意的 $x\in X$，$\|T_nx-Tx\|\to 0(n\to\infty)$，则称 $\{T_n\}$ 强收敛于 T；

（3）对任意 $x\in X$ 和任意的 $f\in Y'$，$f(T_nx)\to f(Tx)(n\to\infty)$，则称 $\{T_n\}$ 弱收敛于 T.

显然，由算子的一致收敛可导出强收敛，强收敛可导出弱收敛，反之不然.

例 2 设 $X=Y=l^2$，T_n 为 $\mathscr{B}(X)$ 中如下定义的算子：

$$T_n(\xi_1,\xi_2,\cdots)=(\underbrace{0,0,\cdots,0}_{n\uparrow},\xi_{n+1},\xi_{n+2},\cdots),$$

$$x=(\xi_1,\xi_2,\cdots)\in l^2,\ n=1,2,\cdots.$$

显然，每个 T_n 是线性算子，并且 $\|T_n\|\leqslant 1$，这时

$$\|T_nx-0\|^2=\sum_{k=n+1}^{\infty}|\xi_k|^2\to 0(n\to\infty),$$

即 $\{T_n\}$ 强收敛于 0，但 $\{T_n\}$ 不一致收敛于 0.事实上，对任意的正整数 n，令

$$e_{n+1}=(\underbrace{0,0,\cdots,0}_{n\uparrow},1,0,\cdots),\ n=1,2,\cdots,$$

则 $\|e_{n+1}\|=1$，但 $T_ne_{n+1}=e_{n+1}$，故 $\|T_n\|\geqslant 1$，因此 $\|T_n\|=1$ 不收敛于 0，即 $\{T_n\}$ 不一致收敛于 0.

例 3 令 $X=Y=l^2$，$x=(\xi_1,\xi_2,\cdots)\in l^2$，定义

$$T_nx=(\underbrace{0,0,\cdots,0}_{n\uparrow},\xi_1,\xi_2,\cdots),\ n=1,2,\cdots$$

这是平移算子，T_n 显然是线性算子，并且 $\|T_nx\|=\|x\|$，所以 $\|T_n\|=1$.对任意

$$y=(\eta_1,\eta_2,\cdots)\in l^2=(l^2)',\quad \langle T_nx,y\rangle=\sum_{k=1}^{\infty}\xi_k\overline{\eta_{k+n}},$$

所以由施瓦茨不等式可得

$$|\langle T_nx,y\rangle|\leqslant\left(\sum_{k=1}^{\infty}|\xi_k|^2\right)^{\frac{1}{2}}\left(\sum_{k=1}^{\infty}|\eta_{k+n}|^2\right)^{\frac{1}{2}}$$

$$=\|x\|\left(\sum_{k=n+1}^{\infty}|\eta_k|^2\right)^{\frac{1}{2}}\to 0(n\to\infty),$$

即 $\{T_n\}$ 弱收敛于 0.但 $\{T_n\}$ 不强收敛，这只要取 $x=e_1=(1,0,\cdots)$，则当 $n\neq m$ 时，就有

$$\|T_ne_1-T_me_1\|=\|e_{n+1}-e_{m+1}\|=\sqrt{2},$$

故 $\{T_ne_1\}$ 不收敛.

我们有下面的定理.

定理 设 T_n，$n=1,2,\cdots$，是由巴拿赫空间 X 到巴拿赫空间 Y 中的有界线性算子序列，则 $\{T_n\}$ 强收敛的充要条件是

（1）$\{\parallel T_n \parallel\}$ 有界；

（2）对 X 中一稠密子集 D 中的每个 x，$\{T_n x\}$ 都收敛.

证明 必要性 若 $\{T_n\}$ 强收敛，条件（2）成立是显然的.现证（1）成立.由 $\{T_n\}$ 强收敛，所以对任何 $x \in X$，$\{T_n x\}$ 收敛，故 $\{\parallel T_n x \parallel\}$ 有界，由共鸣定理知 $\{\parallel T_n \parallel\}$ 有界.

充分性 设 $\parallel T_n \parallel \leqslant M, n = 1, 2, \cdots$，对任何 $x \in X$ 及 $\varepsilon > 0$，由于 D 在 X 中稠密，必存在 $z \in D$，使 $\parallel x - z \parallel < \dfrac{\varepsilon}{3M}$，又因 $\{T_n z\}$ 收敛，故存在 N，当 $n > N$ 时，对任意的正整数 p，有

$$\parallel T_{n+p} z - T_n z \parallel < \frac{\varepsilon}{3},$$

于是

$$\parallel T_{n+p} x - T_n x \parallel \leqslant \parallel T_{n+p} x - T_{n+p} z \parallel + \parallel T_{n+p} z - T_n z \parallel + \parallel T_n z - T_n x \parallel$$

$$\leqslant \parallel T_{n+p} \parallel \parallel x - z \parallel + \frac{\varepsilon}{3} + \parallel T_n \parallel \parallel x - z \parallel$$

$$\leqslant M \cdot \frac{\varepsilon}{3M} + \frac{\varepsilon}{3} + M \cdot \frac{\varepsilon}{3M} = \varepsilon,$$

即 $\{T_n x\}$ 是 Y 中柯西点列，由 Y 的完备性，知 $\{T_n x\}$ 收敛于 y.令 $Tx = y$，由共鸣定理知 T 有界，故 $T_n x \to Tx (n \to \infty)$. □

将上述定理用于泛函的情形，则可知巴拿赫空间 X 上任何一列泛函 $\{f_n\}$，如果弱*收敛，必定有界，反之有界泛函列 $\{f_n\}$ 若在 X 的一个稠密子集上收敛，则必弱*收敛.

§6 逆算子定理

逆算子定理又称开映射定理，是泛函分析最基本的定理之一，它反映了有界线性算子极为深刻的特征.

定理 1（逆算子定理） 设 X 和 Y 都是巴拿赫空间，如果 T 是从 X 到 Y 上的一对一有界线性算子，则 T 的逆算子 T^{-1} 也是有界线性算子.

为了证明本定理，首先给出一个引理.

引理 设 T 是巴拿赫空间 X 到巴拿赫空间 Y 上的有界线性算子，则 X 中单位开球

$$U_0 = U(0, 1) = \{x : \parallel x \parallel < 1\}$$

的像 TU_0 包含一个以零点为心的球.

证明 我们分以下几步证明：

（a）$U_1 = U\left(0, \dfrac{1}{2}\right)$ 的像的闭包 $\overline{TU_1}$ 含有一个开球 U^*；

（b）$U_n = U(0, 2^{-n})$ 的像的闭包 $\overline{TU_n}$ 含有以 $0 \in Y$ 为中心的球；

（c）TU_0 包含以 $0 \in Y$ 为中心的球.

（a）的证明 先引入两个记号，设 $A \subset X, \alpha$ 是数，$\omega \in X$，则令

$$\alpha A = \{\alpha x : x \in A\},$$

$$A+\omega = \{x+\omega : x \in A\}.$$

考虑 $U_1 = U\left(0,\dfrac{1}{2}\right)$. 对任何 $x \in X$, 总有正整数 k, 使 $x \in kU_1$, 这只要取 $k > 2\|x\|$ 即可. 于是 $X = \bigcup\limits_{k=1}^{\infty} kU_1$. 由假设, T 是映射 X 到 Y 上的, 故

$$Y = TX = T\left(\bigcup\limits_{k=1}^{\infty} kU_1\right) = \bigcup\limits_{k=1}^{\infty} kTU_1.$$

因 Y 完备, 由纲定理知, 必存在某个 k_0, 使 $\overline{k_0 TU_1}$ 含有一开球, 这意味着 $\overline{TU_1}$ 也含有一开球, 设为 $U(y_0, \varepsilon)$, 记为 U^*. 这就证明了 $U^* \subset \overline{TU_1}$.

(b) 的证明　因为 $U^* = U(y_0, \varepsilon) \subset \overline{TU_1}$, 则 $U(0,\varepsilon) = U^* - y_0 \subset \overline{TU_1} - y_0$, 我们的目的是要证明 $U(0,\varepsilon) \subset \overline{TU_0}$, 但由于

$$U(0,\varepsilon) = U^* - y_0 \subset \overline{TU_1} - y_0,$$

故只需证 $\overline{TU_1} - y_0 \subset \overline{TU_0}$ 就行了. 设 $y \in \overline{TU_1} - y_0$, 于是 $y_0 + y \in \overline{TU_1}$, 由 (a), $y_0 \in U^* \subset \overline{TU_1}$, 因而存在 $u_n \in TU_1$, $n = 1,2,\cdots$, 使当 $n \to \infty$ 时有 $u_n \to y_0 + y$, $v_n \in TU_1$, $n = 1,2,\cdots$, $v_n \to y_0$, 即存在

$$w_n \in U_1, n = 1,2,\cdots, Tw_n = u_n$$

及

$$z_n \in U_1, n = 1,2,\cdots, Tz_n = v_n,$$

使当 $n \to \infty$ 时有 $Tw_n \to y_0 + y$, $Tz_n \to y_0$, 然而

$$\|w_n - z_n\| \leqslant \|w_n\| + \|z_n\| < \frac{1}{2} + \frac{1}{2} = 1,$$

故 $w_n - z_n \in U_0$, 但

$$T(w_n - z_n) = Tw_n - Tz_n \to y_0 + y - y_0 = y,$$

这说明 $y \in \overline{TU_0}$, 但 y 是 $\overline{TU_1} - y_0$ 中任意取的点, 这就证明了

$$\overline{TU_1} - y_0 \subset \overline{TU_0}.$$

由前所述, 这已证明了 $U(0,\varepsilon) \subset \overline{TU_0}$, 由于 $\overline{TU_n} = \dfrac{1}{2^n}\overline{TU_0}$, 故 $U\left(0,\dfrac{\varepsilon}{2^n}\right) \subset \overline{TU_n}$. 这就证明了 (b).

(c) 的证明　令

$$V_n = U\left(0, \frac{\varepsilon}{2^n}\right), \quad n = 1,2,\cdots,$$

我们证明 $V_1 = U\left(0,\dfrac{\varepsilon}{2}\right) \subset TU_0$. 若 $y \in V_1$, 我们设法找出 $x \in U_0$, 使得 $Tx = y$. 由 (b) 可知, $V_1 \subset \overline{TU_1}$, 对上述的 $\varepsilon > 0$, 总存在 $x_1 \in U_1$, 使得 $\|y - Tx_1\| < \dfrac{\varepsilon}{4}$, 即 $y - Tx_1 \in V_2$, 但 $V_2 \subset \overline{TU_2}$, 又存在 $x_2 \in U_2$, 使得

$$\|y - Tx_1 - Tx_2\| < \frac{\varepsilon}{2^3}, \quad \text{即 } y - Tx_1 - Tx_2 \in V_3,$$

如此继续作下去, 必有点列 $x_1, x_2, \cdots, x_n, \cdots$, 其中 $x_n \in U_n$, 满足

$$\| y - T \sum_{k=1}^{n} z_k \| < \frac{\varepsilon}{2^{n+1}}, \quad n = 1, 2, \cdots,$$

已知 $x_n \in U_n$，即 $\| x_n \| < \frac{1}{2^n}$，由 X 的完备性可知级数 $\sum_{k=1}^{\infty} x_k$ 收敛，记 $x = \sum_{k=1}^{\infty} x_k$，则有

$\| x \| < \sum_{k=1}^{\infty} \frac{1}{2^k} = 1$，所以 $x \in U_0$. 因当 $n \to \infty$ 时，$T \sum_{k=1}^{n} x_k \to y$，另一方面，又有 $T \sum_{k=1}^{n} x_k$

$\to Tx$，故 $y = Tx$. □

逆算子定理的证明　借助上述引理，我们证明 T 将开集映射成开集. 设 A 是 X 中开集，任取 $y \in TA$，则存在 $x \in A$，使 $Tx = y$，由于 A 是开集，故存在 x 的 r 邻域 $U(x, r) \subset A$，于是 $A - x$ 包含 0 的邻域 $U(0, r)$，令 $k = \frac{1}{r}$，则 $k(A - x)$ 包含单位球，由引理知，$T[k(A - x)] = k[TA - Tx]$ 含有以 0 点为心的开球，当然 $TA - Tx$ 也含有以 0 点为心的某开球，即 TA 含有以 Tx 为中心的开球. 这就证明了 TA 是开集. T 将开集映射成开集，又 T 是一一到上的，那么 T^{-1} 存在，并且由第七章 §3 定理 2 知 T^{-1} 是连续的，即 T^{-1} 是有界线性算子. □

定义　设 X 和 Y 是两个度量空间，f 是 X 到 Y 中的映射，若 f 将 X 中的开集映射成 Y 中的开集，则称 f 是开映射.

由逆算子定理的证明过程可以看出，若 X 和 Y 是两个巴拿赫空间，T 是 X 到 Y 上的有界线性映射，则 T 是开映射，这个结论称为开映射定理.

逆算子定理说明，一个 X 到 Y 上的有界线性算子，只要具备"到上"和"一对一"这两个不涉及范数的一般映射性质（当然 T 的有界性涉及范数）就能导出逆算子连续性这一涉及范数和极限的拓扑性质. 因此，今后在验证 T^{-1} 是否存在和连续时，只需看 T 是否一对一和到上就行了.

下面的定理是逆算子定理的推论，在运用逆算子定理时是常用的一个结果.

定理 2　设在线性空间 X 上有两个范数 $\| \cdot \|_1$ 和 $\| \cdot \|_2$，如果 X 关于这两个范数都成为巴拿赫空间，而且范数 $\| \cdot \|_2$ 关于范数 $\| \cdot \|_1$ 连续，那么范数 $\| \cdot \|_1$ 也必关于 $\| \cdot \|_2$ 连续.

证明　为明确起见，把 X 按 $\| \cdot \|_1$ 与 $\| \cdot \|_2$ 所成巴拿赫空间分别记为 E 和 F. 作 E 到 F 上的恒等算子 $I: Ix = x$. 由于 $\| \cdot \|_2$ 关于 $\| \cdot \|_1$ 连续，故当 $\{x_n\} \subset E$，并且 $\lim_{n \to \infty} \| x_n - x \|_1 = 0 (x \in E = X)$ 时，有

$$\lim_{n \to \infty} \| Ix_n - Ix \|_2 = 0.$$

又显然 I 是 E 到 F 上的线性算子，所以 I 是 E 到 F 上的有界线性算子，由逆算子定理，I^{-1} 也有界，即存在 C，使得 $\| x \|_1 = \| I^{-1}x \|_1 \leqslant C \| x \|_2, x \in F$，即 $\| \cdot \|_1$ 关于 $\| \cdot \|_2$ 连续. □

§7　闭图像定理

定义　设 X 和 Y 是赋范空间，T 是 X 的子空间 $\mathscr{D}(T)$ 到 Y 中的线性算子，称 $X \times Y$

中的集合

$$G(T) = \{(x,y) : x \in \mathscr{D}(T), y = Tx\}$$

为算子 T 的图像.在 $X \times Y$ 中,定义 $\|(x,y)\| = \|x\| + \|y\|$,易知 $X \times Y$ 按 $\|(x,y)\|$ 成为赋范线性空间.如果 $G(T)$ 是 $X \times Y$ 中的闭集,则称 T 是闭算子.

例　设 $X = Y = C[0,1]$,$T = \dfrac{\mathrm{d}}{\mathrm{d}t}$,则 T 是线性算子.$\mathscr{D}(T)$ 为 $C[0,1]$ 中一阶连续可微函数全体,记为 $C^1[0,1]$,前已说过 T 是无界算子,但 T 是闭算子,它的图像是

$$G(T) = \{(x,x') : x \in C^1[0,1]\}.$$

事实上,若有

$$(x_n, x_n') \in G(T), n = 1,2,\cdots,$$

且

$$\lim_{n \to \infty}(x_n, x_n') = (x,y) \in X \times Y,$$

因

$$\|(x,y)\| = \|x\| + \|y\|, (x,y) \in X \times Y,$$

易知 $\{x_n\}$ 一致收敛于 x,$\{x_n'\}$ 也一致收敛于 y,由数学分析知道 $x(t)$ 可微,并且 $x'(t) = y(t)$,即 $(x,y) \in G(T)$,这就证明了 $G(T)$ 是 $X \times Y$ 中闭集,因而 $T = \dfrac{\mathrm{d}}{\mathrm{d}t}$ 是闭算子.

下面要证明闭图像定理.它的意思是说,一个闭算子,如果是无界的,那么它的定义域一定不能是闭集.这个定理的另一种说法是,若一个闭算子 T 的定义域是闭集,那么 T 是有界算子.

定理(闭图像定理)　**设 X 和 Y 是巴拿赫空间,T 是 $\mathscr{D}(T) \subset X$ 到 Y 中闭线性算子.如果 $\mathscr{D}(T)$ 是闭的,则 T 是有界算子.**

证明　读者不难证明两个巴拿赫空间 X 与 Y 的乘积空间 $X \times Y$ 按范数

$$\|(x,y)\| = \|x\| + \|y\|$$

仍是巴拿赫空间.由假设 $\mathscr{D}(T)$ 是 X 中闭集,$G(T)$ 是 $X \times Y$ 中闭集,故 $G(T)$ 也是完备的度量空间,并且由于 $\mathscr{D}(T)$ 是线性子空间,T 是线性算子,易知 $G(T)$ 是 $X \times Y$ 中的线性子空间,即 $G(T)$ 也是一个巴拿赫空间.我们作算子 $P : G(T) \to \mathscr{D}(T)$,

$$P(x,y) = x, (x,y) \in G(T),$$

显然 P 是线性算子,且因

$$\|P(x,y)\| = \|x\| \leqslant \|x\| + \|y\| = \|(x,y)\|,$$

即 P 是有界算子.又若 $(x,Tx) \neq (y,Ty)$,必有 $x \neq y$,故

$$P(x,Tx) \neq P(y,Ty),$$

因而 P 是一对一的,P 显然是到 $\mathscr{D}(T)$ 上的映射,由逆算子定理,P^{-1} 有界,即

$$\|P^{-1}x\| \leqslant \|P^{-1}\| \|x\|,$$

而 $\|Tx\| \leqslant \|x\| + \|Tx\| = \|(x,Tx)\| = \|P^{-1}x\|$,所以 $\|Tx\| \leqslant \|P^{-1}\| \|x\|$.这说明 T 是有界算子.　　　　□

闭图像定理告诉我们,巴拿赫空间 X 上的无界闭算子,其定义域至多只能在 X 中稠密,而绝不可能是整个 X.上面例子中,微分算子的定义域只能是 $C[0,1]$ 中稠密子集 $C^1[0,1]$,而不能是 $C[0,1]$.

第十章习题

1. 设 X 是赋范线性空间，$x_1, x_2, \cdots, x_k$ 是 X 中 k 个线性无关向量，$a_1, a_2, \cdots, a_k$ 是一组数，证明：在 X 上存在满足条件：

（1）$f(x_\nu) = a_\nu, \nu = 1, 2, \cdots, k$；　（2）$\|f\| \leqslant M$

的线性泛函 f 的充要条件为：对任何数 $t_1, t_2, \cdots, t_k$，

$$\left| \sum_{\nu=1}^{k} t_\nu a_\nu \right| \leqslant M \left\| \sum_{\nu=1}^{k} t_\nu x_\nu \right\|$$

都成立.

2. 设 X 是赋范线性空间，V 是 X 的闭子空间，$x_0 \in X \backslash V$. 证明：存在 $f \in X'$ 满足条件：

（1）$f(x) = 0, \forall x \in V$；　（2）$f(x_0) = d(x_0, V)$；　（3）$\|f\| = 1$.

3. 设 $\{x_1, x_2, \cdots, x_k\}$ 是赋范线性空间 X 中的一个线性无关组. 证明：存在 $f_1, f_2, \cdots, f_k \in X'$ 使得

$$f_j(x_i) = \begin{cases} 1, & i \neq j, \\ 0, & i = j, \end{cases} \quad i, j = 1, 2, \cdots, k.$$

4. 证明：无限维赋范线性空间的共轭空间也是无限维的.

5. 设 X 是赋范线性空间. 如果 X' 可分，证明：X 也可分.

6. 设 $a_0, a_1, \cdots, a_n, \cdots$ 是一列数，证明：存在 $[a, b]$ 上的有界变差函数 $g(t)$ 使得 $\int_a^b t^n \mathrm{d}g(t) = a_n$，

$n \geqslant 0$ 成立的充要条件是：对一切多项式 $p(t) = \sum_{j=0}^{n} c_j t^j$ 满足

$$\left| \sum_{j=0}^{n} c_j a_j \right| \leqslant M \cdot \max_{a \leqslant t \leqslant b} |p(t)|,$$

其中 M 为常数.

7. 设 T 为 $l^p (p \geqslant 1)$ 上的单侧移位算子，即若 $x = (\xi_1, \xi_2, \cdots, \xi_n, \cdots) \in l^p$，则 $Tx = y = (0, \xi_1, \xi_2, \cdots, \xi_n, \cdots)$，求 $T^\times$.

8. 举例说明：在一致有界性定理中，空间 X 的完备的条件不能去掉.

9. 在完备度量空间 X 中成立闭球套定理，即若

$$S_n = \{x \in X : d(x, x_n) \leqslant \varepsilon_n\}, n \geqslant 1$$

满足 $\varepsilon_n \to 0 (n \to \infty)$ 以及 $S_n \subset S_{n-1}, n \geqslant 2$，则存在唯一的 $x_0 \in \bigcap_{n=1}^{\infty} S_n$.

反之，若在度量空间 X 中成立闭球套定理，则 X 是完备的.

10. 设 $\{a_n\}$ 是复数列，使得对于任何收敛于零的复数列 $\{x_n\}$，级数 $\sum_{n=1}^{\infty} a_n x_n$ 都收敛. 证明 $\sum_{n=1}^{\infty} |a_n| < \infty$.

11. 设 $f(t)$ 在 $[a, b]$ 上 L 可测. 设 $p \in (1, \infty)$，$\frac{1}{p} + \frac{1}{q} = 1$. 若对一切 $g \in L^p[a, b]$，$f(t)g(t)$ 都在 $[a, b]$ 上 L 可积，证明：$f \in L^q[a, b]$.

12. 证明盖尔范德（Gel'fand）引理：设 X 是巴拿赫空间，$p(x)$ 是 X 上的泛函，满足条件：

（1）$p(x) \geqslant 0$，　$p(ax) = ap(x)$，任意 $x \in X$，$a \geqslant 0$；

（2）$p(x+y) \leqslant p(x) + p(y)$，任意 $x, y \in X$；

（3）对任意 $\{x_n\}\subset X, x\in X$，当 $x_n\to x(n\to\infty)$ 时，有 $\varliminf\limits_{n\to\infty}p(x_n)\geqslant p(x)$.

则存在常数 $M>0$ 使得 $p(x)\leqslant M\parallel x\parallel$，任意 $x\in X$.

13. 设 X 为巴拿赫空间，Y 为赋范线性空间. 设 $\{T_n\}\subset\mathscr{B}(X,Y)$ 使得对每个 $x\in X$，$\{T_nx\}$ 都收敛. 令 $Tx=\lim\limits_{n\to\infty}T_nx,\ \forall x\in X$. 证明：$T\in\mathscr{B}(X,Y)$ 且 $\parallel T\parallel\leqslant\varliminf\limits_{n\to\infty}\parallel T_n\parallel$.

14. 设 $\{x_n\}$ 是巴拿赫空间 X 中的一个点列，$x\in X$. 若 x_n 弱收敛于 x，证明 $\sup\limits_{n\geqslant 1}\parallel x_n\parallel<\infty$ 且 $\parallel x\parallel\leqslant\varliminf\limits_{n\to\infty}\parallel x_n\parallel$.

15. 设 X 是可分的巴拿赫空间，$\{f_n\}$ 是 X' 中的有界无限点列. 证明：$\{f_n\}$ 中含有一个弱*收敛的子列.

16. 证明：空间 $C[a,b]$ 中点列 $\{x_n\}$ 弱收敛于 $x_0\in C[a,b]$ 的充要条件是：$\{\parallel x_n\parallel\}$ 有界且对任意 $t\in[a,b]$，$\lim\limits_{n\to\infty}x_n(t)=x_0(t)$.

17. 证明：$l^p(p>1)$ 中点列 $x_n=(\xi_1^{(n)},\xi_2^{(n)},\cdots,\xi_k^{(n)},\cdots),n=1,2,\cdots$，弱收敛于 $x=(\xi_1,\xi_2,\cdots,\xi_k,\cdots)\in l^p$ 的充要条件是：$\sup\limits_{n\geqslant 1}\parallel x_n\parallel<\infty$ 且对每个 k，$\lim\limits_{n\to\infty}\xi_k^{(n)}=\xi_k$.

18. 设 M 为赋范线性空间 X 中的闭子空间. 设有 $\{x_n\}\subset M$，$x\in X$. 如果 x_n 弱收敛于 x，证明：$x\in M$.

19. 设 X,Y 为巴拿赫空间，$T\in\mathscr{B}(X,Y)$. 设点列 $\{x_n\}$ 在 X 中弱收敛于 $x\in X$. 证明：$\{Tx_n\}$ 在 Y 中弱收敛于 Tx.

20. 设 $(X,\parallel\cdot\parallel_1)$ 和 $(X,\parallel\cdot\parallel_2)$ 都是巴拿赫空间. 如果对 X 中的任何点列 $\{x_n\}$，当 $\lim\limits_{n\to\infty}\parallel x_n\parallel_1=0$ 时，有 $\lim\limits_{n\to\infty}\parallel x_n\parallel_2=0$，证明：存在正常数 A,B 使得

$$A\parallel x\parallel_1\leqslant\parallel x\parallel_2\leqslant B\parallel x\parallel_1,\quad 任意\ x\in X.$$

21. 设 T 是巴拿赫空间 X 到赋范线性空间 Y 中的线性算子. 令

$$M_n=\{x\in X:\parallel Tx\parallel\leqslant n\parallel x\parallel\}.$$

证明：总有某个 M_{n_0} 在 X 中稠密.

22. 用闭图像定理证明逆算子定理.

23. 设 A 和 B 是希尔伯特空间 H 上的两个线性算子，并且满足

$$\langle Ax,y\rangle=\langle x,By\rangle,任意\ x,y\in H.$$

证明：A 是有界算子.

24. 设 T 是定义在复希尔伯特空间 H 上的有界线性算子. 若有常数 $m>0$ 使得 $\langle Tx,x\rangle\geqslant m\langle x,x\rangle$，任意 $x\in H$，则称 T 是正定的. 证明：此时，T 有有界逆 T^{-1}，并且 $\parallel T^{-1}\parallel\leqslant\dfrac{1}{m}$.

拓展阅读

第十一章
线性算子的谱

谱论是泛函分析的重要分支之一. 线性代数告诉我们: 有限维空间上的线性算子由它的特征值和最小多项式完全确定. 将这一结论推广到有界线性算子的情况, 研究它的结构, 就是算子的谱理论. 所谓算子的"谱", 类似于有限维空间上算子——矩阵的特征值. 而无限维空间上的算子谱论, 也就相当于把矩阵化为若尔当标准形. 由于特征值和逆算子有密切关系, 谱论也大量涉及逆算子的问题. 将算子求逆应用到微分算子和积分算子上, 推动了微分方程和积分方程的发展.

在一般无限维巴拿赫空间中与有限维空间上线性算子性质最接近的算子是全连续算子. 全连续算子及其谱是人们研究得最为清楚的一类算子. 这类算子最初来源于积分方程的研究. 这一章中我们介绍全连续算子的谱性质和自伴全连续算子的谱分解理论并举例说明它如何应用于具有对称核积分方程的求解. 本章最后一节, 我们讨论弗雷德霍姆(Fredholm)算子与指标的性质. 这些内容是著名的阿蒂亚–辛格(Atiyah–Singer)指标定理的基础.

§1　谱　的　概　念

考察 n 个未知数的线性方程组

$$\begin{cases} a_{11}x_1 + a_{12}x_2 + \cdots + a_{1n}x_n = y_1, \\ a_{21}x_1 + a_{22}x_2 + \cdots + a_{2n}x_n = y_2, \\ \qquad\cdots\cdots\cdots\cdots \\ a_{n1}x_1 + a_{n2}x_2 + \cdots + a_{nn}x_n = y_n, \end{cases} \tag{1}$$

它对应系数矩阵 $\boldsymbol{A} = (a_{ij})$. 记 $x = (x_1, x_2, \cdots, x_n)$, $y = (y_1, y_2, \cdots, y_n)$, 则上述方程表示 n 维空间 E^n 上的线性算子 A 满足: $Ax = y$. 对复数 λ, 若存在 $x \neq 0$, 使 $Ax = \lambda x$, 则称 λ 是 A 的特征值. 它意味着 $(A - \lambda I)x = 0$ 有非零解, 即算子 $(A - \lambda I)$ 不存在逆算子. 因此, 我们为了弄清算子 A 的特征值, 必须考察算子 $(A - \lambda I)$ 是否有逆算子的问题.

现在我们转向讨论无限维的情形.

定义 1　设 X 是赋范线性空间, $T \in \mathscr{B}(X)$. 若 T^{-1} 存在且是定义在整个 X 上的有界线性算子, 则称 T 是 X 上的<u>正则算子</u>.

关于正则算子有以下的简单性质.

1° T 是正则算子的充要条件是存在有界算子 $B \in \mathscr{B}(X)$, 使得

$$BT = TB = I, \quad I \text{ 是恒等算子.}$$

只需证充分性.事实上,若 $Tx = 0$,则 $x = Ix = BTx = 0$,故 T 是一对一的.对任何 $y \in X$,因 $Tx = TBy = Iy = y$(令 $By = x$),故 T 的值域充满 X,即 T 存在定义在整个 X 上的 T^{-1}: $T^{-1} = B$.这就证明了 T 的正则性.

2° 若 A, B 是正则算子,则 $T = AB$ 也是正则算子,且 $(AB)^{-1} = B^{-1}A^{-1}$.这只要验证定义立即可得.

定义 2 设 $T \in \mathscr{B}(X)$,λ 是一复数.若 $(T - \lambda I)$ 正则,我们称 λ 是算子 T 的正则点,T 的正则点全体称为 T 的正则集,或豫解集,记为 $\rho(T)$.不是正则点的复数称为 T 的谱点,其全体构成 T 的谱,记为 $\sigma(T)$.

定义 3(谱的分类) 设 $\lambda \in \sigma(T)$,即 $T - \lambda I$ 不存在有界逆算子,可分三种情况:

(1) 如果 $T - \lambda I$ 不是一对一,此时存在 $x \in X, x \neq 0$,使 $(T - \lambda I)x = 0$,即 $Tx = \lambda x$,这时称 λ 是算子 T 的特征值,x 称为相应于特征值 λ 的特征向量,T 的特征值全体称为 T 的点谱,记为 $\sigma_p(T)$;

(2) $(T - \lambda I)$ 是一对一的,但值域不充满全空间;

(3) $(T - \lambda I)$ 是 X 到 X 上的一对一算子,但 $(T - \lambda I)^{-1}$ 不是有界的.

(2)、(3)两类谱点合称为 T 的连续谱,记为 $\sigma_c(T)$.

由逆算子定理可知,当 X 是巴拿赫空间时,(3)不会出现,这时 $\sigma(T)$ 只有(1)、(2)两类.

下面举一些例子.

例 1 设 T 是有限维空间 E^n 上线性算子,则 $\sigma(T) = \sigma_p(T)$.

因为 E^n 是巴拿赫空间,(3)不会发生.现在只需证,如果 λ 不是特征值,$T - \lambda I$ 的值域一定充满 X,即(2)也不会发生.设 $x_1, x_2, \cdots, x_n$ 是 E^n 的基,可以证明

$$(T - \lambda I)x_1, (T - \lambda I)x_2, \cdots, (T - \lambda I)x_n$$

也是线性无关的.

事实上,若存在 n 个复数 $\alpha_1, \alpha_2, \cdots, \alpha_n$,使得

$$\sum_{i=1}^{n} \alpha_i (T - \lambda I)x_i = 0,$$

即

$$(T - \lambda I)\left(\sum_{i=1}^{n} \alpha_i x_i \right) = 0.$$

由于 $(T - \lambda I)$ 是一对一的,即知 $\sum_{i=1}^{n} \alpha_i x_i = 0$,再由 $x_1, x_2, \cdots, x_n$ 是 E^n 的基,因此线性无关,所以 $\alpha_i = 0, i = 1, 2, \cdots, n$.这就证明了 $\{(T - \lambda I)x_i\}$ 是线性无关的.所以

$$\text{span}\{(T - \lambda I)x_1, (T - \lambda I)x_2, \cdots, (T - \lambda I)x_n\} = E^n,$$

即 $T - \lambda I$ 是到上的映射.

例 2(单向移位算子) 考察第九章 §5 例中的单向移位算子 T.设 $X = l^2$,其中元素 x 为 $x = (\xi_1, \xi_2, \cdots, \xi_n, \cdots)$,则

$$Tx = T(\xi_1, \xi_2, \cdots, \xi_n, \cdots) = (0, \xi_1, \xi_2, \cdots, \xi_n, \cdots).$$

这时可证 $\sigma_p(T) = \varnothing$.

先看 $\lambda = 0$ 的情形. 这时由 $Tx = (0, \xi_1, \xi_2, \cdots, \xi_n, \cdots) = 0$, 立即可知 $\xi_1 = \xi_2 = \cdots = \xi_n = \cdots = 0$. 若 $\lambda \neq 0$, 从 $(T - \lambda I)x = 0$ 及

$$(T-\lambda I)(\xi_1, \xi_2, \cdots, \xi_n, \cdots) = (0, \xi_1, \xi_2, \cdots, \xi_n, \cdots) - (\lambda \xi_1, \lambda \xi_2, \cdots, \lambda \xi_n, \cdots)$$
$$= (-\lambda \xi_1, \xi_1 - \lambda \xi_2, \xi_2 - \lambda \xi_3, \cdots, \xi_n - \lambda \xi_{n+1}, \cdots)$$

可知 $\xi_1 = \xi_2 = \cdots = \xi_n = \cdots = 0$, 即 $x = 0$. 这就证明了 $\sigma_p(T) = \varnothing$.

不难看出: 算子 T 的值域不会充满 l^2, 因为 Tx 的第一个坐标都是 0, 故 $0 \in \sigma_c(T)$.

例3 设 l^0 是 l^1 中只有有限个坐标不为 0 的数列全体. 线性算子 T 定义如下:

对 $x = (x_1, x_2, \cdots, x_n, \cdots) \in l^0$, 令 $Tx = \left(x_1, \dfrac{x_2}{2}, \cdots, \dfrac{x_n}{n}, \cdots\right)$. 显然 T^{-1} 存在, 且

$$T^{-1}x = (x_1, 2x_2, \cdots, nx_n, \cdots).$$

T^{-1} 的定义域是 l^0. T^{-1} 作为 l^0 上的线性算子是无界的. 事实上,

$$\|T^{-1}\| = \sup_{\|x\|=1} \|T^{-1}x\| \geq \|T^{-1}e_n\| = \|(0,0,\cdots,n,0,0,\cdots)\| = n,$$

其中 $e_n = \{\underbrace{0,0,\cdots,0}_{n-1个},1,0,\cdots\}$. 因此 0 是 T 的第三类谱点.

例4 取 $E = C[a,b]$, 设 $K(s,t) = \sum_{k=1}^{n} f_k(s)g_k(t)$, 且 $f_1, f_2, \cdots, f_n$ 在 E 中线性无关. 定义算子 A 如下:

$$(Ax)(s) = \int_a^b K(s,t)x(t)\,dt.$$

求 A 的特征值应满足的条件.

$\lambda x - Ax = 0$, 意味着

$$\lambda x(s) - \sum_{k=1}^{n}\left[\int_a^b g_k(t)x(t)\,dt\right]f_k(s) = 0. \tag{2}$$

当 $\lambda = 0$ 时, 上式有非零解的充要条件是存在 $x(t) \neq 0$, 但

$$\int_a^b g_k(t)x(t)\,dt = 0, \quad k = 1, 2, \cdots, n.$$

当 $\lambda \neq 0$ 时, 容易看出(2)式的任何解 $x(s)$ 必可表示为下列形式:

$$x(s) = \sum_{k=1}^{n} \alpha_k f_k(s).$$

将它代入(2)式, 即得

$$\lambda \sum_{k=1}^{n} \alpha_k f_k(s) = \sum_{k=1}^{n}\left[\int_a^b g_k(t)x(t)\,dt\right]f_k(s).$$

由于 $f_1, f_2, \cdots, f_n$ 是线性无关的, 即可知

$$\lambda \alpha_k = \int_a^b g_k(t)x(t)\,dt \quad k = 1, 2, \cdots, n. \tag{3}$$

这说明, λ 是算子 A 的特征值的充要条件是存在 $x(t) \neq 0$ 能满足(3)式.

§2　有界线性算子谱的基本性质

　　无限维空间上有界线性算子的谱已不再限于特征值,情况较有限维情形要复杂得多,但是还是有一些基本性质可以得出.这一节涉及的空间 X 均指巴拿赫空间.

　　定理 1　**设 $T \in \mathcal{B}(X)$,$\| T \| < 1$,则 $1 \in \rho(T)$.这时 $I-T$ 有定义在全空间上的有界逆算子:**

$$(I-T)^{-1} = \sum_{k=0}^{\infty} T^k = I+T+T^2+\cdots+T^k+\cdots,$$

这里的级数按 $\mathcal{B}(X)$ 中范数收敛.

　　证明　因为 $\| T^2 \| \leqslant \| T \|^2$,故 $\| T^n \| \leqslant \| T \|^n$,但 $\| T \| < 1$,必有 $\sum_{k=0}^{\infty} \| T \|^n < \infty$,所以 $\sum_{k=0}^{\infty} \| T^n \| < \infty$,故 $\sum_{k=0}^{\infty} T^n$ 一致收敛于某有界算子 S(按 $\mathcal{B}(X)$ 中范数收敛).下面验证 S 确实是 $(I-T)$ 的逆算子.

$$(I-T)(I+T+\cdots+T^n) = (I+T+T^2+\cdots+T^n) - (T+T^2+\cdots+T^{n+1}) = I-T^{n+1}.$$

令 $n \to \infty$,则 $\| T^{n+1} \| \leqslant \| T \|^{n+1} \to 0$(因 $\| T \| < 1$),故可知 $\sum_{k=0}^{\infty} T^k$ 是 $I-T$ 的右逆.同理可知其为左逆.这就证明了 $S = (I-T)^{-1}$.　　□

　　定理 2(谱集的闭性)　设 $T \in \mathcal{B}(X)$,则 $\rho(T)$ 是开集,$\sigma(T)$ 是闭集.

　　证明　若 $\rho(T) = \varnothing$,则 $\rho(T)$ 自然是开集.(定理 3 将证明:有界线性算子的谱不会超过它的范数,即 $\lambda \in \sigma(T)$,则 $|\lambda| \leqslant \| T \|$,因此这种情形实际上不会发生.)

　　若 $\rho(T)$ 非空,设 $\lambda_0 \in \rho(T)$.对任意的复数 λ,有恒等式:

$$T-\lambda I = T-\lambda_0 I - (\lambda-\lambda_0) I = (T-\lambda_0 I)[I-(T-\lambda_0 I)^{-1}(\lambda-\lambda_0)].$$

现在考察 $I-(T-\lambda_0 I)^{-1}(\lambda-\lambda_0)$,由 $\lambda_0 \in \rho(T)$,$(T-\lambda_0 I)^{-1}$ 是有界算子,且非零.如果

$$|\lambda-\lambda_0| < \| (T-\lambda_0 I)^{-1} \|^{-1},$$

则

$$\| (T-\lambda_0 I)^{-1}(\lambda-\lambda_0) \| < 1,$$

由定理 1 知

$$V = [I-(T-\lambda_0 I)^{-1}(\lambda-\lambda_0)]$$

有逆 V^{-1},于是

$$(T-\lambda I) = (T-\lambda_0 I) V.$$

右边两项均存在有界逆算子,故 $(T-\lambda I)$ 也有逆:

$$(T-\lambda I)^{-1} = V^{-1}(T-\lambda_0 I)^{-1}.$$

这就证明了,若 $\lambda_0 \in \rho(T)$,则存在 λ_0 的邻域

$$U(\lambda_0) = \{\lambda : |\lambda-\lambda_0| < \| (T-\lambda_0 I)^{-1} \|^{-1}\}, \quad U(\lambda_0) \subset \rho(T).$$

由于 λ_0 是任取的,故 $\rho(T)$ 为开集,因而 $\sigma(T)$ 为闭集.　　□

定理 3 设 $T \in \mathscr{B}(X)$，则 $\sigma(T)$ 是 $\mathbf{C}$ 中的非空有界闭集，且当 $\lambda \in \sigma(T)$ 时，有 $|\lambda| \leqslant \|T\|$.

证明 假设 $\sigma(T) = \varnothing$. 于是 $\rho(T) = \mathbf{C}$. 任取 $\lambda_0 \in \rho(T)$ 并令 $\delta_{\lambda_0} = \|(T-\lambda_0 I)^{-1}\|^{-1}$. 由定理 1，对任意 $\lambda \in U(\lambda_0, \delta_{\lambda_0})$，有 $V = [I - (T-\lambda_0 I)^{-1}(\lambda-\lambda_0)]$ 在 $\mathscr{B}(X)$ 中可逆，而且 $V^{-1} = \sum_{n=0}^{\infty} [(T-\lambda_0 I)^{-1}]^n (\lambda-\lambda_0)^n$. 任取 $f \in (\mathscr{B}(X))' \setminus \{0\}$ 并利用恒等式 $(T-\lambda I)^{-1} = V^{-1}(T-\lambda_0 I)^{-1}$，任意 $\lambda \in U(\lambda_0, \delta_{\lambda_0})$，得到

$$F(\lambda) = f((T-\lambda I)^{-1}) = \sum_{n=0}^{\infty} f([(T-\lambda_0 I)^{-1}]^{n+1})(\lambda-\lambda_0)^n,$$

即 $F(\lambda)$ 在 $\mathbf{C}$ 上解析. 当 $|\lambda| > \|T\|$ 时，$\|\lambda^{-1} T\| < 1$，于是

$$(T-\lambda I)^{-1} = \sum_{n=0}^{\infty} \lambda^{-n-1} T^n, \quad |F(\lambda)| \leqslant \frac{\|f\|}{|\lambda| - \|T\|}$$

（见本章习题 6），从而 $\lim_{\lambda \to \infty} F(\lambda) = 0$，即得 $F(\lambda)$ 在 $\mathbf{C}$ 上有界. 于是由刘维尔（Liouville）定理，$F(\lambda) \equiv 0$，但由第十章 §1 的推论，这是不可能发生的. 所以 $\sigma(T) \neq \varnothing$.

当 $\lambda \in \sigma(T)$ 时，如果 $|\lambda| > \|T\|$，则由上述的证明，$\lambda \in \rho(T)$，矛盾. 故 $|\lambda| \leqslant \|T\|$. $\square$

有界线性算子的谱还有许多重要的性质，例如，$\sup_{\lambda \in \sigma(T)} |\lambda| = \lim_{n \to \infty} \sqrt[n]{\|T^n\|}$，以及谱映射定理等，限于篇幅，不能在这里一一叙述了.

§3 紧集和全连续算子

为了把谱论应用于积分方程，我们要介绍一种全连续算子. 它的定义，又涉及紧集的概念.

在第二章 §3 中我们给出了度量空间中紧集的定义. 为了便于判断集合的紧性，我们给出下面的定理.

定理 1 设 X 是度量空间，M 是 X 中一子集，则 M 是 X 中的紧集的充要条件为对 M 中任何点列 $\{x_n\}$ 都存在子列 $\{x_{n_k}\}$ 收敛于 M 中一元素 x_0.

证明 **必要性** 设 M 是 X 中的紧集，$\{x_n\}$ 是 M 中任一点列. 如果 $\{x_n\}$ 中不存在子列收敛于 M 中一元素，则对每个 $x \in M$，存在 $\delta_x > 0$ 以及正整数 n_x，使得当 $n \geqslant n_x$ 时有 $x_n \notin U(x, \delta_x)$. 显然开集族 $\{U(x, \delta_x): x \in M\}$ 覆盖了 M，于是由 M 的紧性，存在 $x_1, x_2, \cdots, x_k$，使得

$$M \subset \bigcup_{j=1}^{k} U(x_j, \delta_{x_j}).$$

另一方面，当 $n \geqslant \max\{n_{x_1}, n_{x_2}, \cdots, n_{x_k}\}$ 时，

$$x_n \notin U(x_j, \delta_{x_j}) \quad (j = 1, 2, \cdots, k),$$

因此 $x_n \notin M$，这与 $\{x_n\} \subset M$ 矛盾.

充分性 设 $\mathscr{M}$ 是 M 的一个开覆盖. 我们分两步来证明. 不妨假定 $\mathscr{M}$ 中的开集都

是开邻域.

（1）先证明存在正数 δ，使任一以属于 M 的以 x 为中心的 δ 邻域，都将包含在某一个属于 $\mathscr{M}$ 的开集内.设不然，即没有这样的正数 δ，则对于任意正整数 n，$\frac{1}{n}$ 都不能取作 δ，因而必有 $x_n \in M$，使 $U\left(x_n, \frac{1}{n}\right)$ 不包含在任何属于 $\mathscr{M}$ 的开邻域中.

由充分性条件，存在 $\{x_n\}$ 的一个子序列 $\{x_{n_i}\}$，使得 $\lim\limits_{i \to \infty} x_{n_i} = x_0$，并且 $x_0 \in M$.而 $\mathscr{M}$ 覆盖 M，因此有 $U \in \mathscr{M}$，使得 $x_0 \in U$.不妨设 $U = U(y_0, \eta)$（图 11.1），则有 $\eta' > 0$，使得 $U(x_0, \eta') \subset U$.注意 $x_{n_i} \to x_0$，所以可以取 n_i 充分大，使 $d(x_{n_i}, x_0) < \dfrac{\eta'}{2}$，$\dfrac{1}{n_i} < \dfrac{\eta'}{2}$，于是 $U\left(x_{n_i}, \dfrac{1}{n_i}\right) \subset$ $U(x_0, \eta') \subset U \in \mathscr{M}$.这与 x_{n_i} 的定义矛盾.这也就证明了满足所述要求的 δ 是存在的（这个正数 δ，通常称为勒贝格数）.

（2）任取 $x_1 \in M$.如果 $M \subset U(x_1, \delta)$，则由（1）在 $\mathscr{M}$ 中存在开集 $G_1 \supset U(x_1, \delta)$，所以 $M \subset G_1$；否则存在 $x_2 \in M, x_2 \notin U(x_1, \delta)$，从而 $d(x_1, x_2) \geqslant \delta$.如果 $M \subset \bigcup\limits_{i=1}^{2} U(x_i, \delta)$，那么再由（1），可在 $\mathscr{M}$ 中找到两个

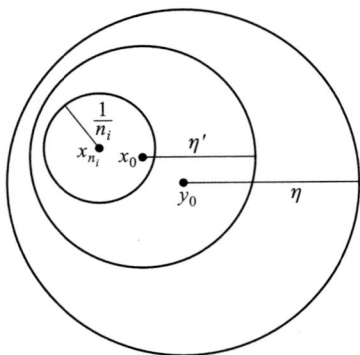

图 11.1

开集，它们的并集包含 M；如果 $M \not\subset \bigcup\limits_{i=1}^{2} U(x_i, \delta)$，则存在 $x_3 \in M, x_3 \notin \bigcup\limits_{i=1}^{2} U(x_i, \delta)$，因此 $d(x_3, x_i) \geqslant \delta (i = 1, 2)$.此时，或者 $M \subset \bigcup\limits_{i=1}^{3} U(x_i, \delta)$，或者 $M \not\subset \bigcup\limits_{i=1}^{3} U(x_i, \delta)$.如果 $M \subset \bigcup\limits_{i=1}^{3} U(x_i, \delta)$，则由（1），$M$ 可被 $\mathscr{M}$ 中三个开集覆盖，否则又可找到 $x_4 \in M$，使得或者 $M \subset \bigcup\limits_{i=1}^{4} U(x_i, \delta)$，或者 $M \not\subset \bigcup\limits_{i=1}^{4} U(x_i, \delta)$.这个过程必定在有限步终止.假如不然，则在 M 中可以找到一列点 $x_n (n = 1, 2, \cdots)$，满足

$$d(x_m, x_n) \geqslant \delta > 0 \quad (n \neq m).$$

显然在 $\{x_n\}$ 中不存在任何收敛子列，这与假设矛盾.所以存在正整数 k，使

$$M \subset \bigcup\limits_{i=1}^{k} U(x_i, \delta).$$

设 $U(x_i, \delta) \subset G_i \in \mathscr{M} (i = 1, 2, \cdots, k)$，那么 $M \subset \bigcup\limits_{i=1}^{k} G_i$，因此 M 是 X 中的紧集. $\square$

定义 1 设 X 是度量空间，M 是 X 中子集.若 $\overline{M}$ 是 X 中紧集，则称 M 为 X 中的**相对紧集**.

例 1 $\mathbf{R}^n$ 中有界集是相对紧集.

类似于第二章 §3 定理 6 的证明可得度量空间 X 中紧集一定是有界闭集，但在无限维度量空间中有界闭集不一定是紧集.

例 2 l^2 中的单位球 $\{x : \|x\| \leqslant 1, x \in l^2\}$ 不是紧集.

这时，只需取 l^2 的基向量 $e_k = (\underbrace{0, 0, \cdots, 0}_{k-1}, 1, 0, \cdots)$.显然，$\|e_k\| = 1, k = 1, 2, 3, \cdots$，

故 $\{e_k\}$ 是有界集. 但是 $\{e_k\}$ 中的两个不同元素之间的距离为 $\|e_k-e_j\|=\sqrt{1^2+1^2}=\sqrt{2}$. 因此其中不存在任何收敛子列. 由于单位球是闭集, 所以也不是相对紧集.

定义 2(全连续算子) 设 X 和 Y 是赋范线性空间, T 是 X 到 Y 的线性算子. 如果对 X 的任何有界子集 M, TM 都是 Y 中相对紧集, 则称 T 为全连续算子, 亦称紧算子.

容易看出, T 是全连续算子的充要条件是: 设 $\{x_n\}$ 是 X 中的有界点列, 则 $\{Tx_n\}$ 必有收敛子列.

例 3 (1) 设 H 为希尔伯特空间, $T\in\mathscr{B}(H)$ 是有限秩算子. 设 $\{x_n\}$ 是 H 中的有界点列, 则 $\{Tx_n\}$ 是 $\mathscr{R}(T)$ 中的有界点列. 由于 $\mathscr{R}(T)$ 是有限维的, 故由第七章习题 22, $\mathscr{R}(T)$ 在 H 中闭, 并且由第七章习题 23, $\{Tx_n\}$ 有一个收敛的子列 $\{Tx_{n_k}\}$, 同时 Tx_{n_k} 收敛于 $\mathscr{R}(T)$ 中的一点. 所以, T 是全连续算子.

(2) 设 $K(s,t)=\sum_{j=1}^{n}g_j(t)\overline{f_j(s)}$, 其中 $f_j,g_j\in L^2[a,b]$, 定义

$$(A\varphi)(t)=\int_a^b K(s,t)\varphi(s)\mathrm{d}s, \text{任意 } \varphi\in L^2[a,b], t\in[a,b]. \text{由于}$$

$$(A\varphi)(t)=\int_a^b\left[\sum_{j=1}^{n}g_j(t)\overline{f_j(s)}\right]\varphi(s)\mathrm{d}s$$

$$=\sum_{j=1}^{n}\left[\int_a^b\varphi(s)\overline{f_j(s)}\mathrm{d}s\right]g_j(t)=\sum_{j=1}^{n}g_j(t)\langle\varphi,f_j\rangle,$$

即 $A\varphi=\sum_{j=1}^{n}g_j\langle\varphi,f_j\rangle$ 为有限秩算子且 $\|A\|\leqslant\sum_{j=1}^{n}\|f_j\|\|g_j\|$, 于是根据 (1), A 是全连续算子.

定理 2 设 $\{T_n\}$ 是 X 到 Y 上的全连续算子列, Y 是巴拿赫空间, 而且 $\|T-T_n\|\to0$ $(n\to\infty)$, 则 T 也是全连续算子.

证明 设 $\{x_n\}$ 是 X 中有界序列, 我们用对角线方法在 $\{Tx_n\}$ 中选取收敛子列.

因为 T_1 是全连续的, 故存在 $\{x_n\}$ 的子列 $\{x_{1,m}\}$, 使得 $\{T_1x_{1,m}\}$ 收敛. 又因 T_2 全连续, 存在 $\{x_{1,m}\}$ 的子列 $\{x_{2,m}\}$ 使得 $T_2x_{2,m}$ 收敛. 如此继续下去, 可从 $x_{n,1},x_{n,2},x_{n,3},\cdots$ 中选出 $x_{n+1,1},x_{n+1,2},x_{n+1,3},\cdots$ 使得 $T_{n+1}x_{n+1,1},T_{n+1}x_{n+1,2},T_{n+1}x_{n+1,3},\cdots$ 收敛. 我们选取对角线序列 $\{x_{m,m}\}$, 它对任意的 T_n (n 固定) 总有 $\{T_nx_{m,m}\}$ 收敛.

$\{x_{m,m}\}$ 是有界序列, 设 $\|x_{m,m}\|\leqslant c$ 对一切正整数 m 成立. 任给 $\varepsilon>0$, 存在充分大的 N, 使 $\|T_N-T\|<\dfrac{\varepsilon}{3c}$. 因为 $\{T_Nx_{m,m}\}$ 当 $m\to\infty$ 时收敛, 故存在 N_1, 当 $p,q>N_1$ 时

$$\|T_Nx_{p,p}-T_Nx_{q,q}\|<\frac{\varepsilon}{3}.$$

这样一来, $\{Tx_{m,m}\}$ 是 $\{Tx_n\}$ 的收敛子列.

事实上,

$$\|Tx_{p,p}-Tx_{q,q}\|\leqslant\|Tx_{p,p}-T_Nx_{p,p}\|+\|T_Nx_{p,p}-T_Nx_{q,q}\|+\|T_Nx_{q,q}-Tx_{q,q}\|$$

$$\leqslant\|T-T_N\|\|x_{p,p}\|+\frac{\varepsilon}{3}+\|T-T_N\|\|x_{q,q}\|$$

$$<\frac{\varepsilon}{3c}\cdot c+\frac{\varepsilon}{3}+\frac{\varepsilon}{3c}\cdot c=\varepsilon.$$

由于 Y 是巴拿赫空间,可知 $\{Tx_{m,m}\}$ 是收敛子列. $\square$

例 4 设 $K(s,t) \in L^2(D)$,D 是矩形 $[a,b] \times [a,b]$. 在 $L^2[a,b]$ 上,作算子

$$(K\varphi)(s) = \int_a^b K(s,t)\varphi(t)\mathrm{d}t, \quad \varphi \in L^2[a,b],$$

则 K 是全连续算子.

证明 我们先证 K 是有界算子. 这由下式可知

$$\|K\varphi\| = \left(\int_a^b |(K\varphi)(s)|^2 \mathrm{d}s \right)^{\frac{1}{2}}$$

$$= \left(\int_a^b \left| \int_a^b K(s,t)\varphi(t)\mathrm{d}t \right|^2 \mathrm{d}s \right)^{\frac{1}{2}}$$

$$\leqslant \left(\int_a^b \left[\int_a^b |K(s,t)|^2 \mathrm{d}t \cdot \int_a^b |\varphi(t)|^2 \mathrm{d}t \right] \mathrm{d}s \right)^{\frac{1}{2}}$$

$$\leqslant \left(\int_a^b \int_a^b |K(s,t)|^2 \mathrm{d}t\mathrm{d}s \right)^{\frac{1}{2}} \|\varphi\|.$$

由于 $K(s,t) \in L^2(D)$,有

$$\int_a^b \int_a^b |K(s,t)|^2 \mathrm{d}t\mathrm{d}s < \infty.$$

这证明了 K 的有界性. 现证 K 是全连续的.

设 $\{e_n\}$ 是 $L^2[a,b]$ 中的完全正交基,则由第九章习题 8 知,两元函数列 $e_n(x)e_m(y)$ $(n,m=1,2,3,\cdots)$ 是 $L^2(D)$ 中完全的规范正交基. 于是 $K(s,t)$ 可按这组基展开为

$$K(s,t) = \sum_{m,n=1}^{\infty} a_{mn}e_m(t)e_n(s).$$

记 $K_{p,q}(s,t) = \sum_{m=1}^{p} \sum_{n=1}^{q} a_{mn}e_m(t)e_n(s)$,则由 $K_{p,q}(s,t)$ 为核生成的积分算子 $K_{p,q}$ 是全连续的(见例 3). 再由

$$\|K - K_{p,q}\| \leqslant \left| \int_a^b \int_a^b |K(s,t) - K_{p,q}(s,t)|^2 \mathrm{d}s\mathrm{d}t \right|^{\frac{1}{2}}$$

知

$$\lim_{p,q \to \infty} \|K - K_{p,q}\| = 0.$$

可知 K 是全连续算子列 $K_{p,q}$ 的极限,由定理 2 知,K 是全连续的. $\square$

§4 全连续算子的谱论

在这一节中,我们将研究无限维可分希尔伯特空间 H 上的全连续算子 A 的谱性质并导出:当 A 是自伴全连续算子时,A 的谱分解式.

由第八章 §3 中的定理 1,$\mathscr{I}(H)$ 是 $\mathscr{B}(H)$ 的一个理想. 现设 $F \in \mathscr{I}(H)$,根据第九章习题 17,$F^* \in \mathscr{I}(H)$ 并且对 $\mathscr{R}(F)$ 中的任意一组规范正交基 $\{f_1, f_2, \cdots, f_n\}$ 存在 x_1,

$x_2, \cdots x_n \in H$，使得 $Fx = \sum\limits_{j=1}^{n} f_j \langle x, x_j \rangle$，$\forall x \in H$，这里，$n = \dim \mathscr{R}(F)$；同时由本章 §3 中的例 3 可知，$F$ 还是一个全连续算子. 设 $\{e_k\}$ 为 H 的一组规范正交基. 由于

$$f_m = \sum_{k=1}^{n} \langle f_m, e_k \rangle e_k, m = 1, 2, \cdots, n,$$

故

$$\sum_{m=1}^{\infty} \langle Fe_m, e_m \rangle = \sum_{m=1}^{\infty} \sum_{k=1}^{n} \langle e_m, x_k \rangle \langle f_k, e_m \rangle = \sum_{k=1}^{n} \langle f_k, x_k \rangle,$$

即 $\sum\limits_{m=1}^{\infty} \langle Fe_m, e_m \rangle$ 与规范正交基 $\{e_k\}$ 的选取无关. 于是我们有下面的定义：

定义 1　设 $\{e_k\}$ 为 H 的任意一组规范正交基，定义 $\mathscr{T}(H)$ 上的线性泛函 τ 为

$$\tau(T) = \sum_{k=1}^{\infty} \langle Te_k, e_k \rangle，任意 T \in \mathscr{T}(H).$$

显然，当 $H = \mathbf{C}^n$，$A = (a_{ij})_{n \times n}$ 为 H 上的线性算子时，$\tau(A) = \sum\limits_{k=1}^{n} a_{kk}$ 是 A 的迹. 因而当 H 是可分无限维时，我们也称 τ 为 $\mathscr{T}(H)$ 上的迹.

定理 1　上述的迹 τ 具有下列性质：

（1）设 V 是 H 中的 n 维子空间，P 是 H 到 V 的正交投影算子，则 $\tau(P) = n$；

（2）设 $T \in \mathscr{T}(H)$，$B \in \mathscr{B}(H)$，则 $\tau(TB) = \tau(BT)$.

证明　留作习题.　□

§3 例 4 中，$L^2[a, b]$ 上一类积分算子是有限秩算子列极限. 一般情况如下：

引理 1　设 A 是 H 上的全连续算子. 则对任意 $\varepsilon > 0$ 存在 $A_\varepsilon \in \mathscr{T}(H)$ 使得 $\| A - A_\varepsilon \| < \varepsilon$.

证明　设 S 为 H 中的单位球面. 因 $\overline{AS}$ 为 H 中的紧子集且 $\overline{AS} \subset \bigcup\limits_{y \in \overline{AS}} U\left(y, \dfrac{\varepsilon}{2}\right)$. 故有 y_1, $y_2, \cdots y_s \in \overline{AS}$ 使得 $\overline{AS} \subset \bigcup\limits_{j=1}^{s} U\left(y_j, \dfrac{\varepsilon}{2}\right)$. 设 $V = \mathrm{span}\{y_1, y_2, \cdots, y_s\}$ 并取 V 中一组规范正交基 $f_1, f_2, \cdots, f_m (m \leqslant s)$. 令 $A_\varepsilon x = \sum\limits_{j=1}^{m} f_j \langle x, A^* f_j \rangle$，任意 $x \in H$. 则 $A_\varepsilon \in \mathscr{T}(H)$. 任取 $x \in S$，则有 i 使得 $Ax \in U\left(y_j, \dfrac{\varepsilon}{2}\right)$. 由于 $y_i = \sum\limits_{j=1}^{m} f_j \langle y_i, f_j \rangle$，故

$$A_\varepsilon x - y_i = \sum_{j=1}^{m} f_j \langle A_\varepsilon x - y_i, f_j \rangle,$$

$$\| A_\varepsilon x - y_i \|^2 = \sum_{j=1}^{m} |\langle Ax - y_i, f_j \rangle|^2 \leqslant \| Ax - y_i \|^2 < \left(\dfrac{\varepsilon}{2}\right)^2,$$

从而

$$\| Ax - A_\varepsilon x \| \leqslant \| Ax - y_i \| + \| y_i - A_\varepsilon x \| < \varepsilon,$$

于是 $\| A - A_\varepsilon \| < \varepsilon$.　□

推论 1　设 A 是全连续算子，I 为 H 上的单位算子，则

（1）$\mathscr{R}(I+A)$ 闭且 $\dim \mathscr{N}(I+A) < \infty$，$\dim \mathscr{N}(I+A^*) < \infty$；

（2）$\mathscr{N}(I+A) = \{0\} \Rightarrow \mathscr{N}(I+A^*) = \{0\}$.

证明　令 $T=I+A$. 由引理 1, 存在 $F_0 \in \mathscr{J}(H)$ 使得 $\|A-F_0\|<1$. 于是由本章 §2 的定理 1 可知, $G=I+(A-F_0)$ 在 $\mathscr{B}(H)$ 中可逆. 令 $F=G^{-1}F_0 \in \mathscr{J}(H)$. 则 $T=G(I+F)$.

（1）由第八章 §3 的定理 3, $\mathscr{R}(I+F)$ 闭, 又 G 是可逆算子, 故 $\mathscr{R}(T)=G(\mathscr{R}(I+F))$ 在 H 中闭.

由于 $\mathscr{N}(T)=\mathscr{N}(I+F)$, $\mathscr{N}(T^*)=(G^*)^{-1}(\mathscr{N}(I+F^*))$ 而 $\mathscr{N}(I+F) \subset \mathscr{R}(F)$, $\mathscr{N}(I+F^*) \subset \mathscr{R}(F^*)$, 于是 $\dim \mathscr{N}(T)<\infty$, $\dim \mathscr{N}(T^*)<\infty$.

（2）由假设, $\mathscr{N}(I+F)=\{0\}$. 若 $\dim \mathscr{N}(I+F^*)=n>0$, 令 Q 为 H 到 $\mathscr{N}(I+F^*)$ 的投影算子. 由第九章习题 16 得:

$$\mathscr{R}(I+F)=\mathscr{N}(I+F^*)^{\perp}=\mathscr{R}(I-Q).$$

由于 $I+F$ 是 H 到 $\mathscr{R}(I+F)$ 上的一对一算子而 $\mathscr{R}(I+F)$ 完备（$\mathscr{R}(I+F)$ 在完备空间 H 中闭）, 故由逆算子定理, 存在 $B \in \mathscr{B}(\mathscr{R}(I+F),H)$ 使得对任意 $x \in H, y \in \mathscr{R}(I-Q)$,

$$B(I+F)x=x, \quad (I+F)By=y.$$

令 $C=B(I-Q)$. 则 $C \in \mathscr{B}(H)$ 且

$$C(I+F)=I, \quad (I+F)C=I-Q.$$

从而 $CF-FC=Q$. 由 $\mathscr{J}(H)$ 上的迹 τ 的性质（定理 1）得到

$$n=\tau(Q)=\tau(CF-FC)=\tau(CF)-\tau(FC)=0,$$

但这是矛盾. 故 $\mathscr{N}(I+F^*)=\{0\}$,

$$\mathscr{N}(T^*)=(G^*)^{-1}(\mathscr{N}(I+F^*))=\{0\}. \qquad \square$$

定理 2（里斯–绍德尔（Schauder））　设 A 是 H 上的全连续算子.

（1）则 $0 \in \sigma(A)$;

（2）若 $\lambda \in \sigma(A) \backslash \{0\}$, 则 $\lambda \in \sigma_p(A)$ 且 $\dim \mathscr{N}(A-\lambda I)<\infty$;

（3）若 $\{\lambda_n\} \subset \sigma_p(A)$ 是无限互不相同的点列, 则 $\lim\limits_{n \to \infty} \lambda_n=0$.

证明　（1）设 $\{e_n\}$ 是 H 中的一组规范正交基. 则对任意 $x \in H, \langle x,e_n \rangle \to 0 (n \to \infty)$. 如果 $0 \notin \sigma(A)$, 则 $A^{-1} \in \mathscr{B}(H)$. 于是 $I=AA^{-1}$ 是 H 上的全连续算子. 故 $e_n=Ie_n, n \geqslant 1$, 有一个收敛的子列 $\{e_{n_k}\}$. 设 $e_{n_k} \to e \in H (k \to \infty)$. 则 $\|e\|=1, \langle e,e_{n_k} \rangle \to \langle e,e \rangle (k \to \infty)$. 另一方面, 由于 $\langle e,e_{n_k} \rangle \to 0 (k \to \infty)$, 所以 $\langle e,e \rangle=0$, 这与 $\|e\|=1$ 矛盾. 因此, $0 \in \sigma(A)$.

（2）设 $\lambda \in \sigma(A) \backslash \{0\}$. 令 $A_\lambda=I-\lambda^{-1}A$. 则 $A-\lambda I=-\lambda A_\lambda$. 若 $\lambda \notin \sigma_p(A)$, 则 $\mathscr{N}(A_\lambda)=\{0\}$. 故由推论 1（2）, $\mathscr{N}(A_\lambda^*)=\{0\}$. 又由推论 1（1）$\mathscr{R}(A_\lambda)$ 闭, 从而由第九章习题 16 得

$$\mathscr{R}(A_\lambda)=\mathscr{N}(A_\lambda^*)^{\perp}=H,$$

故由逆算子定理, $A_\lambda^{-1} \in \mathscr{B}(H)$, 即 $\lambda \in \rho(A)$, 与 $\lambda \in \sigma(A)$ 矛盾.

由推论 1（1）, $\dim \mathscr{N}(A_\lambda)<\infty$, 故得 $\dim \mathscr{N}(A-\lambda I)<\infty$.

（3）若 $\lim\limits_{n \to \infty}|\lambda_n| \neq 0$, 则有 $\{\lambda_n\}$ 的一个子列 $\{\lambda_{n_k}\}$ 使得 $\lim\limits_{k \to \infty} \lambda_{n_k}=\lambda \neq 0$. 对 $k=1,2,\cdots$, 取 $\xi_k \in \mathscr{N}(A-\lambda_{n_k}I)$ 且 $\|\xi_k\|=1$, 则对每个 $k \geqslant 1, \{\xi_1,\xi_2,\cdots,\xi_k\}$ 线性无关. 事实上, 如果有数 $a_1,a_2,\cdots,a_k$ 使得 $\sum\limits_{j=1}^{k} a_j \xi_j=0$, 则

$$0=\prod_{j=2}^{k}(A-\lambda_{n_j}I)\left(\sum_{j=1}^{k} a_j \xi_j\right)=a_1\left(\prod_{j=2}^{k}(\lambda_{n_1}-\lambda_{n_j})\right)\xi_1.$$

由于 $\lambda_{n_1},\lambda_{n_2},\cdots,\lambda_{n_k}$ 两两互不相同,故由上式得到 $a_1=0$.用同样的方法可以得到 $a_2=\cdots=a_k=0$.于是,$\xi_1,\xi_2,\cdots,\xi_k$ 线性无关.

设 $M_k=\mathrm{span}\{\xi_1,\xi_2,\cdots,\xi_k\}$,$k=1,2,\cdots$.则 $\dim M_k=k$,$M_{k-1}\subsetneqq M_k$,$k\geq 2$.于是由第七章习题 21 可得:存在 $\eta_k\in M_k$,$\|\eta_k\|=1$ 使得 $d(\eta_k,M_{k-1})>\dfrac{1}{2}$,$k\geq 2$.设 $\eta_k=\sum\limits_{j=1}^{k}\beta_j\xi_j$,这里,$\beta_1,\beta_2,\cdots,\beta_k$ 是数,$k\geq 2$.则

$$(A-\lambda_{n_k}I)\eta_k=\sum_{j=1}^{k-1}\beta_j(\lambda_{n_j}-\lambda_{n_k})\xi_j\in M_{k-1},\quad k\geq 2,$$

故当 $k>p$ 时,$\eta_p\in M_{k-1}$,$\lambda_{n_p}^{-1}(A-\lambda_{n_p}I)\eta_p\in M_{p-1}\subset M_{k-1}$,

$$\|A(\lambda_{n_k}^{-1}\eta_k)-A(\lambda_{n_p}^{-1}\eta_p)\|$$
$$=\|\eta_k-(\eta_p+\lambda_{n_p}^{-1}(A-\lambda_{n_p}I)\eta_p-\lambda_{n_k}^{-1}(A-\lambda_{n_k}I)\eta_k)\|$$
$$\geq d(\eta_k,M_{k-1})>\frac{1}{2}.$$

由此可知,$\{A(\lambda_{n_k}^{-1}\eta_k)\}$ 中没有收敛的子列.但由于 $\{\lambda_{n_k}^{-1}\eta_k\}$ 是有界点列,A 是全连续算子,故 $\{A(\lambda_{n_k}^{-1}\eta_k)\}$ 中必有收敛的子列,两者矛盾. □

推论 2 设 A 是全连续算子.则 $\sigma(A)$ 最多是可数集.

证明 因为 $\sigma(A)=\bigcup\limits_{n=1}^{\infty}\{\lambda\in\sigma(A):|\lambda|>\dfrac{1}{n}\}$,而由定理 2,对每个 $n\geq 1$,集合 $\{\lambda\in\sigma(A):|\lambda|>\dfrac{1}{n}\}$ 必是有限集,所以 $\sigma(A)$ 最多是可数集. □

下面我们再讨论自伴全连续算子的谱性质.

引理 2 设 A 是 H 上的自伴全连续算子.则

(1) 存在 $e\in H$,$\|e\|=1$,使得 $\|Ae\|=\|A\|$;

(2) $\|A\|$ 或 $-\|A\|$ 是 A 的点谱.

证明 (1) 由 $\|A\|$ 的定义,存在 $x_n\in H$,$\|x_n\|=1$,$n\geq 1$ 使得 $\|Ax_n\|\to\|A\|$.由于 A 是全连续的,故 $\{Ax_n\}$ 中有一个收敛子列 $\{Ax_{n_k}\}$.设 $Ax_{n_k}\to y\in H(k\to\infty)$.则有 $\|y\|=\|A\|$,$A^2x_{n_k}\to Ay(k\to\infty)$.令 $e=\|y\|^{-1}y$.

由施瓦茨不等式得

$$\|Ax_{n_k}\|^2=\langle Ax_{n_k},Ax_{n_k}\rangle=\langle A^2x_{n_k},x_{n_k}\rangle\leq\|A^2x_{n_k}\|\|x_{n_k}\|,\quad k\geq 1.$$

再在上式中,令 $k\to\infty$,则有 $\|y\|^2\leq\|Ay\|\leq\|A\|\|y\|$,即得 $\|Ae\|=\|A\|$.

(2) 由 $\|Ae\|=\|A\|$ 及 $\|e\|=1$,可得

$$\|A^2e-\|A\|^2e\|^2=\langle A^2e,A^2e\rangle-2\|A\|^2\langle Ae,Ae\rangle+\|A\|^4=\|A^2e\|^2-\|A\|^4\leq 0,$$

从而 $A^2e=\|A\|^2e$,即 $(A-\|A\|I)(A+\|A\|I)e=0$.如果 $\xi=(A+\|A\|I)e\neq 0$,则 $\|A\|$ 是特征值,ξ 是相应的特征向量;如果 $(A+\|A\|I)e=0$,则 $-\|A\|$ 是特征值,e 是相应的特征向量. □

引理 3 设 A 是 H 上自伴全连续算子,则

(1) $\sigma(A)\subset\mathbf{R}$;

(2) 对 $\lambda,\mu\in\sigma_p(A)$ 且 $\mu\neq\lambda$,有 $\mathscr{N}(A-\lambda I)\perp\mathscr{N}(A-\mu I)$.

证明　（1）由定理 2（2），当 $\lambda \in \sigma(A)$ 且 $\lambda \neq 0$ 时，λ 是 A 的点谱. 于是有 $\xi \in H$，$\|\xi\| = 1$ 且 $A\xi = \lambda\xi$. 进而由

$$\lambda\langle\xi,\xi\rangle = \langle A\xi,\xi\rangle = \langle\xi,A\xi\rangle = \bar{\lambda}\langle\xi,\xi\rangle,$$

得到 $\lambda = \bar{\lambda}$，即 λ 是实数.

（2）任取 $\xi \in \mathscr{N}(A-\lambda I)\backslash\{0\}$，$\eta \in \mathscr{N}(A-\mu I)\backslash\{0\}$，则由（1）得到

$$\lambda\langle\xi,\eta\rangle = \langle A\xi,\eta\rangle = \langle\xi,A\eta\rangle = \mu\langle\xi,\eta\rangle,$$

即得 $(\lambda-\mu)\langle\xi,\eta\rangle = 0.$ 由于 $\lambda\neq\mu$，故 $\langle\xi,\eta\rangle = 0.$　□

设 A 是自伴全连续算子. 根据定理 2（2）以及引理 3（1），$\sigma(A)\backslash\{0\} = \sigma_p(A)\backslash\{0\}$ $\subset \mathbf{R}$. 由推论 2，可设 $\{\lambda_n\}$ 是 A 的非零且互不相同的特征值全体，又当 n 无限时，$\lim\limits_{n\to\infty}\lambda_n = 0.$ 设 $k_n = \dim\mathscr{N}(A-\lambda_n I).$ 由定理 2（2），$k_n < \infty.$ 设 $\{\varphi_1^{(n)},\varphi_2^{(n)},\cdots,\varphi_{k_n}^{(n)}\}$ 是 $\mathscr{N}(A-\lambda_n I)$ 的一组规范正交基. 由引理 3（2），

$$\{\varphi_1^{(n)},\varphi_2^{(n)},\cdots,\varphi_{k_1}^{(n)},\cdots,\varphi_1^{(n)},\varphi_2^{(n)},\cdots,\varphi_{k_n}^{(n)},\cdots\} \tag{1}$$

构成了一组规范的正交系. 设 $k_0 = 0$，

$$\mu_j = \lambda_s,\ 1 + \sum_{i=0}^{s-1} k_i \leqslant j \leqslant \sum_{i=0}^{s} k_i,\ s = 1,2,\cdots,$$

再将（1）式中的规范正交系排列成 $\{\varphi_1,\varphi_2,\cdots,\varphi_j,\cdots\}$ 形式使得 $A\varphi_j = \mu_j\varphi_j$，$1\leqslant j\leqslant\sum\limits_{i=1}^{n} k_i.$ 记 V 为由 $\{\varphi_1,\varphi_2,\cdots,\varphi_j,\cdots\}$ 生成的闭子空间.

定理 3（希尔伯特）　设 A 是 H 上的自伴全连续算子. $\{\mu_j\}$，$\{\varphi_j\}$ 及 V 如上所述. 则 $V^{\perp} = \mathscr{N}(A)$；$Ax = \sum\limits_{j}\mu_j\langle x,\varphi_j\rangle\varphi_j$，任意 $x\in H.$

证明　因 $A\varphi_j = \mu_j\varphi_j \in V$，$1\leqslant j\leqslant\sum\limits_{i=1}^{n} k_i$，故 $AV\subset V.$ 于是对任意 $x\in V^{\perp}$，$y\in V$，由 $AV\subset V$，得到 $\langle Ax,y\rangle = \langle x,Ay\rangle = 0$，从而 $A(V^{\perp})\subset V^{\perp}.$

考虑 $V^{\perp}$ 上的有界线性算子 $A_1 x = Ax$，任意 $x\in V^{\perp}$. 显然，A_1 是 $V^{\perp}$ 上自伴全连续算子. 如果 $A_1\neq 0$，由引理 2，有 $\mu\in\sigma_p(A_1)\backslash\{0\}$ 及 $\xi\in V^{\perp}\backslash\{0\}$ 使 $A_1\xi = \mu\xi$，即 $A\xi = \mu\xi.$ 这样，必有一个 j_0，使得 $\xi\in\mathscr{N}(A-\mu_{j_0}I)\subset V.$ 因 $\xi\in V^{\perp}$，故 $\xi = 0$，这与 $\xi\neq 0$ 矛盾. 因此，$Ax = 0$，任意 $x\in V^{\perp}$，即 $V^{\perp}\subset\mathscr{N}(A).$

因 $H = V\oplus V^{\perp}$，故对任意 $x\in H$，存在唯一 $x_1\in V$，$x_2\in V^{\perp}$ 使得 $x = x_1 + x_2.$ 又 $\langle x_2,\varphi_j\rangle = 0$，所以 $\langle x,\varphi_j\rangle = \langle x_1,\varphi_j\rangle$，$j = 1,2,\cdots.$ 而当 $x_1\in V$ 时，$x_1 = \sum\limits_{j}\langle x_1,\varphi_j\rangle\varphi_j$，从而

$$Ax = Ax_1 = \sum_{j}\langle x_1,\varphi_j\rangle A\varphi_j = \sum_{j}\mu_j\langle x,\varphi_j\rangle\varphi_j. \tag{2}$$

当 $Ax = 0$ 时，由（2）式，$\mu_j\langle x,\varphi_j\rangle = 0$，$j = 1,2,\cdots$，$\sum\limits_{i=1}^{n} k_i$，$n$ 为有限或无限. 由于 $\mu_j\neq 0$，故得 $x\in V^{\perp}$. 我们最终得到 $\mathscr{N}(A) = V^{\perp}.$　□

例　设 $K(s,t) = \min\{s,t\}$，$\forall s,t\in[0,1]$ 及 $\mu\neq\left(n-\dfrac{1}{2}\right)^2\pi^2$，$n = 1,2,\cdots.$ 对任意 $g\in L^2[0,1]$，求解积分方程

$$f(t)-\mu\int_0^1 K(s,t)f(s)\,\mathrm{d}s=g(t)\,,\quad f\in L^2[0,1]\,.$$

解　定义 $L^2[0,1]$ 上的算子 A 为 $Af(t)=\int_0^1 K(s,t)f(s)\,\mathrm{d}s$.

由本章 §3 中的例 4,A 是全连续算子.因对任意 $f,g\in L^2[0,1]$,

$$\langle Af,g\rangle=\int_0^1\Big[\int_0^1 K(s,t)f(s)\,\mathrm{d}s\Big]\overline{g(t)}\,\mathrm{d}t$$

$$=\int_0^1 f(t)\overline{\Big[\int_0^1 K(s,t)g(s)\,\mathrm{d}s\Big]}\,\mathrm{d}t=\langle f,Ag\rangle\,,$$

所以,A 是自伴的.我们求 $\lambda\in\mathbf{R}$ 及 $\varphi\in L^2[0,1]$,$\varphi\neq 0$ 使得 $\lambda\varphi=A\varphi=\psi$,即

$$\psi(t)=\int_0^1 K(s,t)\varphi(s)\,\mathrm{d}s=\int_0^t s\varphi(s)\,\mathrm{d}s+\int_t^1 t\varphi(s)\,\mathrm{d}s=\lambda\varphi(t)\,. \tag{3}$$

(3)式中的 $\psi(t)$ 是绝对连续的,故

$$\psi'(t)=t\varphi(t)+\int_t^1\varphi(s)\,\mathrm{d}s-t\varphi(t)=\int_t^1\varphi(s)\,\mathrm{d}s=\lambda\varphi'(t)\,, \tag{4}$$

a.e. t 于 $[0,1]$.在(4)式中,$\psi'(t)$ 仍是绝对连续的,所以 $\psi''(t)=-\varphi(t)=\lambda\varphi''(t)$,a.e. t 于 $[0,1]$.注意到 $\psi(0)=\psi'(1)=0$,故

$$\langle A\varphi,\varphi\rangle=-\overline{\int_0^1\psi(t)\,\mathrm{d}\psi'(t)}=-\psi(t)\overline{\psi'(t)}\Big|_0^1+\int_0^1|\psi'(t)|^2\,\mathrm{d}t\geqslant 0\,,$$

即得 $\lambda\geqslant 0$.若 $\lambda=0$,则 $\varphi=0$,即 $\mathscr{N}(A)=\{0\}$.于是 $\lambda>0$.则方程

$$\varphi''(t)=-\lambda^{-1}\varphi(t)\,,\quad \varphi(0)=\varphi'(1)=0$$

的解为 $\varphi(t)=C\sin\left(n-\dfrac{1}{2}\right)\pi t,\lambda=\left(n-\dfrac{1}{2}\right)^{-2}\pi^{-2},n=1,2,\cdots,C$ 为常数.令

$$\varphi_n(t)=\sqrt{2}\sin\left(n-\frac{1}{2}\right)\pi t,\lambda_n=\left(n-\frac{1}{2}\right)^{-2}\pi^{-2}\,.$$

则 $\|\varphi_n\|=1,A\varphi_n=\lambda_n\varphi_n,n\geqslant 1$.由定理 3,当 $\mathscr{N}(A)=\{0\}$ 时,$\{\varphi_1,\varphi_2,\cdots,\varphi_n,\cdots\}$ 是 $L^2[0,1]$ 的规范正交基.设 $g=\sum\limits_{n=1}^\infty\langle g,\varphi_n\rangle\varphi_n,f=\sum\limits_{n=1}^\infty\langle f,\varphi_n\rangle\varphi_n$ 及 $Af=\sum\limits_{n=1}^\infty\lambda_n\langle f,\varphi_n\rangle\varphi_n$.

由方程 $f-\mu Af=g$,得到 $\langle f,\varphi_n\rangle-\mu\lambda_n\langle f,\varphi_n\rangle=\langle g,\varphi_n\rangle$,即 $\langle f,\varphi_n\rangle=\dfrac{\langle g,\varphi_n\rangle}{1-\mu\lambda_n}$,$n=1,2,\cdots$.所以这个积分方程的解为

$$f(t)=\sum_{n=1}^\infty\frac{\langle g,\varphi_n\rangle}{1-\mu\lambda_n}\sqrt{2}\sin\left(n-\frac{1}{2}\right)\pi t\,,\quad \text{a.e. } t\in[0,1]\,.$$

§5　弗雷德霍姆算子与指标

紧算子理论最初产生于线性积分方程 $(I-T)\varphi=f$ 的可解性研究中,其中 T 是积分算子.有些奇异积分算子不是紧算子,但与紧算子一样有着广泛的运用,抽象地考虑,它们都属于弗雷德霍姆(Fredholm)算子类.

定义 1　设 $T \in \mathscr{B}(H)$. 如果 T 满足下列条件：

（1）$\mathscr{R}(T)$ 在 H 中闭；

（2）$\dim \mathscr{N}(T) < \infty$，$\dim \mathscr{N}(T^*) < \infty$，

则称 T 为<u>弗雷德霍姆算子</u>.

以 $\mathrm{Fred}(H)$ 表示 $\mathscr{B}(H)$ 中弗雷德霍姆算子全体.

定理 1　设 $T \in \mathscr{B}(H)$.

（1）**如果 $T \in \mathrm{Fred}(H)$，则存在 $S \in \mathscr{B}(H)$ 使得 $ST = I - P$，$TS = I - Q$，其中 $P: H \to \mathscr{N}(T)$，$Q: H \to \mathscr{N}(T^*)$ 是投影算子；**

（2）**若存在 $B_1, B_2 \in \mathscr{B}(H)$ 及全连续算子 $K_1, K_2: H \to H$ 使得 $B_1 T = I + K_1$，$T B_2 = I + K_2$，则 $T \in \mathrm{Fred}(H)$.**

证明　（1）此时 $\mathscr{R}(T)$ 闭，$\mathscr{N}(T)$ 及 $\mathscr{N}(T^*)$ 都是有限维的. 定义 $\mathscr{N}(T)^\perp$ 到 $\mathscr{R}(T)$ 的线性算子 $T_1 x = Tx$，$\forall x \in \mathscr{N}(T)^\perp$. 则

$$T_1 \in \mathscr{B}(\mathscr{N}(T)^\perp, \mathscr{R}(T)), \quad \mathscr{N}(T_1) = \{0\} \text{ 以及 } \mathscr{R}(T_1) = \mathscr{R}(T).$$

由于 $\mathscr{N}(T)^\perp$ 和 $\mathscr{R}(T)$ 都是完备的，所以由逆算子定理，存在 $\mathscr{R}(T)$ 到 $\mathscr{N}(T)^\perp$ 的有界线性算子 T_2 使得

$$T_2 T_1 x = x, \ \forall x \in \mathscr{N}(T)^\perp, \quad T_1 T_2 y = y, \ \forall y \in \mathscr{R}(T).$$

由于 $I - P$ 是 H 到 $\mathscr{N}(T)^\perp$ 的投影算子，$I - Q$ 是 H 到 $\mathscr{N}(T^*)^\perp = \mathscr{R}(T)$ 的投影算子. 令 $S = (I - P) T_2 (I - Q)$，便得到

$$S \in \mathscr{B}(H), \quad ST = I - P, \quad TS = I - Q.$$

（2）由 $B_1 T = I + K_1$ 可得 $\mathscr{N}(T) \subset \mathscr{N}(I + K_1)$. 由 $T B_2 = I + K_2$ 得 $B_2^* T^* = I + K_2^*$，故 $\mathscr{N}(T^*) \subset \mathscr{N}(I + K_2^*)$. 再由 §4 的推论 1 得到：$\dim \mathscr{N}(T) < \infty$，$\dim \mathscr{N}(T^*) < \infty$.

注意到 $\mathscr{R}(T B_2) \subset \mathscr{R}(T)$，故由第九章 §2 的定理 2 知，对任意 $y \in \mathscr{R}(T)$，y 可分解为 $y = y_1 + y_2$，其中 $y_1 \in \mathscr{R}(T B_2)$，$y_2 \in \mathscr{R}(T B_2)^\perp$. 进而 $y_2 \in \mathscr{R}(T) \cap \mathscr{R}(T B_2)^\perp$，最后可得

$$\mathscr{R}(T B_2) + \mathscr{R}(T) \cap \mathscr{R}(T B_2)^\perp = \mathscr{R}(T),$$
$$\mathscr{R}(T B_2) \cap (\mathscr{R}(T) \cap \mathscr{R}(T B_2)^\perp) = \{0\}.$$

由 §4 的推论 1，$\mathscr{R}(T B_2)^\perp = \mathscr{N}(I + K_2^*)$ 是有限维的，而且 $\mathscr{R}(T B_2)$ 闭，于是由第七章习题 24 可知，$\mathscr{R}(T)$ 闭.

综上所述，根据定义 1，T 是弗雷德霍姆算子.　　　　　　　　　□

定义 2　设 $T \in \mathrm{Fred}(H)$. $\dim \mathscr{N}(T) - \dim \mathscr{N}(T^*)$ 称为 T 的<u>弗雷德霍姆指标</u>，记为 $\mathrm{ind}(T)$.

定理 2　**设 $T \in \mathrm{Fred}(H)$，τ 为 $\mathscr{J}(H)$ 上的迹. 若存在 $B \in \mathscr{B}(H)$ 及 $F_1, F_2 \in \mathscr{J}(H)$ 使得 $BT = I + F_1$，$TB = I + F_2$. 则 $\mathrm{ind}(T) = \tau(TB - BT)$.**

证明　由定理 1（1），存在 $A \in \mathscr{B}(H)$ 使得 $AT = I - P$，$TA = I - Q$，其中 P, Q 分别是 H 到 $\mathscr{N}(T)$ 及 $\mathscr{N}(T^*)$ 的投影算子. 于是由 $BT = I + F_1$，$TB = I + F_2$，得到 $B = A + A F_2 + PB$，

$$TB - BT = (TA - AT) + (T A F_2 - A F_2 T) + (TPB - PBT).$$

于是由本章 §4 定理 1，

$$\tau(TB - BT) = \tau(TA - AT) = \tau(P) - \tau(Q) = \mathrm{ind}(T).$$　　　□

下面的定理描述了弗霍德霍姆指标的主要性质:

定理 3 设 $S,T \in \text{Fred}(H)$，$G,K \in \mathcal{B}(H)$，其中 G 是可逆算子，K 是全连续算子. 则

（1）$ST \in \text{Fred}(H)$ 且 $\text{ind}(ST) = \text{ind}(S) + \text{ind}(T)$；

（2）$G+K \in \text{Fred}(H)$ 且 $\text{ind}(G+K) = 0$；

（3）存在 $\delta > 0$，使得对任意 $C \in \mathcal{U}(T,\delta)$ 有 $C \in \text{Fred}(H)$ 且 $\text{ind}(T) = \text{ind}(C)$.

证明（1）设有 $A,B \in \mathcal{B}(H)$ 使得

$$AT = I-P_1, \quad TA = I-Q_1, \quad BS = I-P_2, \quad SB = I-Q_2,$$

这里 P_1,Q_1 分别是 H 到 $\mathcal{N}(T)$ 及 $\mathcal{N}(T^*)$ 的投影算子；P_2,Q_2 分别是 H 到 $\mathcal{N}(S)$ 及 $\mathcal{N}(S^*)$ 的投影算子. 于是

$$ABST = I-P_1-AP_2T, \quad STAB = I-Q_2-SQ_1B,$$

从而由定理 1，$ST \in \text{Fred}(H)$ 并由定理 2，

$$
\begin{aligned}
\text{ind}(ST) &= \tau(STAB - ABST) = \tau(P_1 + AP_2T - Q_2 - SQ_1B) \\
&= \tau(P_1) - \tau(Q_2) + \tau(P_2(I-Q_1)) - \tau(Q_1(I-P_2)) \\
&= \text{ind}(T) + \text{ind}(S).
\end{aligned}
$$

（2）设 $R = G+K$. 则 $G^{-1}R = I + G^{-1}K$. 由 §4 的引理 1，存在 $F \in \mathcal{J}(H)$ 使得 $\|G^{-1}K - F\| < 1$. 则 $G_1 = I + G^{-1}K - F$ 在 $\mathcal{B}(H)$ 中可逆并且

$$(G^{-1}R)G_1^{-1} = I + FG_1^{-1}, \quad G_1^{-1}(G^{-1}R) = I + G_1^{-1}F.$$

所以 $R = G(G^{-1}R) \in \text{Fred}(H)$ 且

$$
\begin{aligned}
\text{ind}(R) &= \text{ind}(G) + \text{ind}(G^{-1}R) \\
&= \tau((G^{-1}R)G_1^{-1} - G_1^{-1}(G^{-1}R)) \\
&= \tau(FG_1^{-1} - G_1^{-1}F) = 0.
\end{aligned}
$$

（3）由（1）的证明中，$AT = I-P_1$，$TA = I-Q_1$. 根据定理 1(2)，此时也有 $A \in \mathcal{J}(H)$. 取 $\delta = \dfrac{1}{\|A\|}$. 则当 $\|T-C\| < \delta$ 时，$\|TA-CA\| < 1$，$\|AT-AC\| < 1$. 令 $G_1 = P_1+CA$，$G_2 = Q_1+AC$. 则 $\|G_1-I\| < 1$，$\|G_2-I\| < 1$，即得 G_1,G_2 在 $\mathcal{B}(H)$ 中可逆并且

$$CAG_1^{-1} = I - P_1G_1^{-1}, \quad G_2^{-1}AC = I - G_2^{-1}Q_1.$$

从而由定理 1(2) 得：$C \in \text{Fred}(H)$ 且由本定理的（1）和（2）可得

$$\text{ind}(C) + \text{ind}(A) = \text{ind}(CAG_1^{-1}) = \text{ind}(I-P_1G_1^{-1}) = 0,$$

$$\text{ind}(A) + \text{ind}(T) = \text{ind}(I-P_1) = 0,$$

故 $\text{ind}(C) = \text{ind}(T)$. □

推论 设 $T \in \text{Fred}(H)$，K 是 H 上全连续算子. 则 $T+K \in \text{Fred}(H)$ 且 $\text{ind}(T+K) = \text{ind}(T)$.

证明 留作习题. □

例 设 $C = \{z \in \mathbf{C} : |z| = 1\}$，$e_n(z) = z^n$，$\forall z \in C$，$n = 0, \pm 1, \pm 2, \cdots, \pm n, \cdots$. 定义

$$H = \left\{ f : f(z) = \sum_{n=-\infty}^{\infty} a_n z^n, \ \forall z \in C, \ \{a_n\}_{-\infty}^{\infty} \in l^2 \right\}.$$

在 H 上定义内积 $\langle f,g \rangle = \dfrac{1}{2\pi} \int_0^{2\pi} f(e^{it}) \overline{g(e^{it})} \, dt$，$f,g \in H$. 容易验证，$H$ 是希尔伯特空间，$\{e_n\}_{-\infty}^{\infty}$ 是 H 的一组规范正交基而且 H 等距同构于 l^2，因而 H 也是可分的. 令

$$V = \{ f \in H : \langle f, e_n \rangle = 0, \ -\infty < n < 0 \}.$$

则 V 是 H 中的闭子空间，$\{e_n\}_0^\infty$ 是 V 的一组规范正交基. 设 P 为 H 到 V 的正交投影算子. 由于 $Pe_n = e_n, 0 \leq n < \infty$，$P = P^2 = P^*$，故对任意 $f \in H$，

$$Pf = \sum_{n=0}^{\infty} \langle Pf, e_n \rangle e_n = \sum_{n=0}^{\infty} \langle f, e_n \rangle e_n.$$

现在设 φ 为 C 上的复值连续函数. 定义 H 上算子 M_φ 为 $M_\varphi f(z) = \varphi(z)f(z)$，任意 $f \in H$. 由于对任意 $f \in H$，

$$\| M_\varphi f \|^2 = \frac{1}{2\pi} \int_0^{2\pi} | \varphi(e^{it}) |^2 | f(e^{it}) |^2 dt \leq \max_{z \in C} | \varphi(z) |^2 \| f \|^2,$$

所以，$\| M_\varphi \| \leq \max\limits_{z \in C} | \varphi(z) |$.

定义 V 上的有界线性算子 T_φ 为 $T_\varphi f = PM_\varphi f$，任意 $f \in V$. T_φ 称为符号为 φ 的<u>特普利茨(Toeplitz)算子</u>. 下面我们要证明当 $\varphi(z) \neq 0$，任意 $z \in C$ 时，T_φ 是弗雷德霍姆算子.

对 C 上任意复值连续函数 φ，令 $K_\varphi = M_\varphi P - PM_\varphi$ 并设 $F_j = M_{e_j}P - PM_{e_j}$，$j = 0, \pm 1, \pm 2, \cdots$. 对 $t = 0, \pm 1, \pm 2, \cdots$，由

$$M_{e_j}Pe_t = \begin{cases} e_{j+t}, & t \geq 0, \\ 0, & t < 0, \end{cases} \qquad PM_{e_j}e_t = \begin{cases} e_{j+t}, & t+j \geq 0, \\ 0, & t+j < 0, \end{cases}$$

得：当 $j \geq 0$ 时，

$$F_j e_t = \begin{cases} -e_{j+t}, & -j \leq t < 0, \\ 0, & t \geq 0, t < -j; \end{cases}$$

当 $j < 0$ 时，

$$F_j e_t = \begin{cases} e_{j+t}, & 0 \leq t < -j, \\ 0, & t < 0, t \geq -j. \end{cases}$$

从而对任意 $x \in H$，利用 $x = \sum\limits_{t=-\infty}^{\infty} \langle x, e_t \rangle e_t$ 得

$$F_j x = \begin{cases} -\sum\limits_{t=-j}^{-1} \langle x, e_t \rangle e_{j+t}, & j \geq 0, \\ \sum\limits_{t=0}^{-j-1} \langle x, e_t \rangle e_{j+t}, & j < 0. \end{cases}$$

于是当 $\varphi_n(z) = \sum\limits_{j=-n}^{n} b_j z^j$，$\forall z \in C$ 时，其中，$0 \leq n < \infty$，$b_0, b_1, \cdots, b_n, b_{-n}, \cdots, b_{-1}$ 是复数，显然

$$K_{\varphi_n} x = \sum_{j=0}^{n} b_j F_j x + \sum_{j=-n}^{-1} b_j F_j x = -\sum_{j=0}^{n} \sum_{t=-j}^{-1} b_j \langle x, e_t \rangle e_{j+t} + \sum_{j=-n}^{-1} \sum_{t=0}^{-j-1} b_j \langle x, e_t \rangle e_{j+t}$$

是 H 上的有限秩算子.

根据费耶尔定理(参见 9 的第 610 页的定理)，对 φ 存在形如 φ_n 的函数使得 $\lim\limits_{n \to \infty} \max\limits_{z \in C} | \varphi(z) - \varphi_n(z) | = 0$. 由于

$$\| K_\varphi - K_{\varphi_n} \| \leq \| (M_\varphi - M_{\varphi_n})P \| + \| P(M_\varphi - M_{\varphi_n}) \|$$
$$\leq 2 \max_{z \in C} | \varphi(z) - \varphi_n(z) | \to 0 (n \to \infty),$$

K_{φ_n} 是全连续算子, $n \geq 1$, 于是由本章 §3 的定理 2 可知, K_φ 是全连续算子. 当 $\varphi(z)$ 在 C 处处不为零时, $\varphi^{-1}(z) = \dfrac{1}{\varphi(z)}$ 在 C 上连续. 令 $B_\varphi f = PM_{\varphi^{-1}} f$, 任意 $f \in V$. 利用 $K_\varphi = M_\varphi P - PM_\varphi$ 是全连续算子这个性质, 易知, 对任意 $f \in V$,

$$B_\varphi T_\varphi f = f - PM_{\varphi^{-1}} K_\varphi f, \quad T_\varphi B_\varphi f = f + PK_\varphi M_{\varphi^{-1}} f,$$

故 $K_1 f = -PM_{\varphi^{-1}} K_\varphi f, K_2 f = PK_\varphi M_{\varphi^{-1}} f$, 任意 $f \in V$ 定义的算子 K_1, K_2 是 V 上的全连续算子. 于是由定理 $1, T_\varphi \in \mathrm{Fred}(V)$.

现设 $\varphi(z)$ 在 C 上处处不为零且 $\varphi(\mathrm{e}^{it})$ 在 $[0, 2\pi]$ 可微. 令 $m = \min\limits_{z \in C} |\varphi(z)| > 0$. 取 $\varphi_n(z) = \sum\limits_{j=-n}^{n} b_j^{(n)} z^j$ 使得

$$\lim_{n \to \infty} \max_{z \in C} |\varphi(z) - \varphi_n(z)| = 0, \lim_{n \to \infty} \max_{t \in [0, 2\pi]} |\varphi'(\mathrm{e}^{it}) - \varphi'_n(\mathrm{e}^{it})| = 0.$$

对 T_φ, 由定理 3(3), 有 $\delta > 0$, 使得对任意 $W \in U(T_\varphi, \delta)$ 都有 $W \in \mathrm{Fred}(V)$ 且 $\mathrm{ind}(T_\varphi) = \mathrm{ind}(W)$. 取 $N > 0$ 使得对任意 $n > N$ 成立 $\max\limits_{z \in C} |\varphi(z) - \varphi_n(z)| < \min\{m, \delta\}$. 于是 $\varphi_n(z) \neq 0$, 任意 $z \in C$ 及 $\|T_\varphi - T_{\varphi_n}\| \leq \max\limits_{z \in C} |\varphi(z) - \varphi_n(z)| < \delta$, 故 $\mathrm{ind}(T_\varphi) = \mathrm{ind}(T_{\varphi_n})$, $\forall n > N$. 设 τ 为 $\mathscr{I}(V)$ 上的迹. 由定理 2,

$$\mathrm{ind}(T_\varphi) = \mathrm{ind}(T_{\varphi_n}) = \tau(T_{\varphi_n} B_{\varphi_n} - B_{\varphi_n} T_{\varphi_n})$$

$$= \sum_{t=0}^{\infty} (\langle K_{\varphi_n} M_{\varphi_n^{-1}} e_t, e_t \rangle + \langle M_{\varphi_n^{-1}} K_{\varphi_n} e_t, e_t \rangle).$$

为了计算上的方便, 我们先计算

$$T(j, s) = \sum_{t=0}^{\infty} (\langle F_j M_{e_s} e_t, e_t \rangle + \langle M_{e_s} F_j e_t, e_t \rangle).$$

注意到 $(M_{e_s})^* = M_{e_{-s}}, (F_j)^* = -F_{-j}$, 再利用上述对于 $F_j e_t$ 和 $F_{-j} e_t$ 的计算结果, 我们可以得到

$$T(j, s) = \sum_{t=0}^{\infty} (\langle M_{e_s} e_t, (F_j)^* e_t \rangle + \langle F_j e_t, (M_{e_s})^* e_t \rangle)$$

$$= \sum_{t=0}^{\infty} (-\langle M_{e_s} e_t, F_{-j} e_t \rangle + \langle F_j e_t, e_{t-s} \rangle)$$

$$= \begin{cases} -\sum\limits_{t=0}^{j-1} \langle e_{s+t}, e_{t-j} \rangle, & j \geq 0, \\ \sum\limits_{t=0}^{-j-1} \langle e_{t+j}, e_{t-s} \rangle, & j < 0, \end{cases}$$

从而当 $j = -s$ 时, $T(j, s) = -j$; 当 $j \neq -s$ 时, $T(j, s) = 0$. 现取 $\psi_\nu(z) = \sum\limits_{k=-r(\nu)}^{r(\nu)} d_k^{(\nu)} z^k$ 使得 $\lim\limits_{\nu \to \infty} \max\limits_{z \in C} |\varphi_n^{-1}(z) - \psi_\nu(z)| = 0$. 于是由 K_{φ_n} 是有限秩算子以及

$$\sum_{t=0}^{\infty} (\langle K_{\varphi_n} M_{\psi_\nu} e_t, e_t \rangle + \langle M_{\psi_\nu} K_{\varphi_n} e_t, e_t \rangle)$$

$$= \sum_{s=-r(\nu)}^{r(\nu)} \sum_{j=-n}^{n} d_s^{(\nu)} b_j^{(n)} T(j, s) = \frac{-1}{2\pi \mathrm{i}} \int_0^{2\pi} \psi_\nu(\mathrm{e}^{it})(\varphi_n(\mathrm{e}^{it}))' \, \mathrm{d}t,$$

再令 $\nu\to\infty$,便可得到

$$\tau(T_{\varphi_n}B_{\varphi_n}-B_{\varphi_n}T_{\varphi_n})=\frac{-1}{2\pi i}\int_0^{2\pi}\frac{(\varphi_n(e^{it}))'}{\varphi_n(e^{it})}dt.$$

最后,在上式中令 $n\to\infty$,则有 $\mathrm{ind}(T_\varphi)=\dfrac{-1}{2\pi i}\displaystyle\int_0^{2\pi}\dfrac{(\varphi(e^{it}))'}{\varphi(e^{it})}dt.$

第十一章习题

1. 设 $X=C[0,1]$, φ 是 $[0,1]$ 上非常数的复值连续函数.定义 X 上的算子 A 为 $Af(t)=\varphi(t)f(t)$,任意 $f\in X$.证明: $\sigma(A)=\{\varphi(t):t\in[0,1]\}$, $\sigma_p(A)=\varnothing$.

2. 设 F 是平面上的无限有界闭集.设 $\{a_n\}$ 是 F 的一个稠密子集.在 l^2 中定义算子 T 为
$$Tx=T(x_1,x_2,\cdots,x_n,\cdots)=(a_1x_1,a_2x_2,\cdots,a_nx_n,\cdots).$$
证明: $\sigma_p(T)=\{a_n\}$, $\sigma(T)=F$, $\sigma_C(T)=F\backslash\{a_n\}$.

3. 设 λ 为有界线性算子 $A^n(n\geqslant2)$ 的特征值,证明: λ 的 n 次根中至少有一个是 A 的特征值.

4. 设 $p(z)=\displaystyle\sum_{j=0}^n a_jz^{n-j}$ 是 n 次复系数多项式, T 是复巴拿赫空间 X 上的有界线性算子.规定: $p(T)=a_0T^n+\cdots+a_{n-1}T+a_nI$. 证明: $\sigma(p(T))=\{p(\lambda):\lambda\in\sigma(T)\}$.

5. 设 T 是巴拿赫空间 X 上的有界线性算子, $\lambda_0\in\rho(T)$. 设 $\{T_n\}\subset\mathscr{B}(X)$ 满足 $\displaystyle\lim_{n\to\infty}\|T_n-T\|=0$.证明: 当 n 充分大后, $\lambda_0\in\rho(T_n)$.

6. 设 X 是复巴拿赫空间, $A\in\mathscr{B}(X)$.令 $R_\lambda=(A-\lambda I)^{-1}$,任意 $\lambda\in\rho(A)$.

(1) 证明: $R_\lambda-R_\mu=(\lambda-\mu)R_\lambda R_\mu$;

(2) 当 $|\lambda|>\|A\|$ 时,证明: $R_\lambda=-\displaystyle\sum_{n=0}^\infty\frac{A^n}{\lambda^{n+1}}$, $\|R_\lambda\|\leqslant\dfrac{1}{|\lambda|-\|A\|}$.

7. 设 H 为复希尔伯特空间, $T\in\mathscr{B}(H)$.证明:
$$\sigma(T^*)=\{\bar\lambda:\lambda\in\sigma(T)\}=\overline{\sigma(T)}.$$

8. 设 M 是 $l^p(1\leqslant p<\infty)$ 中的闭集.证明: M 是紧集的充要条件是:

(1) 存在 $K>0$ 使得 $\|x\|_p\leqslant K$,对任意 $x\in M$;

(2) 对任意 $\varepsilon>0$,存在 $N(\varepsilon)>0$ 使得 $\displaystyle\sum_{n=N(\varepsilon)}^\infty|x_n|^p<\varepsilon^p$,对任意 $x=(x_1,x_2,\cdots)\in M$.

9. 设 X_1,X_2,X_3,X_4 是赋范线性空间, $T:X_2\to X_3$ 是全连续算子, $T_1\in\mathscr{B}(X_1,X_2)$, $T_2\in\mathscr{B}(X_3,X_4)$.证明: TT_1 及 T_2T 分别是 X_1 到 X_3 及 X_2 到 X_4 的全连续算子.

10. 设 $\{e_n\}$ 是 l^2 的规范正交基, $T\in\mathscr{B}(l^2)$. 令 $c_{ij}=\langle Te_i,e_j\rangle$.如果 $\displaystyle\sum_{i,j=1}^\infty|c_{ij}|^2<\infty$,证明 T 是全连续算子.特别地,当 $c_{ij}=\dfrac{1}{i}$, $j=i+1$; $c_{ij}=0$, $j\neq i+1$, $i,j=1,2,\cdots$ 时, $\sigma(T)=\{0\}$.

11. 证明 §4 的定理 1.

12. 设 H 为希尔伯特空间, $A\in\mathscr{J}(H)$, τ 为 $\mathscr{J}(H)$ 上的迹.设 $T\in\mathscr{B}(H)$, $\{T_n\}\subset\mathscr{B}(H)$ 且 $\displaystyle\lim_{n\to\infty}\|T_n-T\|=0$.证明: $\displaystyle\lim_{n\to\infty}\tau(T_nA)=\tau(TA)$.

13. 设 $k(x,s)=\begin{cases}\dfrac{x}{2}(2-s) & x\leq s,\\[2mm]\dfrac{s}{2}(2-x), & x>s,\end{cases}$ 任意 s, $x\in[0,2]$. 在 $L^2[0,2]$ 上,求解方程

$$\varphi(x)-\lambda\int_0^2 k(x,s)\varphi(s)\,\mathrm{d}s=\cos\frac{\pi}{2}x.$$

14. 设 H 为希尔伯特空间,$T\in\mathrm{Fred}(H)$. 证明:$\mathrm{ind}(T^*)=-\mathrm{ind}(T)$.

15. 证明 §5 的推论.

16. 设 $S\in\mathscr{B}(l^2)$ 定义为:对任意 $x=(x_1,x_2,\cdots,x_n,\cdots)\in l^2$,

$$S(x_1,x_2,\cdots,x_n,\cdots)=(x_2,x_3,\cdots,x_{n+1},\cdots).$$

求 $\sigma(S),\sigma_p(S)$ 及 $\mathrm{ind}(S-\lambda I)$,这里 $\lambda\in\sigma_p(S)$.

拓展阅读

附录一
内测度，L 测度的另一定义

L 测度可以有不同的定义法，例如可以先建立 L 积分，再由此导出 L 测度理论，还有泛函分析中的丹尼尔（Daniell）方法等.这里介绍由勒贝格原来给出的 L 可测集的定义.

在第三章 §1 中已经定义了 $\mathbf{R}^n$ 中点集 E 的外测度 m^*E，它是所有包含 E 的一列开区间面积和的下确界.我们自然会想到能否用 E 所包含的一列区间面积和的上确界这样的概念来度量 E 呢？如果这两个确界相等，在 E 是曲边梯形时就表示 E 可求面积且其面积就等于这两个确界的共同值.但是，由于现在 E 是一般的点集，因此不可以用 E 所包含的区间的面积和这样的概念（例如有理数集不包含任何区间）.实际上，m^*E 可理解为其过剩近似值的下确界（即从 E 的外面往里收缩），所以我们只需用数学语言给出 E 的度量的不足近似值及它们的上确界（即从 E 的里面向外膨胀）.

当 E 是有界集时，如果区间 $I \supset E$，$I_i (i=1,2,\cdots)$ 是一列开区间，它们的并集包含 $I-E$，那么容易知道 $|I| - \sum_{i=1}^{\infty} |I_i|$ 是 E 的度量的一个不足近似值.由此可以给出下面的定义.

定义 1　设 E 为 $\mathbf{R}^n$ 中的有界集，I 为任一包含 E 的开区间，则
$$|I| - m^*(I-E)$$
称为 E 的内测度，记为 m_*E.

在定义 1 中，m_*E 表面上虽然依赖于开区间 I 的选取，但可以证明（见下面可测集两个定义等价性的证明）它和 I 的选择是无关的.

另一方面，由于 $m^*I = |I|$ 及外测度的单调性和次可加性，总有 $m_*E \geqslant 0$ 及 $m_*E \leqslant m^*E$.

定义 2　设 E 为 $\mathbf{R}^n$ 中有界集，如果 $m^*E = m_*E$，则称 E 是 L 可测的.又设 E 是 $\mathbf{R}^n$ 中的无界集，如果对任何开区间 I，有界集 $E \cap I$ 都是 L 可测的，则称 E 是 L 可测的.对 L 可测集 E，不管它有界或无界，一律称 m^*E 为它的 L 测度，简记为 mE.

定义 2 与第三章 §2 定义中 L 可测集定义是等价的.

可测集两个定义等价性的证明.

设 E 依第三章中的定义可测，则当 E 为有界集时，只需取 T 为包含 E 的开区间，当 E 为无界集时，只需取 T 为任一开区间，即知 E 依定义 2 可测.

反之，设 E 依定义 2 可测.由第三章 §2 的引理，我们只需证明对任何开区间 I_0，有
$$I_0| = m^*(I_0 \cap E) + m^*(I_0 \cap E^c).$$
为此，又只需处理 E 为有界的情况（因为若 E 无界，可以化为可数个有界集 E_k 之

并，即 $E = \overset{\infty}{\underset{k=1}{\cup}} E_k$ ）.设 $m_* E = m^* E$，即存在区间 $I \supset E$，使

$$m^* E + m^*(I - E) = |I|. \tag{1}$$

我们的任务是在图 1 的标记下来证明下面等式：

$$|I_0| = m^* A + m^*(B \cup F).$$

$(A = I_0 \cap E, B \cup F = I_0 \cap E^c)$.

由于 I_0 依第三章定义可测（§3 定理 2），对 $T_1 = E$，有

$$m^* A + m^* \varGamma = m^*(A \cup \varGamma) \tag{2}$$

（其中 $A = I_0 \cap T_1, \varGamma = I_0^c \cap T_1$，且 $A \cup \varGamma = T_1 = E$）.

同理，对 $T_2 = I - E$，有

$$m^* B + m^* D = m^*(B \cup D) \tag{3}$$

（其中 $B = I_0 \cap T_2, D = I_0^c \cap T_2$，且 $B \cup D = T_2 = I - E$）. (2)，(3) 两式相加得

$$m^* A + m^* B + m^* \varGamma + m^* D = m^*(A \cup \varGamma) + m^*(B \cup D) = m^* E + m^*(I - E).$$

故由 (1) 式有

$$m^* A + m^* B + m^* \varGamma + m^* D = |I|. \tag{4}$$

另一方面，显然有

$$m^*(A \cup B) + m^*(\varGamma \cup D) = |I|. \tag{5}$$

由 (4) 式与 (5) 式得

$$m^* A + m^* B = m^*(A \cup B) + m^*(\varGamma \cup D) - [m^* \varGamma + m^* D] \leqslant m^*(A \cup B).$$

由于 $m^* A + m^* B \geqslant m^*(A \cup B)$ 总成立，故得

$$m^* A + m^* B = m^*(A \cup B).$$

两边加上 $m^* F$　（$F = I_0 - (A \cup B) = I_0 - (I \cap I_0) = I_0 \cap I^c$），得

$$m^* A + m^* B + m^* F = m^*(A \cup B) + m^* F. \tag{6}$$

由于 I 依第三章定义可测，因而

$$m^*(A \cup B) + m^* F = m^*(I_0 \cap I) + m^*(I_0 \cap I^c) = m^* I_0 = |I_0|.$$

另一方面，又有等式

$$m^* B + m^* F = m^*(B \cup F)$$

（因 $B \subset I, F \subset I^c, I$ 依第三章定义可测）. 从而 (6) 式左端 $= m^* A + m^*(B \cup F)$. 故所要证等式

$$|I_0| = m^*(I_0 \cap E) + m^*(I_0 \cap E^c)$$

成立.　　　　　　　　　　　　　　　　　　　　　　　　　　　　　　□

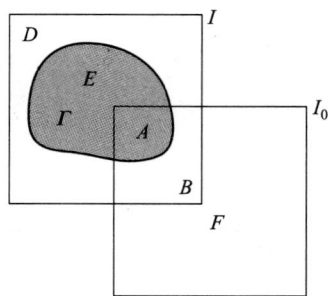

图 1

附录二
半序集和佐恩引理

Ⅰ. 顺序关系

顺序是数学中常用的概念之一. 例如实数大小就是一种重要的顺序关系. 又如, 极限概念所研究的主要就是变量按照一定的顺序变化的趋势. 但是在许多情况下, 在集合中不是任何两个元素之间都可以自然地定义顺序. 例如在构造积分和数的时候, 需要考察积分区间里所取的各种不同的分点组. 令 A 表示 $[a,b]$ 中所有有限分点组 $\mathscr{D}$ 全体, 我们在 A 中规定: 当 $\mathscr{D}_1, \mathscr{D}_2 \in A$ 而且 $\mathscr{D}_1 \subset \mathscr{D}_2$ 时, 称 $\mathscr{D}_1$ 在 $\mathscr{D}_2$ 前, 这是一种顺序关系, 但是 A 中确实有这样的 $\mathscr{D}_1$ 和 $\mathscr{D}_2$, $\mathscr{D}_1$ 既不包含在 $\mathscr{D}_2$ 中, $\mathscr{D}_2$ 也不包含在 $\mathscr{D}_1$ 中, 这样 $\mathscr{D}_1, \mathscr{D}_2$ 之间就不存在上述的顺序关系. 所以我们需要考察这样的情况: 在集中只是一部分元素之间具有顺序关系. 从积分的理论中也可以看出这种顺序关系是十分重要的. 在其他数学领域中也常会遇到这一基本概念. 现在我们给出序的概念, 从而引入半序集.

定义 1 设 A 是一个集, 在其中规定了某些元素之间的关系 "$<$", 它满足以下条件:

1° 对 A 中的一切元素 a 成立着 $a < a$ (自反性);

2° 如果 $a < b$, 而且 $b < a$, 那么 $a = b$;

3° 如果 $a < b$, 而且 $b < c$, 就有 $a < c$ (传递性),

那么称关系 "$<$" 为 A 中的一个顺序. $a < b$ 读成 a 在 b 前 (或 b 在 a 后), 这时称集 A 按顺序 $<$ 成一半序集, 或者说 A 是有半序的.

例 1 设 B 是一个非空集, A 是 B 的所有子集所成的集. 如果子集之间用包含关系 "$\subset$" 作为 A 中某些元素间的顺序, 即当 $u, v \in A$, 且 $u \subset v$ 时, 规定 $u < v$, 那么显然这是一种顺序 (称它是自然顺序), 因而 A 按此顺序成为一个半序集.

例 2 设 B 是一个集, A 是 B 上的实函数全体. 当 $a, b \in A$, 而且对每个 $t \in B$, 都有 $a(t) \leqslant b(t)$ 时, 规定 $a < b$, 那么 A 按此顺序也成为半序集.

例 3 设 A 是某些实数所成的集, 在 A 中规定: 当 $a \leqslant b$ 时为 $a < b$. 显然 A 成一个半序集, 这个顺序称为自然顺序.

例 4 设 A 是所有实数对 (x, y) 全体, 规定两对 (x_1, y_1), (x_2, y_2) 当 $x_1 < x_2$, 或 $x_1 = x_2$ 而 $y_1 \leqslant y_2$ 时, 为 $(x_1, y_1) < (x_2, y_2)$. 这是 A 中的一个顺序关系. 称为字典顺序 (因为它和拼音文字字典的字序类似).

定义 2 设集 A 中已经定义了顺序关系 "$<$", 如果对 A 中的任何两个元素 a, b, 都可以确定它们之间的顺序, 即 $a < b$ 与 $b < a$ 两个关系式中必有一个成立, 就称 A 是一个全序集.

在例 3 中的数集 A,按自然顺序(或逆自然顺序)是全序集.在例 1,例 2 中,当 B 不止含有一个元素时,A 都不是全序集.

设 A 是一个半序集,B 是 A 的子集.如果有 $a \in A$,使得对每个 $b \in B$,成立着 $b < a$,即 a 在 B 中所有元素之后,那么称 a 为子集 B 的 <u>上界</u>.类似地有下界的概念.对一个子集,可以没有上界或下界,在上界、下界存在时也不一定是唯一的.例如取 A 为实数区间 $(0,1)$,以自然顺序为顺序,取 $B = A$,显然 B 在 A 中就不存在上界,也不存在下界.

例 5　对每个正整数 n,作区间 $(0,1)$ 上的下列分点组 D_n:

$$D_n = \left\{ 0, \frac{1}{n}, \frac{2}{n}, \cdots, \frac{n-1}{n}, 1 \right\},$$

所有这些分点组的全体记作 $\mathscr{D}$.令 B 表示 $[0,1]$ 中的有理数全体.令 A 表示 B 的全体子集.于是 $\mathscr{D} \subset A$.像例 1 中所规定的那样,在集 A 中以包含关系 $\subset$ 作为元素间的顺序,A 成为半序集.于是 $B \in A$.显然,对任何 $D_n \in \mathscr{D}$,都有 $D_n \subset B$.所以 B 是 $\mathscr{D}$ 的上界.

设 A 是一个半序集,$a \in A$,如果在 A 中不存在别的元素 $b(b \neq a)$ 在 a 之后,那么称 a 为 A 的 <u>极大元</u>.换句话说,极大元 a 是具有下面性质的元素:如果 $b \in A$,而且 $a < b$,那么必有 $b = a$.半序集的极大元不一定是唯一的.例如两个元素 a, b 所组成的集 A,其中规定 $a < a, b < b$,则 A 是半序集,而 a 和 b 都是 A 的极大元.但是在全序集中极大元素是唯一的(如果存在的话).

类似地也有 <u>极小元</u> 的概念.

Ⅱ. 佐恩引理

下面介绍一个引理,它是研究"无限过程"的一个逻辑工具,在泛函分析的基本理论中常要用到.这个引理是作为关于半序集的一个公理来接受的.

佐恩引理　**设 A 是一个半序集,如果 A 的每个全序子集都有上界,那么 A 必有极大元.**

类似地有关于下界和极小元(存在性)的引理.

佐恩引理是证明其他一些定理的基础.作为公理,它并不像别的公理那样直观和明显,因而有必要作些简略的说明.

这个引理的正确性,可以这样粗略地看(但这不是逻辑的证明):如果 A 是一个半序集,任意取 A 中的一个元素 a_1,如果它不是极大元,那么必有元素 $a_2 \in A$,$a_2 \neq a_1$,使得 $a_1 < a_2$.这样继续下去,可以得到一个全序子集

$$a_1, a_2, \cdots, a_n, \cdots,$$

依假设,它必有上界记为 a_ω.如果 a_ω 不是极大元,A 中必有一个元素在 a_ω 之后,记它为 $a_{\omega+1}$(这里 $\omega+1$ 且理解为一个记号);再继续下去,又得到全序子集

$$a_1, \cdots, a_\omega, a_{\omega+1}, \cdots, a_{\omega+m}, \cdots,$$

由假设,它必有上界记为 $a_{2\omega}$(这里 2ω 也是一个记号,我们不去讨论它的意义),这样一直做下去,总可以找到极大元.

如果对上述过程加以严格分析,就会发现事实上已经运用了另一个公理——策梅洛(Zermelo)的选取公理,这个公理最初是为了解决基数的比较问题而提出来的.

选取公理　设 $S = \{M\}$ 是一族两两不相交的非空的集,那么存在集 L 满足下面两个条件:

1° $L \subset \bigcup_{M \in S} M$;

2° **集 L 与 S 中每一个集 M 有一个而且只有一个公共元素.**

选取公理(又称选择公理)和佐恩引理是等价的.等价性的证明限于篇幅我们这里不介绍了[1].

最后,我们用半序概念对复数体作一点说明.大家知道,复数按照通常的四则运算构成体,但不是有序体.这就是说,我们无法将所有复数排成全序集,并使得这一全序和四则运算之间满足

1° 若 $a \leqslant b, c$ 是任何复数,则 $a+c \leqslant b+c$(加法保序性);

2° 若 $c \geqslant 0, a \leqslant b$,则 $ac \leqslant bc$(乘正数保序性).

事实上,如果将复数排成一个全序,那么 $i>0$ 或 $i<0$ 二者必居其一.设 $i>0$,由条件 1° $i+(-i)>-i$,即 $-i<0$.现在 i 是"正数",将它乘 $-i<0$,得 $1<0$,再乘 i,得 $i<0$,矛盾.同样 $i<0$ 也得到矛盾.

注意,将复数排成全序并不难(如字典序:实部小的在前,实部相等时虚部小的在前),只是这种全序不能满足 1°,2° 两个条件而已.

然而,复数体可以构成半序体.我们对任意两个复数 $z_1 = a_1 + b_1 i$ 和 $z_2 = a_2 + b_2 i$,当 $a_1 \leqslant a_2, b_1 \leqslant b_2$ 同时成立时称 $z_1 \leqslant z_2$.不难验证,这个"$\leqslant$"满足半序定义.对这一半序,还满足加法保序性和乘"正数"保序性,这时"正数"指实部和虚部都为正的复数.证明留给读者.

---

[1] 参看 Zaanen, A. C., An Introduction to the Theory of Integration, North-Holland, Amsterdam, 1958.

[1] 夏道行,吴卓人,严绍宗,等.实变函数论与泛函分析.2 版.北京:高等教育出版社,1985.

[2] 江泽坚,吴智泉.实变函数论.2 版.北京:高等教育出版社,1994.

[3] 王声望,郑维行.实变函数与泛函分析概要.2 版.北京:高等教育出版社,1992.

[4] 那汤松.实变函数论.2 版.徐瑞云,译.北京:人民教育出版社,1958.

[5] 陈建功.实函数论.北京:科学出版社,1958.

[6] Torchinsky A. Real Variables. New York:Addison-Wesley Pub. Comp. Inc., 1988.

[7] Rudin W. Real and Complex Analysis. 2nd ed. New York: Mcgraw-Hill Book Comp., 1974.

[8] Rudin W. Functional Analysis. New York: Mcgraw-Hill Book Comp., 1973.

[9] Courant R, John F. Introduction to Calculus and Analysis. 2nd ed. New York: Inter-science Publishers, 1965.

[10] XUE Y F. Stable Perturbations of Operators and Related Topics. Hackensack: World Scientific, 2012.